# 市政工程与园林建筑

方全 为旋 王立
祁古 杰
主 编

文化发展出版社
Cultural Development Press

**图书在版编目（CIP）数据**

市政工程与园林建筑 / 祁为方，古旋全，王立杰主编 . —北京：文化发展出版社有限公司，2019.6

ISBN 978-7-5142-2599-0

Ⅰ . ①市… Ⅱ . ①祁… ②古… ③王… Ⅲ . ①市政工程－工程施工－研究②园林建筑－工程施工－研究 Ⅳ . ① TU99 ② TU986.4

中国版本图书馆 CIP 数据核字（2019）第 053505 号

## 市政工程与园林建筑

主　　编：祁为方　古旋全　王立杰

责任编辑：李　毅　　　　　　　责任校对：岳智勇

责任印制：邓辉明　　　　　　　责任设计：侯　铮

出版发行：文化发展出版社有限公司（北京市翠微路 2 号 邮编：100036）

网　　址：www. wenhuafazhan. com　www. printhome. com　　www. keyin. cn

经　　销：各地新华书店

印　　刷：阳谷毕升印务有限公司

开　　本：787mm×1092mm　1/16

字　　数：421 千字

印　　张：22.625

印　　次：2019 年 9 月第 1 版　2021 年 2 月第 2 次印刷

定　　价：54.00 元

Ｉ Ｓ Ｂ Ｎ：978-7-5142-2599-0

◆　如发现任何质量问题请与我社发行部联系。发行部电话：010-88275710

随着我国建筑行业的快速发展，市政工程与园林景观领域出现了许多新理论、新技术、新材料，时间经验日趋丰富全面，标准和规范也不断更新。每一位施工人员的技术水平、处理现场突发事故的能力直接关系着现场工程施工的质量、进度、成本、安全以及工程项目的按期完成，这就对工程建设管理技术人员提出了较高的要求。

市政工程是指市政设施建设工程。在我国，市政设施是指在城市区、镇（乡）规划建设范围内设置、基于政府责任和义务为居民提供有偿或无偿公共产品和服务的各种建筑物、构筑物、设备等。城市生活配套的各种公共基础设施建设都属于市政工程范畴，比如常见的城市道路、桥梁、地铁，比如与生活紧密相关的各种管线：雨水、污水、上水、中水、电力（红线以外部分）、电信、热力、燃气等，还有广场、城市绿化等的建设，都属于市政工程范畴。

市政工程一般是属于国家的基础建设，是指城市建设中的各种公共交通设施、给水、排水、燃气、城市防洪、环境卫生及照明等基础设施建设，是城市生存和发展必不可少的物质基础，是提高人民生活水平和对外开放的基本条件。

伴随我国经济的不断发展，人们对于生活质量的追求也越来越高，对其居住环境的要求也随之不断提升。就目前的科学发展而言，越来越多的科学技术也应用到了园林工程当中，一些新开发的材料和管理技术都被人们引进到园林工程当中。但现在仍然普遍存在着将园林建筑工程与园林绿化工程相混淆的情况，这种现象对于工程项目来说会产生不良影响。

为了满足广大市政工程从事人员和园林建筑施工技术研究及工作人员的实际要求，编委会的专家们翻阅大量市政工程及园林建筑施工技术的相关文献并结合自己多年的实践经验编写了此书。

由于编写时间和水平有限，尽管编者尽心尽力，反复推敲核实，但难免有疏漏及不妥之处，恳请广大读者批评指正，以便做进一步的修改和完善。

《市政工程与园林建筑》编委会

# 目录 CONTENT

# 第一章　城市道路工程

## 第一节　城市道路的性质、作用与组成

### 一、城市道路的性质

城市道路是城市中组织生产、安排生活所必需的车辆、行人交通往来的道路；是联结城市各个组成部分，包括市中心、工业区、生活居住区、对外交通枢纽以及文化教育、风景游览、体育活动场所等，并与郊区公路相贯通的交通纽带。

### 二、城市道路的作用

城市道路是组织城市交通运输的基础。城市道路是城市的主要基础设施之一，是市区范围内人工建筑的交通路线，主要作用在于安全、迅速、舒适地通行车辆和行人，为城市工业生产与居民生活服务。同时，城市道路也是布置城市公用事业地上、地下管线设施，街道绿化，组织沿街建筑和划分街坊的基础，并为城市公用设施提供容纳空间。城市道路用地是在城市总体规划中所确定的道路规划红线之间的用地部分，是道路规划红线与城市建筑用地、生产用地以及其他用地的分界控制线。因此，城市道路是城市市政设施的重要组成部分。

### 三、城市道路的组成

城市道路由车行道、人行道、平侧石及附属设施四个主要部分组成。

1. 车行道

车行道即道路的行车部分，主要供各种车辆行驶，分快车道（机动车道）、慢车道（非机动车道）。车道的宽度根据通行车辆的多少及车速而定，一般常用的机动车道宽度有 3.5m、3.75m、4.0m（设计车速高的用较宽的车道）；无路缘者，靠路边的车道要适当放宽；每条非机动车道宽度为 2 ~ 2.5m，一条道路的车行道可由一条或数条机动车道和数条非机动车道组成。

2. 人行道

人行道是供行人步行交通所用，人行道的宽度取决于行人交通的数量。人行道每条步行带宽度为 0.75 ~ 1m，由数条步行带组成，一般宽度为 4 ~ 5m，但在车站、剧场、商业网点等行人集散地段的人行道，应考虑行人的滞留、自行车停放等因素，适当加宽。为了保证行人交通的安全，人行道与车行道应有所分隔，一般高出车行道 15 ~ 17cm。

3. 平侧石

平侧石位于车行道与人行道的分界位置，它也是路面排水设施的一个组成部分，同时又起着保护道路面层结构边缘部分的作用。

侧石与平石共同构成路面排水边沟，侧石与平石的线形确定了车行道的线形，平石的平面宽度属车行道范围。

4. 附属设施

附属设施的主要内容，见表 1-1。

表 1-1 附属设施的内容

| 项目 | 内容 |
| --- | --- |
| 排水设施 | 包括为路面排水的雨水进水井口、检查井、雨水沟管、连接管、污水管的各种检查井等 |
| 交通隔离设施 | 包括用于交通分离的分车岛、分隔带、隔离墩、护栏和用于导流交通和车辆回旋的交通岛和回车岛等 |
| 绿化 | 包括行道树、林荫带、绿篱、花坛、街心花园的绿化，为保护绿化设置的隔离设施 |
| 地面上杆线和地下管网 | 包括雨污水管道、给水管道、电力电缆、煤气等地下管网和电话、电力、热力、照明、公共交通等架空杆线及测量标志等 |
| 其他 | 附属设施还包括路名牌、交通标志牌、交通指挥设备、消火栓、邮筒以及为保护路基设置的挡土墙、护栏、护坡以及停车场、加油站等 |

# 第二节 城市道路系统与分类

## 一、城市道路系统

城市道路系统是城市辖区范围内各种不同功能道路，包括附属设施有机组成的道路体系。

城市道路系统的功用不仅是把城市中各个组成部分有机地联结起来，使城市各部分之间有便捷、安全、经济的交通联系，同时它也是城市总平面布局的骨架，对城市建设发展是否经济合理起着重要作用。

城市道路系统一般包括：城市各个组成部分之间相联系、贯通的汽车交通干道系统和各分区内部的生活服务性道路系统。

城市内的道路纵横交织，组成网络，所以城市道路系统又称为城市道路网。常用的道路网大体上可归纳为4种形式：方格式、放射环形式、自由式、混合式。

1. 方格式道路网

方格式道路网又称棋盘式道路网，是道路网中一种常见的形式。方格式道路网划分的街坊用地多为长方形，即每隔一定距离设一干路及干路间设支路，分为大小适当的街坊。其优点是街坊整齐，便于建筑物布置，道路定线方便；交通组织简单便利，系统明确，易于识别方向等。方格式道路网的缺点是对角线两点间的交通绕行路程长，增加市内两点间的行程。

2. 放射环形式道路网

放射环形式道路网，是国内外大城市和特大城市采用较多的一种形式。放射环形式道路网以市中心为中心，环绕市中心布置若干环形干道，联系各条通往中心向四周放射的干道，其优点是中心区与各区以及市区与郊区都有短捷的道路联系，道路分工明确，路线曲直均有，较易适应自然地形。放射环形式道路网的缺点是容易把车流导向市中心，造成市中心交通压力过重。

3. 自由式道路网

自由式道路网往往是结合地形布置，路线弯曲，无规则的几何图形。此种道路网适用于自然地形条件复杂的城市。其优点是能充分利用自然地形节省道路建设投资，形式自然活泼。自由式道路网的缺点是不规则街坊多，影响建筑物的布置，路线弯曲不易识别方向。我国青岛、重庆等城市的道路网即属于自由式道路网。

4. 混合式道路网

混合式道路网是结合城市的条件，采用几种基本形式的道路网组合而成；目前不少大城市在原有道路网基础上增设了多层环状路和放射形出口路，形成了混合式道路网。混合式道路网，既有前述几种形式道路网的优点，也能避免它们的缺点，如北京、上海、天津、沈阳、武汉、南京等均属这种道路网。

**二、城市道路的分类**

城市道路就其在城市道路网中的地位、交通功能以及对建筑物服务功能的不同，我国《城市道路规范》将城市道路分为4类10级，即快速路（一般为汽车专用路）、主干路（指全市性干道）、次干路（指地区性或分区干道）、支路（指居住区道路与连通路）4类（见表1-2），除快速路外的每类道路按所在城市的规模、设计交通量、地形等的不同又分为3级，4类共10级。

表1-2　城市道路的分类

| 类别 | 内容 |
|------|------|
| 快速路 | 快速路系为较高车速较长距离而设置的道路。快速路对向车道之间应设中间带以分隔对向交通，当有自行车通行时，应加设两侧带。快速路的进出口应采取全控制或部分控制，快速路与高速公路、快速路、主干路相交时，都必须采用立体交叉，与交通量很小的次干路相交时，可近期采用平面交叉，但应为将来建立体交叉留有余地，与支路不能直接相交，在过路行人较集中地点应设置人行天桥或地道 |
| 主干路 | 主干路是构成道路网的骨架，是连接城市各主要分区的交通干道。以交通功能为主，宜采用机动车与非机动车分流形式，一般均为三幅路或四幅路，主干路的两侧不宜设置吸引大量车流、人流的公共建筑物的进出门 |
| 次干路 | 次干路是城市的交通干道，兼有服务功能，次干路辅助主干路构成城市完整的道路系统，沟通支路与主干路之间的交通联系，因此起联结城市各部分与集散交通的作用 |
| 支路 | 支路是联系次干路之间的道路，个别情况下亦可沟通主干路、次干路。支路是用于居住区内部的主要道路，也可作为居住区及街坊外围的道路，主要作用是供区域内部交通使用，除满足工业、商业、文教等区域特点的使用要求外，尚应满足群众的使用要求，在支路上很少有过境车辆行驶 |

# 第三节　城市交通对道路的基本要求

## 一、汽车行驶对道路的要求

汽车在道路上行驶的要求是安全、迅速、经济、舒适，其中行车安全是基本前提，同时对汽车运输，力求做到行车迅速、运价低廉、乘客感到平稳舒适。为达到这些行车要求，道路运营中必须满足以下基本要求：

（1）保证汽车在道路上行驶的稳定性。合理地设置弯道；车轮与路面有足够的附着力。

（2）保证行车畅通。有足够的通行宽度和高度（净空）；有足够的行车安全视距；消除、限制或调节交叉性的交通。

（3）提高行车速度和汽车周转率，减少燃料和轮胎的消耗，对道路的平面和纵断面做出合理的布局；为满足行车舒适要求，应保持路面的平整粗糙，在道路两旁有绿化和适当的雕塑艺术处理。

## 二、汽车行驶的稳定性

道路受地形、地物、地质和建筑物等条件的限制，需要恰当地调整。在纵向设置合理的上下坡；在平面上改变路线方向，产生转折的点，该曲线段称为路线转折点（IP）。为适应行车的需要，采用圆曲线形式与直线段连接，称为平曲线。

汽车行驶的稳定性是指汽车行驶时保证不翻车、不倒溜、不侧滑，汽车行驶在坡道上能抵抗纵向倾覆和侧向滑移的能力。

## 三、行车视距

为了行车安全，道路应保证驾驶人员在一定的距离内能清楚地看到前面道路，以便遇到障碍物或迎面驶来的其他车辆时能及时采取措施或绕越障碍物，这个必不可少的最短距离，称为安全行车视矩，简称安全距离。

两辆相向行驶的汽车相互发现后，已无法或来不及错车的情况下，双方采取制动刹车保证安全所必需的最短距离，称为会车视矩。

视距长度的依据是以设计行车速度、驾驶人员发现障碍物至采取措施的时间和车辆仍继续行驶的距离。驾驶人员制动刹车直至车辆完全停下来的距离，以及车辆停止后与前方障碍物必须保持的安全距离等组成停车视距，见表1-3。

表 1-3　城市道路最小停车、会车视距参考值

| 道路类别 | 最小安全视距（m） | | 道路类别 | 最小安全视距（m） | |
|---|---|---|---|---|---|
| | 停车视距 | 会车视距 | | 停车视距 | 会车视距 |
| 城市快速路<br>主干路 | 100～125<br>75～100 | 200～250<br>150～200 | 次干路<br>支路 | 50～75<br>25～30 | 100～150<br>50～60 |

## 四、通行能力和交通量

在城市道路上人流与车流的组成非常复杂，交通运输工具的类型也很多，如公共汽车、载重车辆、无轨电车、出租汽车、摩托车、自行车等。作为城市交通基础之一的城市道路应为人、货、车很好地解决任其流动的问题，提供安全、舒适方便、经济而又快速的交通条件，提高道路的通行能力。

一条道路上的车辆通行能力是以一条车道为单位来计算的。理论上计算一个车道的通行能力，是假定车辆保证一定车速，车辆与车辆之间最小的安全距离，一辆随着一辆连续行驶，在这样的情况下，每小时能通过的最大车辆数，即是一个车道

的理论通行能力。

必须指出，在城市道路上妨碍行车的因素很多，车辆不可能持续不断地、均匀地行驶，且速度及交通量也在不停地变化，所以理论交通量的计算值比实际的通行车辆数要大，理论交通量只是一个参考数值。

交通量一般是以车辆/小时（人/小时）或辆/日（人/日）表示。一日中某一小时通过最大的车辆数或行人数，则称为高峰小时的车流量或人流量。

# 第四节　城市道路的构造

## 一、路基、路面的作用与基本要求

路基是路面的基础，一般由自然土层所构成。为了保证各类车辆在路上的行驶安全与通畅，要求路基具有足够的密实度、强度和稳定性，从而能为路面的强度和平整度提供有力可靠的支承。

有了坚实牢固的路基，才能保证路面、路肩的稳固，才不致在车辆行驶荷载作用和自然因素影响下，发生松软、变形、沉陷、坍塌，所以路基也是整个道路的基础。

路面是专指为各类车辆，在规定车速、载重下，安全、平稳、通畅行驶的部分。它是用坚固、稳定的材料直接铺筑在路基上的结构物。路面工程是道路建设中的一个重要组成部分，它的技术性能好坏直接影响行车速度、安全和运营经济。因此，路面应具有足够的强度、刚度、耐久性、稳定性和平整度，并保持足够的表面粗糙度，少尘或无尘。

## 二、土路基的强度和稳定性

路基品质的好坏主要取决于它的强度和稳定性。

路基的强度是指在车辆行驶荷载反复作用下，对通过路面结构层传布下来的车轮压力及相应产生的垂直变形的抵抗能力。一般要求路基应承受这种压力而不产生超过容许限度的变形，从而给路面强度和平整度以足够支持。

路基的稳定性是指在外界自然因素变动作用影响下，路基强度能保持相对稳定，从而在最不利地质、水文与气候条件下，仍能保持一定强度，使由行车荷载引起的路基变形不超过容许极限的能力。

当填方路段经过水文条件不良且经常潮湿的地带时，为了保证路基具有足够的强度，力求路基荷载应力工作区在最不利季节能处于干燥或中湿状态，应适当提高路基高程设计线，以保证路槽底或路基的路肩边缘距离地下水位和地表积水有相应的最小必要高度。此最小高度因自然区划、土料的不同而有不同数值，通常称为路基的临界高度。

路基的最小填土高度是指路基顶面边缘距原自然地面的最小高度。为利于排水，干燥路基最小填土高度：砂性土为 0.3 ~ 0.5m；黏性土为 0.4 ~ 0.7m，粉性土为 0.5 ~ 0.8m。

### 三、路基土的分类及性质

路基土的分类是根据粗细颗粒的组成和物理力学性质按统一分类法进行的，一般分为巨粒土、粗粒土、细粒土和特殊土。

（1）巨粒土、粗粒土均可填筑路基，但应注意填方的密实程度，以防空隙过大而造成路基内积水，粗细粒料局部集中造成不均匀，引起沉陷或松散等病害。

（2）砂性土透水性强，毛细作用小，强度和水稳定性好，是比较理想的路基材料。

（3）粉性土含粉土细粒多，吸水能力很强，浸水后易成流动状态，干时易压碎，不宜作为路基用土；黏性土中细颗粒含量多，透水性很差，干时坚硬，不易挖掘，浸水后黏性土能较长时间保持水分，因而承载力较小。对于黏性土的路基只要控制好土的含水量，充分压实后也能达到路基的强度和稳定性。

总之，土作为路基建筑材料，砂性土最优，黏性土次之，粉性土属不良材料，最容易引起路基病害。

### 四、路面结构层

行车荷载和自然因素对路面的影响随深度的增加而逐渐减弱。因此，对路面材料的强度、抗变形能力和稳定性的要求也随深度的增加而逐渐降低。为了适应这一特点，路面结构通常是分层铺筑的，按照使用要求、受力状况、土基支承条件和自然因素影响程度的不同，分为若干层次。通常按照各个层位功能的不同，划分为三个层次，即面层、基层和垫层。

1. 面层

面层是直接同行车和大气接触的表面层次，它承受较大的行车荷载的垂直力、水平力和冲击力的作用，同时还受到降水的侵蚀和气温变化的影响。因此，同其他层次相比，面层应具备较高的结构强度、抗变形能力、较好的水稳定性和温度稳定性，而且应当耐磨、不透水，其表面还应有良好的抗滑性和平整度。

修筑面层所用的材料主要有水泥混凝土、沥青混凝土、沥青碎（砾）石混合料、砂砾或碎石掺土或不掺土的混合料以及块料等。

2．基层

基层主要承受由面层传来的车辆荷载的垂直力，并扩散到下面的垫层和土基中去。实际上基层是路面结构中的承重层，它应具有足够的强度和刚度，并具有良好的扩散应力的能力。基层受到大气因素的影响虽然比面层小，但是仍然有可能经受地下水和通过面层渗入雨水的浸湿，所以基层受力结构应具有足够的水稳定性。基层表面虽不直接供车辆行驶，但仍然要求有较好的平整度，这是保证面层平整性的基本条件。

修筑基层的材料主要有各种结合料（如石灰、水泥或沥青等）稳定土或稳定碎（砾）石、贫水泥混凝土、天然砂砾、各种碎石或砾石、片石、石块或圆石，各种工业废料（如煤渣、粉煤灰、矿渣、石灰渣等）和土、砂、石所组成的混合料等。

3．垫层

垫层介于土基与基层之间，它一方面的功能是改善土基的湿度和温度状态，以保证面层和基层的强度、刚度和稳定性不受土基水温状况变化所造成的不良影响；另一方面的功能是将基层传下的车辆荷载应力加以扩散，以减小土基产生的应力和变形。同时也能阻止路基土挤入基层中，影响基层结构的性能。

修筑垫层的材料强度要求不一定高，但水稳定性和隔温性能要好。常用的垫层材料分为两类，一类是由松散粒料，如砂、砾石、炉渣等组成的透水性垫层；另一类是用水泥或石灰稳定土等修筑的稳定类垫层。

## 五、路面的等级与分类

1．路面等级划分

通常按路面面层的使用品质、材料组成类型以及结构强度和稳定性，将路面分为 4 个等级，见表 1-4。

表 1-4　路面面层类型及所适用的公路等级

| 路面等级 | 面层类型 | 所适用的公路等级 |
|---|---|---|
| 高级 | 水泥混凝土、沥青混凝土、厂拌沥青碎石、整齐石块或石条 | 高速、一级、二级 |
| 次高级 | 沥青贯入碎（砾）石、路拌沥青碎（砾）石、沥青表面处治、半整齐石块 | 二级、三级 |
| 中级 | 泥结或级配碎（砾）石、水结碎石、不整齐石块、其他粒料 | 三级、四级 |
| 低级 | 各种粒料或当地材料改善土，如炉渣土、砾石土和砂砾土等 | 四级 |

2. 路面分类

路面类型可以从不同角度来划分，但是一般都按面层材料区别，如水泥混凝土路面、沥青路面、砂石路面等。但是在工程设计中，主要从路面结构的力学特性和设计方法的相似性出发，将路面划分为柔性路面、刚性路面和半刚性路面三类。

柔性路面主要包括各种未经处理的粒料基层和各类沥青面层、碎（砾）石面层或块石面层组成的路面结构。

刚性路面主要指用水泥混凝土做面层或基层的路面结构。

用水泥、石灰等无机结合料处治的土或碎（砾）石及含有水硬性结合料的工业废渣修筑的基层，称为半刚性基层。这种基层和铺筑在它上面的沥青面层统称为半刚性路面。

### 六、路面基层

1. 级配碎（砾）石基层

级配碎（砾）石是以大小不同的碎（砾）石等材料，按一定的比例配合，逐级填充空隙，并借黏土结合而成。

级配路面的结构型式可采用单层或双层，单层结构多用于近期交通量很小和土基较稳定的路段上。面层的最小压实厚度不得小于 5cm，直接铺在砂层上的厚度不应小于 12cm。当超过 12cm 时，应分两层施工，下层厚度为总厚的 60%，上层为总厚的 40%。

基层和面层的作用不同，对材料的要求也有所不同。作为直接行驶车辆的面层，组成的级配材料可用稍细的颗粒，黏土的塑性指数可取 15 以上，在缺少黏性土地区也可采用塑性指数不低于 10 的材料。作为承重和扩散轮压应力作用的基层，应考虑提高强度和水稳定性，所以组成的级配材料可用粗一些的颗粒，土的含量和塑性指数以低一些为宜，一般塑性指数可采用 10 ~ 15。

2. 工业废渣基层

在道路上使用的废渣主要有煤渣、水淬渣、高炉渣、粉煤灰等，其中粉煤灰是燃煤发电厂的废渣，应用较为普遍。由于此类材料填筑的基层其工作特性随时间增长而不断增加强度，因此属于半刚性基层，是沥青路面基层的一种良好形式。

通常把各种炉渣与石灰下脚料掺合使用称为"二渣"，如在其中加碎（砾）石则称为"三渣"。如果再在二渣和三渣中掺入黏性土、粉性土，则又称为二渣土、三渣土。

"二渣"中由煤渣充当集料，细粒填充空隙，石灰起填充和黏结作用，使混合料密实并有一定的早期强度。煤渣以有大小颗粒相杂，略具级配者为佳，但其中大于 40mm 颗粒，在行车荷载作用下易于破碎，应筛除或打碎，细颗粒可稍多一些，因细粒活性大，对组成材料的后期强度有利。煤渣中的未燃烧尽的煤块，不利于形成水硬性物质，应不超过 20%。

三渣是在"二渣"中掺入碎（砾）石集料，提高混合料的早期强度。三渣层厚度在干道为 30 ~ 35cm，常用配比为石灰∶粉煤灰∶碎石 =0.1∶0.4∶1.0（重量比），混合料的最佳含水量为 25% ~ 35%。

3. 水泥稳定砂砾碎石基层

在天然砂砾中，掺入水泥和水，经拌和、压实及养生而成的基层，称为水泥稳定砂砾基层。

要求组成材料中砂砾应符合一定的级配标准，水泥应选用终凝时间较长的，宜在 6h 以上。经济水泥掺用剂量一般为 5% 左右，最佳含水量为 6% 左右（重型击实），水可取用一般饮用水。

用天然砂砾级配做成的基层，抗剪能力低，对荷载分布的能力也差，故易引起路面损坏，但由于掺入水泥由级配型变成整体型，稳定性和强度均有较大提高，因此适宜于各种气候环境和水文地质条件，还具有抗干缩、抗温缩能力，可减轻横向裂缝的产生，可用在高等级道路上。

### 七、沥青混凝土路面

1. 特点

柔性路面是由具有黏性、弹塑性的结合料和颗粒矿料组成的路面，这种路面的特点是抗弯强度很小，主要依靠抗压、抗剪强度来抵抗车辆荷载作用。柔性路面的破坏，取决于荷载作用下的极限垂直变形和水平弯拉应变。

柔性路面基本是多层结构，但由于使用要求、各地自然情况、土基条件、各结构层的作用和受力特点以及材料性能上的差异，各种路面的结构层次可以不同，而每一结构层也可由具有不同特性的材料组成，其厚度也可不一样。

沥青混凝土路面是一种常见的柔性路面形式。

沥青混凝土是由不同大小颗粒的石料（包括卵石）、石屑（砂）、石粉等，以沥青材料作为结合料，按合理的配合比，经工厂或工地加热拌制而成的混合料，这种混合料送到现场铺筑而成的路面称为沥青混凝土路面。沥青混凝土路面具有高强度和较大的抵抗自然因素的能力，适应现代高速交通，能承受每昼夜 3000 辆以上的交通量，使用寿命一般可达 15 ~ 20 年。

2. 分类

按摊铺层数沥青混凝土路面可分为一层式和二层式两种。在二层式中下层主要是用以增大面层的强度，并用以整平基层以及保证面层之间有良好的结合性，避免滑动。

沥青混凝土按所用石料的最大粒径尺寸可分为：粗粒式（最大粒径尺寸35mm），中粒式（最大粒径尺寸25mm），细粒式（最大粒径尺寸15mm），沥青砂（最大粒径尺寸5mm）。

按混合料铺筑时的混合料温度而分，有热拌热铺和热拌冷铺两种。

3．技术指标

加工拌和成的沥青混凝土，应该具有足够的强度、稳定性与耐久性。沥青混凝土路面施工前必须进行混合料组合设计，常见技术指标有击实次数、稳定度、流值、空隙率、沥青饱和度、残留稳定度等。

**八、水泥混凝土路面**

水泥混凝土路面是由水泥、钢筋、碎石、砂和水按一定比例进行不同组合、配比，经拌和、浇捣、硬化而形成的。

水泥混凝土路面包括素混凝土路面、钢筋混凝土路面、连续配筋混凝土路面和预应力混凝土路面等。

素混凝土路面指混凝土板除接缝区和局部范围（如角隅和边缘）外不配置钢筋的水泥混凝土路面。

1．水泥混凝土路面的优缺点

优点：强度高，稳定性好，耐久性好，养护费用少，有利于夜间行车等。

缺点：水泥和水的需要量大，有接缝，开放交通较迟，修复困难，施工前准备工作较多。

2．水泥混凝土材料

水泥是混凝土产生强度的主要来源。选择水泥强度等级时应与混凝土的设计强度等级相匹配，一般取水泥强度等级为混凝土强度等级的1.5 ～ 2.0倍。

砂是水泥混凝土中的细集料，有天然砂和人工砂两种。天然砂又可分为河砂、海砂、山砂。人工砂由碎石筛选后而得到。混凝土中的砂要求颗粒具有锐角、表面粗糙、清洁、较合理的级配、有害杂质含量少等条件，通常采用河砂。

碎石是混凝土中的粗集料（粒径大于5mm），常用的有碎石和卵石两种。碎石是由天然硬质岩石乳碎并筛分而得。卵石按产地不同分为河卵石、海卵石和山卵石。

在拌和、养护水泥混凝土时，通常使用饮用的自来水和洁净的天然水。在钢筋混凝土和预应力混凝土结构中，不得用海水拌和。

3. 构造组成

水泥混凝土路面面层按荷载应力分析应采用中间薄两边厚的形式，但考虑到这样将给基层施工带来不便，目前都采用等厚度的面层断面。

面层所需厚度按路上交通的繁重程度由计算确定，但其最小厚度不得小于18cm。水泥混凝土路面受气温影响较大，当板块很大时，由于热胀冷缩产生过大的温度应力会导致混凝土板的破坏，因此必须设置垂直相交的纵向和横向接缝，将混凝土面层划分为较小的矩形板块。

（1）纵缝构造

纵缝可分为纵向缩缝与纵向施工缝。板的纵缝必须与道路中线平行。纵向缩缝间距即板的宽度，当一次铺筑宽度大于4.5m时，应设置纵向缩缝。板的宽度可按路面总宽、每个车道宽度以及板厚而定，可采用3.5m、3.75m，最大为4.0m。纵向缩缝采用假缝形式，并且在板厚中央设置拉杆。

当一次铺筑宽度小于路面宽度时，应设置纵向施工缝。纵向施工缝可分为平缝和企口缝。纵缝内宜加设拉杆。

（2）横缝构造

横缝可分为胀缝、横向缩缝和横向施工缝。横缝应与纵缝垂直布置，且相邻板块的横缝应对齐，不得错缝。

设置胀缝的目的是为混凝土面层的膨胀提供伸长的余地，从而避免产生过大的热压应力。在膨胀处混凝土板完全断开，故称为真缝。从施工和使用上考虑，胀缝宜尽量少设或不设。膨胀处宜设置滑动传力杆，传力杆平行于板面及路中心线。在临近桥梁或其他固定构筑物或与其他道路相交处应设置胀缝。

横向缩缝间距即板的长度，板长应根据当地气象条件、板厚、路基稳定状况和经验确定。一般认为，板长应是板厚的25倍左右，故板长一般为4~5m，最大不得超过6m。而且板的宽长比以1:1.3为宜。缩缝采用假缝形式，缝宽3~8mm，缝深1/5~1/4板厚，板下部混凝土仍连在一起。横向缩缝处一般不设传力杆。

每日施工终了或遇浇筑混凝土过程中因故中断时，必须设置横向施工缝。其位置宜设在缩缝或胀缝处。胀缝处的施工缝同胀缝施工，缩缝处的施工缝应采用传力杆的平缝形式。

# 第五节　道路工程施工

## 一、道路施工准备工作

1. 组织准备

为了使工程全面开展后能顺利地按计划进行。主要是建立和健全施工组织管理机构，制定施工管理制度，明确施工任务，组织人力确立施工应达到的目标等。

（1）组建施工组织机构（项目经理部）

项目经理部的机构设置应根据项目的任务特点、规模、施工进度、规划等方面条件确定，施工项目经理部的设置和人员配备，要根据项目的具体情况而定，一般应设置几个部门。

（2）组建专业施工队伍

选择施工班组。路面施工中，面层、基层和垫层除构造有变化外，工程量基本相同。因此，我们便可以根据不同的面层、基层、垫层，不同的工作内容选择不同的施工队伍，按均衡的流水作业施工。

劳动力的调配。劳动力的调配一般应遵循这样的规律：开始时调少量工人进入工地做准备工作，随着工程的开展，陆续增加工作人员；工程全面开展时，可将工人人数增加到计划需要量的最高额，然后尽可能保持人数稳定，直到工程部分完成后，逐步分批减少人员，最后由少量工人完成扫尾工作。尽可能避免工人数量骤减、骤增现象的发生。

2. 物资准备

（1）材料

编好材料预算，提出材料的需要量计划及加工计划；根据施工平面图安排和落实材料的堆放和临时仓库设施；组织材料的分批进场；组织材料的加工准备，尽可能集中加工。

（2）机具

根据工程需要、工程量大小及施工进度，配备足够数量且有效的施工机械、设备及工具。机械设备要配套选择，以便充分发挥机械设备的性能，要保证机械设备的正常操作使用。

（3）劳保生活用品

工地人员的食宿位置、办公地点、房舍区域及生活必需设备、安全及劳动防护用品等的准备。

3．技术准备

（1）图纸会审、技术交底

图纸会审、技术交底是基本建设技术管理制度的重要内容。工程开工前，在总工程师的带领下集中有关技术人员仔细审阅图纸，将不清楚或不明白的问题汇总通知业主、监理及设计单位及时解决。对所有控制点、水准点进行复核，与图纸有出入的地方及时与设计人员联系解决，然后进行施工测量、施工放样。工程开工后，对每一道工序由工程施工项目技术负责人向施工人员及作业班组交底，讲清设计意图、工程特点、相关技术规程、规范要求、施工难点和重点以及采取的技术和安全措施。

（2）调查研究、收集资料

市政工程涉及面广，工程量大，影响因素多，所以施工前必须对所在地区的特征和技术经济条件进行调查研究，并向设计单位、勘测单位及当地气象部门收集必要的资料。主要包括以下几个方面：

①有关拟建工程的设计资料：技术设计资料和设计意图；测量记录和水准点位置；原有各种地下管线位置等。

②各项自然条件的资料：气象资料和水文地质资料等。

③当地施工条件资料：当地材料价格及供应情况；当地机具设备的供应情况；当地劳动力的组织形式、技术水平；交通运输情况及能力等资料。

（3）编制施工组织设计

施工组织设计是施工前准备工作的重要组成部分，它对指导现场准备工作，全面部署生产活动，能否全面完成施工生产任务起着决定性作用。因此，在施工前必须收集有关资料，编制施工组织设计。施工组织设计由施工方案、施工进度计划、劳力安排计划、材料机具供应计划、施工现场平面布置图、质量计划、安全措施、文明施工措施和环境保护措施等内容组成。

1）施工组织设计的特点

路基、路面工程要用许多材料混合加工，因此道路的施工必须和采掘、加工与储存这些材料的基地工作密切联系。组织道路施工时还应考虑混合料拌和站的情况，包括拌和站的规模、位置等。

在设计道路施工进度时，必须考虑道路施工的特殊要求。例如，沥青类路面不宜在气温过低时施工，这就需要在温度相对适宜的时期施工。

道路施工的工序较多，合理安排工序间的衔接是关键。垫层、基层、面层以及隔离带、路缘石等工序的安排，在确保养生期要求的条件下，应按照自下而上、先附属后主体的顺序进行。

2）道路施工组织设计的编制程序

根据设计路面的类型，进行现场勘测与选择，确定材料供应范围及加工方法；选择施工方法和施工工序；计算工程量；编制流水作业图，布置任务，组织工作班组；编制工程进度计划；编制人、料、机供应计划。

（4）编制施工预算

施工预算是施工单位内部编制的预算，是单位工程在施工时所需人工、材料、施工机械台班消耗数量和直接费的标准，以便有计划、有组织地进行施工，从而达到节约人力、物力和财力的目的。其内容主要包括编制说明书和工程预算书。

4．现场准备

（1）工程开工前，必须派遣人员提前进入现场，做好以下工作：①线路复测、查桩、验桩；②组织施工材料及机具进场；③做好季节性的施工准备；④如遇旧路改造、拆迁，要以人为本，依据政策和法规办事；⑤根据施工现状，在不影响道路、管道施工以及水、电、热供应方便的地区较宽处搭建施工管理用临时设施（或租赁现房）；⑥合理建好施工便线，做好交通方案，注意施工和交通安全；⑦为了保证工程用水、电和生活用水、电的需要，还要修建临时的给水、用电设施。

（2）路基、路面的施工均为露天作业，受季节变化的影响很大，为使工程施工能保证质量、按期开工，必须做好以下准备工作：①冬期施工的准备工作；②雨期施工的储备工作；③高温季节要做好降温防暑工作。

5．外部协作准备

签订工程合同，填报开工报告，办好施工许可证，申请接电接水，召开水、电、煤、交通等管线配合协调会议。

6．其他准备工作

施工前必须储备正常使用的水泥、砂石料，备齐道路施工机具与工具。还必须对机械设备、测量仪器、基准线或模板、机具、工具及各种试验仪器等进行全面检查、调试、校核、标定、维修和保养。

## 二、路基施工

1．路基施工程序

（1）施工测量

从道路路线勘察到正式动工要隔一段时间，标桩难以保存完整，所以在开工前要进行施工测量。施工测量内容：一是中线的复测和固定；二是路线高程复测与水准点的增设。路基放样在原地面上标定出路基边缘、路堤坡脚及路堑堑顶、边沟等具体位置，根据横断面设计的具体尺寸，标定中线桩的填挖高度，并将横断面上的特征点位置在实地定出来，便于施工。

（2）修建小型构筑物与埋设地下管线

小型构筑物（小桥、涵洞、挡土墙、盲沟等）和地下管线是城市道路路基中必不可少的部分。小型构筑物可与路基（土方）同时进行，但地下管线必须遵循"先地下，后地上""先深后浅"的原则来完成，以利于路基工程不受干扰地全线展开。修筑排除地面水和地下水的设施，为土、石方工程施工创造条件。

（3）路基（土、石方）工程

该项工程是整个路基工程的主体工程，包括开挖路堑、填筑路堤、整平路基、压实路基、修整边坡、修整路肩、修建排水沟渠及防护加固工程等。

（4）质量检查与验收

路基工程竣工检查与验收应按竣工验收规范要求进行，其检查与验收的项目主要包括：路基及有关工程的位置、标高、断面尺寸、压实度或砌筑质量等，要求其应满足容许误差的范围，凡不符合要求的工程应分析原因，并采取相应的措施予以纠正，必要时返工重建。

2. 路基施工方法

（1）填筑路堤

原地面标高低于设计路基标高时，需要填筑土方，以形成填方路基。为了保证路堤的强度和稳定性，在填筑路堤时，要处理好基底，保证必需的压实度及正确选择填筑方案。

1）基本要求

用透水性良好的材料（如碎石、卵石、砾石、粗砂等）填筑路堤时，可不受含水量限制，但应分层填筑压实。用透水性不良及不透水的土填筑路堤时，需要使其含水量接近最佳含水量时方可进行压实。路基填料粒径应符合有关规定；路基填土不得使用腐殖土、生活垃圾土、淤泥、冻土块和盐渍土。填土内不得含有草、树根等杂物，粒径超过10cm时应打碎；排除原地面积水，清除草、树根、杂草、淤泥等，妥善处理坟坑、井穴；填方高度内的管涵顶面回填30cm以上才能用压路机碾压；填土到最后一层时，应按设计断面、高程控制土方高度，并及时碾压调整。

2）基底的处理

路堤基底是指土石填料与原地面的接触部分。为使两者结合紧密，防止路堤沿基底发生滑动，或路堤填筑后产生过大的沉陷变形，则可根据基底的土质、水文、坡度和植被情况及填土高度采取相应的处理措施。

密实稳定的土质基底。当地面的横坡度不陡于1∶10，且路堤高度超过0.5m时，基底可不做处理，路堤高度低于0.5m的地段，应将原地面草皮等杂物清除。地面横坡为 1：10 ~ 1：5 时需铲除草皮、杂物、积水和淤泥。当地面横坡度陡于 1：5 时，在清除草皮、杂物后，还应将原地面挖成台阶，台阶宽度不小于 1m，高度为 0.2 ~ 0.3m。台阶顶面做成向内倾斜 2% ~ 4% 的斜坡。若为砂质土斜坡，则不宜挖台阶，只要把土层翻平即可。

覆盖层不厚的倾斜岩基底。当地面横坡度为 1：5 ~ 1：2.5 时，需挖除覆盖层，并将基岩挖成台阶。当地面横坡度陡于 1：2.5 时，应进行个别设计，特殊处理，如设置护脚或护墙。

耕地或松土基底。当地面横坡度缓于 1：5 时，若松土厚度不大，需将原地面夯压密实再填土；若松土厚度较大，将松土翻挖至紧密层，再分层填筑夯实。对于水田、池塘或洼地需先采取将基底疏干、铲除淤泥、换土等措施，将基底加固后再行填筑。

3）填料选择

为保证路堤的强度和稳定性，应尽可能选择当地稳定性良好的土石做填料。

4）填料压实

填料压实是保证路堤填筑质量的关键，必须充分重视，有关压实的理论与要求将在后面叙述。

5）填筑方法

分层填筑法。路堤填筑必须考虑不同的土质，从原地面逐层填起并分层压实，每层填土的厚度可按压实机具的有效压实深度确定。分层填筑法又可分为水平分层填筑和纵向分层填筑两种。

水平分层填筑是按照横断面全宽分成水平层次，逐层向上填筑。如原地面不平，应由最低处分层填起，每填一层经过压实后再填下一层；纵向分层填筑在原地面纵坡大于 12% 的地段，可采用纵向分层法施工，沿纵坡分层，每层填压密实。

挖台阶填筑法。地面横坡度陡于 1：5 时，原地面应挖成台阶（台阶宽度不小于 1m），并用小型夯实机加以夯实。填筑应由最低一层台阶填起，并分层夯实，然后逐台向上填筑，分层夯实。

6）不同土质混合填筑规则

不同性质的土填筑路堤时，应分层填筑，层数应尽量减少，每层总厚度应大于 0.5m。不得混杂乱填，以免形成水囊或滑动面；透水性较小的土（黏性土）填筑路堤下层时，其顶面应做成 4% 的双向横坡，以保证来自上层透水性大的填土层的水分及时排出；路堤表面不宜被透水性差的土层封闭，以利水分的蒸发和排除；凡是因潮湿及冻融而体积变化的优良土应填在上层，强度（变形模量）较小的应填在下层。

7）桥头及涵洞填土

为防止不均匀沉陷，应选择透水性好的砂性土填筑。桥台后面填土应与锥坡填土同时进行，轻型桥台填土应在桥两端同时进行。涵洞两侧应水平分层对称地向上填筑，分层夯实，每层的松铺厚度不得超过 20cm。

8）地下排水等管道填土

严禁带水覆土，大于 10cm 的石料等硬块应剔除，大的泥块应打碎。若管道敷设后，即需铺设高等级路面，则在管道两侧及管顶以下 50cm 范围内，均匀回填粗砂，洒水振实拍平，其干重度不应小于 $16kN/m^3$。管顶 50cm 以下的直至路面基层底范围内，应采用砾石与原状土间隔回填，并分层夯实。对全原土回填，管道两侧胸腔部位密实度应达到轻型击实 ≥ 90%，管顶以下 50cm 以内密实度应 ≥ 85%，管顶以上 50cm 至地面密实度应达到 85%。

（2）路堑开挖

1）路堑开挖方式

横挖法。横挖法是指按路堑整个横断面从其两端或一端进行挖掘的方法，适用于短而深的路堑。掘进时逐段成型向前推进，运土由反方向送出。为了增加工作面，所加台阶高度视工作便利与安全而定，一般为 1.5 ~ 2.0m。挖掘时上层在前，下层随后，下层施工面上应留有上层操作的出土和排水通道。

纵挖法。纵挖法可分为分层纵挖法和通道纵挖法。

分层纵挖法沿路堑分为宽度及深度都不大的纵向层次挖掘。挖掘工作可用各式铲运机。在短距离及大坡度时可用推土机；在较长较宽的路堑可用铲运机，并配备运土机具进行工作。

通道纵挖法是先沿路堑纵向挖一通道，然后开挖两旁，如路堑较深可分几次进行，用此法挖路堑，可采用人力或机械挖掘。

混合式开挖法。对于特别深而长的路堑，土方量很大，为扩大施工操作面和加速施工，可采用上述两种方法的混合开挖，即先顺路堑挖通道，然后沿横向坡面挖掘，以增加开挖坡面。每一开挖坡面应容纳一个施工班组或一台机械。在较大的挖土地段可集中较多的人力和机具，沿纵横向通道同时挖土。挖方地段有含水层时，在挖掘该层土前，应设置好排水系统。若挖方路基位于含水较多以致翻浆的土层时，则应换以透水性良好的土，其厚度应不小于 0.8 ~ 1.0m，为换土所挖的凹槽底面应适当整平，并设纵向盲沟以利排水。

2）路堑开挖应注意的问题

不论采用何种方法开挖，均应保证开挖过程中及竣工后能顺利排水；路堑开挖需要土层分布及利用。如利用挖方填筑路堤时，应按不同的土层分层挖掘，以满足路堤填筑的要求；路堑挖出的土方除尽量用作填方外，余土应有计划地弃置，以不妨碍道路给排水和路堑边坡稳定为原则，并尽可能用于改地造田，美化环境；若填方路基位于含水较多、易导致翻浆的土层上（如粉性土），应换以透水性良好的土，其厚度应不小于 0.8 ~ 1.0m；注意边坡稳定，及时设置必要的支挡工程。

（3）土基压实

1）土基压实的意义

路基压实是指采用碾压设备（机具）对路基进行的人工压实。路基压实是为了提高路基土体的密实程度，降低填土的透水性，防止水分积聚和浸蚀，避免土基软化及因冻胀而引起不均匀的变形，并为减薄路面提供条件。因此，路基的压实是路基施工极其重要的环节，亦是提高路基强度与稳定性的根本措施之一。实践表明，土基的充分压实是提高路基路面质量最经济有效的技术措施之一。

2）影响压实的因素

影响路基压实效果的主要因素有土的含水量、碾压层厚度、压实机械的类型和功能、碾压遍数和地基的强度。

含水量对压实的影响。通过击实试验绘制的密实度（干密度）与含水量之间的关系曲线如图1-1所示。在一定压实工作条件下，密实度 $p_d$ 随含水量增加而增加。当含水量增大到 $\omega_o$ 时，密实度达到最大值 $p_{do}$，则 $p_{do}$ 称最大密实度，$\omega_o$ 为最佳含水量。若含水量再增加，$\omega$ 大于 $\omega_o$ 时，则密实度反而下降。

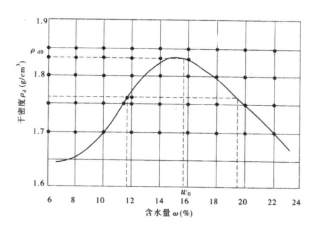

图1-1　密实度（干密度）与含水量之间的关系曲线

上述现象的产生是由于土中水分过少时（$\omega<\omega_o$），土粒间的润滑作用差，所做的压实功不足以克服土粒间的摩擦，土中的空气难以排除，土粒之间不能紧靠，因而难以达到最大密实度；当土中含水量 $\omega>\omega_o$ 时，由于水分过多，土粒被水膜包围而拉开距离，含水量越大，水膜越厚，密实度反而越低。只有当含水量为 $\omega_o$ 时，水分既提高了润滑力又不把土粒过分隔开，在同样压实功作用下，容易达到最大密实度。

由此可见，土在一定的压实功作用下，只有在最佳含水量时，才能达到最大密实度。

土质对压实的影响。试验表明：①各种土的最佳含水量和最大干密度是不相同的，但它们的击实曲线的性质是基本相同的；②土中粉粒和黏粒含量愈多，土的塑性指数愈大，土的最佳含水量就愈大，同时其最大干密度愈小，因此一般砂性土的最佳含水量小于黏性土的最佳含水量，而最大干密度则大于黏性土的最大干密度；③砂质粉土和粉质黏土的压实性能较好，而黏性土的压实性能较差。

压实功对压实的影响。试验表明，对于同类土，压实功增加，其最佳含水量减少，而最大密实度增加；当含水量一定时，压实功越大，则密实度越高。根据这一特性，在施工中，如果土的含水量低于最佳含水量，加水又有困难时，可采用增加压实功的办法来提高其压实度，即采用重碾或增加碾压次数。然而，用增加压实功的办法来提高土的密实度是有限的，当压实功增加到一定程度后，土的密实度增加较缓慢，在经济效益和施工组织上不够合理。相比之下，严格控制最佳含水量，要比增加压实功收效大得多。

压实机具、施工方法对压实度的影响。压实工具不同，压力传播的有效深度也不同。夯击式机具压实传播最深，振动式压路机次之，碾压式压路机最浅。同一种机具的作用深度在压实过程中不断变化，土体松软时压力传播较深，随着碾压次数增加，上部土层逐渐密实，土的强度相应提高，其作用深度也就逐渐减少。当压实机具的重量不很重时，荷载作用时间越长，土的密实度越高，但密实度的增长速度随时间而减少。当机具过重，以致超过土的强度极限时，会引起土体的破坏荷载越重，破坏时间越短。此外，碾压速度越高，压实效果越差。

3）含水量与强度、水稳定性的关系

当含水量很小时土层颗粒中保留有较多的空隙，在潮湿的条件下由于水的渗入，颗粒间摩阻力减小，密实度减低，强度也大大下降，这就是通常所说的水稳定性差。当土层在最佳含水量 $\omega_0$ 时进行压实，在潮湿条件下其强度的降低却不大，因为此时土粒被挤紧，土的孔隙减小，土粒所处的相对位置适当，相邻土颗粒表面的水膜交叠在一起，阻碍水在土中的移动，使水分不易渗入，因此强度损失较小，土的水稳定性最好。

根据上面的试验分析可以得出结论：①含水量是影响压实效果的决定性因素；②在最佳含水量时，容易获得最佳压实效果；③压实到最大密实度的土体水稳定性最好。

4）土基压实施工

土基压实标准。压实的唯一目的是使土基接近最大干密度标准，因此干密度是土基压实的重要标准，也是唯一指标。

为了便于检查和控制压实质量，土基的压实标准常用压实度来表示。所谓压实度，是指土压实后的干密度与该土的标准最大干密度之比，用百分率表示。按照标准击实试验法，土在最佳含水量时得到的干密度就是它的标准最大干密度。压实度用下式计算：

$$k = \frac{P_d}{P_o} \times 100\%$$

式中 $k$——压实度（％）；

$P_d$——压实土的干密度，g/cm³，

$P_o$——压实土的标准最大干密度，g/cm³。

压实施工需先确定压实度。正确选定压实度 $k$ 值，关系到土基受力状态，路基路面设计要求、施工条件必须兼顾需要与可能，讲究实效与经济。

压实机具选择。土基压实机具的类型较多，常用的压实机具可分为静力碾压式、夯击式和振动式三大类。静力碾压式包括光面碾（普通两轮或三轮压路机）、羊足碾和气胎碾三种。夯击机具有夯锤、夯板、风动夯及蛙式夯机等。振动机械有振动器、振动压路机等。此外，运土工具中的汽车、拖拉机等亦可用于路基压实。

不同的压实机具，对不同土质的压实效果不同，这是选择压实机具的主要依据。

一般情况下，对于砂性土，以振动式机具压实效果最好，夯击式机具次之，碾压式较差；对黏性土，则以碾压式和夯击式较好，而振动式效果较差甚至无效。此外，压实机具的单位应力不应超过土的强度极限，否则会立即引起土基破坏。一般土的含水量较小，土层厚度、压实度要求高时，应选择重型机具，反之，可选择轻型机具。工作面较大时可采用碾压机具，较窄时宜采用夯击机具。

压实工作组织。压实工作的组织以压实原理为依据，以尽可能小的压实功获得良好的压实效果为目的，压实工作应注意以下要点：填土层在压实前应先整平，可自路中线向路堤两边做2%～4%的横坡；压实机具应先轻后重，以适应逐渐增长的土基强度；碾压速度应先慢后快，以免松土被机械推走；压实机具的工作路线，应先两侧后中间，以便形成路拱，再从中间向两边顺次碾压。在弯道部分设有超高时，由低的一侧边缘向高的一侧边缘碾压，以便形成单向超高横坡。前后两次轮迹（或夯击）须重叠 15～20cm。压实时应特别注意均匀，否则可能引起不均匀沉陷；经常检查土的含水量，均应控制在该种土最佳含水量的 ±2% 以内压实，并视需要

采取相应措施。

5）含水量与密实度的目测

目测土层含水量时，可用手使劲捏土，如果能成团而不松散，轻敲后土又能散开，此时土的含水量大致符合要求；如果土捏成团敲不散，表明土太潮湿。目测土层的密实度，可注意观测压实后的轨迹，如轨迹已不明显，或下沉量微小，表明土层已基本密实；如轨迹还较明显或下沉量较大，则应继续压实。遇有土层表面松散，推挤时开裂或有回弹现象（称为弹簧土），则要翻挖土层，晒干再压或换土或掺拌石灰重新压实；对过干土均匀加水。

6）压实质量检查

土质路基施工前，采用中性击实试验方法测定拟用土料的最佳含水量和最大干密度。压实后，实测压实干密度和含水量，求得压实度，与规定的压实度对照，如未满足要求，应采取措施提高。

## 三、基层施工

1. 级配碎石层（底基层）施工

路面下管道施工全部完毕，经验收合格，基层填方全部合格或局部完成，并且路基高程、宽度及压实、平整度，弯沉检测合乎设计及规范要求。并经监理认可，路基工程检查合格、检验资料齐全后，碎石基层方可开工。

（1）准备工作

基层施工准备工程的具体内容，见表1-5。

表1-5　准备工作的内容

| 项目 | 内容 |
| --- | --- |
| 准备下承层 | 基层的下承层是底基层及其以下部分，底基层的下承层可能是土基，也可能包括垫层。下承层的表面应平整、坚实，具有规定的路拱，没有任何松散的材料和软弱地点。下承层的平整度和压实度应符合规范的规定。土基不论是路堤或路堑，必须用12～15t三轮压路机或等效的碾压机械进行碾压（压3～4遍）。在碾压过程中，如发现土过干，表层松散，应适当洒水；如土过湿，发生"弹簧"现象，应采用挖开晾晒、换土、掺石灰或粒料等措施进行处理 |
| 施工放样 | 在下承层上恢复中线，直线段每15～20m设一桩，平曲线段每10～15m设一桩，并在两侧路边缘的0.3～0.5m设指示桩，进行水平测量，在两侧指示桩上用红漆标出基层或地基边缘的设计高程 |
| 计算材料用量 | 根据各路段路基层的宽度、厚度及预定的碾压密实度并按确定的配合比计算各段需要的干集料数值，对于级配碎石，分别计算未筛分碎石和石屑的数值 |

（2）拌和

在中心站（厂拌）用多种机械进行集中拌和级配碎石混合料前，应反复调试拌和设备，使混合料的颗粒组成和含水量均达到规定要求，且计量准确，拌和均匀，没有粗细颗粒离析现象。

（3）运输

拌和料采用大吨位自卸汽车运至施工现场，运输车辆数量应与摊铺能力相适应。尽可能避免因缺少拌和料而造成摊铺机停顿及运输车辆大量滞留的现象，减少中途停车和颠簸，确保混合料不产生离析，卸车时应避免撞击摊铺机。

（4）摊铺

摊铺可用沥青混凝土摊铺机、水泥混凝土摊铺机或稳定土摊铺机，摊铺时应注意消除粗细集料离析现象。机动车道碎石基层采用12t自动找平的摊铺机全幅均匀将材料铺设在预定的宽度上，表面力求平整，并符合设计要求。非机动车道采用小型摊铺机铺设。事先应通过试验路段确定集料的摊铺系数并确定摊铺厚度，一般人工摊铺混合料时，其松铺系数为1.35～1.40。

（5）碾压

当混凝土的含水量等于或略大于最佳含水量时，立即用12t以上三轮压路机（每层压实厚度不应超过15～18cm）、振动压路机或重型轮胎压路机（每层压实厚度最大不应超过20cm）进行碾压。直线段由两侧路肩开始向路中碾压。碾压时，后轮应重叠1/2轮宽；后轮必须超过两段的接缝处。后轮压完路面全宽时，即为一遍。一般需碾实6～8遍。压路机的碾压速度，头两遍以1.5～1.7km/h为宜，以后用2.0～2.5km/h。路面的两侧应多压2～3遍。严禁压路机在已完成的或正在碾压的路程上掉头和急刹车。

（6）接缝处理

横向接缝。用摊铺机摊铺混合料时，靠近摊铺机当天未压实的混合料，可与第二天摊铺的混合料一起碾压，但应注意此部分混合料的含水量。必要时，应人工补洒水，使其含水量达到规定的要求。

纵向接缝。应避免产生纵向接缝。如摊铺机的摊铺宽度不够，必须分两幅摊铺时，宜采用两台摊铺机一前一后相隔5～8m同步向前摊铺混合料。在仅有一台摊铺机的情况下，可先在一条摊铺带上摊铺一定长度后，再开到另一条摊铺带上摊铺，然后一起进行碾压。在不能避免纵向接缝的情况下，纵缝必垂直相接，不应斜接。

（7）养护

碎石基层铺设后，要对成品进行保护，严禁车辆通行。

2. 水泥稳定碎石基层施工

水泥稳定碎石基层宜采用厂拌料，汽车分运至施工现场摊铺，着重应抓好混合料的搅拌、摊铺、碾压三个主要环节。

（1）准备工作

对原材料进行抽样试验，合格后方可用于施工，提前进行混合料的配合比试验，并将试验配合比最佳含水量提供给施工现场。配合比应准确，使其7d浸水抗压强度达到3～5MPa（城市主干路、快速路基层）或2.5～3MPa（城市一般道路基层）。水泥含量不宜超过6%，水泥稳定碎石基层用厂拌料从加水拌和到碾压终了的延迟时间不宜超过2h。为此，应选用初凝时间3h以上和终凝时间6h以上的水泥，宜采用42.5级和32.5级的普通硅酸盐水泥、矿渣硅酸盐水泥等。

摊铺前应测量放样，将设计标高测设在控制钢丝上，并调整松铺厚度（松铺系数由试验路段确定，一般为1.2～1.4，将垫层表面杂物整形处理，清除表面杂物、脏物、洒水湿润。宜在春末和夏季组织施工，施工最低气温为5℃。

（2）拌和

水泥稳定碎石采用稳定土拌和站集中拌和。使用前认真调试拌和，使其运转正常，拌和均匀，计量准确。并在料斗下面设置筛子，防止超标块状材料混入，拌和前应测量集料的含水情况，加水量应由所有碎石的实际含水量和实验室所确定的混合料最佳含水量等具体情况确定，拌和好的混合料含水量应处于最佳含水量1%～2%的误差范围内。拌和好的混合料应颜色一致，无成团结块及离析现象。

（3）运输

拌制合格的混合料用大吨位的自卸车运至施工现场，如果气温较高且路途较远时则应覆盖，且运输时间一般在30min以内。

（4）摊铺

摊铺可采用沥青混凝土摊铺机、水泥混凝土摊铺机或稳定土摊铺机。混合料摊铺时采用1台摊铺机一次性半幅全宽摊铺。

摊铺机作业时，一要控制好行驶的匀速性；二要安排专人清扫摊铺机行走轨道，做到匀、平、快；三要严格控制好平整度、高程等，避免出现离析现象。对个别混合料离析处清除后补洒细料，对有缺陷的地方进行修补。

（5）整形

混合料摊铺均匀后必须进行整形，使表面具有规定的路拱，并用两轮压路机碾平1～2遍，使集料的表面平整和密实。

（6）碾压

水泥稳定碎石平整后应立即在全宽范围内进行碾压，混合料应在等于或略大于最佳含水量（1% ~ 2%）时碾压。厚度不超过15cm时，选用12 ~ 15t三轮压路机碾压，厚度超过20cm时，可选用18 ~ 20t三轮压路机和振动压路机碾压，碾压时先轻型后重型。含水量合适时，碾压不少于6遍。碾压时应由两侧向路中心，由曲线内侧向外侧进行碾压。严禁用薄层贴补法进行找平。

（7）养生

水泥稳定碎石经碾压后，必须保湿养生不少于7d，可以用帆布、粗麻袋、稻草或农用地膜湿润养生，防止忽干忽湿。养生期应封闭交通，施工车辆可慢速（<30km/h）通行。

3. 石灰工业废渣稳定碎石基层（三渣）施工

石灰工业废渣稳定碎石基层（三渣）施工的步骤及内容，见表1-6。

**表1-6　石灰工业废渣稳定碎石基层（三渣）施工方法**

| 步骤 | 内容 |
| --- | --- |
| 准备工作 | 通过配合比试验准确确定必需的石灰、粉煤灰含量及混合料的最佳含水量和最大干密度。用做基层的二灰混合料的7d浸水强度达到：城市主干道、快速路0.8 ~ 1.1MPa，城市其他道路0.6 ~ 0.8MPa。对于底基层或土基，必须按规范规定进行验收，要求下承层平整、坚实，具有规定的路拱，没有松散材料和软弱地点。摊铺前在底基层或土基上恢复中线。直线段每15 ~ 20m设一桩，平曲线段10m设一桩，并在两侧边缘外0.3 ~ 0.5m设指示桩，然后进行水平测量，在两侧指示桩用红漆标出石灰工业废渣边缘的设计高程。宜在春末和夏季组织施工，施工期的日最低气温应在5℃以上 |
| 拌和 | 城市道路的二灰混合料应采用专用稳定料集中厂拌机拌制（中心站集中拌和法）。混合料的含水量应略大于最佳含水量，使运到工地的混合料适宜碾压成型，拌和应均匀。拌和成的混合料堆放时间不宜超过24h |
| 运输 | 二灰混合料可以用普通的自卸汽车运输，并适当覆盖，以防水分损失或沿路飞扬 |
| 摊铺 | 混合料运到现场后，应用机械摊铺，并注意摊铺应均匀，保持一定的平整度。材料的摊铺虚厚由铺筑试验段确定，二灰集料的机械松铺系数为1.2 ~ 1.3，严格控制基层面标高，按"宁高勿低，宁刮勿补"的原则进行 |
| 碾压 | 碾压应在混合料处于或略大于最佳含水量（1% ~ 2%）时进行。碾压可用轮胎压路机、振动压路机等进行压实，压路机先轻型（12t）后重型（>12t），注意匀速，碾轮重叠。碾压过程中及时对二灰混合料补洒少量水，严禁洒大水碾压。摊铺后的混合料必须在2h内碾压完毕；道路边缘及井周围用小型振动压路机碾压或人工夯实 |
| 养生 | 二灰砂砾基层经碾压后，必须保湿养生，通常用洒水养生法，养生期一般为7d，不使二灰砂砾层表面干燥。养生期间除洒水车外，应封闭交通，严禁一切车辆通行 |

### 四、面层施工

1. 沥青混凝土路面施工

（1）施工准备

1）原材料质量检查。沥青、矿料施工材料的质量应符合有关的技术要求。施工材料经试验合格后选用。

2）备料。沥青分品种、分标号密闭储存。各种矿料分别堆放，矿料等填料不得受潮。

3）施工机械的选型和配套。工程量大小、工期要求、施工现场条件、工程质量要求与施工机械应该是互相匹配的。

4）试验路铺筑。重要的沥青混凝土路面在大面积施工前应铺筑试验段，试验段的长度通常在 100 ~ 200m。热拌沥青混合料路面的试验路铺筑主要分试拌、试铺两个阶段，取得相应的参数。试验路铺筑结束后，施工单位应就各项试验内容提出试验总结报告用以指导大面积沥青路面的施工。

（2）沥青混合料的拌和

沥青混合料必须在沥青拌和厂（场、站）采用拌和机拌和。拌和机拌和沥青混合料时，先将矿料初配、烘干、加热筛分、精确计算，然后加入矿粉和热沥青，最后强制拌和成沥青混合料。若拌和设备在拌和过程中集料烘干与加热为连续式进行，而加入矿料和沥青后的拌为间歇（周期）式进行，则这种拌和设备为间歇式拌和机。若矿料烘干加热与沥青混合料拌和均为连续式进行，则这种拌和设备为连续式拌和机。

间歇式拌和机拌和质量较好，而连续式拌和机拌和速度较高。当路面多来源、多处供应或质量不稳定时，不得用连续式拌和机拌和，城市主干路、快速路的沥青混凝土宜采用间歇式拌和机拌和。它具有自动配件系统，可自动打印每板料的拌和量、拌和温度、拌和时间参数。

拌和时应根据生产配合比进行配料，严格控制各种材料的用量和拌和温度，确保沥青混合料的拌和质量。沥青混合料的拌和时间以混合料拌和均匀、矿料颗粒全被沥青均匀裹满为度，拌制的沥青混合料应均匀一致，无花白料、无结团成块或严重粗细料分离现象。

（3）沥青混合料的运输

沥青混合料宜采用大吨位的自卸汽车运输。运输应防止沥青与汽车底板黏结，可喷涂一深层油水（柴油：水 =1：3）混合液。运输过程中要对沥青混合料加以覆盖，以保温、防雨、防污染，夏季运输时间短于 0.5h 时可不覆盖。

（4）沥青混合料的摊铺

摊铺沥青混合料前应进行标高及平面控制等施工测量工作和按要求在下承层上浇洒透层、黏层或铺筑下封层。对城市主干路、快速路宜采用两台以上（含两台）摊铺机成梯队作业，进行联合摊铺。相邻两幅之间宜重叠 5 ~ 10cm，前后摊铺机宜相距 10 ~ 30cm，且保持混合料合格温度。沥青混凝土混合料松铺系数机械摊铺为 1.15 ~ 1.35，人工摊铺为 1.25 ~ 1.50。摊铺沥青混合料必须缓慢、均匀、连续不断。

控制沥青混合料的摊铺温度是确保摊铺质量的关键之一。高速公路和一级公路的施工气温低于 +10℃、其他等级公路施工气温低于 +5℃时，不宜摊铺热拌沥青混合料。必须摊铺时，应提高沥青混合料拌和温度，并符合规定的低温摊铺要求。

（5）沥青混合料的压实

压实的目的是提高沥青混合料的密实度，从而提高沥青路面的强度、高温抗车辙能力及抗疲劳特性等路用性能，是形成高质量沥青混凝土路面的又一关键工序。

1）碾压程序

压实分初压、复压、终压三个阶段。

初压对整平和增加沥青混合料的初始密实度起稳定作用。正常施工时碾压温度为 110 ~ 140℃，低温施工碾压温度为 120 ~ 150℃，一般初压温度在 110 ~ 130℃。复压是为了解决压实问题，复压温度应在 100℃左右，复压可以使混合料密实、稳定、成型，复压采用重型轮胎压路机或振动压路机，不宜少于 4 ~ 6 遍，通过复压达到规定的压实度。终压是消除压实中产生的轮迹，使表面平整度达到要求值，碾压终了温度不低于 65 ~ 80℃。终压可用轮胎压路机或停振的振动压路机，不宜少于 2 遍，直至无轮迹。

2）碾压原则

少量喷水，保持高温，梯形重叠，分段碾压；由路外侧（低侧）向中央分隔带（中心）进行碾压；碾压带重叠 1/3 ~ 1/2 轮宽；压路机不应在未碾压成型并冷却的路面上急刹车、转向掉头或停车；不得在成型路面上停放机械设备或车辆，不得散落矿料、油料等杂物；压路机应以缓慢而均匀的速度进行碾压，其碾压速度应符合有关规定。

（6）接缝处理

宽幅摊铺无纵向接缝，只要处理好横向接缝就能保证沥青面层的平整度。摊铺梯队作业时的纵缝应采用热接缝，上下层的纵缝应错开 15cm 以上。上面层的纵缝宜安排在车道线上。相邻两幅及上下层的横接缝应错开 1m 以上。接缝应黏结紧密、压实充分，连接平顺。

（7）开放交通

碾压完后，应检查表面是否平整密实、稳定和表面粗细一致，有无裂缝，接缝是否齐平。热拌沥青混合料路面碾压完待自然冷却、表面温度低于50℃后，方可开放交通。

2．水泥混凝土路面施工

（1）施工准备

1）混凝土材料准备。水泥、砂、石、外掺剂等材料的质量应符合标准。

开工前，工地实验室对计划使用的原材料进行质量检测和混凝土配合比优选。各种配合比至少做抗压、抗折试验各三组，每组三块，分别进行7d、14d和28d龄期试压，从而选出实验室配合比，并根据施工现场砂、石的含水量及时将实验室配合比换算成施工配合比。

2）工具准备。除备齐一般工具外，还应备齐模板、木抹板、铁抹板、捣钎、压纹滚杠以及其他专用工具。

3）土基与基层的检查与整修。基层的平整度将直接影响到混凝土板的强度、板的自由收缩和板出现裂缝。水泥混凝土路面施工前应对基层的宽度、路拱、标高、平整度和压实度进行检查。面板浇筑前，基层表面应洒水湿润，以免混凝土底部的水被干燥的基层吸去，变得疏松以致产生裂缝，并对基层进行破损检查及修复。

4）测量放样。根据设计要求复测平面和高程控制桩，放出路面中心线、路边线、路面宽度和路拱横坡。除在路中心线上每20m设一中心桩外，还应在曲线起点和纵坡转折点等设中心桩，并相应在路边各设一对边桩，还应标出各胀缩缝位置。每隔100m左右设临时水准点一个。

当分块线距检查井或其他井盖边缘不足1m时，应移动分块线位置，保证有1m的距离。在浇捣混凝土过程中测量放样必须经常进行复核，要做到勤测、勤复核、勤纠偏。

（2）模板和接缝的制作与安装

1）模板的制作与安装

模板要求具有足够刚度，搭接准确、紧密平顺，安装、拆装方便，经济实用，周转率高等特点。模板顶面标高应符合设计要求。目前模板常用钢模板，钢模可采用3mm钢板及40～50mm角钢组合焊制。

摊铺混凝土前，应根据设计板宽安装两边模板，通常采用与板厚相等的钢模，一侧的钢模应事先按横拉杆间距钻好圆孔，按桩支立，稳定牢固。在安装模板时，应按放样把模板放在基层上，模板顶面高度应用水准仪检测。施工时，必须经常校验、严格控制。为避免在摊铺振捣时模板走样，应在模板两侧用铁杆打入基层予以固定，小钢钎间距一般为500～800mm。内侧钢钎在混凝土浇到位时取出，外侧钢钎不能高出模板顶面，以利振捣梁和夯实，外侧钢钎在脱模时取出。

模板安装应与基层紧贴，如果模板与基层之间有空隙，应以木片垫衬，垫衬间隙可用水泥砂浆填塞，以免振捣时混凝土漏浆。

模板安装检验合格后，应在模板内侧涂隔离剂（肥皂水或废机油），以便拆模；接头应粘贴胶带或塑料薄膜等密封。

2）各类接缝的制作与安装

胀缝的制作。胀缝处嵌缝板一般采用木制嵌缝板，设在胀缝位置，即可摊铺路面混凝土。嵌缝条长度等于路面宽度，厚度等于胀缝宽度，高度等于路面厚度。为便于事后拔出嵌缝条，亦可在嵌缝条两侧各贴上一层油毛毡，待混凝土凝固后，拔出木嵌缝板，油毛毡留在缝内，然后填缝。为了减少填缝工作也可采用预制嵌缝板的方法，即将沥青玛蹄脂与软木屑混合起来，压制成板，胀缝处先用与路拱一致的模板支撑着，捣实混凝土后，取出模板，贴上预制嵌缝板，然后摊铺另一侧混凝土，这样就不需要做填缝工作。

当胀缝需设传力杆时，可采用整体式嵌缝板，它用软木做成，中下部预留穿放传力杆的圆孔，混凝土浇成后留在缝内，不再拔出。也有用两截式嵌缝板。其下截占总高的 2/3 或为总高减 60mm，下截用软木制成，在混凝土浇捣后不再拔出；上截嵌缝板也叫压缝板，其高为总高的 1/3 或 60mm，用钢材或者木材制成并在混凝土浇捣后取出，然后填缝。混凝土浇捣的程序是先浇捣传力杆无套管的一边，在拆除伸缩模板后，再浇捣有套管的一边。

缩缝的制作。

①切缝法。横向切缝应尽量用切割机切缝，当混凝土收浆抹面后，或真空吸水磨光后，经过养生混凝土达到规定强度，在缩缝位置用切割机切缝 6～8mm。

②压缝法。在使用切缝机有困难的情况下，也可使用预先安装压缝板的方法：在混凝土振捣完成后，在缩缝位置上先用湿切缝工具在缩缝处切出一条细缝，然后将 10mm 宽、60mm 高的压缝板压入。当路面混凝土收浆抹面后，可用木条将两边混凝土压住，再轻轻取出压缝板，两边再用铁抹板抹平。

木制伸缩缝嵌缝板在使用时应先浸水泡透。不论木制或铁制嵌缝板在使用时，均需涂上润滑剂，然后安放正确，待混凝土捣实后先提一下，然后在混凝土终凝前取出。注意在取出时两侧用木条压住，轻轻地往上提，取出后混凝土要抹光。

纵缝的制作。模板一般采用设有横拉杆圆孔的钢模。对企口式纵缝，一般设置具有凸榫的横板，待浇捣的混凝土完全凝固后，拆除模板，混凝土侧面即形成凹槽。当浇捣另一副混凝土板时，应先在凹槽壁上涂抹沥青，然后浇捣。

纵缝处模板安装时要预埋拉杆筋，因此给模板脱模带来阻力。所以，在纵缝板上钻用于穿越拉杆筋孔洞时，其直径可比拉杆直径大 1～2cm，拉杆与纵缝模板孔洞之间缝隙可用水泥袋纸堵塞，然后再用胶带纸将模板内侧处孔洞周围封闭，以便脱模。

（3）钢筋安装

1）钢筋设置

不得踩踏钢筋网片；安放单层钢筋网片时，应先在底部摊铺一层混凝土拌和物，摊铺高度应按钢筋网片设计位置预加一定的沉落度。待钢筋网片安放就位后，再继续浇筑混凝土；安放双层钢筋网片时，对厚度不大于250mm的板，上下层钢筋网片用架立筋扎成骨架后一次安放就位。厚度大于250mm的板，上下两层钢筋网片应分两次安放。安放转角及边缘钢筋时，均需先摊铺一层混凝土，稳住钢筋后再用混凝土压住。

2）传力杆及拉杆安装

传力杆钢筋加工应锯断，不得挤压切断，端口应垂直、光圆，并用砂轮打磨掉毛刺。胀缝处传力杆常用 $\phi$25mm、长500mm光圆钢筋制作而成。为防止混凝土黏结，应在传力杆表面涂热沥青，方法一是采用刷子涂刷；方法二是将传力杆需涂沥青部分置入熬热的沥青中再取出。无论采用哪种方法都要注意质量保证及安全卫生防护。传力杆的固定可采用顶头木模固定或支架固定安装的方法，并应符合下列规定：顶头木模固定传力杆安装方法，宜用于混凝土板不连续浇筑时设置的胀缝；传力杆长度的一半应穿过端头挡板，固定于外侧定位模板中；混凝土浇筑前应检查传力杆位置，浇筑时先铺筑下层混凝土拌和物；浇筑邻板时拆除顶头木模，并应设置胀缝板、木制嵌条和传力杆套管。

钢筋支架固定传力杆安装方法，宜用于混凝土板连续浇筑时设置的胀缝。传力杆长度的一半应穿过胀缝板和端头挡板，并应用钢筋支架固定就位。浇筑时应先检查传力杆位置，再在胀缝两侧铺筑混凝土拌和物至板面，振动密实后，抽出端头挡板，空隙部分填补混凝土拌和物，并用插入式振动器振实。固定后的传力杆必须平行于板面及路面中心线，其误差不得大于5mm。

纵缝处拉杆常用 $\phi$14mm、长500mm左右的螺纹钢筋，拉杆中部100mm范围应涂防锈剂或防锈涂料。

（4）混凝土的搅拌和运输

1）混凝土的搅拌。混凝土所用的砂、石、水泥等均应按允许误差过称，计量的允许误差为：水泥 ±1%，粗细集料 ±2%，水 ±1%，外加剂 ±2%。混凝土最大水灰比不应大于0.5，单位水泥用量不应小于300kg/m³。混凝土拌和物的坍落度宜为1.0～2.5cm。施工应根据天气变化实测砂、石含水率，及时调整施工配合比。搅拌机装料顺序为石子、水泥、砂（或砂、水泥、石子），进料后，边进料边加水。搅拌机在开拌前，应先加水，空转数分钟，将拌和鼓筒清洗干净后开始进料拌和。每台班结束后，应用碎石和水空转数分钟，将拌和机冲洗干净。拌和时间应根据搅拌机的性能和拌和物的和易性确定。混凝土最短搅拌时间见表1-7。

表1-7　混凝土拌和物最短搅拌时间

| 搅拌机容量 | | 转速（r/min） | 搅拌时间（s） | |
|---|---|---|---|---|
| | | | 低流动性混凝土 | 干硬性混凝土 |
| 自落式 | 400L | 18 | 105 | 120 |
| | 800L | 14 | 165 | 210 |
| 强制式 | 375L | 38 | 90 | 100 |
| | 1500L | 20 | 180 | 240 |

2）混凝土的运输。混凝土拌和物从搅拌机出料后，运至铺筑地点进行浇筑、振动完毕的允许最长时间，根据水泥初凝时间及施工气温确定，并应符合表1-8的规定。

表1-8　混凝土从搅拌机出料到浇筑、振动完毕的允许最长时间

| 施工气温（℃） | 允许最长时间（h） | 施工气温（℃） | 允许最长时间（h） |
|---|---|---|---|
| 5 ~ 10 | 2 | 20 ~ 30 | 1 |
| 10 ~ 20 | 1.5 | 30 ~ 35 | 0.75 |

混凝土运输宜采用自卸机动车，当运距较远时，宜采用搅拌运输车，运输车辆要防止漏浆、离析，夏季要遮盖，冬季要保温。

（5）混凝土的浇筑和振捣

1）混凝土的浇筑。混凝土摊铺前应对模板的间隔、高度、滑润、支撑稳定情况、基层状况、钢筋的位置以及传力杆装置等进行全面检查。注意封堵模板底缝，洒水湿润基层。

混凝土摊铺时严禁抛撒，要用扣铲摊铺，以免混凝土发生离析。如混凝土发生离析现象，应在浇筑时重新拌匀，但严禁二次加水重塑。

混凝土摊铺路面厚度不超过22cm时可以一次摊铺；大于22cm时分两次摊铺，两次摊铺的间隔时间不得超过30min，下部厚度宜为总厚的3/5。由于振捣时混凝土的沉落，摊铺高度应高出模板顶面1 ~ 2cm。

2）混凝土的振捣。混凝土摊铺经整平后，先用插入式振动器沿模板四周振动，插入式振动器的移动间距不宜大于作用半径（0.5m）的1.5倍，其至模板的距离不

应大于振动器作用半径的 0.5 倍，并应避免碰撞钢筋和模板。振动棒应快插慢拔，振捣时间应以混凝土表面振出原浆、混凝土不再沉落为宜。

插入式振动器振捣后用平板振动器纵横交错全面振捣，前后位置应重叠 1/3 或 10 ~ 20cm，不宜过振，振动时间一般为 10 ~ 15s。在平板振动器振捣时，发现有表面低洼处应用混凝土找平。

平板式振动器振捣后再用振动梁振实整平。将振动梁两端放在纵向模板上依次作为控制路面标高，沿摊铺方向往返 2 ~ 3 遍振捣拖平，多余的混凝土随振动梁的行走而刮除。最后再将直径为 130 ~ 150mm 的钢管滚筒两端放在侧模上沿道路纵横两个方向进行反复滚压，使其表面平整。

（6）抹面和拉毛

1）抹面。为使表面更加密实平整，在混凝土终凝前抹面 3 ~ 5 次，先用木抹反复粗抹找平，待水分蒸发凝固后再用铁抹板拖抹，小抹子精抹找平。

2）拉毛。抹平整后在路面板表面应沿垂直于行车方向进行拉毛或采用机具压槽，拉毛、压槽深度应为 1 ~ 2mm。拉毛压纹时间以混凝土表面无波纹水迹为标准。在混凝土的表层上用切槽机切入深 5 ~ 6mm、宽 3mm、间距 15 ~ 20mm 的横向防滑槽，效果较好。

（7）混凝土的养护

为防止混凝土中的水分蒸发或风干过快而使混凝土产生缩裂，并保证水泥水化过程的顺利进行必须进行养护，一般常用湿法养护和薄膜养护。

1）湿法养护。当混凝土初凝后（指按无痕），即可用湿麻袋、草袋、锯末、湿砂等覆盖在混凝土板面上，每天均匀洒水 2 ~ 3 次，使覆盖物经常保持潮湿状态，养护时间一般为 14 ~ 21d。在混凝土达到设计强度的 40% 以后方可允许行人通行。

2）薄膜养护。混凝土路面也可采用喷洒养生剂养护，塑料薄膜喷洒在板面后，待溶液中的挥发物挥发，便形成一层硬韧的纸状薄膜，利用其不透水性，将混凝土中的水化热和蒸发水分积蓄在内部自行养生。喷洒应均匀，喷洒时间宜在表面混凝土泌水完毕进行。

（8）拆模

拆模时间应根据水泥品种、气温和混凝土强度增长情况确定。拆模过早易损坏混凝土，拆模过迟既困难又影响模板周转使用。采用普通水泥允许拆模时间见表 1-9 的规定。拆模先拆支撑、铁钎等，然后用扁头小铁棒轻轻插入模板顶端的内侧细心向外移动，撬动模板时不可损伤混凝土的边缘角口。

表 1-9 普通水泥板允许拆模时间

| 昼夜平均气温（℃） | 允许拆模时间（h） | 昼夜平均气温（℃） | 允许拆模时间（h） |
|---|---|---|---|
| 5 | 72 | 20 | 30 |
| 10 | 48 | 25 | 24 |
| 15 | 36 | 30 以上 | 18 |

（9）切缝与填缝

1）切缝。缩缝施工多采用切缝法。当混凝土强度达到设计强度的25%～30%时，用切缝机切剖，深度为板厚的1/3。切缝一般在混凝土终凝后进行，切缝宁早勿晚，宁深勿浅。切割机切缝时要注意边加水边切割。

2）填缝。填缝前需将缝内杂物冲洗或用压缩空气吹净，缝内如果有水泥砂浆、小块颗粒时必须将其凿出。要求缝内干净、干燥、无杂物、无污泥，符合要求后用沥青漆涂刷缝内两遍，然后浇灌填缝材料。

常用填缝材料有沥青玛蹄脂、聚氯乙烯胶泥、沥青橡胶泥等。

（10）开放交通

混凝土达到设计强度（一般28d）的80%以上即可开放交通，如因特殊需要提前开放交通，则应在普通混凝土内掺加早强剂，以提高早期强度。

**五、道路附属工程设施**

1. 侧平石施工

侧平石施工一般以预制安砌为主，施工程序为：施工放样—挖槽—排砌侧石—排砌平石—侧平石灌缝—养生。

（1）施工放样

1）根据道路中心线，量出路面边界，进行边线放样，定出边桩。

2）根据路面设计纵坡与侧石纵坡相平行的原则，定出侧石标高与侧石平面位置。

（2）挖槽

根据设计定出槽底标高拉线，以线为准，向外挖槽，宽度比侧石厚度宽5cm，靠近路面一侧尽量和线拉齐，挖槽深度比埋置深度深1～2cm，槽底要平整。

（3）排砌侧石

平侧石的垫层可铺2cm的1：3水泥砂浆（或混合砂浆），每块侧石间要平、齐、紧、直，缝宽1cm。侧石高低不一致的调整：高的可在顶面垫以木条（或橡皮锤）夯实使之下沉，低的用撬棍将其撬开，并在下边垫以混凝土或砂浆。人行道的缺口斜坡的侧石一般比平石高出2～3cm，两侧接头应做成斜坡。直线段用100cm长侧石。

曲线半径大于 15m，一般用 60cm 长的侧石。曲线半径小于 15m 的圆角部分用 60cm 或 30cm 的侧石。

（4）排砌平石

平石根据设计的侧平石高差，标出平石的顶面及底面线。平石和侧石应错缝对中相接，平石间缝宽 1cm，与侧石间的隙缝 ≤ 1cm，平石与路面按边线必须顺直。

（5）侧平石灌缝

灌缝用水泥砂浆抗压强度应大于 10MPa。灌缝必须饱满，灌缝后要整齐勾缝，平石勾缝以平实为宜，侧石勾缝为凹缝。灌缝后要进行 3d 以上的湿制养护。

（6）养生

侧平石灌缝表面已有相当硬度（手按无痕）时，可用湿麻袋或湿草袋覆盖，湿润养生不得少于 3d。

2．人行道施工

（1）预制块人行道施工

人行道以预制板铺砌为主，施工程序为：施工放样→基层摊铺碾压→垫层施工→预制块人行道铺砌→扫填砌缝→养生。

1）施工放样

根据设计标高和宽度，定出边桩和边线，在桩上画出面层标高。桩距：直线段一般 10m 一根，曲线段加密。人行道中线或边线上，每隔 5m 安设一块预制板作为控制点，以掌握高程和方向。侧石顶面作为人行道外侧标高控制点，根据设计宽度和横度，算出横向高差值，测设出内侧控制点。树穴位置根据设计测设。

2）基层摊铺碾压

按设计铺基层，基层以采用刚性或半刚性为宜，采用小型机械压实整平，基层的摊铺碾压可参阅道路基层施工。

3）垫层施工

在基层上铺筑水泥砂浆或 1∶3 的水泥石灰砂浆，垫层铺筑面应比铺装面宽出 5 ~ 10cm。施工垫层用细粒料拍实刮平，控制厚度，垫层应超前面层 1m 以上，不得随铺随砌。

4）预制块人行道铺砌

根据设计放出人行道面标高，通过排线先铺砌几条单块符合设计标高的预制板作为标准，通常采用人工挂线铺砌。方砖铺装要轻摆放平，用橡皮锤或木锤敲实，不得损伤边角，垫层如不平，应拿起预制板，重新用砂浆找平，严禁向板底塞填砂浆或碎砖屑等。缸砖在铺筑前应浸水 2 ~ 3h，然后阴干，方可使用。全面铺砌时还应随时用 3m 直尺纵、横、斜角量所铺面的平整度。靠侧石边线的预制板宜高出侧石顶 5mm，以利人行道横向排水。相邻板块紧贴，表面平整，线条挺括，图案拼装正确。

5）扫填砌缝

铺砌好方砖后应检查平整度，纵横向均无误后，用砂掺水泥（1∶10 体积比）拌和均匀的混合料将预制板缝灌满，并在砖面略洒水，使灰砂混合料下沉，然后再灌满混合砂料补足缝隙。如铺砌缸砖用素水泥灌缝，灌缝后应清洗干净，保持砖面清洁。

6）养生

铺砌的预制板人行道洒水养生不得少于 3d，保持继续湿润。养生期间严禁行人、车辆的走动和碰撞。

（2）现浇水泥混凝土人行道施工

现浇水泥混凝土人行道施工的程序和方法与水泥混凝土路面的施工基本相同，但表面必须在面层收水抹面后，应分块压线、滚花。压线、滚花必须平整、清晰。现浇沥青混凝土人行道的施工程序和方法与沥青混凝土路面的施工基本相同。

# 第二章  城市桥梁工程

## 第一节  桥梁的基本结构体系

### 一、钢筋混凝土梁桥

用钢筋混凝土建造的桥梁具有便于就地取材、工业化施工、耐久性好、适应性强、整体性好以及美观等各种优点。目前，使用钢筋混凝土建造的梁桥，种类多，数量大，在桥梁工程中占有重要地位。

钢筋混凝土梁桥的缺点是结构自重大，占全部设计荷载（包括恒载和活载）的30%～60%。跨度越大，则自重所占的比例越大。

此外，现场浇筑的钢筋混凝土桥，施工工期长，支架和模板消耗很多木料。

在寒冷地区及在雨季建造整体式钢筋混凝土梁桥时，施工比较困难，如采取蒸汽养生及防雨措施等，则会显著增加工程造价。

目前，为了节约钢材，我国很少修建公路钢桥，而建造圬工拱桥费工又费时，且会受到桥位处地形、地质条件的限制。因此，在公路建设中，尤其是遇到跨越中、小河流等障碍的情况下，往往建造大量中、小跨径的钢筋混凝土梁桥。对装配式钢筋混凝土简支梁桥而言，在技术经济上合理的最大跨径约为20m。悬臂梁桥与连续梁桥适宜的最大跨径为60～70m。

### 二、预应力混凝土梁桥

预应力混凝土是一种预先施加足够压应力的新型混凝土材料。对混凝土施加预压力的高强度钢筋（或称力筋），既是施力工具，又是抵抗荷载引起构件内力和变形的受力钢筋。

预应力混凝土梁桥除了具有一般钢筋混凝土梁桥的优点外，还有下述重要特点：

（1）能最有效地利用现代的高强度材料（高强混凝土、高强钢材），减少构件截面，降低自重所占全部设计荷载的比重，增大跨越能力，并扩大混凝土结构的适用范围。

（2）与钢筋混凝土梁桥相比，一般可以节省钢材 30% ~ 40%，跨径越大，节省越多。

（3）全预应力混凝土梁在使用荷载下不出现裂缝，即使是部分预应力混凝土梁在常遇荷载下也无裂缝，鉴于能全截面参与工作，因此梁的刚度就比带裂缝工作的钢筋混凝土梁要大；预应力技术的采用，为现代装配式结构提供了最有效的接头和拼装手段。根据需要，可在纵向、横向和竖向等施加预应力，使装配式结构结合成理想的整体，扩大了装配式梁桥的使用范围，提高了运营质量。

### 三、板桥

板桥是小跨径钢筋混凝土桥中最常用的桥型之一。由于它外形上像一块薄板，故习惯称之为板桥。板桥具有如下特点：

建筑高度小，适用于桥下净空受限制的桥梁，以降低桥头引道路堤高度和缩短引道的长度；外形简单，制作方便，便于进行工厂化成批生产；装配式板桥的预制构件重量不大，架设方便。

板桥的主要缺点是跨径不宜过大。跨径超过一定限度时，截面高度显著增大，从而导致结构自重也增大，材料使用上不经济，使得建筑高度小的优点难以发挥。因此，通过实践，简支板桥的经济合理跨径一般限制在 13 ~ 15m，预应力混凝土连续板桥也不宜超过 35m。

从结构静力体系来看，板桥可以分为简支板桥、悬臂板桥和连续板桥等。

简支板桥按施工方法可分为整体式结构和装配式结构，前者跨径一般为 4 ~ 8m，后者若采用预应力混凝土时，跨径可达 16m。在缺乏起重吊装设备，而有模板架料的情况下，宜采用就地浇筑的整体式钢筋混凝土板桥。这种结构的整体性能好，横向刚度较大，施工也较简便，不足的是，木材消耗量较多。但在一般施工条件下，宜采用装配式结构。

悬臂板桥一般为悬臂式结构，中间跨径为 8 ~ 10m，两端伸出的悬臂长度约为中间跨径的 0.3 倍，板在跨中的厚度为跨径的 1/18 ~ 1/14，在支点处的板厚要比跨中的加大 30% ~ 40%。悬臂端可以直接伸到路堤上，不用设置桥台。为了使行车平稳顺畅，两悬臂端部应设置搭板与路堤相衔接。但在车速较高、荷载较重且交通量很大时，搭板容易损坏，从而导致车辆在从路堤上桥时对悬臂的冲击，故目前较少采用。

连续板桥是板不间断地跨越几个桥孔而形成一个超静定结构体系。我国目前修建的连续板桥有三孔、四孔及以上。但当桥梁全长较长时，可以几孔一联，做成多联式的连续板桥。连续板桥较简支板桥具有伸缩缝少、车辆行驶平稳的优点。由于它在支点处产生负弯矩，对跨中弯矩起到卸载作用，故可比简支板桥的跨径做得大一些，或者其厚度比同跨径的简支板做得薄一些，这一点和悬臂板桥是相同的。连续板桥的两端直接搁置在桥台上，不需要设置搭板，避免了像悬臂板桥所出现的车辆上桥时对悬臂端部的冲击。

### 四、预应力混凝土 T 型刚构桥

预应力混凝土 T 型刚构桥分为跨中带剪力铰的和跨内设挂梁的两种基本类型。

带铰的 T 型刚构桥是一种超静定结构。两个大悬臂在端部借所谓"剪力铰"相连接，它是一种只能传递竖向剪力而不传递纵向水平力和弯矩的连接构造。当在一个 T 型结构单元上作用有竖向荷载时，相邻的 T 型结构单元通过剪力铰而共同参与受力。因而，从结构受力和牵制悬臂端变形来看，剪力铰起到有利的作用。另外，带铰的 T 型刚构桥，由于不设挂梁，就不需要专门为预制和安装挂梁的大型设备。

带挂梁的 T 型刚构桥以偶数的 T 构单元与奇数的挂梁配合布置最为简单合理。在此情况下刚架两侧恒载是对称的，墩柱中无不平衡的恒载弯矩，一般的多跨桥梁均采用尺寸划一的 T 构和挂梁，以简化设计和施工，但也可以采用不同的 T 构悬臂长度和相同的挂梁相配合，以构成中孔跨径最大并向两侧逐孔减小的桥型布置。在此情况下，每一 T 构两侧的恒载仍是对称的，墩柱中也无不平衡的恒载弯矩。

### 五、预应力混凝土连续梁桥

预应力混凝土连续梁桥属于超静定结构。由于预应力结构能充分发挥高强材料的特性，促使结构轻型化，以致具有比钢筋混凝土连续梁桥大得多的跨越能力。其重要特点就是可以有效地避免混凝土开裂，特别是处于负弯矩区的桥面板开裂。连续梁桥的下部结构受力和构造简单，并能节省材料，加之它具有变形和缓、伸缩缝少、刚度大、行车平稳、超载能力大、养护简便等优点，所以在近代桥梁建筑中已得到越来越多的应用。

预应力混凝土连续梁可以设计成等跨或不等跨、等高或不等高的结构形式。由于预应力筋在结构内能起到调整内力的作用，因此，预应力混凝土连续梁在孔径布置和截面设计等方面可供选择的范围比钢筋混凝土桥要大得多。

对于中等跨度，当采用目前比较盛行的顶推法施工工艺时，往往就设计成等跨等高的连续梁桥。鉴于施工工艺的独特优点，补偿了结构本身作为等跨等高连续梁所具有的短处，也可采用先预制成简支梁，待其被架设在临时支座上后，再在支点顶部张拉预应力筋来建立连续性的施工方法。不等跨不等高的预应力混凝土连续梁桥，是大跨度桥梁结合悬臂法施工最常用的结构形式。对于城市桥梁或跨线桥，有时为了增大中跨跨径，还可能设计成边跨与中跨之比小于 0.3 的连续梁桥，端支点上将出现较大的负反力，因此就要设计专门的能抵抗拉力的支座，或者在跨端部分设置巨大的平衡重来消除负反力。

预应力筋的布置要考虑到张拉操作的方便，当需要在梁内、梁顶或梁底锚固预应力筋时，应根据预应力筋锚固区的受力特点给予局部加强，以防开裂损坏。

### 六、预应力混凝土斜拉桥

用多根斜索拉住桥面来跨越较大的河谷障碍早在 19 世纪初期在欧洲就曾风行一时，但由于当时对于理论认识的不足，对于高次超静定结构无法精确计算以及缺乏高强材料等原因，致使建成的桥梁多次发生毁桥事故，甚至造成严重的伤亡惨剧。

进入 20 世纪后，鉴于近代桥梁力学理论、电子计算机计算技术、材料强度、施工手段等有了很大进展，斜拉式桥型又逐渐地重现了它的优越性。

预应力混凝土斜拉桥也属组合体系，它主要由斜索（或称斜缆）、塔柱和主梁三部分组成。从塔柱上伸出并悬吊起主梁的高强度钢索起着混凝土主梁弹性支承的作用。这样，主梁就像显著缩小的多跨弹性支承连续梁那样工作，从而使梁高大大减小，自重大大减轻，并能显著加大桥梁的跨越能力。而且，斜索的水平分力还成了混凝土梁的"免费"轴向预压力，一般来说，它对主梁起有利作用。

1. 预应力混凝土斜拉桥的优缺点

根据它的结构特点，可将预应力混凝土斜拉桥的优缺点综述如下：

鉴于主梁增加了中间的斜索支承，弯矩显著减小，与其他体系的大跨径桥梁比较，混凝土斜拉桥的钢筋和混凝土用量均较节省；借斜索的预拉力可以调整主梁的内力，使之分布均匀合理，获得经济效果，并且能将主梁做成等截面梁，便于制造和安装；斜索的水平分力相当于对混凝土梁施加的预压力，借以提高了梁的抗裂性，并充分发挥了高强材料的特性；结构轻巧，实用性强。利用梁、索、塔三者的组合变化做成不同体系，可适应不同的地形与地质条件；建筑高度小，主梁高度一般为跨度的 1/100 ～ 1/40，能充分满足桥下净空与美观要求，并能降低引道填土高度；与悬索吊桥比较，竖向刚度及抗扭刚度均较强，抗风稳定性要好得多，用钢量较小以及钢索的锚固装置也较简单；便于采用悬臂法施工和架设，施工安全可靠。

索力调整是使斜拉桥主梁受力均匀，以达到经济、安全的重要措施，但此工序比较繁杂，在实际施工中，要使施工与设计理想地配合并非易事。此外，缆索的防护、新型锚具的工艺和耐疲劳问题等都是有待进一步研究的课题。

2. 斜拉桥的结构体系种类

斜拉桥可按其相互的结合方式组成四种不同的结构体系，即悬浮体系、支承体系、塔梁固结体系和刚构体系，它们各具特点，在设计中应根据具体情况选择最合适的体系。

（1）悬浮体系。也称飘浮体系，它是将除两端外全部缆索吊起而在纵向可稍作浮动的一种具有弹性支承的单跨梁。空间动力计算表明，悬浮体系不能任其在横向随意"摆动"，而必须施加一定的横向约束，提高其振动频率以改善动力性能。悬浮体系在采用悬臂法施工时，靠近塔柱处的梁段应设置临时支点。

（2）支承体系。主梁在塔墩上设有支点，接近于在跨度内具有弹性支承的三跨连续梁。这种体系的主梁内力在塔墩支点处产生急剧变化，出现了负弯矩尖峰，通常须加强支承区段的主梁截面。

支承体系的主梁一般均设置活动支座，这样可避免因一侧存在纵向水平约束而导致极不均衡的温度变位，它将使无水平约束一侧的塔柱内产生极大的附加弯矩。支承体系在横桥方向亦须在桥台和塔墩处设置侧向水平约束来改善体系的抗震性能。支承体系在悬臂施工中无须额外设置临时支点，施工比较方便。

（3）塔梁固结体系。它相当于梁顶面用斜索加强的一根连续梁。主梁与塔柱内的内力以及梁的挠度，直接同主梁与塔柱的弯曲刚度比值有关。其主要优点是取消了承受很大弯矩的梁下塔柱部分而代之以一般的桥墩结构，塔柱和主梁的温度内力极小，并可显著减小主梁中央段承受的轴向拉力。但需指出，当中跨满载时，主梁在墩顶处的转角位移会导致塔柱倾斜，使柱顶产生较大水平位移，这样就显著增大了主梁的跨中挠度和边跨的负弯矩，这是这种体系的弱点。塔梁固结体系中，全部上部结构的重量和活载都须由支座传给桥墩，这就需要设置很大吨位的支座，对于大跨径桥，支承力甚至是万吨级的。

（4）刚构体系。它的塔柱、主梁和柱墩相互固结，形成了在跨度内具有弹性支承的刚构。其优点在于体系的刚度较大，即主梁和塔柱的挠度较小。刚构体系在塔柱处无须任何支座，但是在刚结点和墩脚处将出现很大的温度附加弯矩，对于大跨度桥它将是万吨级的。为了减小或消除这种极大的温度内力，往往在主梁跨中设置可以容许水平移动的剪力铰，或者设置挂梁。

总之，悬浮体系具有充分的刚度，受力比较匀称，可以做成等截面主梁而简化施工，抗风、抗震性能也较好，是采用较多的结构体系。支承体系不比悬浮体系有多大的优越性。塔梁固结体系的塔柱内力最小，温度内力也最小，仅主梁边跨负弯矩较大，整体刚度较小，也是可以考虑采用的结构体系，但修建时要解决大吨位支座的问题。由于巨大的温度内力，刚构体系一般都做成带挂梁的型式，它适用于对抵抗地震和风振无特殊要求的场合。

## 第二节 桥梁的规划与设计要求

### 一、桥梁总体规划原则和基本设计资料

桥梁是公路或城市道路的重要组成部分,特别是大、中桥梁对当地的政治、经济、国防等都具有重要意义。因此,应根据设计桥梁的使用任务、性质和所在线路的远景发展需要,按照适用、经济和适当照顾美观的原则进行总体规划和设计。公路桥梁应适当考虑农田排灌的需要,以支援农业生产。靠近村镇、城市、铁路及水利设施的桥梁,应结合各有关方面的要求,考虑综合利用。设计人员在工作中必须广泛吸取建桥实践中创造的先进经验,推广各种经济效益好的技术成果,积极采用新结构、新技术、新设备、新工艺、新材料。设计中应结合我国的实际,学习和引进国外最新科学成就,把学习外国和自己创造结合起来。

1. 桥梁设计的基本要求

与设计其他工程结构物一样,在桥梁设计中必须考虑下述各项要求:

(1)使用上的要求

关于桥梁结构,在制造、运输、安装和使用过程中应有足够的强度、刚度、稳定和耐久性,并有安全储备。桥上的行车道和人行道宽度(或安全带)、缘石、护栏、栏杆等设备应保证车辆和人群的安全畅通,并应满足将来交通量增长的需要。桥型、跨度大小和桥下净空应满足泄洪、安全通航或通车等要求。桥上还应设有照明设施,引桥纵坡不宜过陡,地震区桥梁应按抗震要求采取防震措施。建成的桥梁要保证使用年限,并便于检查和维修。

(2)经济上的要求

在桥梁设计中,经济性一般是首要考虑的因素。在设计中必须进行详细周密的技术经济比较,使桥梁的总造价和材料等的消耗为最少。应注意的是,要全面而精确地计算所有的经济因素往往是困难的,在技术经济比较中,应充分考虑桥梁在使用期间的运营条件,并综合考虑发展远景和将来的养护维修等方面的问题,使其造价和养护费用综合最省。桥梁设计应根据因地制宜、就地取材、方便施工的原则,合理选用适当的桥型。此外,能满足快速施工要求以达到缩短工期的桥梁设计,不仅能降低造价,而且提早通车在运输上将带来很大的经济效益。

(3)结构尺寸和构造上的要求

整个桥梁结构及其各部分构件在制造、运输、安装和使用过程中应具有足够的

强度、刚度、稳定性和耐久性。桥梁结构的强度应使全部构件及其连接构造的材料抗力或承载能力具有足够的安全储备。对于刚度的要求，应使桥梁在荷重作用下的变形不超过规定的容许值，过度的变形会使结构的连接松弛，而且挠度过大会导致高速行车困难，引起桥梁剧烈的振动，使行人不适，严重者会危及桥梁的安全。结构的稳定性是要使桥梁结构在各种外力作用下，具有能保持原来的形状和位置的能力。例如，桥梁结构和墩台的整体不致倾倒或滑移，受压构件不致引起纵向屈曲变形等。在地震区修建桥梁时，在计算和构造上还要满足抵御地震破坏力的要求。

（4）施工上的要求

桥梁结构应便于制造和架设。应尽量采用先进的工艺技术和施工机械，以利于加快施工速度，保证工程质量和施工安全。

（5）美观上的要求

一座桥梁应具有优美的外形，应与周围的景致相协调。城市桥梁和游览地区的桥梁可较多地考虑建筑艺术上的要求。合理的结构布局和轮廓是美观的主要因素，决不应把美观片面地理解为豪华的细部装饰。此外，施工质量也会影响桥梁的美观性。

此外，桥梁设计应积极采用新结构、新材料、新工艺和新设备，学习和利用国际上最新科学技术成就，以利于提高我国桥梁建设水平，赶上和超过世界先进水平。

2. 野外勘测与调查研究

一座桥梁的规划设计涉及的因素很多，必须充分调查和研究、收集以下资料，从客观实际出发，提出合理的设计建议及计划任务书。

（1）调查研究桥梁交通要求。即调查桥上的交通种类和行车、行人的往来密度，以确定桥梁的荷载等级和行车道、人行道宽度等。调查桥上是否有需要通过的各类管线（如电力、电话线和水管、煤气管等），为此需设置专门的构造装置。

（2）选择桥位，测量桥位附近的地形，绘制地形图供设计和施工应用。

（3）探测桥位的地质情况，包括土壤的分层标高、物理力学性能、地下水等，并将钻探所得资料绘成地质剖面图。对于所遇到的地质不良现象，如滑坡、断层、溶洞、裂缝等应详加注明。

（4）桥位的详细勘测和调查。对确定的桥位要进一步收集资料，为设计和施工提供可靠依据。这时的勘测和调查工作包括绘制桥位附近大比例尺地形图、桥位地质钻探并绘制地质剖面图、实地水文勘测调查等。为使地质资料更接近实际，宜将钻孔布置在拟定的桥孔方案墩台附近。

（5）调查和测量河流的水文情况，包括调查河道性质（如河床及两岸的冲刷和淤积、河道的自然变迁等），收集和分析历年的洪水资料，测量河床断面图，调查河槽各部分的形态标志、糙率等，通过计算确定各种特征水位、流速、流量等。

与航运部门协商确定通航水位和通航净空。了解河流上有关水利设施对新建桥梁的影响。

（6）调查当地建筑材料（砂、石料等）的来源、水泥钢材的供应情况以及水陆交通的运输情况。

（7）调查了解施工单位的技术水平、施工机械等装备情况，以及施工现场的动力设备和电力供应情况。

（8）调查和收集有关气象资料，包括气温、雨量及风速（台风影响）等情况；调查新建桥位上、下游有无老桥，其桥型布置和使用情况等。

很明显，选择桥位需要一定的地形、地质和水文等资料，而对于已选定的桥位，又需要进一步为桥梁设计提供更为详尽的基本资料。因此，以上各项工作往往是互相渗透，交错进行的。

3. 设计程序

桥梁设计是一个分阶段、循序渐进的工作过程。根据国家基本建设程序要求，我国大型桥梁的桥梁设计程序分为前期工作和设计阶段。前期工作包括编制预可行性研究报告和可行性研究报告；设计阶段按"三阶段设计"进行，即初步设计、技术设计与施工图设计。各阶段的设计目的、内容、要求和深度均不同，分述如下：

（1）预可行性研究报告的编制

此阶段简称"预可"阶段。预可行性研究报告是在工程可行的基础上，着重研究建设上的必要性和经济上的合理性，解决要不要修建桥梁的问题。对于区域性桥梁，应通过对准备建桥地点附近的渡口车辆流量调查，并从发展的观点以及桥梁修建后可能引入的车流，科学分析和确定通过桥梁的可能车流量，论证工程的必要性。

在预可行性研究报告中，应编制几个可能的桥型方案，对工程造价、投资回报、社会效益、政治意义和国防意义等进行分析，论述经济上的合理性，并对资金来源有所设想。设计单位将预可行性研究报告交业主后，由业主据此编制"项目建议书"报主管上级审批。

（2）可行性研究报告的编制

此阶段简称为"工可"阶段。"工可"阶段与"预可"阶段的内容和目的基本一致，只是研究的深度不同，可行性研究报告是在预可行性研究报告审批后，着重研究工程上和投资上的可行性。在本阶段，要研究和制定桥梁的技术标准，包括设计荷载、允许车速、桥梁坡度和曲线半径等，同时，逐应与河道、航运、城市规划等部门共同研究和协商来确定相关技术标准。在"工可"阶段，应提出多个桥型方案，并按交通部《公路建设工程投资估算编制办法》估算造价，对资金来源和投资回报等问题应基本落实。

（3）初步设计

可行性研究报告批复后，即可进行初步设计。在本阶段要进一步开展水文、勘测工作，以获取更详细的水文资料、地形图和工程地质资料。在初步设计阶段，应拟定桥梁结构的主要尺寸、估算工程数量和主要材料的用量、提出施工方案的意见和编制设计概算。初步设计概算成为控制建设项目投资的依据。初步设计的目的是确定设计方案，应拟定几个桥式方案，综合分析每个方案的优缺点，通过对每个方案的主要材料用量、总造价、劳动力数量、工期、施工难易程度、养护费用等各种技术经济指标以及美观性进行比较，选定一个最佳的推荐方案，报建设单位审批。

（4）技术设计

技术设计的主要内容是对选定的桥式方案中重大、复杂的技术问题通过科学试验、专题研究、加深勘探调查及分析比较，进一步完善批复的桥型方案的总体和细部各种技术问题，提出详尽的设计图纸，包括结构断面、配筋、细节处理、材料清单及工程量等，并修正工程概算。

（5）施工图设计

施工图设计是在批复的技术设计（三阶段设计时）或初步设计（二阶段设计时）所有技术文件基础之上，进一步进行具体设计。此阶段工作包括详细的结构分析计算、配筋计算、验算各构件强度、刚度、稳定性和裂缝等各种技术指标并确保满足规范要求，绘制施工详图，编制施工组织设计和施工图预算。

目前，国内一般的（常规的）桥梁采用二阶段设计，即初步设计和施工图设计；对于技术上复杂的特大桥、互通式立交或新型桥梁结构，需增加技术设计，即三阶段设计；对于技术简单、方案明确的小桥，也可采用一阶段设计，即施工图设计。

## 二、桥梁纵、横断面设计和平面布置

1. 桥梁纵断面设计

桥梁纵断面设计包括确定桥梁的纵跨径、桥梁的分孔、桥道的标高、桥上和桥头引道的纵坡以及基础的埋置深度等。

（1）桥梁总跨径的确定

对于一般跨河桥梁，一方面，总跨径可参照水文计算来确定。桥梁的总跨径必须保证桥下有足够的排洪面积，使河床不致遭受过大的冲刷；另一方面，根据河床土壤的性质和基础的埋置情形，设计者应视河床的允许冲刷程度，适当缩短桥梁的总长度，以节约总投资。由此可见，桥梁的总跨径应根据具体情况经过全面分析加以确定。例如，对于在非坚硬岩层上修筑的浅基础桥梁，总跨径应该大一些而不使路堤压缩河床；对于深埋基础，一般允许较大的冲刷，总跨径就可适当减小。山区河流一般河床流速本来已经很大，则应尽可能少压缩或不压缩河床；而对于平原区的宽滩河流虽然可允许较大的压缩，但必须注意壅水对河滩路堤以及附近农田和建筑物可能造成的危害。

（2）桥梁的分孔

对于一座较长的桥梁，应当分成几孔，各孔的跨径应当多大，这不仅影响使用效果、施工难易等，并且在很大程度上关系到桥梁的总造价。跨径越大、孔数越少，上部结构的造价就越高，墩台的造价就减少；反之，则上部结构的造价降低，而墩台造价将提高。这与桥墩的高度以及基础工程的难易程度有密切关系。最经济的分孔方式就是使上、下部结构的总造价趋于最低。对于通航河流，在分孔时首先应考虑桥下通航的要求。桥梁的通航孔应布置在航行最方便的河域。对于变迁性河流，鉴于航道位置可能发生变化，就需要多设几个通航孔。

在平原地区的宽阔河流上修建多孔桥时，通常在主槽部分按需要布置跨径较大的通航孔，而在两旁浅滩部分则按经济跨径进行分孔。如果经济跨径较通航要求值还大，则通航孔也应取用较大跨径。

在山区的深谷上、在水深流急的江河上或需在水库上修桥时，为了减少中间桥墩，应加大跨径。条件允许的话，甚至可采用特大跨径单孔跨越。在布置桥孔时，有时为了避开不利的地质段（如岩石破碎带、裂隙、溶洞等），也要将桥基位置移开，或适当加大跨径。

对于某些体系的多孔桥梁，为了合理地使用材料，各孔跨径应有适宜的比例关系。例如，为了使钢筋混凝土连续梁桥的中跨和相邻边跨的跨中最大弯矩接近相等，其中跨与相邻边跨的跨径比值，对于三跨连续者约为 1.00：0.90：0.65，为了使多孔悬臂梁桥的结构对称，最好布置成奇数跨。

从战备方面考虑，应尽量使全桥的跨径做得一样，并且跨径不宜太大，以便战时抢通和修复。

跨径的选择还与施工能力有关，有时选用较大跨径虽然在经济上是合理的，但限于当时的施工技术能力和设备条件，也不得不将跨径减少。对于大桥施工，基础工程往往对工期起控制作用，在此情况下，从缩短工期出发，就应减少基础数量而修建较大跨径的桥梁。

一座桥梁既是交通工程结构物，又是自然环境的美化者，对于一些特别重要的桥梁，更应该显示出社会主义建设的时代特点。因此，在整体规划桥梁分孔时必须重视美观上的要求。

总之，大、中桥梁的分孔是一个相当复杂的问题，必须根据使用任务、桥位处的地形和环境、河床地质、水文等具体情况，通过技术经济等方面的分析比较，才能做出比较完美的设计方案。

（3）桥道标高的确定

对于跨河桥梁，桥道的标高应保证桥下排洪和通航的需要；对于跨线桥，则应确保桥下安全行车。在平原区建桥时，桥道标高的抬高往往伴随着桥头引道路堤土方量的显著增加。在修建城市桥梁时，桥高了使两端引道的延伸影响市容，或者需要设置立体交叉或高架栈桥，这将导致提高造价。因此，必须根据设计洪水位、桥下通航（或通车）净空等需要，结合桥型、跨径等一起考虑，以确定合理的桥道标高。在有些情况下，桥道标高在路线纵断面设计中已做规定。

桥面标高的确定主要考虑三个因素：路线纵断面设计要求、排洪要求和通航要求。对于中、小桥梁，桥面标高一般由路线纵断面设计确定；对于跨河桥，为保证结构不受毁坏，桥梁主体结构必须比计算水位（设计水位计入壅水、浪高等）或最高流冰水位高出一定距离，满足《公路桥涵设计通用规范》（JTGD60—2004）[以下简称《桥规》（JTGD60）]对非通航河流桥下净空的要求（见表2-1）；对于通航河流，通航孔还必须满足通航净空要求，通航净空尺寸按《内河通航标准》（GBJ139—90）确定；对于跨越铁路或公路的桥梁，应满足相应的铁路或公路的建筑限界规定。

表2-1　非通航河流桥下净空

| 桥梁的部位 | 高出计算水位（m） | 高出最高流冰面（m） |
| --- | --- | --- |
| 梁底 | 0.5 | 0.75 |
| 支座垫石顶面 | 0.25 | 0.5 |
| 拱脚 | 0.25 | 0.25 |

（4）桥梁纵坡布置

桥梁标高确定后，就可根据两端桥头的地形和线路要求来设计桥梁的纵断面线形。按照《公路工程技术标准》（JTGB01—2003）规定，公路桥梁的桥上纵坡不宜大于4%，桥头引道纵坡不宜大于5%；位于市镇混合交通繁忙处，桥上纵坡和桥头引道纵坡均不得大于3%，桥头两端引道线形应与桥上线形相配合。

2. 桥梁横断面设计

桥梁横断面的设计主要是决定桥面的宽度和桥跨结构横截面的布置。桥面宽度由行车和行人的交通需要决定。桥面净空应符合《桥规》（JTGD60）第3.3.1条公路建筑限界的规定，在规定的限界内，不得有任何结构部件等侵入。在选择车道宽度、中间带宽度和路肩宽度及其一般值和最小值时，应首先考虑与桥梁相连的公路路段的路基宽度，保持桥面净宽与路肩同宽，使桥梁与公路更好地衔接，公路上的车辆可维持原速通过桥梁，满足车辆在公路上无障碍行驶的现代交通最基本的要求。

行车道宽度为车道数乘以车道宽度，车道宽度与设计车速有关，车速越高，车道宽度越大，其值为 3 ~ 3.75m，应满足前述规范的要求。自行车道和人行道的设置应根据需要而定，与前后路线布置协调。一个自行车道的宽度为 1.0m，单独设置自行车道时，一般不宜小于两个自行车道的宽度。人行道的宽度一般为 0.75m 或 1.0m，大于 1.0m 时，按 0.5m 的级差增加。高速公路上的桥梁不宜设人行道。漫水桥和过水路面可不设人行道。

高速公路、一级公路上的桥梁必须设置护栏。二、三、四级公路上特大、大、中桥应设护栏或栏杆和安全带，小桥和涵洞可仅设缘石或栏杆。不设人行道的漫水桥和过水路面应设护栏或栏杆。在弯道上的桥梁应按路线要求予以加宽。

3. 桥梁平面布置

桥梁及桥头引道的线形应与路线布设相互协调，各项技术指标应符合路线布设的规定。高速公路和一级公路上行车速度快，桥梁与道路衔接必须舒顺才能满足行车要求，因此高速公路、一级公路上的各类桥梁除特殊大桥外，其布设应满足路线总体布设的要求。高速公路、一级公路上的特殊大桥，以及二、三、四级公路上的大、中桥线形，一般为直线，如必须设成曲线时，其各项指标应符合路线布设规定。

从桥下泄洪要求及桥梁安全角度考虑，桥梁纵轴线应尽可能与洪水主流流向正交。对通航河流上的桥梁，为保证航行安全，通航河道的主流应与桥梁纵轴线正交。当斜交不能避免时，交角不宜大于 5°；当交角大于 5° 时，应增大通航孔跨径。对于一般小桥，为了改善路线线形，或城市桥梁受原有街道的制约时，也允许修建斜交桥，但从桥梁本身的经济性和施工方便来说，斜交角通常不宜大于 45°。

# 第三节　桥梁上部结构构造

桥梁的构造组成基本上是一样的，但因为桥梁类型的不同，它们也有许多不同之处，本节主要对钢筋混凝土梁桥和拱桥分别进行简要的介绍。

## 一、梁桥上部结构

由于施工方法的不同，梁桥分为整体式和装配式两类。整体式是上部结构在桥位上整体现场浇筑而成。特点是结构整体性好，刚度大，但由于需要现场浇筑，施工进度慢，工业化程度低。装配式是利用运输和起重设备将预制的独立构件运到桥位现场，进行起吊、安装、拼接。

1. 梁的横断面形式

梁桥的上部结构根据截面的形式不同，一般分为板式梁桥、肋板式梁桥和箱形梁桥。

（1）板式梁桥（简称板桥）

板桥的承重结构是矩形截面的混凝土板梁。其主要特点是构造简单、施工方便且建筑高度小。但其跨径不能太大，一般情况下简支板桥的跨径在 10m 以下。根据力学特性，对矩形板桥进行优化设计做成留有圆洞的空心板或将其下部稍加挖空的矮肋式板，以减轻自重，增大跨径。为施工方便，也可将梁板制成由几块预制的实心板条拼接而成，形成装配式结构。

（2）肋板式梁桥

在横断面内形成明显肋形结构的梁桥称为肋板式梁桥。在这种桥梁上，梁肋与顶部的钢筋混凝土桥面板结合在一起作为承重结构。这种形式显著减轻了结构自重，其跨越能力较板桥有了很大提高，一般中等跨径（13 ~ 15m）的梁桥采用这种形式。一般情况下，为了施工方便，先将梁预制成 T 型断面的单个梁（简称 T 梁），然后进行运输、起吊、安装和拼接（简称装配式 T 型梁）。在每一片 T 梁上通常设置待安装就位后相互连接用的横隔梁，以加强全桥的整体性。

（3）箱形梁桥

横断面呈一个或多个封闭箱形的梁桥称为箱形梁桥。与肋板式梁桥的区别是，不但跨越能力较大，而且抗扭刚度也特别大，一般用于较大跨径的悬臂梁桥和连续梁桥。箱梁可分为单室或多室的整体式以及多室装配式箱梁。

2. 梁桥上部构造

简支梁桥上部结构由主梁、横隔梁、桥面板、桥面系以及支座等几部分组成。

（1）主梁

主梁是桥梁上部结构的主要承重构件。装配式简支梁桥的每片主梁都是预制的独立构件，主梁两端分别用固定支座和活动支座支撑于桥梁墩台上。其横断面形式如上所述。以标准跨径 20m 装配式简支 T 梁为例，其主梁的纵、横断面图。

1）主梁的间距

主梁间距的大小不仅与钢筋和混凝土的材料用量、构件的重力有关，而且与桥面板的刚度有关。一般来说，对于跨径大一些的桥梁，适当地加大主梁间距，可减少钢筋和混凝土的用量。主梁间距一般为 1.5 ~ 2.2m。

2）主梁钢筋布置

装配式 T 梁的主梁钢筋可分为纵向主钢筋、弯起钢筋（也称为斜钢筋）、箍筋、架立钢筋和防收缩钢筋（见表2-2）。由于纵向主钢筋数量多，常采用多层焊接钢筋骨架。

表2-2　装配式T梁的主梁钢筋

| 项目 | 内容 |
|---|---|
| 纵向主钢筋 | 纵向主钢筋设在梁肋的下缘，随着弯矩值的变化而向支点逐渐减少。主钢筋可在跨间适当的位置切断或弯起。为保证主梁两端有足够数量的主钢筋，伸过支点截面的钢筋不应少于主钢筋截面积的20%且不得少于2根。主梁中每片骨架的纵向钢筋数一般为3～7根，竖直排焊的总高度不宜大于梁高的0.15～0.20倍。伸过支点截面的钢筋应弯成直角，并顺着梁端延伸到梁的顶部与架立钢筋焊接在一起 |
| 斜钢筋 | 斜钢筋的作用是抵抗剪力及主拉应力。当主钢筋弯起数量不足时，可在主钢筋和架立钢筋上加焊斜钢筋。斜钢筋与梁的轴线一般布置成45°。弯起钢筋应按圆弧弯折，圆弧半径（以主钢筋轴线计算）不小于10d。弯起钢筋的数量（包括根数和直径）由斜截面抗剪强度计算确定，而弯起钢筋的弯起点位置还应满足桥涵设计规范的要求 |
| 箍筋 | 箍筋的作用也是用于抵抗剪力，其间距不应大于梁高的3/4和50cm，直径不小于6mm，且不小于1/4主钢筋直径，且梁支点附近的第一根箍筋应设置在距支承边缘5cm处。在主梁和横隔梁交叉处不设箍筋，在支座附近箍筋应加密或采用四肢箍筋，并应在支座部位的梁底部加设钢筋网 |
| 架立钢筋 | 架立钢筋布置在梁肋的上缘，主要起固定箍筋和斜钢筋并使梁内全部钢筋形成空间骨架的作用 |
| 防收缩钢筋 | 防收缩钢筋是防止梁肋侧面混凝土收缩等原因而导致的裂缝。其钢筋面积A=（0.0015～0.002）bh（b为梁肋宽度，h为梁高）。钢筋直径为6～10mm，靠近下部布置得密些，靠近上部布置得疏些 |

　　T梁翼缘板内的受力钢筋沿横向布置在板的上缘，以承受悬臂的负弯矩。在顺桥方向还应设置少量分布钢筋。

　　（2）横隔梁

　　横隔梁起着联系各主梁、增强全桥整体性的作用，保证作用在桥面上的荷载对各主梁有良好的横向分配。一般在跨中、支点处均应设置横隔梁。跨中横隔梁对各主梁的荷载分配起主要作用，支座处的横隔梁对保证装配式梁桥在运输、安装过程中的稳定性和主梁的抗扭能力是必要的。横隔梁一般做成肋板截面形式，肋宽一般为0.12～0.2m，高度可取主梁高度的3/4左右，也可做成与主梁同样高度。

　　（3）桥面系

　　桥梁的桥面系通常包括桥面铺装、桥面防水和排水设施、伸缩缝、人行道、缘石、栏杆和灯柱等构造。它是桥梁直接提供服务功能的部件。

1）桥面铺装

桥面铺装是车轮直接作用的部分，又叫行车道铺装。它的作用是保护属于主梁整体部分的行车道板不受车辆轮胎（或履带）的直接磨耗，防止主梁遭受雨水侵蚀，且对车轮中的集中荷载起分布作用。桥面铺装位于翼板之上，其形式很多，常用的有钢筋混凝土桥面铺装、普通混凝土或沥青混凝土铺装、防水混凝土铺装、具有贴式防水层的水泥混凝土或沥青混凝土铺装。

2）桥面排水设施

钢筋混凝土结构经受水长时间浸入时，其细微裂纹和大孔隙中会渗入水分，在结冰时会因为膨胀导致混凝土发生破坏，而且即使不发生冰冻，钢筋也会受到锈蚀作用。所以，为防止雨水滞积于桥面并渗入梁体而影响桥梁的耐久性，除在桥面铺装层内设置防水层外，还应将桥面上的雨水迅速引导排出桥外。通常当桥面纵坡大于2%而桥长小于50m时，雨水可流至桥头从引道上排除，桥上不设专门的泄水孔道。当桥面纵坡大于2%，但桥长大于50m时，宜在桥上间隔设置泄水管。泄水管可沿行车道两侧左右对称排列，也可交错排列，其离路缘石距离为20～30cm。泄水管尽可能竖直向下设置，以利于排水。对于一些小跨径桥梁，为了简化构造和节省材料，可以直接在行车道两侧安全带或缘石上预留横向泄水孔口，将水用管排至桥外侧。

3）伸缩缝

为保证桥跨结构在气温变化、活载作用、混凝土收缩与徐变等作用下自由变形，通常在梁端与桥台之间、两梁端之间或桥梁的铰接位置上设置横向伸缩缝（也称变形缝）。伸缩缝的构造有简有繁，不仅要保证主梁能够自由伸缩，而且要满足车辆能够平顺地通过伸缩缝处，也不能使雨水渗入、垃圾阻塞伸缩缝。常用的伸缩缝有钢板伸缩缝、橡胶伸缩缝、TST弹塑体伸缩缝等。

4）桥面连续

为了减少多孔桥的伸缩缝数量，改善行车条件，一般采用桥面连续，根据气温变化情况，通常每隔50～80m设一道伸缩缝，使相邻伸缩缝之间的桥面构成一联。在桥面连续处，增加铺装层钢筋，混凝土连续浇筑，使桥面连成整体。

5）人行道

当桥梁修建在城市道路或一般公路上时，因为通过桥上的行人交通量较大，这就需要在桥面的两侧设置人行道，专供行人通行使用，使行人与车辆分离以保证安全。人行道的宽度根据当地调查情况决定，人行道的形式一般有悬臂式和非悬臂式两种。其中，悬臂式是依靠锚栓获得稳定。

6）支座

桥梁支座的作用是将桥跨结构的荷载传递到桥梁的墩台上，同时保证桥跨结构所要求的位移与转动，以使结构实际受力情况与计算理论图式相吻合。钢筋混凝土和预应力混凝土梁桥在桥跨结构和墩台之间均应设置支座。

梁桥的支座一般分为固定支座和活动支座两种，固定支座既要固定主梁在墩台上的位置以传递竖向压力和水平力，又要保证主梁发生挠曲时在支承处能自由转动。活动支座只传递竖向压力，但它须保证主梁在支承处既能自由转动又能水平移动。梁桥的支座通常可以用油毛毡、钢板、橡胶或钢筋混凝土等材料来制作。梁桥支座结构类型甚多，应根据桥梁跨径的长短、支点反力的大小、梁体变形的程度以及对支座构造高度的要求等，视具体情况进行选用。

**二、拱桥上部结构**

1. 拱桥的特点

拱桥是我国公路上使用广泛且具有悠久历史的一种桥梁形式。其外形宏伟，且经久耐用。拱桥与梁桥不仅在外形上不同，在受力性能上也存在本质区别。梁式桥在竖向荷载作用下，梁体内主要产生弯矩，且在支承处只有竖向反力，而拱式桥在竖向荷载作用下，支承处不仅产生竖向反力，还产生水平推力。由于这个水平推力的存在，拱圈中的弯矩比相同跨径梁桥的弯矩小得多，从而使整个拱圈主要承受压力作用。因此，拱桥不仅可以利用钢、钢筋混凝土等材料来修建，还可以充分利用抗压性能较好而抗拉性能较差的圬工材料（石料、混凝土、砖等）来修建。这种由圬工材料修建的拱桥又称为圬工拱桥。

（1）拱桥的主要优点

拱桥的主要优点，见表2-3。

表2-3 拱桥的主要优点

| 序号 | 内容 |
|---|---|
| 1 | 跨越能力大。在全世界范围内，目前已建成的钢筋混凝土拱桥的最大跨径为420m，石拱桥为155m，钢拱桥达518m |
| 2 | 能充分做到就地取材，降低造价，并且与钢桥和钢筋混凝土梁式桥相比，可以节省大量的钢材和水泥 |
| 3 | 耐久性好，养护及维修费用少，承载潜力大 |
| 4 | 外形美观。拱桥在建筑艺术上，是通过选择合理的拱式体系及突出结构上的线条来达到美的效果 |
| 5 | 构造较简单，尤其是圬工拱桥，有利于普及和广泛采用 |

（2）拱桥的主要缺点

自重大，水平推力也较大，增加了下部结构的工程量，对地基条件要求高；对于多孔连续拱桥，为了防止其中一孔破坏而影响全桥，还要采取特殊的措施，如设置单向推力墩以承受不平衡的推力；在平原地区修建拱桥，由于建筑高度较大，使桥两岸接线的工程量增大，亦使桥面纵坡加大，对行车不利；圬工拱桥施工需要劳动力较多，建桥工期较长等。

拱桥虽然存在以上缺点，但由于它的优点突出，在条件许可的情况下，修建拱桥往往是经济合理的，因此在我国公路桥梁建设中，拱桥得到了广泛应用。

2. 拱桥的主要类型及其适用范围

拱桥的形式多种多样，构造各有差异，可以按照不同的方式将拱桥分为各种类型。

（1）按主拱圈所使用的材料分

按主拱圈（肋、箱）所使用的建筑材料不同可分为圬工拱桥、钢筋混凝土拱桥和钢拱桥。

（2）按拱上建筑的形式分

1）实腹式拱上建筑

由侧墙、拱腹填料、护拱以及变形缝、防水层、泄水管以及桥面组成。实腹式拱上建筑的构造简单，施工方便，填料数量较多，恒载较重，所以一般适用于小跨径的板拱桥。

侧墙。侧墙承受填料和车辆荷载所产生的侧向压力，设置在拱圈两侧，其作用是围护拱腹填料。通常采用浆砌片石或浆砌块石砌筑而成，为了美观，可采用料石镶面。侧墙厚度由计算确定，通常顶宽 0.5 ~ 0.75m，向下逐渐加厚，外坡垂直，内坡为 4：1 或 5：1。墙脚厚度取用墙高的 0.4 倍。侧墙与墩、台之间必须设置伸缩缝分开。

拱腹填料。用来支撑桥面，并具有传递荷载和吸收冲击力的作用。一般采用砾石、碎石、粗砂和煤渣等透水性良好的粒料，分层填实，以防积水造成冻胀。

护拱。拱圈一般都应设置护拱，它是在拱脚的拱背上用低强度等级水泥砂浆砌筑片石而成。由于护拱加厚了拱脚截面，因此能协调拱圈的受力。为了便于排除桥面渗入拱腔内的雨水，护拱一般做成斜坡形。

2）空腹式拱上建筑

空腹式拱上建筑除具有实腹式拱上建筑相同的构造外，还有腹孔和腹孔墩。腹孔按形式可分为拱式和梁式两种。

拱式拱上建筑。构造简单，外形美观，一般多用于圬工拱桥。其腹孔通常对称布置在主拱圈两侧结构高度所容许的范围内，拱形腹孔跨径一般可选用 2.5 ～ 5.5m，且每半跨内腹孔的总长不宜超过主拱跨径的 1/4 ～ 1/3。腹拱宜做成等厚的，以利于腹拱墩的受力和施工。

梁式拱上建筑。采用梁式腹孔的拱上建筑，可使桥梁构造轻巧美观，减小了拱上建筑的重量和地基的承压力，以便获得更好的经济效果。一般情况下，大跨径的混凝土拱桥往往采用这种形式。梁式腹孔的桥道梁体系又可分为简支、连续和连续刚架式三种形式。

（3）按主拱圈采用的拱轴线形式分

按主拱圈采用的拱轴线形式可将拱桥分为圆弧拱桥、抛物线拱桥和悬链线拱桥。

从施工方面来看，圆弧拱桥比抛物线拱桥和悬链线拱桥简单；从力学性能方面分析，悬链线拱桥比圆弧拱桥受力好；而对大跨径拱桥，为了改善拱圈受力，可以采用高次抛物线拱桥。

（4）按结构受力体系分

1）三铰拱。三铰拱属于静定结构。由于温度变化、墩台沉陷等原因引起的变形不会在拱圈截面内产生附加应力。当地基条件不良又需要采用拱式桥梁时，可以采用三铰拱。但由于铰的存在，使其构造复杂，施工比较困难，维护费用增大，而且降低了结构的整体刚度，尤其减小了抗震能力。同时拱的挠度曲线在拱顶铰处出现转折，对行车不利。因此，大、中跨径的主拱圈一般不采用三铰拱。三铰拱常用于大、中跨径空腹式拱上建筑的边腹拱。

2）两铰拱。两铰拱属于一次超静定结构。由于取消了拱顶铰，其结构整体刚度较三铰拱大。因地基条件较差，不宜采用无铰拱时，可采用两铰拱。

3）无铰拱。无铰拱属于三次超静定结构。在自重及外荷载作用下，拱内的弯矩分布比两铰拱均匀，材料用量省。由于无铰，结构整体刚度大、构造简单、施工方便、维护费用低，因此在实际中使用最为广泛。但由于无铰拱的超静定次数高，温度变化、材料收缩、结构变形，尤其是墩台位移会在拱圈截面内产生较大的附加内力，所以无铰拱一般在地基良好的条件下修建。

（5）按拱圈的横断面形式分

拱圈的横断面形式多种多样，通常有以下几种：

1）板拱。承重结构的主拱圈采用矩形实体断面，这种形式构造简单，施工方便，但结构自重较大，所以只在地基条件较好的中、小跨径的圬工拱桥中采用。

2）肋拱。在板拱的基础上，将板拱划分成两条或两条以上，使其形成分离的、高度较大的拱肋，肋与肋之间用横系梁相互连接，这样就可用较小的截面积获得较大的截面抵抗矩，既节省了材料，又减轻了拱圈自重。一般多用于跨径较大的拱桥。

3）双曲拱。主拱圈在纵向和横向均呈曲线形，故称为双曲拱桥。截面抵抗矩较相同材料的板拱大了很多，因此可以节省材料。另外，双曲拱还具有装配式桥梁的特点。但它也存在着缺点，如施工工序多，组合截面的整体性较差，易开裂等。因此，双曲拱只宜在中、小跨径桥梁中采用。

4）箱形拱。主拱圈外形与板拱相似，由于截面挖空，箱形的截面抵抗矩较相同材料用量的板拱大很多，因此可以节省材料，减轻拱圈自重，有利于大跨径。又由于其为闭口箱形断面，截面的抗扭刚度大，横向的整体性和结构稳定性均较好，适用于无支架施工。但箱形拱施工制作比较复杂。一般情况下，跨径在50m以上的拱桥宜采用箱形拱断面。

3．主拱圈的构造

（1）板拱

板拱的主拱圈通常都是做成实体的矩形截面。常用的板拱有等截面圆弧拱和等截面悬链线拱。按照砌筑拱圈的石料规格不同可以分为料石拱、块石板拱及片石拱。

用于拱圈砌筑的石料要求石质均匀，不易风化，无裂纹，石料强度不得低于MU30。砌筑用的砂浆强度，对于大、中跨径拱桥，不得小于M7.5；对于小跨径拱桥，不得小于M5。在有条件的地方，可以用小石子混凝土代替砂浆砌筑拱圈，小石子粒径一般不得大于20mm，以便灌缝。采用小石子混凝土砌筑的石拱圈砌体强度要比用砂浆砌筑得高，而且可节约水泥1/4 ~ 1/3。

石板拱桥具有悠久的历史，其构造简单，施工方便，造价低，是盛产石料地区中、小桥梁的主要桥型。根据设计的要求，石拱圈可以采用等截面圆弧拱、等截面或变截面的悬链线拱以及其他拱轴形式的拱。

（2）肋拱

肋拱桥是由两条或多条分离的平行拱肋，以及在拱肋上设置的立柱和横隔梁支承的行车道部分组成，适用于大、中跨径拱桥。由于肋拱较多地减轻了拱体重量，拱肋的恒载内力较小，活载内力较大，故宜用钢筋混凝土结构。拱肋是肋拱桥的主要承重结构，通常是由混凝土或钢筋混凝土做成。拱肋的数目和间距以及拱肋的截面形式等，均应根据使用要求（跨径、桥宽等）、所用材料和经济性等条件综合比较选定。为了简化构造，宜采用较少的拱肋数量，拱肋的截面可以选用实体矩形、工字形、箱形、管形等。

（3）箱形拱

大跨径拱桥的主拱圈可以采用箱形截面。为了采用预制装配的施工方法，在横向将拱圈截面划分成多条箱肋，在纵向将箱肋分段，然后预制各箱肋段，待箱肋拼装成拱后，最后现浇混凝土将各箱肋连成整体，以形成箱形拱截面。箱形拱桥的主要特点是：

截面挖空率大。挖空率可达全截面的 50% ~ 60%，因此与板拱相比，可节省大量圬工体积，减小重量；箱形截面的中性轴大致居中，对于抵抗正负弯矩具有几乎相等的能力，能较好地适应主拱圈各截面承受正负弯矩变化的情况；由于是闭合空心截面，抗弯和抗扭刚度大，拱圈的整体性好，应力分布比较均匀；单根箱肋的刚度较大，稳定性较好，能单箱肋成拱，便于无支架吊装；预制箱肋的宽度较大，施工操作安全，易保证施工质量；预制构件的精度要求较高，吊装设备较多。因此，箱形截面是大跨径拱桥一种比较经济、合理的截面形式。

箱形拱桥的主拱圈截面由多个空心薄壁箱组成，其形式有槽形截面箱、工字形截面箱和闭合箱。

（4）桁架拱桥

桁架拱由钢筋混凝土或预应力混凝土桁架拱片、横向联系和桥面系组成。桁架拱片是桁架拱桥的主要承重构件，横桥向桁架拱片的片数，由桥梁的宽度、跨径、设计荷载、施工条件、桥面板跨越能力等因素综合考虑确定。

钢筋混凝土桁架拱桥是一种具有水平推力的拱形桁架结构，外形新奇美观。在结构上兼有桁架和拱的特点，各部件截面尺寸小，重量轻，节省材料，对墩台的垂直压力和水平推力也相应减小，结构的整体性能好，装配化程度高，施工程序少。

预应力混凝土桁式组合拱桥是近年来出现的一种新桥型。桥梁结构从形式上来看与钢筋混凝土桁架拱相似，既像是带斜杆的箱形拱，又像上、下弦杆为闭合箱形截面的桁架拱；从受力体系看是预应力桁架 T 构和行车道板和拱圈闭合箱形截面的无铰箱形拱的组合结构。与箱形拱桥相比，它具有桁式体系的优点，拱上建筑与主拱圈联合受力，整体性好。为了满足其结构受力需要，上弦杆及斜杆常设置预应力钢筋，因此它的跨越能力较强，与同跨径的其他桥型比较造价低。

（5）刚架拱桥

刚架拱桥是在桁架拱、斜腿刚架等基础上发展起来的另一种新桥型，属于有推力的高次超静定结构，它具有构件少、自重轻、整体性好、刚度大、施工简便、经济指标较先进、造型美观等优点，在我国得到了广泛应用。刚架拱桥的上部由刚架拱片、横向联系和桥面系等部分组成。

（6）钢管混凝土拱桥

我国近年来发展起来的钢管混凝土拱桥，一方面提高了材料的强度，减轻了拱圈的自重；另一方面使拱圈本身成为自架设体系，劲性骨架便于无支架施工。因此，钢管混凝土拱桥成为拱桥的发展方向。

# 第四节　桥梁墩台与基础的构造

　　桥梁墩台是桥梁结构的重要组成部分，承担着桥梁上部结构所产生的荷载，并将荷载有效传递给地基，起着"承上启下"的作用，决定着桥跨结构在平面上和高程上的位置。桥梁墩台主要由墩台帽、墩台身和基础三部分组成。

　　桥墩一般是指多跨（不少于两跨）桥梁的中间支承结构。它除了承受桥跨结构的竖向力和水平力之外，还承受风力、流水压力及可能发生的冰压力、船只和漂浮物的撞击力。桥台是设置在桥梁两端、支承桥跨结构并与两岸接线路堤衔接的构造物。桥台既要承受桥梁边跨结构自重、桥台自重以及车辆荷载的作用，并把荷载传到地基上，又要挡土护岸，而且还要承受台背填土及填土上车辆荷载所产生的附加土压力。因此，桥梁墩台不仅自身应具有足够的强度、刚度和稳定性，而且对地基的承载能力、沉降量、地基与基础之间的摩擦力等提出了一定的要求。

## 一、桥墩一般构造

　　桥墩按其构造形式可分为实体墩、空心墩、柱式墩、排架墩、框架墩 5 种类型；按其受力特点可分为刚性墩和柔性墩；按其截面形状可分为矩形、圆形、圆端形、尖端形及各种截面组合成的空心墩；按其施工工艺可分为就地砌筑或浇筑和预制安装桥墩。

　　1. 实体桥墩

　　实体桥墩是指由一个实体结构组成的桥墩。按其截面尺寸或刚度及重力的不同又可分为重力式桥墩和实体轻型桥墩。

　　（1）重力式桥墩

　　重力式桥墩主要依靠自身重力来平衡外力，以保证桥墩的稳定。它通常是用圬工材料修筑而成，具有刚度大、防撞能力强等优点。适用于荷载较大的大、中桥梁或流冰、漂浮物较多的河流中。其截面形式有圆形、矩形、圆端形、尖端形等。

　　（2）实体轻型桥墩

　　实体轻型桥墩可用混凝土、浆砌块石或钢筋混凝土材料做成。其中以实体式钢筋混凝土薄壁桥墩最为典型。其特点是圬工体积小，自重小，施工简便，外形美观，过水性好，一般适用于地基土软弱地区的中小跨径的桥梁上。

2．空心桥墩

空心桥墩有两种形式，一种为中心镂空式桥墩；另一种是薄壁空心桥墩。

（1）中心镂空式桥墩

中心镂空式桥墩是在重力式桥墩基础上镂空中心一定数量的圬工体积而成。可使结构更经济，减轻桥墩自重，降低对地基承载能力的要求。

（2）薄壁空心桥墩

薄壁空心桥墩系用强度高的钢筋混凝土构筑而成的墩身壁较薄的空格形桥墩。其最大特点是大幅度地削减了墩身圬工体积和墩身自重，减小了地基负荷，因而适用于软弱地基上的桥墩。

3．柱式桥墩

柱式桥墩是目前公路桥梁中广泛采用的桥墩形式，特别是对于桥宽较大的城市桥或立交桥，这种桥墩不但能减轻自重，节约圬工材料，而且轻巧、美观。

柱式桥墩一般由基础之上的承台、柱式墩身和盖梁组成，常用的有单柱式、双柱式、哑铃式以及混合双柱式4种形式。

4．柔性排架桥墩

柔性排架桥墩是由单排或双排的钢筋混凝土柱与钢筋混凝土盖梁连接而成。其主要特点是：上部结构传来的水平力按各墩台的刚度分配到各墩台，作用在每个柔性墩上的水平力较小，而作用在刚性桥墩上的水平力很大，因此柔性墩截面尺寸得以减小。

5．框架式桥墩

框架式桥墩采用钢筋混凝土或预应力混凝土等压挠或挠曲构件组成平面框架代替墩身，支承上部结构，必要时可做成双层或多层框架。这是较空心墩更进一步的轻型结构。


**二、桥台一般构造**

桥台通常按其形式划分为重力式桥台、轻型桥台、框架式桥台、组合式桥台和承拉桥台。

1．重力式桥台

重力式桥台一般采用砌石、片石混凝土或混凝土等圬工材料就地砌筑或浇筑而成，主要依靠自身重力来平衡台后土压力，从而保证自身的稳定。重力式桥台依据桥梁跨径、桥台高度及地形条件的不同有多种形式，常用的有U形桥台、埋置式桥台、拱型桥台、埋置衡重式高桥台等。

（1）U形桥台

U形桥台由台身（前墙）、台帽、基础与两侧翼墙组成。在平面上呈U字形，其台身支承桥跨结构，并承受台后土压力；翼墙与台身连成整体承受土压力，并起到与路堤衔接的作用。U形桥台适用于填土高度为8～10m的单孔或多孔桥梁。其结构简单，接触地面大，应力较小。

（2）埋置式桥台

埋置式桥台台身为圬工实体，台帽及耳墙采用钢筋混凝土。台身埋置于台前溜坡内，利用台前溜坡填土抵消部分台后填土压力，不需另设翼墙，仅由台帽两端的耳墙与路堤衔接。这种桥台稳定性好，适用于填土高度在10m及以上的高桥。

（3）拱形桥台

拱形桥台由埋置式桥台改进而来，台身用块石或混凝土砌筑，中间挖空成拱形，以节省圬工。它适用于基岩埋藏浅或地质良好而有浅滩河流的多孔桥。

（4）埋置衡重式高桥台

埋置衡重式高桥台是利用衡重台及其上的填土重力平衡部分土压力，在高桥中圬工较省。它适用于跨径大于20m、高度大于10m的跨深沟及山区特殊地形的桥梁。

2. 轻型桥台

轻型桥台通常用圬工材料砌筑或钢筋混凝土浇筑。圬工轻型桥台只限于桥台高度较小的情况，而钢筋混凝土轻型桥台应用范围更广泛。从结构形式上分，轻型桥台有薄壁型轻型桥台和支撑梁型轻型桥台。

（1）薄壁型轻型桥台

薄壁型轻型桥台常用的形式有悬臂式、扶臂式、撑墙式和箱式。其主要特点是利用钢筋混凝土结构的抗弯能力来减少圬工体积，从而使桥台轻型化。

（2）支撑梁型轻型桥台

支撑梁型轻型桥台就是在墩台基础间设置3～5根支承梁，成为支撑型桥台。一般用于单跨或多跨的小跨径桥。

3. 框架式桥台

框架式桥台由台帽、桩柱及基础或承台组成，是一种在横桥向呈框架式结构的桩基础轻型桥台。桩基埋入土中，所受土压力较小，适用于地基承载力较低、台身高度大于4m、跨径大于10m的梁桥。其构造形式有双柱式、多柱式、肋墙式、半重力式等。

桩式桥台指台帽置于立柱上，台帽两端设耳墙以便与路堤衔接，是一种结构简单、圬工数量少的桥台形式，适用于填土高度小于5m的情况。

当填土高度大于5m时，用少筋薄壁墙代替立柱支承台帽，即成为墙式桥台。

半重力式桥台与墙式桥台相似，只是墙更厚，不设钢筋。

#### 4. 组合式桥台

为使桥台轻型化，可以将桥台上的外力分配给不同对象来承担。如让桥台本身主要承受桥跨结构传来的竖向力和水平力，而台后的土压力由其他结构来承担，这就形成了由分工不同的结构组合而成的桥台，即组合式桥台。常见的组合式桥台有锚碇板式、过梁式、框架式以及桥台与挡土墙组合式等。

#### 5. 承拉桥台

在某些情况下，桥台可以承受拉力，因而要求在进行设计时考虑满足桥台受力要求，这就是承拉桥台。该种桥上部结构通常为单箱单室截面，箱梁的两个腹延伸至桥台形成悬臂腹板，它与桥台顶梁之间设氯丁橡胶支座受拉，悬臂腹板与台帽之间设氯丁橡胶支座支承上部结构。

### 三、桥梁基础一般构造

任何结构物都是建筑在一定的地层（岩层和土层）上，基础是结构物直接与地层接触的最下部分。在基础底面下，直接承受基础及上部荷载的地层称为该结构物的地基。桥梁基础是桥梁下部结构的重要组成部分，桥梁结构的全部荷载通过基础传给地基土层或岩层，基础既要承受结构物的整个荷载，又要能够适应地基的容许承载力和变形。

地基与基础受各种荷载作用后，其本身会产生附加的应力和变形，为了保证结构物的正常使用和安全，地基与基础必须具有足够的强度和稳定性，同时要控制其变形应在容许的范围内。根据地基土的土层变化情况、上部结构的要求和荷载特点，地基与基础可采用各种类型。

地基分为天然地基和人工地基。基础直接砌筑在天然地层上的地基称为天然地基；如天然地基的承载力不足，可先通过人工加固的办法提高地基的承载力或减小其压缩性，然后砌筑基础，这种经过人工处理的地基称为人工地基。

桥梁基础根据埋置深度分为浅基础和深基础。一般将埋置深度（无冲刷时，从河底或地面至基础底面的距离；有冲刷时，从最大冲刷线——包括河床自然演变冲刷、设计洪水位的一般冲刷深度及构造物阻力引起局部冲刷深度至基础底面的距离）在 5m 以内者称为浅基础；由于浅层土质不良，须将基础埋置在较深的良好地层上，埋置深度超过 5m 者称为深基础；基础埋置在土层内的深度虽较浅（不足 5m），但在水下部分较深，称为深水基础（如深水中桥墩基础）。深水基础在设计、施工中有时需按深基础考虑。除了深水基础，道路桥梁及人工构造物最常用的基础类型是天然地基上的浅基础，当需要设置深基础时，一般采用桩基础或沉井基础。

1. 天然地基上的浅基础

天然地基上的浅基础是较经济、方便、常用的基础类型。根据受力条件和构造形式不同可分为刚性基础和柔性基础两大类。

（1）刚性基础

刚性基础稳定性好、施工简便、能承受较大的荷载。所以，只要地基强度能满足要求，它是桥梁和涵洞等结构物首先考虑的基础形式。它的主要缺点是自身重力较大，并且当持力层为软弱土时，由于扩大基础面积有一定限制，需要对地基进行加固处理后才能采用。否则，由于所承受的荷载压力超过地基承载力而影响结构物的正常使用。所以，对于荷载大、上部结构对变形敏感的结构物，在持力层的土质较差又较厚时，刚性基础作为浅基础是不适宜的。

刚性扩大基础，其平面形状常为矩形，平面尺寸一般较上面结构物的底面（如墩、台底面）扩大，每边扩大的尺寸为 0.2 ~ 0.5m，视土质、基础厚度、埋置深度及施工方法而定。作为刚性基础，每边扩大的最大尺寸应受到材料刚性角的限制。当基础较厚时，可在纵、横两个剖面上都砌筑成台阶形，以减少基础自重，节省材料。

（2）柔性基础

柔性基础主要是用钢筋混凝土浇筑而成的。常见的形式有柱下条形和十字形基础、片筏及箱形基础。它的整体性能较好，抗弯刚度可以相当大，如片筏基础和箱形基础，在外力作用下只产生均匀沉降或整体倾斜，这样对上部结构产生的附加应力较小，基本上可以消除由于地基不均匀沉降引起的结构物损坏，适宜作土质较差的地基上的基础，在城市立交、高架桥及高速公路上修筑小桥涵时可以考虑采用。但上述基础形式，特别是箱形基础，钢筋和水泥用量较大，施工技术的要求也较高，所以采用这种基础形式应与其他基础方案（如采用桩基础）比较后确定。

2. 深基础

当地基浅层土质不良，采用浅基础无法满足结构物对地基强度、变形和稳定性方面的要求时，往往需要采用深基础。桥梁工程最常用的深基础有桩基础和沉井基础。

（1）桩基础

桩基础由若干根基桩和承台两个部分组成。桩在平面上可排列成一排或多排，所有基桩的顶部由承台联成一个整体。在承台上再修筑桥墩、桥台及上部结构。

桩身可全部或部分埋入地基土层中，当桩身在地面上外露较多时，在桩与桩之间应加设横系梁，以加强各桩的横向联系。

桩基础的作用是将承台以上结构物传来的外力传到较深的地基持力层中。承台将外力传递给各桩并箍住桩顶使各桩共同承受外力。各桩所承受的外力由桩侧土的摩阻力及桩端土的抵抗力来平衡。因此，桩基础如设计正确，施工得当，它具有承载力高、稳定性好、沉降量小而均匀的特点，具有良好的适应性。

1）按施工方法不同，桩基础可分为钻（挖）孔灌注桩基础、打入桩基础和管柱基础（见表 2-4）。

表 2-4　桩基础按施工方法分类

| 类别 | 内容 |
| --- | --- |
| 钻（挖）孔灌注桩基础 | 先用钻（冲）孔机械在土中钻成桩孔，然后在孔内放入钢筋骨架，再灌注桩身混凝土而形成基桩，最后在桩顶浇筑承台（或盖梁），称为钻（挖）孔灌注桩基础。它的特点是施工设备简单，操作方便，适用于各种砂性土、黏性土，也适用于碎、卵石类土层和岩层。但对于淤泥及可能发生流沙或有承压水的地基，施工较困难，施工前应做试桩，以取得经验。依靠人工在地基中挖出桩孔，然后与钻孔桩一样成桩，称为挖孔桩基础。它不受设备限制，施工简单。适用于地基较好、渗水少的地层 |
| 打入桩基础 | 打入桩是通过锤击（或以高压射水辅助）将各种预先制好的桩（主要是钢筋混凝土实心桩或管桩，也有木桩或钢桩）打入地基内达到所需要的深度。这种施工方法适用于桩径较小（一般直径在 0.6～1.5m），土质为砂性土、塑性土、粉土、细砂以及松散的不含大卵石或漂石的碎卵石类土的地基土中，具有施工工艺简单、施工速度快等特点 |
| 管柱基础 | 大跨径桥梁的深水基础或在岩面起伏不平的河床上的基础，采用振动下沉施工方法建造管柱基础。它是将预制的大直径（直径 1.5～5.8m，壁厚 10～14cm）钢筋混凝土或预应力钢筋混凝土管柱（实质上是一种巨型的管柱，每节长度根据施工条件决定，一般采用 4m、8m 或 10m，接头用法兰盘及螺栓连接），用大型的振动沉桩锤沿导向结构将桩向下垂直振动沉到基岩（且以高压射水和吸泥机配合帮助下沉），然后在管柱内钻岩成孔，下放钢筋骨架笼并灌注混凝土，将管柱与岩层牢固连接，上端与承台连接成整体。管柱基础可以在深水及各种覆盖层条件下进行，没有水下作业和不受季节限制，但施工需要有振动沉桩锤、凿岩机、起重机等大型机具，动力要求也高，一般用于大型桥梁基础 |

2）按基础受力条件，桩基础可分为支承桩与摩擦桩。当桩穿过较松软土层，桩底支承在岩层或硬土层（如密实的大块卵石层）等实际非压缩性土层时，桩基本依靠桩底土层抵抗力支承垂直荷载，这种桩称为支承桩或柱桩，全部垂直荷载由桩底岩层抵抗力承受。如桩穿过并支承在各种压缩性土层中，桩主要依靠桩侧土的摩阻力支承垂直荷载，称为摩擦桩。

3）按桩轴方向可分为垂直桩和多向斜桩等。垂直桩主要设于垂直力较大、水平力较小的梁桥桩基础；斜桩主要设于有较大水平力的拱桥桥台或挡土墙基础。在桩基础中是否需要设置斜桩，选取怎样的斜度，应根据荷载的具体情况确定。

4）桩基础还可以材料分类，可分为木桩、钢筋混凝土桩、钢桩等。

（2）沉井基础

沉井是井筒状的结构物，通常用混凝土或钢筋混凝土制成。它是用井筒作为围水结构，在井内挖土，依靠自身重量克服井壁摩擦阻力后下沉至设计标高，然后用混凝土封底，并用低强度等级混凝土或砂砾石等回填井筒，最后加封顶盖而成为桥梁墩台或其他结构物的基础。

沉井基础的特点是埋置深度可以很大，整体性强，稳定性好，能承受较大的垂直荷载和水平荷载。沉井既是基础，又是施工时的挡土和挡水围堰结构物，施工工艺也不复杂。因此，在桥梁工程中得到较为广泛的应用。

沉井基础的缺点是：施工期较长；对于细砂及粉砂类河床在井内抽水时易发生流沙现象，造成沉井倾斜；沉井下沉过程中遇到的大孤石、树干或井底岩层表面倾斜过大，均会给施工带来一定困难。

沉井按照外观形状分类，在平面上可分为圆形、矩形及圆端形沉井等。圆形沉井受力好，适用于河水主流方向易变的河流。矩形沉井制作方便，但四角处的土不易挖除，河中水流也不顺。圆端形沉井兼有二者的优点，但也在一定程度上兼有二者的缺点，是桥梁工程中常用的类型。

# 第五节　桥梁施工

## 一、施工准备工作

桥梁在正式开工之前，必须做好一系列的准备工作。其主要内容有以下几点：

（1）组织有关施工技术人员对设计文件、图纸、资料进行认真细致的研究，明确设计意图，并进行现场核对，必要时进行补充调查。核对和补充调查的主要内容包括：河流水文、两岸地形、河床地质、气候条件、材料供应、运输条件、劳动力来源、可利用的房屋和水电设施等。在熟悉图纸和明确设计意图的过程中，如发现图纸资料欠缺、错误和矛盾之处，应及时向设计单位提出，以求补全、更正。

（2）在充分调查研究的基础上，根据施工单位的具体情况，综合考虑各种因素，拟定施工方案。

（3）根据拟定的施工方案，编制实施性施工组织设计。实施性施工组织设计的内容比施工方案更加明确和详尽，大致包括以下几项内容：①工程特点，简要叙述工程结构特点、地质、水文、气候等因素对工程的影响和准备采取的措施；②主要施工方法和技术措施，根据工程特点和施工单位的具体情况，简要叙述主要工程的施工方法和保证工程质量、施工安全、节约材料以及推广采用新工艺、新技术、新材料的技术措施；③施工进度宜按网络计划技术将主要工程项目的施工工序和工程进度编成图表，对控制全桥进度的关键项目应采取集中力量打歼灭战的方式解决，开工后若因故发生变动，应及时调整；④施工场地布置，包括用地范围，临时性生产、生活用房，预制场的地点和规模，各种材料的堆放场，水、电供应及设备，临时道路，大中型施工机械设备及其临时设施的布置等；⑤施工图纸的补充，包括设计文件和图纸中没有包括的施工结构详图、临时设施图等；⑥编制施工预算，根据设计概（预）算，结合施工方案及施工单位、现场的具体情况，由施工单位编制施工预算，它比设计概（预）算更详细、更符合实际。它是建设单位和建设银行拨款的依据；⑦编制主要材料、劳动力、机具设备的数量及供应计划。

（4）建立健全施工组织机构和劳动组织体系，配备适当的工作人员，并相应地制定必要的规章制度；进行施工测量放样；进行原材料和配合比试验。

## 二、钢筋混泥土桥的施工

钢筋混凝土桥的施工分为模板的制作、钢筋加工与制作、混凝土浇筑与养生等方面。

1. 模板的制作

模板可以分为木模、钢模、钢木组合模和土模。在桥梁建筑中最常用的模板是木模，木模的优点是制作容易。钢模是用钢板代替木模板，钢模的优点是周转次数多，浇筑的构件表面光滑。土模的优点是节约木料。模板宜优先使用胶合板和钢模板。模板结构应简单，制作、装拆方便。

模板、支架和拱架的设计应根据结构形式、设计跨径、施工组织设计、荷载大小、地基土类别及有关的设计、施工规范进行。

（1）钢模板制作

钢模板宜采用标准化的组合模板，组合钢模板的拼装应符合现行国家标准《组合钢模板技术规范》（GB214）。各种螺栓连接件应符合国家现行有关标准的规定；钢模板及其配件应按批准的加工图加工，成品经验合格后方可使用。

（2）木模板制作

1）木模板可在工厂或施工现场制作，木模与混凝土接触的表面应平整、光滑，多次重复使用的木模应在内侧加钉薄铁皮。木模板的制作要严格控制各部分尺寸和形状，常用的接缝形式有平缝、搭接缝和企口缝等。平缝加工简单，只需将缝刨平即可，但易漏浆。嵌入硬木块的平缝，拼缝严密，工料耗费少，常被采用。企口缝结合严密，但制作较困难，且耗用木料较多，只有在模板精度要求较高的情况下才采用。搭接缝具有平缝和企口缝的优点，也是常用的接缝形式之一。木模的转角处应加嵌条或做成斜角。

2）重复使用的模板应始终保持其表面平整，形状准确，不漏浆，有足够的强度和刚度。

（3）其他材料模板制作

1）钢框覆面胶合板模板的板面组配宜采用错缝布置，支撑系统的强度和刚度应满足要求，吊环应采用 I 级钢筋制作，严禁使用冷加工钢筋，吊环计算拉应力不应大于 50MPa。

2）高分子合成材料面板、硬塑料或玻璃钢模板，制作接缝必须严密，边肋及加强肋安装牢固，与模板形成一体，施工时安放在支架的横梁上，以保证承载能力及稳定。

3）圬工外模。土胎模制作的场地必须坚实、平整，底模必须拍实找平，土胎表面应光滑，尺寸准确，表面应涂隔离剂。

4）砖胎模与木模配合时，砖做底模，木做侧模，砖与混凝土接触面应抹面，表面抹隔离剂。混凝土胎模制作时保证尺寸准确，表面抹隔离剂。

5）土牛拱胎。在条件适宜处，可使用土牛拱胎。制作时应有排水设施，土石应分层夯实，密实度不得小于90%，拱顶部分选用含水量适宜的黏土。土牛拱胎的尺寸、高程应符合设计要求。

（4）模板安装的技术要求

模板与钢筋安装工作应配合进行，妨碍绑扎钢筋的模板应待钢筋安装完毕后安设。模板不应与脚手架连接（模板与脚手架整体设计时除外），避免引起模板变形；安装侧模时，应防止模板移位和凸出，基础侧模可在模板外设立支撑固定，墩、台、梁的侧模可设拉杆固定，浇筑在混凝土中的拉杆应按拉杆拔出或不拔出的要求，采取相应的措施。对小型结构物，可使用金属线代替拉杆；模板安装完毕后，应对其平面位置、顶部标高、节点联系及纵横向稳定性进行检查，确认后方可浇筑混凝土。浇筑时若发现模板有超过允许偏差变形值的可能，应及时纠正；模板在安装过程中必须设置防倾覆设施；当结构自重和汽车荷载（不计冲击力）产生的向下挠度超过跨径的 1/1600 时，钢筋混凝土梁、板的底模板应设预拱度，预拱度值应等于结构自重和 1/2 汽车荷载（不计冲击力）所产生的挠度。纵向预拱度可做成抛物线或圆曲线。

2. 钢筋

（1）钢筋的检查

钢筋进场后，应检查出厂质量证明文件。对中、小桥所用的钢筋，使用前不进行抽验；对大桥所用钢筋，应进行抽验。

（2）钢筋的除锈去污

钢筋应有洁净的表面，使钢筋与混凝土间有可靠的黏结力。油渍、漆皮、鳞锈均应在使用前清除干净，可采用钢丝刷、砂盘等工具进行清除。

（3）钢筋的画线配料

为了合理地利用钢材，加工前应进行用料的设计工作——配料。配料工作应以结构施工图中每一根钢筋的下料长度和库存材料规格为依据，将不同直径和不同长度的各号钢筋顺序填记料单，按表列各种长度及数量进行配料。然后按型号规格分别切断、弯制。

3. 混凝土

（1）混凝土的材料

混凝土由水泥、细集料、粗集料和水拌和而成。根据混凝土的特殊要求，可在浇筑过程中掺入外加剂。外加剂一般采用普通减水剂、高效能减水剂、缓凝减水剂、引气减水剂、抗冻剂、膨胀剂、早强剂、阻锈剂、防水剂等。

（2）混凝土质量控制

实施混凝土质量控制应符合下列规定：

通过对原材料的质量检验与控制、混凝土配合比的确定与控制、混凝土生产和施工过程各工序的质量检验与控制以及合格性检验控制，使混凝土的质量符合规定要求；在施工过程中应进行质量检测，应用各种质量管理图表，掌握动态信息，控制整个生产和施工期间的混凝土质量，制定保证质量的措施，完善质量控制过程；必须配备相应的技术人员和必要的检验及试验设备，建立和健全必要的技术管理与质量控制制度。

4. 混凝土的养护

对于塑性混凝土，在浇筑完成后，应在收浆后尽快覆盖和洒水养护。对干硬性混凝土、炎热天气浇筑的混凝土，在浇筑完成后可加设棚罩，待收浆后再覆盖和洒水养护。混凝土洒水养护时间一般为 7d，可根据空气的湿度、温度、水泥品种及外加剂的情况，酌情延长或缩短。气温低于 +5℃时不得浇水。

5. 混凝土冬季施工

当气温等于或低于 −3℃及一昼夜平均温度低于 +5℃时，应采用冬季施工法浇筑混凝土。

（1）一般措施。减少用水量和增加拌和时间，改进运输工具，在其周围设置保温装置，减少热量损失。

（2）原材料加热。一般情况下，将水加热即可。在严寒情况下，也可将集料加热。

（3）掺用早强剂；提高养护温度。

### 三、预应力混凝土桥的施工

1. 混凝土

用于预应力结构的混凝土，必须采用强度等级高的混凝土，《公路钢筋混凝土及预应力混凝土桥涵设计规范》（JTGD62—2004）规定：预应力混凝土构件的混凝土强度等级不宜低于C40。

预应力混凝土结构的混凝土，不仅要求高强度，还要求快硬、早强，以便及早施加预应力，加快施工进度，提高设备的利用率及模板等的周转率；为了获得高强度和低收缩、徐变的混凝土，应尽可能采用高强度水泥，减少水泥用量，降低水胶（灰）比，选用优质坚硬的集料，并符合《公路桥涵施工技术规范》（JTJ041—2000）的有关规定。

2. 预应力钢筋

在预应力混凝土中，有预应力钢筋与非预应力钢筋（普通钢筋）之分。

预应力混凝土结构对预应力钢筋的要求是：

（1）必须采用高强钢材。高强度预应力筋能有效克服各种因素造成的预应力损失，使构件建立起足够的有效预应力。

（2）要有较好的塑性和良好的加工性能。高强度钢材塑性性能一般较低，为了保证预应力混凝土结构在破坏之前有较大的变形能力，必须保证预应力钢筋有足够的塑性性能；而良好的加工性能是指预应力筋经过焊接、镦粗等机械加工后不影响原有的力学性能和质量。

（3）具有良好的黏结性能。由于先张法构件是靠预应力筋与混凝土之间的黏结力来传递预应力的，因此在预应力筋与混凝土之间必须具有可靠的黏结自锚强度，以防止预应力钢筋在混凝土中滑移；预应力钢筋的应力松弛损失要低，以便提高其有效预应力。

目前我国常用的预应力钢筋有钢丝、钢绞线、热处理钢筋、冷拉钢筋、冷拔低碳钢丝、精轧螺纹钢筋。

3. 预加应力的方法

预应力混凝土结构的产生，不仅使高强度钢材充分发挥了高强度的性能，还使得构件的抗裂性、刚度和耐久性得到提高。因此，预应力混凝土结构已在桥梁建设中得到了广泛应用。

（1）先张法

先张法是指先张拉钢筋、后浇筑构件混凝土的方法，即先在张拉台座上按设计规定的张拉力张拉钢筋束，并用锚具临时锚固，再浇筑构件混凝土，待混凝土强度达到要求（一般不低于设计强度的70%）后放张（即将临时锚固松开或将钢筋束剪断），通过钢筋束与混凝土之间的黏结作用将钢筋束的回缩力传递给混凝土，使混凝土获得预压应力。

先张法的优点是施工工序简单，钢筋束靠黏结力自锚，不必耗费特制的锚具，而临时固定所用的锚具都可以重复使用，一般称为工具式锚具或夹具。在大批量生产时，先张法构件比较经济，质量也比较稳定；先张法的缺点是一般只适合生产直线配筋的中小型构件，大型构件由于需配合弯矩与剪力沿梁长度的分布而采用曲线配筋，这使得施工设备和工艺复杂化，而且需配备庞大的张拉台座，同时构件尺寸大，起重运输也不方便。

先张法生产预应力混凝土构件可采用台座法或机组流水线法。机组流水线法生产速度快，但需大量钢模和较高的机械化程度，一般只用于工厂内预制定型构件。台座法不需要复杂的机械设备，施工适应性强，应用广泛。

（2）后张法

后张法是先浇筑构件混凝土，待混凝土结硬后再张拉钢筋束的方法，即先浇筑构件混凝土，并在其中预留穿束孔道（或设套管），待混凝土达到要求强度（一般不低于设计强度的70%）后，将钢筋束穿入预留孔道内，将千斤顶支承于混凝土构件端部，张拉钢筋束，使构件同时受到反向压缩。待张拉到控制拉力后，即用特制的锚具将钢筋束锚固于混凝土上，使混凝土获得并保持其预压应力。最后，在预留孔道内压注水泥浆，以保护钢筋束不致锈蚀，并使钢筋束与混凝土黏结成为整体，并浇筑梁端封头混凝土。

后张法的优点是靠工作锚具来传递和保持预加应力，不需要专门的张拉台座，便于在现场施工配置曲线形预应力筋的大型和重型构件。因此，目前在公路桥梁上得到广泛应用；后张法的缺点是需要预留孔道、穿束、压浆和封锚等工序，所以施工工艺较复杂，并且耗用的锚具和预埋件等增加了用钢量和制作成本。

### 四、拱桥施工

拱桥的施工从方法上大体可分为有支架施工和无支架施工两大类。有支架施工常用于石拱桥和混凝土预制块拱桥，而无支架施工多用于肋拱桥、双曲拱桥、箱形拱桥和桁架拱桥等。当然也有采用两者相结合的施工方法。本节主要介绍有支架施工。

拱架是拱桥在施工期间用来支承拱圈，保证拱圈能符合设计形状的临时构造物。因此，拱架不仅应具有足够的强度、刚度和稳定性，同时还应符合构造简单、施工方便的要求。

1. 拱架的形式和构造

拱架按形式不同可分为满布式拱架、拱式拱架等；按所用材料不同可分为木拱架、钢拱架和土牛拱胎等。

（1）木拱架

木拱架目前在木材产地或木材供应充足地区的中小跨径拱桥施工中应用较为普遍，这是因为它一次性投资少，制作和安装方便。木拱架的缺点是需要耗费大量木材。

1）满布式拱架

满布式拱架由拱架上部、拱架下部和卸架设备（木楔或砂筒）三部分组成。

拱架上部包括模板、横梁、弓形木、斜撑、立柱和大梁等，并由弓形木、斜撑、立柱和大梁组成拱形桁架，其形式有柱式、斜撑式和小扇形式等；拱架下部（或称支架）一般由帽木、立柱、夹木和基础组成。根据支架形式的不同，满布式拱架可分为排架式和斜撑式两种。

2）拱式拱架

拱式拱架常用的形式有夹合木拱架和三铰桁式拱架等。拱式拱架跨中一般不设支架，适用于墩高、水深、流急和在施工期间需要维持通航的河流。

（2）钢拱架

钢拱架有多种类型，使用广泛。其优点是不仅能节约大量木材，而且装拆及运输都很方便。虽然用钢量多，一次投资费用大，但能多次重复使用，每次使用的折旧率低。因此，钢拱架仍比木拱架经济得多。钢拱架的主要缺点是弹性变形和由温度引起的变形都比木拱架大，且钢拱架和拱圈的线膨胀系数不相等，若拱圈分段的空缝位置设置不当，当温度变化较大时，容易使拱圈发生裂缝。

1）工字梁钢拱架

工字梁钢拱架分为中间有木支架的钢木组合拱架和中间无木支架的活用钢拱架两种。

2）钢桁架拱架

当跨径很大时，可做成拼装式桁架型钢拱架，它是由标准节段、拱顶段、拱脚段和连接杆等以钢销或螺栓连接而成。其优点是可采用常备式构件（又称万能杆件），在现场拼装，适应性强，运输安装方便。

（3）土牛拱胎

土牛拱胎是在桥下用土、砂或卵石填筑一个土胎（俗称土牛），并将其顶面做成与拱圈腹面相适应的曲面，然后在上面砌筑拱圈，待砌筑完成后将填土清除。在有水的河流中应在土牛底部设置临时涵洞。

2. 卸架设备

为了使拱圈在卸架时能够逐渐、均匀地受力，在拱架上部和下部之间需设置卸架设备。常用的卸架设备有木楔和砂筒。

3．拱圈砌筑

砌筑拱圈前必须对拱架进行全面检查，注意支撑是否稳定，杆件接头是否紧密，并校核模板顶面的标高。

拱圈砌筑要求尽快合拢成拱，以免拱架承受荷载过久，增大拱架持续变形。因此，在砌筑拱圈前要做好一切准备，一旦开始砌筑，就要一气呵成，不可中途停顿；砌筑拱圈时，拱架随着荷载的增加而产生变形，合理的砌筑方法将使拱架受力均匀，变形也均匀。根据跨径大小，拱圈砌筑方法有连续砌筑法、分段砌筑法、分环砌筑法、多孔桥砌筑法。

# 第三章　城市给排水工程

## 第一节　城市给水工程

### 一、城市给水系统的规划布置

1. 给水系统的分类、组成和布置

（1）给水系统的分类

给水系统是由保证城镇、工矿企业等用水的各项构筑物和输配水管网组成的系统。按水源种类可分为地面水和地下水给水系统；按供水方式可分为重力（依靠水源所具有的位置水头）供水、压力（水泵加压）供水和混合供水系统；按使用目的可分为生活给水、生产给水和消防给水等系统；按服务对象可分为城市给水、工业给水和铁路给水等系统。

（2）给水系统的组成

给水系统的任务是从水源取水，按照用户对水质的要求进行处理，然后将水输送至给水区，并向用户配水。为了完成上述任务，给水系统常由下列工程设施组成（见表3-1）：

表 3-1　给水系统的组成

| 项目 | 内容 |
| --- | --- |
| 取水构筑物 | 用以从选定的水源（包括地表水和地下水）取水，并输往水厂 |
| 水处理构筑物 | 对原水进行水质处理，以符合用户对水质的要求。常集中布置在水厂内 |
| 泵站 | 用以将所需水量提升到要求的高度，分为抽取原水的一级泵站、输送清水的二级泵站和设于管网中的增压泵站等 |
| 输水管渠和管网 | 输水管渠是将原水送到水厂或将水厂处理后的清水送到管网的管渠；管网是将处理后的水送到各个给水区的全部管道 |
| 调节构筑物 | 指各种类型的贮水构筑物，如高地水池、水塔和清水池等，用以贮存和调节水量。此外，高地水池和水塔还兼有保证水压的作用。高地水池和水塔通常布置于较高地区。根据城市地形特点，水塔可设在管网起端、中间或末端，分别构成网前水塔、网中水塔和对置水塔的给水系统 |

在以上组成中，泵站、输水管渠、管网和调节构筑物等总称为输配水系统。从给水系统整体来说，它是投资最大的子系统，一般占给水工程总投资的70%～80%。

给水管线遍布在整个给水区内，根据管线的作用，可划分为干管和分配管。前者主要用于输水，管径较大；后者用以配水到用户，管径较小。

以地下水为水源的给水系统，常用管井等取水，如地下水水质符合生活饮用水卫生标准，可省去处理构筑物，从而使给水系统比较简化。

（3）给水系统的布置

按照城市规划，水源情况，城市地形，用户对水量、水质和水压要求等方面的不同情况，给水系统可有多种布置形式。但常用的布置形式有以下几种：

1）统一给水系统。按照生活饮用水水质标准，由同一管网供给生活、生产和消防用水。绝大多数城市采用这种布置形式。

2）分质给水系统。工业布局集中的城市（或区域）中，工业用水量往往较大，对个别用量大、水质要求较低或特殊的工业用水，可单独设置管网供应。

3）分压给水系统。根据给水区要求压力的不同，可采用分压给水系统，例如成片的高层建筑，可另建一个高压管网系统供水。

4）分区给水系统。地形条件对给水系统的布置很有影响。中小城市如地形比较平坦，而工业用水量小又无特殊要求时，可用统一给水系统。大中城市被河流分隔时，两岸工业和居民用水可先分别供给，自成给水系统，随着城市的发展，再考虑将管网相互沟通，成为多水源的给水系统。

5）工业给水系统。工业用水一般可由城市管网供给。但当工业用水量大而水质要求不高，使用城市自来水颇不经济，或限于城市给水系统的规模无法供水，或工厂远离城市管网，或当用水量虽少但水质要求远高于生活饮用水时，往往需要自建给水系统，称为工业给水系统。工业给水系统的组成和城市给水系统相同。

根据水的利用情况，工业给水系统可分成直流、循环和复用3种系统（见表3-2）。

表3-2　工业给水系统的形式

| 类型 | 名称 |
|---|---|
| 直流给水系统 | 是指工业生产用水由就近水源取水，根据需要经过简单处理，使用后直接排入水体 |
| 循环给水系统 | 是指使用过的水经适当处理后重新回用。在循环使用过程中所损耗的水量，需从水源取水加以补充 |
| 复用给水系统 | 是根据各车间对水质的要求，将水顺序重复利用。水源水先到某些车间，使用后或直接送到其他车间，或经冷却、沉淀等适当处理后，再到其他车间使用，然后排出 |

为了节约工业用水，在工厂与工厂之间，也可考虑复用给水系统。

采用复用给水系统，水源得以充分利用，是城市节约用水以及城市给水挖潜的有效途径之一。由于环境污染日益严重，采用循环和复用给水系统，可以减少工业废水排放量，对保护环境具有重要意义。

6）区域给水系统。随着工业的日益发展，沿一条河流建设的城市或工业企业愈来愈多，其间的距离愈来愈小，在有些情况下，选择的水源很难说是处于城市的上游或下游，且水源又或多或少受到了污染。因此，为避免污染，将水源设在一系列城市或工业区的上游，统一取水，供沿河各城市或工业区使用，这种从区域性考虑形成的给水系统称为区域给水系统。

2. 给水工程规划的任务和方法

（1）工程规划的任务

城市给水工程规划的基本任务，是为了经济合理、安全可靠地供给城市居民的生活和生产用水以及用以保障人民生命财产的消防用水，并满足他们对水量、水质和水压的要求。具体来说，一般包括以下几方面内容：

估算城市总用水量和给水系统中各单项工程设计流量；根据城市的特点制定给水系统的组成；合理地选择水源，并确定城市取水位置和取水方式；选择水厂位置，并考虑水质处理方法；布置城市输水管道及给水管网，估算管径及泵站提升能力；给水系统方案比较，论证各方案的优缺点和估算工程造价、年经营费，选定规划方案。

城市给水工程规划应符合国家的建设方针和政策，在城市总体规划的基础上，提出技术先进、经济合理、安全可靠的方案。

（2）工程规划的步骤和方法

城市给水工程的规划直接关系到城市的发展和建设，因此它是城市总体规划的重要组成部分。这一规划通常由城市规划部门负责，有时亦会同或委托给水专业设计部门进行，一般按下列步骤和方法进行：

1）明确设计任务

进行给水工程规划时，首先要明确规划设计的目的与任务。其中包括：规划设计项目的性质，规划任务的内容、范围，有关部门对给水工程规划的指示、文件，以及与其他部门分工协议事项等。

2）搜集必要的基础资料和现场踏勘

城市给水工程规划需要各方面的基础资料，主要资料如下：

城市和工业区规划和地形资料。包括近远期规划、城市人口分布、建筑层数和卫生设备标准以及区域附近的区域总地形图资料等；现有给水设备概况资料。包括用水人数、用水量、现有设备、供水成本以及药剂和能源的来源等；自然资料。包括气象、水文及水文地质、工程地质等资料；城市和工业企业对水量、水质、水压要求资料等。

在规划设计时，为了搜集上述有关资料和了解实地情况，以便提出合理的方案，一般都必须进行现场踏勘。通过现场踏勘了解和核对实地地形，增加地区概念和感性认识，核对用水要求，选择水源、取水方式和地点，确定厂址，定出输水管和给水管网走向及布置等。在搜集资料和现场踏勘基础上，着手考虑给水工程规划设计方案。

3）制订给水工程规划设计方案

在给水工程规划设计时，通常要拟订几个较好的方案，进行计算，绘制给水工程规划方案图，进行工程造价估算，对方案进行技术经济比较，从而选出最佳方案。

4）绘制城市给水工程系统图及文字说明

规划图纸的比例采用1/5000 ～ 1/10000，图中应包括给水水源和取水位置，水厂厂址、泵站位置，以及输水管（渠）和管网的布置等。文字说明应包括规划项目的性质、建设规模、方案的组成及优缺点，工程造价，所需主要设备材料以及能源消耗等。此外，还应附有规划设计的基础资料。

3. 给水工程规划与城市其他规划的关系

城市给水系统的规划是城市规划的一个组成部分，它与城市总体规划和其他单项工程规划之间有着密切联系。因此，在进行给水系统规划时，应考虑与总体规划及其他各单项工程规划之间的密切配合和协调一致。

（1）给水系统与城市总体规划间的关系

1）城市总体规划是给水系统规划布局的基础和技术经济的依据

城市总体规划是给水系统规划布局的基础和技术经济的依据，主要表现在：

给水系统规划的年限与城市总体规划所确定的年限相一致，近期规划为5 ～ 10年，远期规划为10 ～ 20年，给水系统规划通常采用长期规划、分期实施的做法；城市给水系统的规模，直接取决于城市的性质和规模。根据城市人口发展的数目、工业发展规模、居住区建筑层数和建筑标准、城市现状资料和气候等自然条件，可确定城市供水规模；从工业布局可知生产用水量及其要求；根据城市用地布局和发展方向等确定给水系统的布置，并满足城市功能分区规划的要求；根据城市用水要求、功能分区和当地水源情况选择水源，确定水源数目以及取水构筑物的位置和形式；根据用户对水量、水质、水压要求和城市功能分区、建筑分区，以及城市自然条件等，选择水厂、加压站、调节构筑物的位置和管线的走向；根据所选定的水源水质和城市用水对水质的要求，确定水的处理方案。

2）城市给水系统规划对城市总体规划的影响

城市总体规划中应考虑给水系统规划的要求，为城市供水创造良好的条件，例如：

进行区域规划和城市总体规划时，应十分注意给水水源选择，以免由于水源不当或水量不足给区域或城市的建设和发展带来不良后果；在城市或工业区布局中，应注意生活饮用水水源的保护；一般城市用地不宜距给水水源过高过远，否则，将增加泵站和输水管道造价，且经营费用高；在进行城市规划时，对大量用水的工厂，如化工、造纸、黑色冶金、人造纤维等，宜靠近水源布置。同时，用水量大且污染严重的工厂不应放在取水口上游，以免污染水源；在确定工厂位置时，应充分考虑各工厂间水的重复利用和综合利用，同时，工业用地的高程宜与取水构筑物高程相接近。

（2）给水系统规划与城市其他单项工程规划间的关系

城市规划中，与给水系统规划有关的其他单项工程规划有水利、农业灌溉、航运、道路、环境保护、管线工程综合以及人防工程等。给水系统规划应与这些规划相互配合、相互协调，使整个城市各组成部分的规划做到有机联系。例如：

1）城市的水源是非常宝贵的财富，在选择城市给水水源时，应注意考虑到农业部门、航运部门、水利部门等对水源规划的要求，相互配合，做到统筹安排，合理地综合利用各种水源，必要时还应与有关部门签订协议。

2）城市输水管渠和配水管网，一般沿城市道路敷设，与道路系统规划的关系十分密切。在规划中应相互创造有利条件，密切配合。

3）给水系统规划还与管线工程综合规划紧密联系。现代化城市的街道下埋有各种地下设施：①各种管道，给水管、排水管、煤气管、供热管等；②各种电缆，电话电缆、电力电缆等；③各种隧道，人行地道、地下铁道、防空隧道、工业隧道等。这些设施在街道横断面上的位置，均应由管线工程综合规划部门统一安排，建设部门必须按批准的位置进行建设。

## 二、城市用水量计算

在给水系统规划设计中，首先必须确定需要供应的城市总用水量。因为给水系统中的取水、水处理、泵站、管网等构筑物，规模都是按供应的水量确定的。

城市用水量包括居民生活用水量、全市性公共建筑用水量、由城市给水系统供给的工业企业用水量、消防用水量、市政用水量等，还应考虑未预见水量和管网漏失水量。各类用水量的计算，一般以用水量定额为依据。

1. 用水量定额

（1）生活用水定额

生活用水定额，在居民区是指每个居民每天的生活用水量，常按 L/（人·d）计。居民的生活用水定额与室内给排水卫生设备完善程度、居民生活习惯以及地区气候条件等诸多因素有关。表 3-3、表 3-4 分别列出了城市居民的生活用水定额和综合生活用水定额。当实际生活用水量与规范中的规定有较大出入时，其用水量定额经设计审批部门批准后，可按当地生活用水量统计资料适当增减。

表 3-3　城市居民生活用水定额［单位：L/（人·d）］

| 分区用水情况 | 城市规模 | | | | | |
|---|---|---|---|---|---|---|
| | 特大城市 | | 大城市 | | 中、小城市 | |
| | 最高日 | 平均日 | 最高日 | 平均日 | 最高日 | 平均日 |
| 一 | 180 ~ 270 | 140 ~ 210 | 160 ~ 250 | 120 ~ 190 | 140 ~ 230 | 100 ~ 170 |
| 二 | 140 ~ 200 | 110 ~ 160 | 120 ~ 180 | 90 ~ 140 | 100 ~ 160 | 70 ~ 120 |
| 三 | 140 ~ 180 | 110 ~ 150 | 120 ~ 160 | 90 ~ 130 | 100 ~ 140 | 70 ~ 110 |

表 3-4　城市综合生活用水定额［单位：L/（人·d）］

| 分区用水情况 | 城市规模 | | | | | |
|---|---|---|---|---|---|---|
| | 特大城市 | | 大城市 | | 中、小城市 | |
| | 最高日 | 平均日 | 最高日 | 平均日 | 最高日 | 平均日 |
| 一 | 260 ~ 410 | 210 ~ 340 | 240 ~ 390 | 190 ~ 310 | 220 ~ 370 | 170 ~ 280 |
| 二 | 190 ~ 280 | 150 ~ 240 | 170 ~ 260 | 130 ~ 210 | 150 ~ 240 | 110 ~ 180 |
| 三 | 170 ~ 270 | 140 ~ 230 | 150 ~ 250 | 120 ~ 200 | 130 ~ 230 | 100 ~ 170 |

（2）工业企业用水定额

1）工业企业生产用水定额。工业企业生产用水定额应根据生产工艺过程的要求而定。用水定额一般有单位产值耗水量、单位产品用水量和单台设备每日用水量等计算方法。生产用水量通常由企业的工艺部门提供。在缺乏资料时，可参照同类企业用水量定额。

2）工业企业的职工生活用水和淋浴用水定额是指每一职工每班的生活用水量和淋浴用水量。职工生活用水量应根据车间性质决定定额，一般车间采用 25L/（人·班），高温车间采用 35L/（人·班）。职工的淋浴用水量可采用表 3-5 的规定，淋浴延续时间为下班后 1h。

表 3-5　工业企业内工作人员淋浴用水置

| 分级 | 车间卫生特征 | | | 用水量 [L/（人·班）] |
|---|---|---|---|---|
| | 有毒物质 | 生产性粉尘 | 其他 | |
| 1级 | 极易经皮肤吸收引起中毒的剧毒物质（如有机磷、三硝基甲苯、四乙基铅等） | | 处理传染性材料、动物原料（如皮、毛等） | 60 |
| 2级 | 易经皮肤吸收或有恶臭的物质，或高毒物质（如丙烯腈、吡啶、苯酚等） | 严重污染全身或对皮肤有刺激的粉尘（如碳黑、玻璃棉等） | 高温作业、井下作业 | 60 |
| 3级 | 其他毒物 | 一般粉尘（如棉尘） | 重作业 | 40 |
| 4级 | 不接触有毒物质及粉尘，不污染或轻度污染身体（如仪表、机械加工、金属冷加工等） | | | 40 |

（3）消防用水量定额

城市消防用水量通常储存在水厂的清水池中，灭火时由二级泵站向城市管网供给足够水量。城市或居住区室外消防用水量应按同时发生火灾次数和一次灭火的用水量确定，见表 3-6。

表 3-6　城市或居住区同一时间内发生火灾次数和一次灭火的用水置

| 人数 N（万人） | 同一时间内的火灾次数（次） | 一次灭火用水量（L/s） |
|---|---|---|
| N ≤ 1.0 | 1 | 10 |
| 1.0<N ≤ 2.5 | 1 | 15 |
| 2.5<N ≤ 5.0 | 2 | 25 |
| 5.0<N ≤ 10.0 | 2 | 35 |
| 10.0<N ≤ 20.0 | 2 | 45 |
| 20.0<N ≤ 30.0 | 2 | 55 |
| 30.0<N ≤ 40.0 | 2 | 65 |
| 40.0<N ≤ 50.0 | 3 | 75 |
| 50.0<N ≤ 60.0 | 3 | 85 |
| 60.0<N ≤ 70.0 | 3 | 90 |
| 70.0<N ≤ 80.0 | 3 | 95 |
| 80.0<N ≤ 100.0 | 3 | 100 |

工厂、仓库和民用建筑的室外消防用水量按同时发生火灾次数和一次灭火的用水量确定，见表 3-7。

表 3-7　工厂、仓库和民用建筑同一时间内发生火灾次数

| 名称 | 基地面积（hm²） | 附近居住区人数（万人） | 同一时间内的火灾次数（次） | 说明 |
|---|---|---|---|---|
| 工厂 | ≤ 100 | ≤ 1.5 | 1 | 按需水量最大的一座建筑物（或堆场、储罐）计算 |
| | | >1.5 | 2 | 工厂、居住区各一次 |
| | >100 | 不限 | 2 | 按需水量最大的两座建筑物（或堆场、储罐）之和计算 |
| 仓库、民用建筑 | 不限 | 不限 | 1 | 按需水量最大的一座建筑物（或堆场、储罐）计算 |

（4）其他用水定额

浇洒道路和绿地用水量，应根据路面、绿化、气候和土壤等条件确定。浇洒道路用水可按浇洒面积以 2.0 ~ 3.0L（m²·d）计算；浇洒绿地用水可按浇洒面积以 1.0 ~ 3.0L/（m²·d）计算。

城市的未预见水量和管网漏失水量，可按最高日用水量的 15% ~ 25% 合并计算。

2. 用水量计算

在城市详细规划设计中，应确定全市或局部地区的最高日用水量及最高日最高时用水量，用于取水构筑物、管网系统，以及水处理厂的规划设计。在计算中，首先应了解城市用水量的变化规律，即用水量日变化系数、时变化系数和用水量变化曲线。

（1）用水量变化

无论是生产用水还是生活用水，用水量都会经常发生变化。生活用水量随着生活习惯和气候而变化，如假期比平时高，夏季比冬季用水多；在一天内又以起床后和晚饭前后用水最多。又如，工业企业的冷却用水量，随气温和水温而变化，夏季多于冬季。

用水量定额只是一个平均值，在设计给水系统时，还需要考虑每日每时的用水变化。一年中用水最多一天的用水量，叫作最高日用水量。设计给水工程时，一般以最高日用水量来确定给水系统中各项构筑物的规模。在一年中，最高日用水量与平均日用水量的比值叫作日变化系数 $K_d$，其值一般为 1.1 ~ 2.0。在最高日用水量内，最高 1h 用水量与平均时用水量的比值叫作时变化系数 $K_h$，该值为 1.3 ~ 2.5。从集

中给水龙头取水时，用水时间往往比较集中，$K_h$ 值很大，农村和郊区的时变化系数在 2.5 以上；大中城市的用水比较均匀，$K_h$ 值较小。

在设计给水系统时，除了求出最高日用水量和最高日的最高 1h 用水量外，还应知道一天中 24h 的用水量变化。对于最高日，以时间为横坐标，以每小时用水量占最高日用水量的百分数为纵坐标所绘制的曲线称为最高日用水量变化曲线。图 3-1 所示为某大城市水厂的供水量和最高日用水量变化曲线。在图 3-1 中，用水量变化曲线 1 的图形面积等于 $\sum_{i=1}^{24} Q_i\% = 100\%$，$Q_i\%$ 是以最高日用水量百分数计的每小时用水量。由用水变化曲线可算出时变化系数，最高时用水量（8 ~ 9）时为 6.00%，而平均时用水量为 $\frac{100}{24}\% = 4.17\%$，时变化系数 $K_h = \frac{6.00}{4.17} = 1.44$。

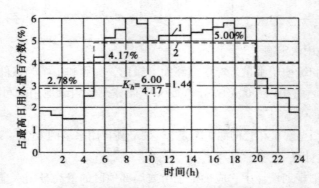

1—用水量变化曲线；2—二级泵站设计供水线

图 3-1　城市用水量变化曲线示意图

对于新设计的给水工程，用水量变化曲线只能按该工程所在地区的气候、人口、居住条件、工业生产工艺条件、设备能力、产值等情况，参考附近城镇的实际资料确定。对于扩建工程，可根据当地现有水厂的资料，确定用水量及其变化曲线。

（2）用水量的计算

1）城市最高日用水量

居住区最高日生活用水量 $Q_1$（$m^3/d$）为：

$$Q_1 = \Sigma(q_i N_i f_i)$$

式中　$q_i$——不同卫生设备的居住区最高日生活用水定额，$m^3$/（人·d）；

　　　$N_i$——各区设计年限内的计划人口数；

　　　$f_i$——各区自来水普及率（%）。

工业企业职工生活用水量及淋浴用水量 $Q_2$（$m^3/d$）为：

$$Q_2 = \Sigma \frac{nN_i q_i}{1000} + \Sigma \frac{nN_t q_t}{1000}$$

式中 $q_i$——工业企业职工生活用水定额，一般采用 25 ~ 35L/（人·班）；

$\qquad$ $N_i$——每班人数；

$\qquad$ $q_t$——工业企业职工淋浴用水定额，一般采用 40 ~ 60L/（人·班）；

$\qquad$ $N_t$——工厂每班职工淋浴人数；

$\qquad$ $n$——每日班制。

工业企业生产用水量 $Q_3$。已建成且正在生产的工业企业等于同时使用的各企业或车间生产用水量之和；规划区企业用水量可采用"万元产值耗水量法"、"用水量增长率法"或"生产与生活用水量比例计算法"等方法估算。

市政用水量 $Q_4$（$m^3/d$）为：

$$Q_4 = \frac{nAq_L}{1000} + \frac{A'q'_L}{1000}$$

式中 $A$、$A'$——道路洒水面积和绿地浇水面积，$m^2$；

$\qquad$ $q_L$、$q_L'$——道路洒水和绿地浇水的用水量定额，L/（$m^2 \cdot d$）；

$\qquad$ $n$——每日道路洒水次数。

未预见水量和管网漏水量 $Q_5$（$m^3/d$）为：

$$Q_5 = (Q_1 + Q_2 + Q_3 + Q_4) \times (15\% \sim 25\%)$$

2）城市最高日设计流量 $Q_d$

城市最高日设计流量 $Q_d$（$m^3/d$）为：

$$Q_d = (1.15 \sim 1.25) \times (Q_1 + Q_2 + Q_3 + Q_4)$$

式中符号意义同前。

3）最高日最高时设计流量 $Q_h$

最高日最高时设计流量 Q（L/s）为：

$$Q_h = K_h \frac{Q_d}{3.6T}$$

式中 $K_h$——时变化系数；

$\qquad$ $T$——给水系统一天运行的小时数，T 一般取 24h。

4）最高日平均时设计流量 $Q'_h$

最高日平均时设计流量 $Q'_h$（L/s）为：

式中符号意义同前。

### 三、城市给水管网的规划设计

1. 给水管网的布置

城市给水管网是由大大小小的给水管道组成的，遍布整个城市的地下。根据给水管网在整个给水系统中的作用，可将它分为输水管和配水管网两部分。

（1）输水管

从水源到水厂或从水厂到配水管网的管线，因沿线一般不接用户管，主要起传输水量的作用，所以叫作输水管。有时，从配水管网接到个别大用户去的管线，因沿线一般不接用户管，此管线也叫作输水管。

对输水管线选择与布置的要求如下：

1）应能保证供水不间断，尽量做到线路最短，土石方工程量最小，工程造价较低，施工维护方便，少占或不占农田。

2）管线走向有条件时最好沿现有道路或规划道路敷设。

3）输水管应尽量避免穿越河谷、重要铁路、沼泽、工程地质不良的地段，以及有洪水淹没的地区。

4）选择线路时应充分利用地形，优先考虑重力流输水或部分重力流输水。

5）输水管线的条数（即单线或双线）应根据给水系统的重要性、输水量大小、分期建设的安排等因素，全面考虑确定。当允许间断供水或水源不止一个时，一般可以设一条输水管线；当不允许间断供水时，一般应设两条，或者设一条输水管，同时修建有相当容量的安全贮水池，以备输水管线发生故障时供水。

6）当采用两条输水管线时，为避免输水管线因某段损坏而使输水量减少过多，需要在管线之间设连通管。连通管直径可以与输水管相同或比输水管小20%～30%，以保证在任何一段输水管发生事故时，仍能通过70%的设计流量；在输水管线的最高点上，一般应安装排气阀，以便及时排除管内空气，或在输水管放空时引入空气。在输水管线的低洼处，应设置泄水阀及泄水管，泄水管接至河道或地势低洼处。

（2）配水管网

配水管网是将输水管线送来的水，配给城市用户的管道系统。在配水管网中，由于各管线所起的作用各不相同，因而其管径也各不相同，因此可将管线分为干管、分配管（或称配水管）、接户管（或称进户管）三类。

干管的主要作用是输水至城市各用水地区，同时也为沿线用户供水，其管径均为100mm以上。大城市中则在200mm以上。

分配管的主要作用是把干管输送来的水，配给接户管和消防栓。此类管线均敷设在每一条街道或工厂车间的前后道路下面，其管径均由消防流量来确定，一般不予计算。为了满足安装消防栓所需要的管径，以免在消防时管线水压下降过多，通常规定分配管的最小管径：小城市采用 75 ~ 100mm；中等城市采用 100 ~ 150mm；大城市采用 150 ~ 200mm。

接户管就是从分配管接到用户去的管线，其管径视用户用水的多少而定。但当较大的工厂有内部给水管网时，此接户管则称为接户总管，其管径应根据该厂的用水量而定。一般的民用建筑均用一条接户管；对于供水可靠性要求较高的建筑物，则可采用两条，而且由不同的配水管接入，以增加供水的安全可靠性。

配水管网的布置形式，根据城市规划、用户分布以及用户对用水的安全可靠性的要求程度等，分为树状网和环状网两种形式。

1）树状网

管网布置呈树状向供水区延伸，管径随所供给用水户的减少而逐渐变小。这种管网管线的总长度较短，构造简单，投资较省。但是，当管线某处发生漏水事故需停水检修时，其后续各管线均要断水，所以供水的安全可靠性差。又因树状网的末端管线，由于用水量的减少，管内水流减缓，用户不用水时，甚至停流，致使水质容易变坏。树状网一般适用于用水安全可靠性要求不高的小城镇和小型工业企业中，或者在城市的规划建设初期先用树状网，这样做可以减少一次投资，使工程投产加快，有利于工业建设的逐步发展。

2）环状网

管网布置呈封闭环状，当任意一段管线损坏时，可用闸阀将它与其余管线隔开进行检修，不影响其余管线的供水，因而断水的地区便大为缩小。另外，环状网还可大大减轻水锤现象所产生的危害，而在树状管网中则往往因此而使管线受到严重损害。但环状网由于管线总长度大大增加，故造价明显比树状网高。

给水管网的布置既要求安全供水，又要贯彻节约的原则。而安全供水和节约投资之间难免会产生矛盾，要安全供水必须采用环状网，而要节约投资最好采用树状网。在布置管网时，既要考虑供水的安全，又尽量以最短的线路敷设管道，并考虑分期建设的可能，即先按近期规划采用树状网，然后随着用水量的增长，再逐步增设管线构成环状网。实际上，现有城市的配水管网多数是环状网和树状网的结合，即在城市中心地区布置成环状网，而在市郊或城市的次要地区，则以树状网的形式向四周延伸。对于供水可靠性要求较高的工业企业，必须采用环状网，并用树状网或双管输水到个别较远的车间。

（3）配水干管的布置原则

城市给水管网的布置取决于城市平面布局、地形、河流、水源、调节构筑物的位置以及大用户的位置等。配水干管是整个给水工程中投资最大的部分，因此常提出几个方案，进行经济技术比较后选其中最佳方案。为此，布置时应符合以下原则：

干管延伸方向应和二级泵站输水到水池、水塔、大用户的水流方向一致；为了保证供水可靠，通常按照主要流向布置几条平行的干管，其间用连通管连接，尽可能以最短的距离到达主要供水地区、大用户及调节构筑物。干管间距因供水区的大小、供水情况而不同，一般为 500 ~ 800m；干管和干管之间的连接管使管网形成了环状网。连接管的作用在于局部管线损坏时，可以通过它更新分配流量，从而缩小断水范围，较可靠地保证供水；干管一般按规划道路布置，考虑施工、运行、检修方便，尽量避免和其他构筑物及管线冲突；考虑发展和分期建设的可能，留有充分的余地。

2. 管径的确定

管网中各管段的管径是按最高时用水量情况下管段的计算流量确定的。各管段的管径按下式计算：

$$D = \sqrt{\frac{4Q}{\pi \upsilon}}$$

式中 $D$——管段直径，m；

$\quad$ $Q$——管段的计算流量，$m^3/s$；

$\quad$ $\upsilon$——流速，m/s。

由上式可以看出，管径不但和管段流量有关，还与管段水流流速大小有关。因此，必须选取适宜的流速。从技术上考虑，最大流速不应超过 2.5 ~ 3.0m/s，最小流速不小于 0.6m/s。一般按一定年限 t 内（称为投资偿还期）管网造价和年经营管理费（主要是电费）为最经济的流速（称为经济流速）来确定管径。

按经济流速确定的管径称为经济管径。由于水管的标准管径（如 100、200mm ~ ）分档不多，算出的经济管径不一定等于标准管径，这时可选用相近的标准管径。

3. 管网水头损失计算

给水管网中水流经过任一管段的水头损失，可由管段起端和末端两断面能量方程所得，它等于两个过水断面的测压管水头的差值。即：

$$h_{ij} = H_i - H_j$$

式中 $h_{ij}$——管段 $ij$ 的水头损失，m；

$H_i$、$H_j$——从某一基准面算起的管段起端 $i$ 和末端 $j$ 的测压管水头，m。

按水力坡度计算管段水头损失，则

$$h = iL$$

式中　$h$——管段水头损失，m；

　　　$i$——单位管段长度的水头损失，称水力坡度；

　　　$L$——管段长度，m。

查阅《给水排水设计手册》即可得相应的 $i$ 值，并按上式求出管段水头损失。

4. 给水管网水力计算步骤

给水管网水力计算的目的就是根据最高日最高时的设计用水量，求出管网中各管段的管径和水头损失，然后依此来确定二级泵站的水泵扬程及水塔高度，以满足用户对水量和水压的要求。

给水管网水力计算步骤如下：

（1）根据城市地形及规划，确定控制点，进行管网定线。

（2）绘制计算草图，对节点和管段顺序编号，并标明管段长度和节点地形标高。

（3）按最高日最高时用水量计算节点流量，并在计算草图节点旁引出箭头，注明节点流量。大用户的集中流量也布置在附近节点上。

（4）在管网计算草图上，按管网的供水情况拟定各管段中水流方向，进行流量分配，确定各管段的流量。

（5）根据各管段的计算流量，按经济流速查水力计算表，选取各管段的管径。同时查得各管段的水力坡度。

（6）按公式 $h=iL$ 计算各管段的水头损失。对于树状管网，可由控制点所要求的自由水头，逆水流方向推算各节点的水压标高和自由水头，并推算出二级泵站的扬程和水塔高度。对于环状管网，如果各环的水头损失代数和 $\Sigma h_{ij} \neq 0$，且超过允许值，即产生闭合差，则进行流量调整计算——管网平差计算。

（7）环状管网平差计算。当各环闭合差达到允许的计算精度后，逆水流方向，选择一条最不利线路推算管网中各节点的水压标高、自由水头及二级泵站的扬程和水塔高度；根据管网各节点的压力和地形标高，绘制等水压线和自由水压线图。

5. 给水管材、附件、附属构筑物

（1）给水管材及配件

给水工程常用的管材可分为金属管和非金属管两大类。

1）铸铁管

铸铁管用作给水管材，主要有灰口铸铁管和球墨铸铁管。

灰口铸铁管抗腐蚀性强，经久耐用，价格较钢管低，但质脆，不耐震动和弯折，自重大。灰口铸铁管是以往使用最广的给水管材，但在运行中易发生爆管，已不适应城市的发展趋势，在国外已被球墨铸铁管代替。

球墨铸铁管强度高，耐腐蚀，使用寿命长，安装施工方便，适用各种场合，如高压、重载、地基不良、震动等条件，较适合大、中口径管道，是管道抗震的主要措施之一。球墨铸铁管比灰口铸铁管省材料，价格相差不大，现已在国内一些城市应用。

2）钢管

钢管分焊接钢管和无缝钢管。焊接钢管又分直缝钢管和螺旋缝钢管。

钢管耐高压、韧性好、耐震动、管壁薄、重量轻、管节长、接口少、加工接头方便。但钢管比铸铁管价格高，耐腐蚀性差，使用寿命短。钢管主要用于压力较高的输水管线，穿越铁路、河谷，对抗震有特殊要求的地区及泵房内部的管线。钢管接口可采用焊接、法兰连接，小管径可采用螺纹连接。

3）预应力和自应力钢筋混凝土管

预应力钢筋混凝土管的最大工作压力为 1.18MPa，管径一般为 400 ～ 1400mm，管节长为 5m。

自应力钢筋混凝土管的工作压力为 0.4 ～ 0.1MPa，管径一般为 100 ～ 600mm。预应力和自应力钢筋混凝土管均具有良好的抗渗性和耐久性、施工安装方便、水力条件好等优点。因自重大，质地脆，搬运时严禁抛掷和碰撞。

4）塑料管

塑料管分玻璃钢（聚氯乙烯复合管）、高密度聚乙烯管材、聚氯乙烯管等。给水管常用硬聚氯乙烯管和高密度聚乙烯管。塑料管具有表面光滑、耐腐蚀、重量轻、加工和接头方便等优点。

（2）给水管网附件

为了保证给水系统正常运行，便于维修和使用，在管道上需设置必要的阀门、消火栓、排气阀和排水阀等附件。

1）阀门

阀门是控制水流调节管道内的水量、水压的重要设备，并具有在紧急抢修中迅速隔离故障管段的作用；输水管道和配水管网应根据具体情况设置分段和分区检修的阀门。配水管网上的阀门，不应超过 5 个消火栓的布置长度；阀门的口径一般与管道直径相同，但阀门价格较高，为降低造价，当管径大于 500mm 时，允许安装 0.8 倍管径的阀门；阀门的种类按闸板分为楔式和平行式两种；按闸杆的上下移动分为明杆和暗杆两种。泵站一般采用明杆，输配水管道一般采用手动暗杆楔式阀门。

工程上还常用蝶阀，它具有构造简单、外形尺寸小、重量轻、操作轻便灵活、价格低等特点，其功能与上述阀门相同。

2）排气阀和排水阀

排气阀的作用是自动排除管道中聚集的空气。一般安装在管网隆起点和平直段的必要位置；排水阀的作用是排除管道中的沉积物以及检修时放空管道内存水。一般安装在管网低处和平直段的必要位置。

3）消火栓

消火栓按安装形式可分为地上式和地下式两种。消防规范规定，接室外消火栓的管径不得小于100mm，相邻两消火栓的间距不应大于120m。距离建筑物外墙不得小于5m，距离行车道边不大于2m。

（3）给水管网附属构筑物

1）井室

管网中的各种附件一般装在井室内，以便操作和检修。井室的深度由管道的埋深确定。平面尺寸由管道直径和附件的种类及数量确定，为便于安装和维修，要求如下：

承口或法兰下边缘至井底的距离不小于0.1m；法兰盘和井壁的距离应大于0.15m，承口外缘到井壁的距离应大于0.3m。

井室的形式可根据附件的类型、尺寸确定，可参照给排水标准图选用。

2）给水管线穿越障碍物的措施

管道穿越铁路和公路的措施。一般在路基下垂直穿越。通常采用如下措施：设套管。开槽法施工套管比管道直径大300mm。管材采用钢制套管或钢筋混凝土套管。掘进顶管施工套管比管道直径大500～800mm。其管顶距轨底或路面不宜小于1.2m。

当穿越临时铁路、次要公路及一般公路且埋深较大时，可不设套管。给水管线穿越铁路的两端，应设阀门井。在管线较低的一端，设泄水阀和集水井。

管道穿越河谷的措施。①当河道上设有桥梁时，管道可在人行道下悬吊过桥。②可敷设倒虹吸管。③管道直径较大，可修建管道桥。

3）支墩

承插式接口的给水管道，在转弯处、三通管端处，会产生向外的推力，易引起承插接口松动、脱节造成破坏。因此，在承插式管道垂直或水平方向转弯等处应设置支墩。当管径小于等于350mm或转角为5°~10°，且压力不大于1.0MPa时，其接头足以承受推力可不设支墩。

**四、水源选择及取水构筑物**

1.水源种类及选择

（1）水源种类

给水水源分为地下水源和地面水源。地下水源包括上层滞水、潜水、承压水、裂隙水、溶岩水和泉水等。地面水源包括江河水、湖泊水、水库水以及海水等。

（2）水源选择

城市给水水源选择是城市位置选择的重要条件；水源选择是否良好，往往成为决定新建城市的建设和发展的重要因素之一。因此，规划时应十分注意城市水源选择。对城市的水源选择应进行深入调查研究，全面搜集有关城市水源的水文、气象、地形、地质以及水文地质资料，进行城市水资源勘测和水质分析。

在城市给水系统规划中，应根据城市近、远期发展规模，对下列因素进行技术经济比较，从而确定城市给水水源。

1）给水水源应有足够水量

城市给水水源应有足够水量，以满足城市用水要求。

2）给水水源的水质应良好

确定水源时，应尽可能搜集水源历年逐月的水质资料，调查研究水源影响水质的因素，研究污染物的来源及处理措施等；当城市有多种天然水源时，应首先考虑水质较好、净化简易的水源作为给水水源，或者考虑多水源分质供水。

3）考虑国民经济其他部门的用水

规划中，应考虑国民经济其他部门对水源的利用，以及由此而引起的水量、水质变化，如农业灌溉用水、航运、漂木、水产养殖以及各种水工构筑物的修建等。对这些因素应全面考虑，统筹安排，做到合理地综合利用各种水源。

4）当城市有多个水源时，作为生活饮用水水源应首先考虑采用地下水，地下水具有以下优点：

地下水水质一般无色透明，无须澄清处理，可节省净化构筑物的投资及经营费用；水温较低，且稳定；不易被污染，安全，卫生条件较好；地下水取水构筑物比地面水取水构筑物较为简单，造价较低，便于靠近用户和分期修建。

但地下水也有缺点，一般含矿物盐类较高，硬度较大，有时含过量铁、锰、氟等需进行处理，同时地下水水量往往不够稳定，地下水源勘测时间也较长等。采用地下水时，必须做到计划开采，不能超过开采储量，以防地下水水位不断下降、地面下沉或水质恶化等严重情况发生。

5）地面水的选择

在选择地面水源时，首先考虑采用天然江河水、湖泊水，其次考虑水库水，必要时考虑海水的利用；地面水源，由于含泥沙及细菌较多，水质浑浊，故通常需处理。

6）保证安全供水

为了保证安全供水，大、中城市应考虑多水源分区供水；小城市也应有远期备用水源。无多水源时，结合远期发展，应设两个以上取水口。

2. 地下水取水构筑物

地下水取水构筑物，按其构造可分为管井、大口井、辐射井、渗渠等几种形式，其适用范围见表3-8。

表3-8　地下水源取水构筑物适用范围

| 型式 | 尺寸 | 深度 | 水文地质条件 | | | 出水量 |
|---|---|---|---|---|---|---|
| | | | 地下水埋深 | 含水层厚度 | 水文地质特征 | |
| 管井 | 井径为50～1000mm，常用为150～600mm | 井深为20～1000m，常用为300m以内 | 在抽水设备能解决情况下不受限制 | 厚度一般在5m以上或有几层含水层 | 适于任何卵石地层 | 单井出水量一般为500～6000m³/d，最大为20000～30000m³/d |
| 大口井 | 井径为2～12m，常用为4～8m | 井深为30m以内，常用为6～20m | 埋深较浅，一般在12m以内 | 厚度一般在5～20m | 补给条件较好，渗透系数最好20m/d以上，适于任何砂砾地区 | 单井出水量一般为500～10000m³/d，最大为20000～30000m³/d |
| 辐射井 | 同大口井 | 同大口井 | 同大口井 | 同大口井，能有效开采水量丰富、含水层较薄的地下水和河床下渗透水 | 补给条件良好，含水层最好为中粗砂或砾石层并不含漂石 | 单井出水量一般为5000～50000m³/d |
| 渗渠 | 管径为0.45～1.5m，常用为0.6～1.0m | 埋深为10m以内，常用为4～7m | 埋深较浅，一般在2m以内 | 厚度较薄，一般在1～6m | 补给条件良好，渗透性较好，适于中砂、粗砂、砾石或卵石层 | 一般为15～30m³/（d·m），最大为50～100m³/（d·m） |

地下水取水构筑物形式的选择，应根据含水层埋藏深度、含水层厚度、水文地质特征以及施工条件等，通过技术经济比较确定。

3. 地表水取水构筑物

地表水取水构筑物的形式可分为固定式取水构筑物和移动式取水构筑物两类。

地表水取水构筑物的位置和形式正确与否,直接影响取水的水质和水量、取水的安全、投资、施工及运行管理等各个方面。因此,合理选择取水构筑物的位置和形式非常重要,要深入现场进行详细的勘测,掌握地表水特征,根据其水文、地质、通航、地形、卫生等条件综合分析研究,进行经济比较。

(1)固定式取水构筑物

固定式取水构筑物具有安全可靠、维修管理方便、适应范围广等优点,因此在取水工程中得到广泛应用。但其水厂工程量大,施工期长,投资高。

固定式取水构筑物按构造特点可分为岸边式、河床式、斗槽式和潜水式等。

1)岸边式取水构筑物

直接从岸边进水口取水的构筑物,称为岸边式取水构筑物。它由进水井和泵站两部分组成。当河岸较陡、主流近岸、岸边水深足够、水质及地质条件较好、水位变幅不太大时,适宜采用这种型式。

按照进水井与泵站的联系,岸边式取水构筑物可分为合建式和分建式两类。

2)河床式取水构筑物

从河心进水口取水的构筑物,称为河床式取水构筑物。它由取水头部、进水管、泵站等部分组成。当河岸较平坦,枯水期主流离岸较远、岸边水深不足或水质不好,而河心有足够水深或较好水质时,适宜采用这种取水型式。

按引水方式不同,又可分为自流管式、虹吸管式、直接吸水式、江心桥墩式等。

3)斗槽式取水构筑物

在岸边式(或河床式)取水构筑物之前设置斗槽进水,称为斗槽式取水构筑物。斗槽是在河流岸边用堤坝围成的,或者在岸内开挖的进水槽。设置斗槽的目的是由于斗槽中的流速较小,水中泥沙易于在斗槽中沉淀,水内冰易于上浮,故能较好地减少泥沙和防止冰凌进入取水口。因此,斗槽式取水构筑物适宜在河流含沙量甚大、冰凌严重、取水量较大时采用。

斗槽式取水构筑物由于施工量大、造价较高、排泥较困难,故很少采用。

4)潜水式取水构筑物

当岸边地质条件较好、岸坡较陡、岸边水深足够、水质较好时,可采用潜水泵直接取水,即将潜水泵和防水电动机放在岸边水下的护坡上直接吸水。这种形式取水简单,投资最少,但洪水时检修不便。

(2)活动式取水构筑物

活动式取水构筑物主要有浮船式和缆车式两种。

1)浮船式取水构筑物

浮船适用于河流水位变幅较大(10~35m或以上),水位变化速度不大于2m/h,

枯水期有足够水深，水流平稳，河床稳定，岸边具有20°～30°坡角，无冰凌，漂浮物少，不受浮筏、船只和漂木撞击的河流。

浮船取水具有投资少、施工期短、便于施工、调动灵活等优点，它的缺点是操作管理比较麻烦，供水安全性较差等。浮船有木船、钢板船以及钢丝网水泥船等，一般做成平底囤船形式，平面为矩形，断面为梯形或矩形，浮船布置需保证船体平衡与稳定，并需布置紧凑和便于操作管理。

2）缆车式取水构筑物

缆车式取水构筑物由泵车、坡道、输水斜管、牵引设备4个主要部分组成。当河流水位涨落时，栗车可由牵引设备带动，沿坡道上的轨道上升或下降。它具有投资省、水下工程量少、施工周期短等优点；但它在水位涨落时需移车或换接头，维护管理比较麻烦，供水安全性不如固定式取水构筑物。

# 第二节　城市排水工程

在人类的日常生活和生产活动中，需要使用大量的淡水，这些水在使用过程中，除极少部分被消耗外，其中的绝大部分受到不同程度的污染，改变了其原有的物理及化学性质，成为污水或废水。污（废）水如不加以控制，任意排入水体（江、河、湖、海），会使水体受到不同程度的破坏，给自然界带来长期的危害。此外，城市内降水（雨水和冰雪融化水），径流流量较大，亦应及时排放。将城市污（废）水、降水有组织地排除与处理的工程设施称为排水系统。在城市规划与建设中，对排水系统进行全面统一安排，称为城市排水工程规划。

城市排水可分为三类，即生活污水、工业废水和降水径流。城市污水是指排入城市排水管道的生活污水和工业废水的总和。

生活污水、工业废水以及降水的来源和特征如下：

（1）生活污水是指人们在日常生活中所产生的污水，如来自住宅、机关、学校、医院、商店、公共场所及工厂的厕所、浴室、厨房、洗衣房等处排出的水。这类污水中含有较多的有机杂质，并带有病原微生物和寄生虫卵等。

（2）工业废水是指工业生产过程中所产生的废水，来自工厂车间或矿场等地。根据它的污染程度不同，又分为生产废水和生产污水两种。

生产废水是指生产过程中，水质只受到轻微污染或仅是水温升高，可不经处理直接排放的废水，如机械设备的冷却水等。

生产污水是指在生产过程中，水质受到较严重的污染，需经处理后方可排放的废水。其污染物质有的主要是无机物，如发电厂的水力冲灰水；有的主要是有机物，如食品工厂废水；有的含有机物、无机物，并有毒性，如石油工业废水、化学工业废水等。废水性质随工厂类型及生产工艺过程不同而异。

（3）降水是指形成地面上径流的雨水和冰雪融化水。降水径流的水质与流经表面情况有关，一般是较清洁的，但初期雨水径流却比较脏/雨水径流排除的特点是：时间集中、量大，以暴雨径流危害最大。

### 一、城市排水系统的体制和组成

1. 排水系统的体制

对生活污水、工业废水和降水径流采取的汇集方式，称为排水体制，也称排水制度。按汇集方式可分为分流制和合流制两种基本类型。

（1）合流制排水系统

将生活污水、工业废水和降水汇集到同一管渠内来输送和排除的系统称合流制排水系统。根据对污水的收集和处理方式的不同，分为以下 3 种形式：

1）直泄式合流制。管渠系统的布置就近坡向水体，分若干排出口，混合的污水未经处理直接泄入水体。我国许多城市旧城区的排水方式大多是这种系统，目前一般不采用。

2）截流式合流制。这种体制是指在街道管渠中合流的生活污水、工业废水和降水，一起排向沿河的截流干管。晴天时全部输送到污水处理厂；雨天时当雨水、生活污水和工业废水的混合水量超过一定数量时，其超出部分通过溢流井泄入水体。这种体制目前应用较广。

3）全处理式合流制。采用同一管渠混合汇集后，全部送到污水厂处理后再排放。

（2）分流制排水系统

将生活污水、工业废水和降水分别采用两个或两个以上各自独立的管渠来收集排除的系统，称为分流制排水系统。其中汇集生活污水和工业废水中生产污水的系统称为污水排除系统；汇集和排泄降水径流和不需要处理的工业废水（指生产废水）的系统称为雨水排除系统；只排除工业废水的称为工业废水排除系统。

根据排出方式的不同，分为以下两种形式：

1）完全分流制。是指具有设置完善的污水排水系统和雨水排水系统的一种形式。

2）不完全分流制。是指具有完善的污水排水系统，雨水沿天然地面、街道边沟、明沟来排泄，城市进一步发展再修建雨水排水系统。

## 2. 排水体制的选择

合理选择排水体制，是城市排水系统规划中一个十分重要的问题。它关系到整个排水系统是否实用、能否满足环境保护的要求，同时也影响排水工程的总投资、初期投资和经营费用。对于目前常用的分流制和截流式合流制的分析比较，可从下列几方面说明：

环境保护方面要求。截流式合流制排水系统同时汇集了部分雨水输送到污水厂处理，特别是较脏的初期雨水，带有较多的悬浮物，其污染程度有时接近于生活污水，这对保护水体是有利的。但另一方面，暴雨时通过溢流并将部分生活污水、工业废水泄入水体，周期性地给水体带来一定程度的污染，这对保护水体是不利的。对于分流制排水系统，将城市污水全部送到污水厂处理，但初期雨水径流未经处理直接排入水体是其不足之处。从环境卫生方面分析，究竟哪一种体制较为有利，要根据当地具体条件分析比较才能确定。一般情况下，截流式合流制排水系统对保护环境卫生、防止水体污染而言不如分流制排水系统。由于分流制排水系统比较灵活，较易适应发展需要，通常能符合城市卫生要求，因此目前得到广泛采用。

基建投资方面。合流制排水只需一套管渠系统，大大减少了管渠的总长度。据资料统计，一般合流制管渠的长度比分流制管渠的长度减少 30% ~ 40%，而断面尺寸和分流制雨水管渠基本相同，因此合流制排水管渠造价一般要比分流制低 20% ~ 40%。虽然合流制泵站和污水厂的造价通常比分流制高，但由于管渠造价在排水系统总造价中占 70% ~ 80%，所以分流制的总造价一般比合流制高。从节省初期投资考虑，初期可以只建污水排除系统而缓建雨水排除系统，节省初期投资费用，同时施工期限短，发挥效益快，随着城市的发展，再逐步建造雨水管渠。分流制排水系统利于分期建设。

维护管理方面。合流制排水管渠可利用雨天剧增的流量来冲刷管渠中的沉积物，维护管理较简单，可降低管渠的维护管理费用。但对于泵站与污水处理厂，由于设备容量大，晴天和雨天流入污水厂的水量、水质变化大，从而使泵站与污水厂的运行管理复杂，增加运行费用。分流制流入污水厂的水量、水质变化比合流制小，利于污水处理、利用和运行管理。

施工方面。合流制管线单一，减少与其他地下管线、构筑物的交叉，管渠施工较简单，对于人口稠密、街道狭窄、地下设施较多的市区更为突出。

总之，排水体制的选择，应根据城市总体规划、环境保护要求、当地自然条件、水体条件、城市污水量和水质情况、城市原有排水设施等情况综合考虑，通过技术经济比较决定。一般新建城市或地区的排水系统，较多采用分流制；旧城区排水系统改造，采用截流式合流制较多。同一城市的不同地区，根据具体条件，可采用不同的排水体制。

3. 排水系统的主要组成部分

（1）城市污水排除系统的组成

污水排除系统通常是指以收集和排除生活污水为主的排水系统，该系统包括下列 5 个主要部分：

室内污水管道系统及卫生设备；室外污水管道系统，包括庭院（或街坊内）管道和街道下污水管道系统；污水泵站及压力管道；污水处理厂；污水出口设施，包括出水口（渠）、事故出水口及灌溉渠等。

（2）工业废水排除系统的组成

有些工业废水排入城市污水管道或雨水管道，不单独形成系统，而有些工厂单独形成工业废水排除系统，其组成为：

车间内部管道系统及排水设备；厂区管道系统及附属设备；污水泵站和压力管道；污水处理站（厂）；出水口（渠）。

（3）城市雨水排除系统的组成

雨水来自两个方面，一部分来自屋面；一部分来自地面。屋面上的雨水通过天沟和竖管流至地面，然后随地面雨水一起排除。地面上雨水通过雨水口流至街坊（或庭院）雨水道或街道下面的管道。雨水排除系统主要包括：

房屋雨水管道系统，包括天沟、竖管及房屋周围的雨水管沟；街坊（或厂区）和街道雨水管渠系统，包括雨水口、庭院雨水沟、支管、干管等；泵站；出水口（渠）。

雨水一般就近排入水体，无须处理。在地势平坦、区域较大的城市或河流洪水位较高、雨水自流排放有困难的情况下，设置雨水泵站排水。

## 二、城市污水管道系统的规划布置

1. 污水管道系统平面布置

规划设计城市排水管道系统，首先要在城市总平面图上进行管道系统平面布置，也称为排水管道系统的定线。定线工作主要是确定管道的平面位置和水流方向。

污水管道平面布置，一般按先确定主干管、再定干管、最后定支管的顺序进行。在城市排水总体规划中，只决定污水主干管、干管的走向与平面位置。在详细规划中，还要决定污水支管的走向及位置。

在污水管道系统的布置中，要尽量用最短的管线，在顺坡的情况下使埋深较小，把最大面积上的污水送往污水处理厂或水体。

（1）影响污水管道系统平面布置的主要因素

城市地形和水文地质条件；城市的远景规划、竖向规划和修建顺序；排水体制、污水处理厂及出水口的位置；排水量大的工业企业和大型公共建筑的分布情况；街道宽度及交通情况；地下管线和其他地下及地面障碍物的分布情况。

（2）污水管道系统平面布置的原则

1）据城市地形特点和污水处理厂、出水口的位置，利用地形，先布置主干管和干管。城市污水主干管和干管是污水管道系统的主体。它们的布置恰当与否，将影响整个系统的合理性。污水主干管一般布置在排水区域内地势较低的地带，沿集水线或沿河岸等敷设，以便支管、干管的污水能自流接入。

2）污水干管一般沿城市道路布置。通常设置在污水量较大或地下管线较少一侧的人行化带或慢车道下。当道路宽度大于 40m 时，可以考虑在道路两侧各设一条污水干管，这样，可以减少过街管道，便于施工、检修和维护管理。

3）污水管道应尽可能避免穿越河道、铁路、地下建筑或其他障碍物，也要注意减少与其他地下管线交叉。

4）尽可能使污水管道的坡降与地面坡度一致，以减少管道的埋深。为节省工程造价及经营管理费，要尽可能不设或少设中途泵站。

5）管线布置应简捷，要特别注意节约大管道的长度。要避免在平坦地段布置流量小而长度大的管道。因为流量小，保证自净流速所需要的坡度较大，而使埋深增加。

（3）城市污水管道系统的一般平面形式

1）污水干管的布置形式按干管与地形等高线的关系分为平行式和正交式两种。

平行式布置的特点是污水干管与等高线平行，而主干管则与等高线基本垂直，适用于地形坡度较大的城市，这样可以减少管道埋深，改善管道的水力条件，避免采用过多的跌水井。

正交式布置适用于地形比较平坦、略向一边倾斜的城市。污水干管与地形等高线基本垂直。如果设主干管，主干管布置在城市较低的一边，与等高线基本平行。

2）污水支管的布置形式分为低边式、围边式和穿坊式（见表3-9）。

### 表 3-9　污水支管的布置形式

| 形式 | 内容 |
| --- | --- |
| 低边式布置 | 将污水支管布置在街坊地形较低的一边。这种布置形式的特点是管线较短，在城市规划中采用较多 |
| 周边式布置 | 将污水支管布置在街坊四周。这种布置形式适用于地势平坦的大型街坊 |
| 穿坊式布置 | 穿坊式的污水支管穿过街坊，而街坊四周不设污水支管。这种布置管线较短，工程造价较低，但只适用于新村式街坊 |

## 2. 污水管道的具体位置

### （1）污水管道在街道上的位置

污水管道一般沿道路敷设并与道路中心线平行。当道路宽度大于40m且两侧街坊都要向支管排水时，常在道路两侧各设一条污水管道。在交通频繁的道路上应尽量避免污水管道横穿道路，以利于维护。

城市街道下常有多种管道和地下设施。这些管道和地下设施相互之间以及与地面建筑之间，应当很好地配合。

污水管道与其他地下管线或建筑设施之间的相互位置，应满足下列要求：①保证在敷设和检修管道时互不影响；②污水管道损坏时，不致影响附近建筑物及基础，不致污染生活饮用水。

污水管与其他地下管线或建筑设施的水平和垂直最小净距应根据两者的类型、标高、施工顺序和管道损坏的后果等因素，按管道综合设计确定，参照表3-10采用。

表3-10　排水管道与其他地下管线（构筑物）的最小净距

| 名称 | | 水平净距（m） | 垂直净距（m） |
|---|---|---|---|
| 建筑物 | | 见注3 | |
| 给水管 | d̂ ≤ 200mm d>200mm | 1.0<br>1.5 | 0.4 |
| 排水管 | | | 0.15 |
| 再生水管 | | 0.5 | 0.4 |
| 煤气管 | 低压　P ≤ 0.05MPa | 1.0 | 0.15 |
| | 中压　0.05MPa<P ≤ 0.4MPa | 1.2 | 0.15 |
| | 高压　0.4MPa<P ≤ 0.8MPa<br>0.8MPa<P ≤ 1.6MPa | 1.5<br>2.0 | 15<br>0.15 |
| 热力管线 | | 1.5 | 0.15 |
| 电力管线 | | 0.5 | 0.5 |
| 电信管线 | | 1.0 | 直埋 0.5<br>管道 0.15 |
| 乔木 | | 1.5 | |
| 地上柱杆 | 通信照明及 <10kv | 0.5 | |
| | 高压铁塔基础边 | 1.5 | |
| 道路侧石边缘 | | 1.5 | |

续表

| 名称 | 水平净距（m） | 垂直净距（m） |
|---|---|---|
| 铁路钢轨（或坡脚） | 5.0 | 轨底 1.2 |
| 电车（轨底） | 2.0 | 1.0 |
| 架空管架基础 | 2.0 | |
| 油管 | 1.5 | 0.25 |
| 压缩空气管 | 1.5 | 0.15 |
| 氧气管 | 1. | 0.25 |
| 乙炔管 | 1.5 | 0.25 |
| 电车电缆 | | 0.5 |
| 明渠渠底 | | 0.5 |
| 涵洞基础底 | | 0.15 |

（2）污水管道埋设深度的确定

管道的埋深是指从地面到管道内底的距离。管道的覆土厚度则指从地面到管道外顶的距离。污水管道的埋深对于工程造价和施工影响很大。管道埋深愈大，施工愈困难，工程造价愈高。显然，在满足技术要求的条件下，管道埋深愈小愈好。但是，管道的覆土厚度有一个最小限值，称为最小覆土厚度，其值取决于下列 3 个因素：

1）在寒冷地区，必须防止管内污水冰冻和因土壤冰冻膨胀而损坏管道。

生活污水的水温一般较高，而且污水中的有机物质分解还会放出一定的热量。在寒冷地区，即使冬季，生活污水的水温一般也在 10℃左右，污水管道内的流水和周围的土壤一般不会冰冻，从而无须将管道埋设在冰冻线以下。室外排水设计规范规定，没有保温措施的生活污水管道及温度与此接近的工业废水管道，其内底面可埋设在冰冻线以上 0.15m。有保温措施或水温较高的污水管道，其管底在冰冻线以上的标高还可以适当提高。

2）必须防止管壁被交通车辆造成的动荷载压坏。

为了防止车辆等动荷载损坏管壁，管顶应有足够的覆土厚度。管道的最小覆土厚度与管道的强度、荷载大小及覆土密实程度有关。我国室外排水设计规范规定，污水管道在车道下的最小覆土厚度不小于 0.7m；在非车行道下，其最小覆土厚度可以适当减小。

3）必须满足管道与管道之间的衔接要求。

城市污水管道多为重力流，所以管道必须有一定的坡度。在确定下游管段埋深时就应该考虑上游管段接入的要求。在气候温暖、地势平坦的城市，污水管道最小覆土厚度往往取决于管道之间衔接的要求。

住宅排水管的出户管，其最小埋设深度通常采用 0.55 ~ 0.65m，因而污水支管起段的埋深一般不小于 0.6 ~ 0.7m。街道污水管起点埋深，可按下式计算：

$$H=h+il+Z_1-Z_2+\Delta h$$

式中 $H$——街道污水管起点的最小埋深，m；

　　　$h$——街坊污水管起端的埋深，m；

　　　$i$——街坊污水管和连接支管的坡度；

　　　$l$——街坊污水管和连接支管的长度，m；

　　　$Z_1$——街道污水管检查井的地面标高，m；

　　　$Z_2$——街坊污水管（或住宅排水管的出户管）起端检查井的地面标高，m；

　　　$\Delta h$——连接支管与街道污水管管内底高差，m。

对于一个具体管段，按上述决定最小埋深的 3 个条件可以得出 3 个不同的埋深限制数值，其中最大值即是该管段的最小埋深。

在排水区域内，对管道系统的埋设深度起控制作用的点称为控制点。各条管道的起端大都是这条管道的控制点，其中离污水厂或出水口最远最低处是整个排水管道系统的控制点。这些控制点管道的埋深，往往影响整个污水管道系统的埋深。因此，在规划设计时，应注意减少控制点管道的埋深，通常采取的措施有：①增加管道的强度；②如为防止冰冻，可以加强管道的保温措施；③如为保证最小覆土厚度，可以填土提高地面高程；④必要时设置提升泵站，减少管道埋深。

除考虑管道的最小埋深外，也应考虑污水管道的最大埋深。管道的最大埋深取决于土壤性质、地下水位及施工方法等。在干燥土壤中一般不超过 7 ~ 8m；在地下水位较高、流沙严重、挖掘困难的地层中通常不超过 5m。当管道埋深超过最大埋深时，应考虑设置污水泵站等措施，以减少管道的埋深。

（3）污水管道的衔接

为了满足衔接与维护的要求，在污水管道中，通常要设置检查井。在检查井中，上下游管道的衔接必须满足两方面的要求：①要避免在上游管道中形成回水；②要尽量减少下游管道的埋设深度。

污水管道的衔接方法通常采用水面平接法和管顶平接法。

水面平接法，是指污水管道水力计算中，使上、下游管段在设计充满度的情况下，其水面具有相同的高程。水面平接法一般用于相同口径的污水管道的衔接。由于城市污水流量是变化的，管道中水面也将随着流量的变化而变化。较小管道中的水面变化比大管道中水面变化要大，因此当口径不相同的管道采用水面平接法衔接时，难免在上游管道中形成回水。

管顶平接法，是指污水管道水力计算中，使上、下游管道的管顶内壁位于同一高程。采用管顶平接可以避免在上游管段产生回水，但是，增加了下游管道的埋深。管顶平接法一般用于不同口径管道的衔接。

城市污水管道一般都采用管顶平接法。在坡度较大的地段，污水管道可采用阶梯连接或跌水井连接。城市污水管道无论采用何种方法衔接，下游管段的水面和管底都不应高于上游管段的水面和管底。

污水支管与干管交汇处，若支管管底高程与干管管底高程的高差较大时，需在支管上设置跌水井，经跌落后再接入干管，以保证干管的水力条件。

### 三、城市雨水管渠系统的规划布置

降落在地面上的雨水，只有一部分沿地面流入雨水管渠和水体，这部分雨水称为地面径流，在排水工程中常简称径流量。雨水径流的总量并不大，即使在我国长江以南的一些大城市中，在同一面积上，全年的雨水总量也不过和全年的日常生活污水量相近，而径流量还不到雨水量的50%。但是，全年雨水的绝大部分常在极短的时间内降下，这种短期内强度猛烈的暴雨，往往形成数十倍、上百倍于生活污水流量的径流量，若不及时排除，将造成巨大的危害。

为防止暴雨径流的危害，保证城市居住区与工业企业不被洪水淹没，保障生产、生活和人民生命财产安全，需要修建雨水排除系统，以便有组织地及时将暴雨径流排入水体。

雨水管渠布置的主要任务，是要使雨水能顺利地从建筑物、车间、工厂区或居住区内排泄出去，既不影响生产，又不影响人民生活，达到既合理又经济的要求。布置中应遵循下列原则：

1. 充分利用地形，就近排入水体

雨水径流的水质虽然和它流过的地面情况有关，一般来说，除初期雨水外是比较清洁的，直接排入水体时，不致破坏环境卫生，也不致降低水体的经济价值。因此，规划雨水管线时，首先按地形划分排水区域，再进行管线布置。

根据分散和直接的原则，雨水管渠布置一般都采用正交式布置，保证雨水管渠以最短路线，较小的管径把雨水就近排入水体。

2. 尽量避免设置雨水泵站

由于暴雨形成的径流量大，雨水泵站的投资也很大，而且雨水泵站一年中运转时间短，利用率低。因此，应尽可能利用地形，使雨水靠重力流排入水体，而不设置泵站。但在某些地势平坦、区域较大或受潮汐影响的城市，不得不设置雨水泵站的情况下，要把经过泵站排泄的雨水径流量减少到最小限度。

3. 结合街区及道路规划布置雨水管渠

街区内部的地形、道路布置和建筑物的布置是确定街区内部雨水地面径流分配的主要因素。街区内的地面径流可沿街、巷两侧的边沟排除。

道路通常是街区内地面径流的集中地，所以道路边沟最好低于相邻街区地面标高。应尽量利用道路两侧边沟排除地面径流，在每一集水流域的起端 100 ~ 200m 可以不设置雨水管渠。

雨水管渠常常是沿街道铺设，但是干管（渠）不宜设在交通量大的干道下，以免积水时影响交通。雨水干管（渠）应设在排水区的低处道路下。干管（渠）在道路横断面上的位置最好位于人行道下或慢车道下，以便检修。从排出地面径流的要求而言，道路纵坡最好在 0.3% ~ 6% 范围内。

4. 结合城市竖向规划

城市用地竖向规划的主要任务之一，就是研究在规划城市各部分高度时，如何合理地利用地形，使整个流域内的地面径流能在最短时间内，沿最短距离流到街道，并沿街道边沟排入最近的雨水管渠或天然水体。

5. 合理开辟水体

规划中应利用城市中的洼地和池塘，或有计划地开挖一些池塘，以便储存因暴雨量大时雨水管渠一时排除不了的径流量，避免地面积水。这样，雨水管渠可不按过高重现期设计，减小管渠断面，节约投资。同时，所开辟的水体（雨水调节池）可供游览、娱乐，在缺水地区，还可用于市郊农田灌溉。

6. 雨水口的设置

在街道两侧设置雨水口，是为了使街道边沟的雨水通畅地排入雨水管渠，而不致漫过路面。街道两旁雨水口的间距，主要取决于街道纵坡、路面积水情况以及雨水口的进水量，一般为 30 ~ 80m。

### 四、合流制管渠系统的规划布置

1. 合流制管渠系统的使用条件

合流制管渠系统是在同一管渠内排除生活污水、工业废水及雨水的管渠系统。常用的有截流式合流制管渠系统，它是在临河的截流管上设置溢流井，晴天时，截流管以非满流将生活污水和工业废水送往污水厂处理；雨天时，随着雨水量的增加，截流管以满流将生活污水、工业废水和雨水的混合污水送往污水厂处理。当雨水径流量继续增加到混合污水量超过截流管的设计输水能力时，溢流井开始溢流，并随雨水径流量的增加，溢流量增大。当降雨时间继续延长时，由于降雨强度的减弱，雨水溢流井处的流量减少，溢流量减小。最后，混合污水量又重新等于或小于截流管的设计输水能力，溢流停止。

合流制管渠系统因在同一管渠内排除所有的污水，所以管线单一，管渠的总长度减少。但合流制截流管、提升泵站以及污水厂都较分流制大，截流管的埋深也因为同时排除生活污水和工业废水而要求比单设的雨水管渠的埋深大。在暴雨天，有一部分带有生活污水和工业废水的混合污水溢入水体，使水体受到一定程度的污染。我国及其他某些国家，由于合流制排水管渠的过水断面很大，晴天流量很小，流速很低，往往在管底造成淤积，降雨时雨水将沉积在管底的大量污物冲刷起来带入水体，形成污染。因此，排水体制的选择，应根据城镇和工业企业的规划、环境保护要求、污水利用情况、原有排水设施、水质、水量、地形、气候和水体等条件，从全局出发，通过经济技术比较，综合考虑确定。一般地说，在下述情形下可考虑采用合流制：

（1）排水区域内有一处或多处水源充沛的水体，其流量和流速都足够大，一定量的混合污水排入后对水体造成的污染危害程度在允许的范围内。

（2）街坊和街道的建设比较完善，必须采用暗管渠排除雨水，而街道横断面又较窄，管渠的设置位置受到限制时，可考虑选用合流制；地面有一定的坡度倾向水体，当水体高水位时，岸边不受淹没。污水在中途无须设泵站。

显然，上述条件的第一条是主要的，也就是说，在采用合流制管渠系统时，首先应满足环境保护的要求，即保证水体所受的污染程度在允许的范围内，只有在这种情况下才可根据当地城市建设及地形条件合理地选用合流制管渠系统。

2. 合流制排水系统的布置

（1）管渠布置

截流式合流制的支管、干管布置基本上与雨水管渠布置方法相同——结合地形条件，管渠以最短距离坡向附近的水体。在合流制系统上游排水区域内，如雨水可沿地面街道边沟排泄，则可只设污水管道。只有当雨水不宜沿地面径流时，才布置合流管渠。截流干管一般沿水体岸边布置，其高程应使连接的支、干管的水能顺利流入，同时其高程应在最大月平均高水位以上。在城市旧排水系统改造中，如原有管渠出口高程较低，截流干管高程达不到上述要求时，只有降低高程，采用防潮闸门及排涝泵站。

（2）溢流井的布置

从减少截流干管的尺寸考虑，要求溢流井数量多一些，这样可使混合污水及时溢入水体，降低下游截流干管的设计流量。但溢流井过多，将增加溢流井和排放渠道的造价，特别当溢流井离水体较远、施工条件困难时，更是如此。通常，当溢流井的高程低于最大月平均高水位，需在排水渠道上设置防潮闸门及排涝泵站时，为减少栗站的造价并便于管理，溢流井更应适当集中，数量不宜多。从对水体的污染角度分析，截流式合流制在暴雨时溢流的混合水是较脏的，为减少污染，保护环境，溢流井也宜适当集中，并应尽可能位于水体的下游。此外，要求溢流井的位置最好靠近水体，以缩短排放渠道的长度。溢流井尽可能结合排涝泵站或中途泵站一起修建。通常溢流井设置在合流干管和截流干管的交会处，但为了节约投资及减少对水体的污染，并不是在每个交会点上都设置溢流井。溢流井的数量及具体位置可根据实际条件，结合管渠系统布置，考虑上述因素，通过技术经济比较决定。

目前，我国许多城市的旧市区多采用合流制，而在新建区和工矿区则一般多采用分流制，特别是当生产污水中含有毒物质，其浓度又超过允许的卫生标准时，则必须采用分流制，或者必须预先对这种污水单独处理到符合要求后，再排入合流制管渠系统。

### 五、排水管材及管道附属构筑物

1. 排水管渠材料及制品

作为排水管材的条件是：具有一定的强度，抗渗性能好，耐腐蚀以及良好的水力条件，并应考虑造价低，尽量就地取材。

目前常用的排水管渠主要是混凝土管、钢筋混凝土管、陶土管、砖石渠道、石棉水泥管、塑料管及铸铁管。

（1）混凝土管及钢筋混凝土管

混凝土管及钢筋混凝土管制作方便，造价较低，耗费钢材较少，在排水工程中应用极为广泛。但是，混凝土管及钢筋混凝土管存在下列缺点：容易被含酸碱的污水侵蚀；管径大时重量较大，搬运不便，管段较短，接口较多。

混凝土管及钢筋混凝土管的接口形式有 3 种：①承插式；②企口式；③平口式。

混凝土管的直径一般不超过 600mm。为了增加管子强度，直径大于 400mm 时，一般做成钢筋混凝土管。

（2）陶土管

陶土管是用塑性黏土焙烧而成的。按使用要求可以做成无釉、单面釉及双面釉的陶土管。带釉的陶土管表面光滑，并且具有良好的耐磨、抗腐蚀性能。采用耐酸黏土和耐酸填料可以做成耐酸陶土管。陶土管的管径一般不超过 500～600mm，有效长度为 400～800mm。其接口形式有承插口、平口等。上釉陶土管的优点是内壁光滑，水流阻力小，不透水性好，能耐酸碱的腐蚀，适用于排除腐蚀性工业废水或铺设在地下水侵蚀性较强的地方。陶土管的缺点是质脆易碎、抗弯抗拉强度低，不宜敷设在松土层或埋深很大的地方。陶土管的管径、长度较小，需要的接口较多。

（3）金属管

常用的金属管有排水铸铁管、钢管等。其优点是强度高，抗渗性好，内壁光滑，对水流阻力小，抗压、抗震性强，而且每节管较长，接头少。但是价格较贵、抗酸碱腐蚀性较差。适用于压力管道及对渗漏要求特别高的管段，如排水泵站的进出水管，穿越其他管道的架空管，穿越铁路、河流的管段等。使用金属管道时，必须做好防腐保护层，以防污水和地下水侵蚀损坏管道。为了节约钢材，降低排水工程造价，应少用金属管，尽可能采用混凝土管、陶土管和钢筋混凝土管。

（4）石棉水泥管

石棉水泥管常做成平口式，用套环连接。管径多为 500 ~ 600mm，长为 2.5 ~ 4.0m。可按需要做成高压管和低压管，分别用于压力流和重力流管道。石棉水泥管的优点是强度较大，抗渗性好，表面光滑，重量轻（相对密度 $\gamma = 2$，比铸铁管的比重小 3.5 倍）。石棉水泥管长度较大，接头较少。但石棉水泥管质脆，耐磨性稍差。目前我国产量不大，在排水工程中还未大量采用。

（5）大型排水管渠

目前我国采用离心制管机制造的钢筋混凝土管管径最大为 1800mm。当排水需要更大的口径时，可建造大型排水渠道。砌筑大型排水渠道的材料有砖、石、混凝土块或现浇钢筋混凝土等，可根据当地材料供应情况按就地取材的原则选择。一般多采用矩形、拱形等断面。

2. 排水管渠的附属构筑物

（1）检查井

为了便于对管渠进行检查和清通，在排水管渠上必须设置检查井。检查井设置在排水管渠的管径、方向、坡度改变处，管渠交汇处以及直线管段上每隔一定的距离处。相邻两检查井之间的管渠应成一直线。现行室外排水设计规范规定了检查井在直线管渠上的最大间距，一般按表 3-11 采用。

表 3-11 检查井最大间距

| 管径或暗渠净高 （mm） | 最大间距（m） | |
| --- | --- | --- |
| | 污水管道 | 雨水（合流）管道 |
| 200 ~ 400 | 40 | 50 |
| 500 ~ 700 | 60 | 70 |
| 800 ~ 1000 | 80 | 90 |
| 1100 ~ 1500 | 100 | 120 |
| 1600 ~ 2000 | 120 | 120 |

检查井的平面形状通常可为圆形、矩形、扇形。常见的检查井为圆形断面。从建造材料上分，可分为混凝土和砖石检查井。检查井由井底（包括基础）、井身和井盖（包括盖座）三部分构成。

检查井基础采用碎石、卵石夯实或采用低标号混凝土，井底也采用低标号混凝土，井底设置圆弧形流槽，流槽两侧至检查井壁间的底板（称沟肩）应有一定宽度（不小于 20cm），并应有 0.02 ~ 0.05 的坡度坡向流槽。

井身可采用砖或混凝土砌筑。井盖采用铸铁或钢筋混凝土材料。

在大直径管道上的检查井也可以做成方形、矩形或其他各种不同形状。

检查井尺寸大小应按管道埋深、管径和设计要求而定，接入检查井的支管数量不多于 3 条，距建筑物的净距不小于 3m。

（2）跌水井

跌水井是没有消能设施的检查井。目前常用的跌水井有两种形式：竖管式（或矩形竖槽式）和溢流堰式。前者适用于直径等于或小于 400mm 的管道，后者适用于 400mm 以上的管道。当上、下游管底标高落差小于 1m 时，一般只将检查井底部做成斜坡，不采取专门的跌水措施。

（3）溢流井

溢流井是合流制管渠上最重要的构筑物，通常在截流干管交会处设置。其作用是将超过溢流井下游管道的输水能力的那部分水量排出。常见的溢流井有截流槽式、溢流堰式和跳越堰式。

（4）雨水口

雨水口是雨水管道上或合流制管道上收集雨水的构筑物，通过连接管流入雨水管道或合流制管道中去。雨水口的设置应保证能迅速收集雨水，常设置在交叉路口、路侧边沟及道路低洼的地方。道路上雨水口间隔距离 25 ~ 50m（视汇水面积大小而定），在低洼或易积水的地段，应适当增加雨水口的数量。

雨水口的构造包括进水算、井筒和连接管三部分。按一个雨水口设置的井算数量多少，可分单算、双算、多算雨水口。按进水算在街道上的设置位置，雨水口可分为 3 种：①平算式雨水口，进水算水平放置在道路边沟里，并稍低于沟底；②侧石式雨水口，进水算垂直放置，嵌入边石；③联合式雨水口，进水算分别设置在道路边沟底和嵌入边石中，联合式效果最好。雨水口的底部由连接管和街道雨水管连接。连接管的最小管径为 200mm，坡度为 0.01，连接到同一连接管的雨水口不宜超过 2 个。

（5）出水口

出水口是排水系统的终点构筑物。排水管渠出水口的位置及形式要根据排出水的性质、水体的水位及其变化幅度、水流方向、波浪状况、岸边地质条件以及下游用水情况等决定。一般还要与当地卫生主管部门和航运管理部门联系并征得同意。

排水管渠的出水口一般设在岸边，当排出水需要同受纳水体充分混合时，可将出水口伸入水体中，伸入河心的出水口应设置标志。

污水管的出水口一般都应淹没在水体中，管顶高程在常水位以下。这样可以使污水和河水混合得较好，同时也可避免污水沿岸边流泄，影响市容和卫生。

雨水管渠的出水口通常不淹没在水中。出水口的管底标高最好设在河流最高洪水位以上，一般在常水位以上，以免河水倒灌。如果受条件限制，不能满足上述要求，则需采取防洪及提升措施。

出水口与水体岸边连接处一般做成护坡或挡土墙，以保护河岸及固定出水管渠与出水口。如果排水管渠出口的高程与受纳水体水面高差很大时，应考虑设置单级或多级阶梯跌水。在受潮汐影响的地区，排水管渠的出水口可设置自动启闭或人工启闭的防潮闸门，防止潮水倒灌。

（6）倒虹管

城市污水管道应尽量避免穿越障碍物，如河道、铁路及地下构筑物。当必须穿越且不能按原有坡度埋设时，可采用倒虹管。倒虹管一般由进水井、下行管、水平管、上行管和出水井组成。倒虹管应尽可能与障碍物正交通过，以缩短其长度。倒虹管应选择河岸及河床较稳定不易被水流冲刷的地段及埋深较小的位置。为了保护倒虹管，管顶距规划河底一般不小于 0.5m。

穿越河道的倒虹管，其工作管道不得少于两条，但通过谷地、旱沟或小河时，可以敷设一条。倒虹管施工比较复杂，造价较高，维护困难，需用铸铁管或钢筋混凝土管，在城市排水管渠规划时，应尽量少设倒虹管。

# 第三节　给排水管道施工

管道施工的任务是按照设计图纸，在建造地点把设计变为现实。给排水管道和其他多种管、线一起埋设在道路下面，施工时相互干扰。而管道尤其是排水管道，在位置上的要求比其他管线严格，埋得较深，因而施工比较困难。在管道施工中，要严格注意质量，节约材料，并不断地提高施工的技术水平和组织水平，以保证施工全面达到多快好省的要求。

管道施工方法一般可分为两大类，即开槽法施工和不开槽法施工。

### 一、管道开槽施工

开槽法施工，一般包括以下工序（见表 3–12）：

表 3–12　开槽法施工方法

| 步骤 | 内容 |
| --- | --- |
| 开挖沟槽 | 包括土方挖掘和运输、槽壁支撑、排水以及管道基础处理等作业项目。当道路已建路面时，还包括路面开挖 |
| 下管和稳管 | 下管是把管子从地面放到沟槽内；稳管是把管子按设计要求的标高和平面位置稳定在管道基础上。稳管的质量与速度是管道施工中的重要环节 |
| 管段接口 | 管段接口是把互不相连的管子，连接成一条完整的管道。它应保证严密不漏水和有一定的强度 |
| 砌筑检查井 | 包括砌筑检查井和跌水井等管渠系统上的构筑物 |
| 质量检查 | 包括外观检查、断面检查（中心线的平面位置和高程）和渗漏试验 |
| 土方回填和收尾工作 | 包括沟槽土方回填、分层夯实、场地清理、绘制竣工图等 |

#### 1. 开挖沟槽

开挖沟槽前，先要确定沟槽的断面形式以及是否需要支撑，当有地下水时，还应确定沟槽排水或降低地下水位的措施。同时，组织好施工力量，准备好土方开挖及运输的机具和土方堆放场地。开挖沟槽后，应及时做好槽底地基和基础的处理。

（1）确定沟槽的断面形式

在沟道开槽施工中，土方工程的工作量占整个工程的比重很大，有时可达全部工作量的 60% ~ 70%。因此，在施工中，正确地选择断面，对减少挖方量、简化施工工序，便于槽内施工和保证安全生产，有着十分重要的意义。

沟槽断面形式有直槽、梯形槽、混合槽等。还有两条或多条管道埋设同一槽内的联合槽。沟槽用什么样的断面形式，应从土的性质、地下水情况、施工现场大小、支撑条件、管道断面尺寸、管节长度及管道埋深等情况来考虑。

（2）沟槽的开挖

沟槽的开挖有人工开挖和机械开挖两种。机械开挖广泛采用单斗挖土机。

（3）沟槽的支撑

支撑是防止沟槽土壁坍塌的一种临时性挡土结构，由木材或钢材做成。支撑的荷载就是原土和地面荷载所产生的侧土压力。沟槽支撑与否应根据土质、地下水情况、槽深、槽宽、开挖方法、排水方法、地面荷载等因素确定。一般情况下，沟槽土质较差、深度较大而又挖成直槽时，或高地下水位沙性土质并采用表面排水措施时，均应支设支撑。支设支撑可以减少挖方量和施工占地面积，减少拆迁。但支撑增加材料消耗，有时影响后续工序的操作。

支撑结构应满足下列要求：牢固可靠，进行强度和稳定性计算和校核。支撑材料要求质地和尺寸合格，保证施工安全；在保证安全的前提下，节约用料，宜采用工具式钢支撑；便于支设和拆除及后续工序操作。

支撑的形式有横撑、竖撑和板桩撑等。

横撑。用于土质较好、地下水量较小的沟槽。横撑是边挖边撑，随着沟槽逐渐挖深而分层铺设，支设容易，但在拆除时首先拆除最下层的撑杠，施工不安全。

竖撑。撑板是竖向排列的板桩，需要一套打桩设备。用于土质较差、地下水较多或有流沙的情况下。竖撑的特点是撑板可在开槽过程中先于挖土插入土中，在回填以后再拔出，因此支撑和拆除都较安全。

撑板分木撑板和金属撑板两种，木撑板不应有纹裂等缺陷。常用的是金属撑板，由钢板焊接于槽钢上拼成，槽钢间用型钢连系加固。每块金属撑板长一般为 2m、4m、6m 等。

2. 管道基础处理

管道的基础可分三部分：地基、基础和管座。

地基是指沟槽底的土壤部分。它承受管子和基础的重量、管内水的重量、管顶土压力和地面上的荷载。

基础是指管道与地基之间的设施。有时地基的强度比较低，不足以承受上面的压力，要靠基础增加地基的受力面积，把压力均匀地传递给地基。

管座是在基础与管子下侧之间的部分，使管子和基础联成一体，以增加管子的刚度。管座宜在管子接口、渗漏试验合格后再做，以免管座内部的接口质量不好，无法检修。

常用的管道基础有 3 种（见表 3-13）。

表 3-13　常用的管道基础

| 类型 | 内容 |
| --- | --- |
| 砂土基础 | 砂土基础包括弧形素土基础及砂垫层基础。弧形素土基础是在原土上挖一弧形管槽（通常采用 90°弧形），管子落在弧形管槽里。这种基础适用于无地下水、原土能挖成弧形的干燥土壤；管道直径小于 600mm 的混凝土管、钢筋混凝土管、陶土管；不在车行道下的次要管道及临时性管道。砂垫层基础是在挖好的弧形管槽上，用带棱角的粗砂填 10～15cm 厚的砂垫层。这种基础适用于无地下水，岩石或多石土壤，管道直径小于 600mm 的混凝土管、钢筋混凝土管及陶土管，管顶覆土厚度 0.7～2m 的管道 |

| 类型 | 内容 |
|------|------|
| 混凝土枕基 | 混凝土枕基是只在管道接口处才设置的管道局部基础。通常在管道接口下用强度等级为 C8 的混凝土做成枕状垫块。此种基础适用于干燥土壤中的雨水管道及不太重要的污水支管，常与素土基础或砂垫层基础同时使用 |
| 混凝土带形基础 | 混凝土带形基础是沿管道全长铺设的基础。这种基础适用于各种潮湿土壤，以及地基软硬不均匀的排水管道，管径为 200 ~ 2000mm，无地下水时在槽底老土上直接浇混凝土基础。有地下水时常在槽底铺 10 ~ 15cm 厚的卵石或碎石垫层，然后才在上面浇混凝土基础，一般采用强度等级为 C8 的混凝土。当管顶覆土厚度在 0.7 ~ 2.5m 时采用 90° 管座基础，管顶覆土厚度为 2.6 ~ 4m 时用 135° 基础，覆土厚度在 4.1 ~ 6m 时采用 180° 基础。在地震区土质特别松软、不均匀沉陷严重地段，最好采用钢筋混凝土带形基础 |

### 3. 下管与稳管

（1）下管

把管子从地面放到挖好的并已做基础的沟槽内叫作下管。按管子的大小，视具体情况，可以用人工下管或机械下管。在下管时，可沿沟槽分散放置或集中在某处下管后在沟槽内滚运到安放位置。

当管径较小、重量较轻时，可采用人工下管；对于大口径的管子，一般用机械下管，只在缺乏机械设备的条件下或现场无法使用机械时，才用人工下管；沿沟槽分散下管可减少在沟内的运输。如果沿沟槽两边堆了土，或沟槽设置支撑，则可在某几个点集中下管，然后在沟槽内运管，但应当避免沟内运管距离过长。

（2）稳管

稳管是将管子按设计的平面位置和高程，稳定在地基或基础上。对距离较长的重力流管道工程，一般由下游向上游进行施工，以使已安装的管道先期投入使用，同时也有利于地下水的排除；稳管时，为了便于管内接口的操作或防止金属管材的热胀，一般在两管之间留 1cm 的间隙。铺设承插式压力流管道时，承口应朝来水方向，以防管内水压力对接口材料的冲击。

在安装铸铁管时，如管线曲率较大，可采取调整管子间隙的方法，为满足试压要求及便于操作，管口最小间隙不得小于 3mm，其最大间隙也不得大于表 3-14 中的规定。

表 3-14　铸铁管对口最大间隙

| 管径（mm） | 沿直线敷设时（mm） | 沿曲线敷设时（mm） |
|---|---|---|
| 75 | 4 | 5 |
| 100 ~ 250 | 5 | 7 ~ 13 |
| 300 ~ 500 | 6 | 10 ~ 14 |
| 600 ~ 700 | 7 | 14 ~ 16 |
| 800 ~ 900 | 8 | 17 ~ 20 |
| 1000 ~ 1200 | 9 | 21 ~ 24 |

4. 管道接口

管子接口就是用接口材料把一节节的管子连成一条管道，并使接口有一定的强度，通水以后，漏水在允许范围之内，并能耐受震动，不致因脱节而造成大量漏水。

管道的不透水性和耐久性在很大程度上取决于敷设管道时接口的质量。管道接口应具有足够的强度，不透水，能抵抗污水或地下水的浸蚀并有一定的弹性。

5. 质量检查

管道工程竣工后，应分段进行质量检查，检查的内容包括外观检查、断面检查、严密性检查和给水管道的水质检查。

外观检查是对基础、管材及接口、节点及附属构筑物进行检查；断面检查是对管道的高程、中线和坡度进行检查；严密性检查是对管道进行水密性试验或气密性试验；水质检查是对给水管道进行细菌等项目检查。如果管道接缝质量不好，就会造成接口渗水、漏水，日久形成路面沉陷，影响交通及其他地下管线的安全并造成经济损失。如果污水管道渗水，将会污染地下水。

## 二、管道不开槽施工

穿越铁路、公路、河流、建筑物等障碍物铺管，或在城市道路下铺管，常常采用不开槽施工。不开槽敷设的室外地下管道的形状和材料，采用最多的是各种圆形预制管道，如钢管、普通钢筋混凝土管，以及其他各种合金管道和非金属管道；也可采用方形、矩形和其他非圆形的预制或现浇的钢筋混凝土管沟。

不开槽施工与开槽施工比较，管道不开槽施工的土方开挖和回填工作量减少很多；不必拆除地面障碍物，一般也不必拆除浅埋地下障碍物，施工占地面积减少很多，不会影响地面交通；穿越河底铺管时既不影响正常通航，也不需要修建围堰或进行水下作业，能消除冬季和雨季对开槽施工的影响；也不会因管道埋设较深而增加开挖土方量；工程立体交叉施工时，不会影响上部工程施工；管道不必设置基础和管座；可减少对管道沿线的环境污染等。为此，室外地下管道不开槽施工得到广泛应用。

不开槽施工一般适用于非岩性土层。在岩石层、含水层施工，或遇地下障碍物，都需要有相应的附加措施。因此，施工前应详细勘察施工地段的水文地质和地下障碍物等情况。

管道不开槽施工方法很多，主要可分为以下几类：

人工、机械或水力掘进顶管；不出土的挤压土层顶管；盾构掘进衬砌成型管道或管廊等。

采用何种方法要根据管子的材料和各项尺寸、土层性质、管线长度及其他因素，如穿越障碍物性质及占地范围等选择。顶管是一种比较新的方法，有明显的优点，但是有一定的局限性。如过浅或过细的管道常常不能采用顶管法，一般来说，覆土厚度在 1.5m 以上、口径在 900 ~ 2400mm 的管道常用顶管法施工。管径大于2400mm 者则多用盾构施工方法，但由于造价昂贵，只在特殊情况下使用。下面主要介绍顶管法。

顶管的工作过程：先开挖工作坑，再按照设计管线的位置和坡度在工作坑底修筑基础、设置导轨，把管子安放在导轨上顶进。顶进前，在管前端开挖坑道，然后用千斤顶将管子顶入。一节管顶完，再连接一节管子继续顶进，千斤顶支承于后背，后背支承于原土后座墙或人工后座墙上。除直管外，顶管可用于弯管的施工。

为了便于管内操作和安放施工设备，管子直径在采用人工掘进时，一般不应小于 900mm；采用螺旋水平钻进，一般为 300 ~ 1000mm。

采用顶管法，需要解决挖土方法、管道方向的控制、管子接口的控制、顶力的估算和顶进设备的选择、后座的设置及工作坑的布置等。

### 三、特殊情况下的管道施工

1. 土方施工塌方

在土石方开挖施工中，由于处理不当，常会发生边坡塌方现象。

沟槽、基坑边坡的稳定主要是由土体的内摩阻力和黏结力来保持平衡的。当土体失去平衡，边坡就会塌方。边坡塌方会引起人身事故，同时也妨碍施工的正常进行，严重塌方还会危及附近建筑物的安全。

发生边坡塌方的原因，根据工程实践分析，主要有以下几点：

（1）基坑、沟槽边坡放坡不足，边坡过陡，使土体本身的稳定性不够。在土质较差、开挖深度较大时，常遇到这种情况。

（2）降雨、地下水或施工用水渗入边坡，使土体抗剪能力降低，这是造成塌方的主要原因。

（3）基坑、沟槽上边缘附近大量堆土或停放机具；或因不合理的开挖坡脚及受地表水、地下水冲蚀等，增加了土体负担，降低了土体的抗剪强度而引起滑坡和塌方等。

针对上述分析，为了防止滑坡和塌方，应采取如下措施：注意地表水、地下水的排除；严格按不同土质放坡规定放足边坡；当开挖深度大、施工时间长、边坡有机具或堆置材料等情况，边坡应平缓；当因受场地限制或因放坡增加土方量过大时，则应采用设置支撑的施工方法。

2. 流沙的处理

（1）流沙的成因

沙质土经水饱和后，受动水压力和其他外界的影响，使其土壤变为液体状态的现象叫作流沙现象。

当地下水渗透过沙土层时，动水压力超过沙土颗粒在水中的自重以及相互之间的黏性骨架力时，沙的内摩擦力就将消失，处于悬浮状态，从而产生流沙现象。对于任何一种沙土，不论其成分或密实度如何，在渗透压力影响下，均能变成流动状态。但施工实践中，粗沙和中沙很少发生流沙现象，而渗透性较小的粉沙、细沙和黏性差的亚沙土等常常在动水压力下有流沙现象发生。

（2）流沙形成的程度

大体上分如下 4 种状态：

1）轻微的流沙现象。在沟底局部串沙。

2）中等程度的流沙现象。一堆堆细沙从沟底部缓慢冒起。

3）严重的流沙现象。从沟底的串沙速度加快，往往形成陷脚现象。

4）涌土现象。沟底涌沙现象加快，沟底部土层升高，沟壁下塌，附近建筑倒塌、门窗变形。

（3）处理流沙的施工措施

选择适宜的施工季节对于流沙地段的施工有着重要的意义，在可能的条件下，应当争取在全年地下水位最低的季节进行施工。这时由于动水压力的降低，在一些情况下可以避免流沙现象的发生，或者至少可以减轻流沙的严重情况。除此之外，在不同程度的流沙地段，可采取如下施工措施：

1）普通流沙现象

在有流沙的地段，采取突击施工的措施，当沟槽完成后立即下管，迅速填土。因为细沙、粉沙及亚沙土在地下水的推动下，从原有稳定状态到发生流沙现象需要一定的时间，如果在这段时间内将主要工作干完，也就相应地防止了流沙现象的发生。

在沟底铺上草袋，用木板压住，使流沙中的水经草袋渗出排除，沙将会被稳住。

采用集水井，排除沟内积水。

在沟槽两壁，用密支撑或短板桩进行加固，使水的渗透路径增长，以增大地下水的流动阻力，从而避免或减轻流沙现象，其板桩钉入沟底的深度和地下水位、土质等因素有关，一般为地下水位和沟底间距离的 0.3 ~ 0.5 倍，但最小不小于 0.3m。打板桩需要打桩设备，技术上的困难较大，施工速度缓慢，不能适应一般性施工要求，只有在特殊情况下才采取这种措施。

2）较严重的流沙地带

除上述突击施工措施，可采用下述方法：

在沟槽两侧钉入长板桩来避免或减轻流沙现象。

人工降低地下水位，也就是在开挖沟槽前，通过抽水降低沿线地下水位，是防止流沙现象发生的有效措施。

3）发生涌土现象的地带

在发生涌土现象的地带开挖沟槽，针对流沙形成的特征，可采取以下相应措施：

用井点排水系统来降低地下水位，使流沙无法形成。

对于敷设焊接钢管的管道，可采取带水挖土、浮管法安装的措施，也可避免流沙出现。

3. 围堰施工

围堰的作用是将水中施工部位维护起来以便在其中进行正常施工，围堰是一种临时施工设施，构造应力求简单、安全，尽量就地取材，使其造价低廉。

（1）围堰形式的选择

在选择围堰形式和施工时应考虑的因素及要求如下：

河流断面内的地形条件和坑的水文地质情况。如围堰作为导流坝或在狭窄河床施工时，应考虑水流对围堰的冲刷并应注意水流对河底的冲刷。

根据施工期限和季节、施工期间流量的宣泄和洪水期间泄洪条件来确定围堰断面尺寸，一般围堰高出最高水位 0.5m 以上。

考虑围堰的施工条件和拆除条件。应保证围堰最大不透水性，水压渗透过程中围堰的基础与围堰本身的土壤不发生管涌现象；考虑沟槽或基坑的深浅和面积大小，围堰和沟槽边界之间应有足够距离的排水和满足施工的需要；考虑当地建筑材料和其他建筑的具体情况，可就地取材，合理应用。

（2）围堰的种类及使用范围

1）土堰。土堰是围堰最简单的结构形式，凡水深在 1.5m 以下、流速缓慢、无冲刷作用时均可采用。土堰堰顶宽度为 1.0m，堰高较水位高 0.5m。迎水坡为 1：2，背水边坡为 1：1.5，填筑土堰前应先将修堰河坡及河床处的各种树根乱石清除，并沿堰的纵轴挖土，挖出直至硬土层的槽道或沿堰坡脚打入短桩。然后分层填筑，填筑土堰宜采用沙质黏土。

2）草袋装土填筑围堰。草袋装土围堰适用于水深低于3m的情况，可作为施工时的临时防水措施。草袋装土围堰可与土堰混合应用，用草袋装土做护坡，边坡可以较陡，一般为1：（0.5 ~ 1.5）。

3）土石围堰。这种围堰适用于河床石方爆破工程，可就地取材。其结构迎水坡填筑砂壤土，堰主体用石块，这种围堰可在河流流速较小的情况下填筑，但拆除比较困难。

4）板桩围堰。适用于水深较大、河床上土壤容许打桩的情况。板桩围堰是用垂直木板桩来代替土堰背水坡的一种结构，这种围堰不但可减小土堰的断面尺寸，同时还可减少水流的渗透。

# 第四章　城市消防、防洪、防灾工程

## 第一节　城市消防工程

### 一、城市火灾分类及火灾特点

1. 火灾的特征

火是一种快速的氧化反应过程，具有燃烧的现象和特点，往往伴随着发热、发光、火焰、发光的气团以及燃烧爆炸的噪声等。火所提供的能量，不仅改善了人类基本的饮食和居住条件，而且极大地促进了社会生产力的发展，对人类文明的进步起到了非常重要的作用。

火灾是火在时间和空间上失去控制而导致蔓延的一种灾害性燃烧现象，会对自然和社会造成一定程度的损害。火灾科学的研究表明，火灾的发生和发展具有双重性，即火灾既具有确定性，又具有随机性。火灾的确定性是指在某特定的场合下发生火灾，火灾基本上按照确定的过程发展，火源的燃烧蔓延、火势的发展、火焰烟气的流动传播将遵循确定的流体流动、传热传质以及物质守恒等规律。火灾的随机性主要指火灾发生的时间和地点是不确定的，是受多种因素影响而随机发生的。

火灾从发生、发展到最终造成重大灾害性事故大致可分为四个阶段：初起期、成长期、最盛期和衰减期。一旦火灾发展到最盛期，火灾所产生的浓烟、热辐射以及有毒有害物质($CO$、$CO_2$、碳氢化合物、氮氧化物等)不仅会严重威胁人的生命安全，造成巨大的财产损失，还会对环境和生态系统造成不同程度的破坏。火灾造成的直接损失约为地震的 5 倍，仅次于干旱和洪涝，而其发生的频率则高居各种灾害之首。火灾造成的直接和间接经济损失、人员伤亡损失、灭火消防费用、保险管理费用以及投入的消防工程费用统称为火灾代价。世界火灾统计中心以及欧洲共同体研究的结果表明，世界上许多发达国家每年火灾造成的直接经济损失占国民经济总产值的 2% 以上，相当于人均每年 20 英镑，而整个火灾代价约占国民生产总值的 1%，人员死亡率为 2/100000。

2. 我国城市火灾的特点

近些年来，随着经济的飞速发展，我国城市火灾损失亦呈上升趋势，并具有如下突出特点：

（1）东部地区的城市火灾损失大于西部地区。从我国 10 个省市火灾损失比较，以广东、浙江两省最为突出。以 1993 年为例，广东省火灾损失 3.5 亿元，占全国的 32%。在全国发生的 146 起超大火灾中，广东 26 起，占 18%。这主要是由于东部地区经济高速发展，而火灾的防范意识与防范能力并未得到相应提高。

（2）分析火灾发生原因与损失的关系表明：主要是电器火灾、违反安全规定和生活用火不慎所造成，这三种原因造成的火灾损失占火灾总损失的 70%。

（3）石油产品、液化石油气引起的事故增多。由于化工生产不断发展，各种氧化剂引起的火灾日益增多，压缩气体，高压、超高压气体的应用又将构成新的危险。

（4）统计资料表明，特大火灾中有 54% 发生在公共活动场所，如商场、歌舞厅、宾馆、饭店、集贸市场等。这是由于这些场所可燃物集中，现代化电器设备激增，建筑物防灾抗灾能力较弱，消防设施不足，消防水源严重缺乏，加上人们在主观上防火安全知识缺乏、意识淡薄、消防管理制度不健全等因素所致。

（5）城市高层建筑增多，加大了火灾的危险性，扑救困难，一旦起火很容易造成人员大量伤亡，财产大量损失。高分子聚合材料在建筑物内大量应用，不仅易于起火燃烧，而且在燃烧时还要产生浓烟和毒气，影响人员疏散，并危及人的生命。路上的车辆拥挤，消防车通行困难，不能及时赶到火场。

（6）原有地下防空设施被改变使用性质，建成地下商场、仓库、车间、旅馆等，在防火安全方面遇到了新问题。个人承包经营户、私营企业火灾明显增多。

（7）火灾极易造成重大的伤亡事故和经济损失，有时火灾与爆炸同时发生，损失更为惨重。大的火灾造成的不良后果对环境、社会造成较大的影响。1994 年 12 月 8 日发生在新疆克拉玛依市友谊馆的特大火灾，共死亡 323 人，伤 130 人，直接经济损失 210.9 万元。

（8）确认火灾发生的具体原因往往比较困难，主要因为火源众多、可燃物广泛、用火环境多样化，灾后事故调查、取证和鉴定困难等。建筑结构的复杂性和多种可燃物的混杂也给灭火和调查分析带来很多困难。火灾事故往往是在人们意想不到的时候突然发生，虽然存在有事故的征兆，但一方面由于目前对火灾事故的监测、报警等手段的可靠性、实用性和广泛性尚不理想；另一方面是因为至今还有相当多的人员对火灾事故的规律及其征兆了解和掌握得不够；老城市存有大量易燃的简易建筑，生产与生活区混杂，防火分隔和防火间距不够，消防通道不畅，消防基础设施落后（如消防站布局不合理、水源不足、消防设备缺乏和消防通信不完善等）。

3. 火灾类别

火灾的类型不同，其特点也有所不同。国家标准《火灾分类》（GB/T4968—1987）根据物质燃烧特征，将火灾划分为以下 4 种类型（见表 4-1）：

表 4-1　火灾的类型

| 类别 | 内容 |
|---|---|
| A 类火灾 | 指固体物质火灾。这种物质往往含有机物质，一般在燃烧时能产生灼热的灰烬，如木材、棉、毛、麻、纸张火灾等 |
| B 类火灾 | 指液体火灾和可熔化的固体物质火灾，如汽油、煤油、柴油、原油、甲醇、乙醇、沥青、石蜡火灾等 |
| C 类火灾 | 指气体火灾，如煤气、天然气、甲烷、乙烷、丙烷、氢气火灾等 |
| D 类火灾 | 指金属火灾，如钾、钠、镁、钛、锆、锂、铝镁合金火灾等 |

此外，在建筑灭火器配置设计中还专门提出 E 类火灾，指电器、计算机、发电机、变压器、配电盘等电气设备或仪表及其电线电缆在燃烧时仍带电的火灾。一般来说，这类火灾与 A 类或 B 类火灾共存。

根据火灾发生的场所不同，可分为建筑火灾、森林火灾、交通工具火灾等。其中，根据建筑功能的不同特点，建筑火灾包括民用建筑火灾、公共建筑火灾、工厂仓库火灾等。根据建筑结构的不同特点，建筑火灾可分为高层建筑火灾、地下建筑火灾等。

4. 火灾分级

根据 1996 年国家发布的"火灾统计管理规定"，我国将火灾分为特大火灾、重大火灾和一般火灾三级，如表 4-2 所示。只要达到其中一项就认为达到该级火灾。

表 4-2　火灾等级的划分标准

| 火灾等级 | 死亡人数 | 重伤人数 | 死亡重伤总人数 | 受灾户数 | 直接财产损失（万元） |
|---|---|---|---|---|---|
| 特大火灾 | ≥ 10 | ≥ 20 | ≥ 20 | ≥ 50 | ≥ 100 |
| 重大火灾 | ≥ 3 | ≥ 10 | ≥ 10 | ≥ 30 | ≥ 30 |
| 一般火灾 | <3 | <10 | <10 | <10 | <30 |

**二、消防技术的发展**

1. 消防技术的发展现状

人类从很早就开始重视对火灾形成和发展的规律以及火灾防治技术的研究和开发，积累了大量火灾防治的宝贵经验，创造出许多行之有效的消防技术和措施。主要包括建立各种形式的消防队伍和安全管理机构,研制和开发防、灭火的技术和装备,研究火灾形成和发展的规律,制定一系列的防火与安全用火的法律和法规等。据记载,我国早在周代就设置了分别掌管乡村、城镇和宫内等事宜的火官,以后各朝代均立类似的官员。宋朝开始建立了专司救火的"防隅军""潜火军"以及民间的消防组织"水会"。我国在清朝末年开始引入西方的消防体制,建立了新型公安消防部队。经过多年的努力,这支队伍的知识化、专业化和正规化水平都有了很大的提高,装备了较为先进的防灭、运输、通信、管理等设备。

在消防技术设施和装备方面,据记载,我国唐代人开始用油布缝制的水袋来运水灭火,宋代人成功地用竹制唧筒喷水灭火,尽管其射程和喷水量有限,但与靠近火焰泼水或向火中投掷水袋等灭火方式相比,是一个很大的进步。18世纪,西方国家制造出以内燃机为动力的消防车、消防艇及消防泵等,这表明人类的灭火水平又跃上了一个新的台阶。19世纪中叶,西方国家的工程师就发明了早期的自动喷水灭火装置和火灾自动报警装置。20世纪50年代以后,各类性能先进的火灾自动报警和自动灭火系统、防排烟设备、灭火剂、防火建筑材料和构件等消防技术产品被大量开发出来,并在实际工程中得到广泛应用。

我国在消防工程研究领域的腾飞自1990年12月第二次全国消防科技工作会议开始。会议针对国内高层建筑的发展状况,确定了"八五"期间我国消防科技的重点主攻方向为"高层建筑的火灾预防与控制技术"。通过五年的攻关研究,开发成功一系列具有较高技术水平的高层建筑防火、自动报警、自动灭火设备和适合消防部队扑救高层建筑火灾的特种消防技术装置。此外,还开展了大量的基础研究和应用基础研究。例如,运用模拟方法进行了室内家具组件火灾特性和实验技术的研究以及地下民用建筑火灾烟气流动特性的研究;运用激光全息和电子测重技术成功地解决了大水粒三维空间分布与测重的关键技术,开展了消防装置喷雾水粒流场特性试验的研究;开展了高层建筑楼梯间送风排烟技术的研究、粉尘爆炸及泄压的研究、承重柱和梁板耐火性能试验装置的研制等。这些基础研究及其成果,为我国消防领域有关技术法规的制定和实施,提供了科学的依据和技术手段。

"九五"期间,针对地下建筑和大空间建筑的火灾预防与扑救技术,以国家科技攻关项目为龙头,公安部的4个部属专业消防研究所、中国科学技术大学火灾科学国家重点实验室、中国建筑科学研究院建筑防火研究所等单位开展了多层次、多学科交叉的联合攻关研究。在探索地下建筑与大空间建筑的火灾规律、开发高新科技的火灾探测报警、自动灭火、防排烟设备和消防部队灭火救援装备等方面,取得了一批重要科研成果,并且建成了大空间火灾试验馆、高层建筑火灾试验塔、固定灭火系统综合试验馆等一批具有国际水平的试验装置。其中,典型感烟火灾探测器和火灾报警控制器的标准及其检测设备、民用住宅耐火性能的评价研究、消防装备喷雾水粒子流场特征试验方法、高层建筑楼梯间正压送风机械排烟技术的研究等20多项成果获得国家级科技成果奖励。

近几年，科学技术的发展和火灾的严重危害，促使国际消防界开始深入思考如何从规范和法规的完善出发，真正达到主动防火的目的。现在广泛采用的传统的"指令式规范"只是强制规定防火设计必须满足的各项设计参数指标，如建筑设施的结构要求、耐火要求、机械系统、电气系统、消防系统等。其缺点是使建筑设计千篇一律，在一定程度上阻碍了新材料、新产品、新工艺和创新技术的采用，很难满足技术进步的要求。"指令式规范"对具体建筑物要达到的总的安全目标不予要求，也不进行评估。而且对于工程师来说，只单纯地计算消防系统的某一独立部分是不够的，应该把整个建筑物作为一个整体来考虑，把每一部分的消防措施放到一个大系统中去分析。

国际上在20世纪80年代初提出了建立"以性能为基础"的防火规范的概念。英国于1985年完成了建筑规范，包括防火规范的性能化修改，新规范规定"必须建造一座安全的建筑"。澳大利亚于1996年颁布了《澳大利亚性能化建筑设计规范》（BCA96），并于1997年陆续被各州政府采用。新西兰1992年发布了性能化的《新西兰建筑规范》，1993—1998年开展了"消防安全性能评估方法"的研究，制定了性能化建筑消防安全框架，包括了防止火灾的发生、安全疏散措施、防止倒塌、消防基础设施和通道要求以及防止火灾相互蔓延五部分。美国已完成性能目标和基本完成性能级别的确定，并于2001年发布了国家级的建筑性能规范和防火性能规范。我国现行的消防法律体系以《中华人民共和国消防法》为基础，以消防行政法系列和消防技术法规系列构成庞大的支撑体系。就消防技术法规而言，迄今为止，我国已发布了相关法规22本，制订各类消防国家标准和行业标准200多项，建成了4个国家级的消防产品质量监督检验中心，建立了一套比较完整的消防产品质量监督管理制度。由于受到制订周期长、学科发展水平不高、建筑形式和功能多样化、管理智能化等因素的影响，现行技术规范越来越难以适应科技日新月异的发展和我国建造业高速发展的形势。我国从1996年开始也开展了"性能化防火设计规范"的研究工作，并将其列入了国家"十五"科技攻关项目计划。

"十五"期间，性能化防火设计、细水雾灭火技术、火灾应急疏散和救援、火灾多参数智能探测等领域的研究和新技术开发取得了一系列可喜的成果，并将在国家"十一五"科技攻关项目计划中得到进一步的深入研究。

2. 消防技术的发展趋势与前景

作为一门新兴的学科，消防工程的研究领域正在不断拓展，研究成果不断增加。

从目前的发展趋势来看，消防工程学科领域今后的研究和发展主要体现在以下几个方面：

（1）消防设计观念的更新。消防安全工程学的发展为消防科研提出了一批新的研究课题，如火灾发生和发展的规律及其计算机模化、燃烧产生与传播、火灾烟气流动特性及其计算机模化、防火系统与技术、火灾中人的行为与疏散模型、建筑物的火灾危害评估与火灾风险评估以及为消防安全提供基础数据的火灾统计与分析研究等。可以预见，这些课题的研究将对发展性能化设计、建立科学合理的消防技术标准和设计规范体系乃至带动整个消防科技领域的发展具有十分重要的意义。

（2）计算机火灾模化技术的开发与应用。计算机火灾模化技术的开发应用，使人们可以通过工程计算机和计算机模拟的方法，对不同空间、环境条件下火灾的发展和蔓延进行模拟和预测，并对建筑构件、材料组件以及消防设备的火灾特性进行计算和确定，为火灾调查提供科学依据。目前，国外已开发出一些具有实用价值的计算机火灾模型，并在一定范围内得到应用。例如，美国的 HaZard、CFAST、FDS，加拿大的 FIRECAM，英国的 EXodUS、Exit89、PhoeniCS，澳大利亚的 CESARERISK，日本的 BRI，德国的 K0BRA-3D 等。中国科学技术大学火灾科学国家重点实验室提出了场、区、网火灾模型，对火灾模化技术的发展做出了很大的贡献。通过一系列大空间建筑火灾实验，场、区、网模化技术的发展将得到进一步验证。

（3）火灾自动探测报警技术的创新。今后的工作将主要集中在以下几个方面：其一，开发具有特殊性能的火灾自动监测报警系统和自动灭火系统，使其具有高灵敏、高可靠性、早期报警、快速响应，并能适用于高大、洁净或干扰因素较多等特殊空间和环境；其二，积极运用相关专业领域的高新技术和理论，如激光微粒计数技术、红外分光光谱技术、人工智能和神经网络控制理论等，开发研究高性能、高质量的新产品；其三，特别注重工程应用技术的研究，以拓展其应用范围。此外，更重要的是，人们越来越认识到，火灾基础理论研究，特别是火灾早期的声、光、热等信息特征及其与环境因素的关系等方面的基础理论研究，对于开发研制多参数、智能型、复合型火灾探测警系统具有非常重要的意义。

（4）新型灭火剂和阻燃剂的开发与应用。由于哈龙灭火剂对臭氧层的破坏，国内外兴起了哈龙替代灭火剂的研究开发热潮。目前，已开发出一些比较成熟的产品，如七氟丙烷（FM200）和混合气体（Intergen 烟烙烬），但这些产品都存在不足之处。目前，国际上尚未研制出一种既满足环保要求，又在灭火效能、安全性和成本等方面均超过哈龙的新灭火剂；也未能研制出可以装到已使用的哈龙 1310 系统里直接替代哈龙灭火剂的新灭火剂。因此，开发新型哈龙替代灭火剂的工作是目前和今后几年世界瞩目的研究课题。

（5）消防队伍装备的专业化、系统化和智能化。经济和社会的发展不断地给消防部门提出新的任务。目前，各国消防部门所面临的共同难题为：各种复杂的火灾和特种灾害条件下的救援行动、特大恶性火灾的扑救、化学灾害事故的处置，并使之系统化。同时，随着自动控制和人工智能技术的发展，消防装备的智能化程度也越来越高。各种智能化的灭火救援装备和消防机器人将成为21世纪消防装备领域研究开发的重要任务。

（6）消防管理技术的信息化和网络化。计算机信息和网络技术在消防管理工作中的应用领域十分广阔，包括防火监督管理、通信调度指挥、消防训练与培训、灭火救援辅助决策、火灾统计、消防安全知识普及教育、消防队伍后勤管理、人事管理以及日常办公自动化等。消防管理技术的信息化和网络化已成为各国消防部门所共同关注的热点，信息化和网络化的管理模式与资源共享是消防管理技术的必然发展趋势。

### 三、城市消防的防治措施

#### 1. 城市火灾扑救

火灾一旦发生，及早发现、及时扑救是降低火灾损失的最有效方法。灭火策略主要包括：①除掉可燃物；②隔绝氧气；③冷却到燃点以下从而使反应终止。但是在火灾的情况下，完全去掉可燃物或长期隔绝氧气几乎是不可能的，因此灭火的原则就是把温度降到燃点以下。火灾反应初期，因为反应量少，产生的热量少，容易控制和扑灭，故初期灭火是最理想的。

灭火活动首先是人为控制火势，其次是使燃烧反应停止。同一灭火手段，灭火的机理和效果也往往不同。例如，单纯浇水灭火时，水蒸发产生冷却作用；蒸发的水蒸气起到隔绝空气或减少氧气浓度的作用；附着在可燃物表面的水有隔热作用等。这些作用相辅相成，提高了灭火的效果。另外，有的灭火剂又具有抑制火灾反应的催化作用。

为能迅速地扑灭火灾，必须按照现代的防火技术水平、生产工艺过程的特点、着火物的性质、灭火物质的性质及取用是否便利等原则来选择灭火剂和灭火器；否则其灭火效果甚至会适得其反。目前常用的灭火物质有水、灭火泡沫、惰性气体、不燃性挥发液、化学干粉、固态物质等。我国目前生产的灭火器主要有泡沫灭火器、二氧化碳灭火器、卤代烷灭火器、四氯化碳灭火器、1211（二氟—氯—溴甲烷）灭火器、干粉灭火器，清水灭火器等。

灭火时，最有效的灭火剂是水，作为化学灭火剂的各种泡沫也是把灭火剂与水混合加压送出。因此，消防泵是消防设备中重要的设备之一。消防用泵主要是离心泵，一般安装在水源点或消防栓附近。此外，还有带消防泵的消防车。消防车一般有普通消防车、云梯车（空中作业车）和化学消防车、防爆式化学消防车等。防爆式化学消防车多用于石油火灾扑救。

2. 城市火灾的安全疏散

安全疏散设计就是指根据建筑的特性设定最危险的火灾条件，针对火灾和烟气传播特性的预测，通过采取一系列防火措施，进行适当的安全疏散设施的设置、设计，以提供合理的疏散方法和其他安全防护方法，保证建筑中的所有人员通过专门的设施和路线，在可利用的安全疏散时间内，全部疏散到安全避难场所，或提供其他方法以保证人员具有足够的安全度。显然，建筑消防的绝对安全是不可能实现的，但通过合理的疏散设计，可以最大限度地减少火灾给人员生命安全带来的威胁，提高火灾人员的安全性。

安全疏散设计的原则及要求：

（1）安全疏散设计是以建筑内的人应该能够脱离火灾危险并独立地步行到安全地带为原则的。

（2）安全疏散方法应保证在任何时间、任何位置的人都能自由、无阻碍地疏散。

### 四、城市火灾的消防对策

1. 城市防火策略

"预防为主，防消结合"的消防工作方针，是我国人民长期同火灾做斗争的经验总结，是指导消防工作的唯一正确方针。这个方针科学地概括了消防工作中防与消的辩证统一关系。"预防为主"就是要把预防火灾发生放在首位，作为主要任务和工作重点，做到防患于未然；"防消结合"就是在做好防火工作的同时，充分做好灭火准备，保证及时有效地扑灭火灾。防与消相辅相成，互相促进，二者不可割裂。在积极搞好城市防火规划的同时还要做好灭火设施的规划建设，而且要与长远的消防建设规划结合起来。

一般来说，防火的要点是根据对火灾发展过程特点的分析，采取如下基本措施：①严格控制火源；②监视酝酿期特征；③采用耐火材料；④阻止火焰的蔓延；⑤限制火灾可能发展的规模；⑥组织训练消防队伍；⑦配备相应的消防器材。

2. 地震引发火灾的消防对策

地震火灾是地震的重要次生灾害之一。地震诱发火灾的因素是多方面的，不同于平时的城市火灾。地震火灾的特点有：地震发生时往往多处同时发生火灾；由于扑救不及时形成大面积燃烧；建筑物倒塌导致抢救遇难人员的任务繁重；往往伴随泄漏有毒气体；消防站、消防设施和消防装备可能遭受破坏，消防人员受到地震灾害的伤害；余震给救人和灭火造成严重威胁。

（1）震前消防对策。广泛开展地震和地震消防知识的宣传教育；建设震前火灾预防措施；制订扑救地震火灾的方案；建造抗震消防站；建立地震时期的消防指挥体系。

（2）震时消防对策。对于供电设施、易燃易爆和危险品的抢救必须慎重，防止由于不当抢救导致火灾；迅速掌握火灾情况，提出灭火力量的需求；迅速掌握消防力量的破坏和伤亡情况；正确调配灭火力量，组织群众灭火；积极抢救遇难人员。

（3）震后消防对策。抢修桥梁道路，维护交通秩序，保障消防车出动交通畅通；抢修供水设施；抢修通信设备；搞好震后防火工作和宣传。

3. 大风天气引发火灾的消防对策

城市大面积火灾和强风有密切的关系，大风是造成火势迅速蔓延的重要因素。

大风天气火灾的特点：火灾蔓延迅速，容易形成大面积火灾；飞火多，飘落远，容易形成新的火点；大风天气给灭火带来困难。

大风天气防火措施：开展大风天气防火的宣传教育；有计划地对火灾隐患进行整改，加强消防设施建设；加强大风天气的防火预报工作；突出重点，搞好大风天气防火安全检查。

大风天气灭火工作：大风天气灭火，设立多道防线，必须有力控制火势蔓延；在火势控制住后，采取正面进攻、两侧夹击和分割包围等策略灭火；集中力量保护重要部位。

## 五、建筑物的耐火设计

1. 建筑材料的耐火性能

建筑材料受到火烧以后，有的要随起火而燃烧，如纸板、木材；有的是不见火焰的燃烧，如含砂石较多的沥青混凝土；有的只是碳化成灰，不起火，如毛毡和防火处理过的针织品；也有不起火、不微燃、不碳化的砖、石、钢筋混凝土等。按照燃烧性能可将建筑材料分为三类（见表4-3）：

表4-3 建筑材料按燃烧性能分类

| 类型 | 内容 |
| --- | --- |
| 非燃烧材料 | 是指在空气中受到火烧或高温作用时不起火、不微燃、不碳化的材料，如金属材料和无机矿物材料 |
| 难燃烧材料 | 是指在空气中受到火烧或高温作用时，难起火、难微燃、难碳化，当火源移走后，燃烧或微燃立即停止的材料，如刨花板和经过防火处理的有机材料 |
| 燃烧材料 | 是指在空气中受到火烧或高温作用时，立即起火或微燃，且火源移走后，仍能继续燃烧或微燃的材料，如木材等 |

建筑材料在火灾条件下，除燃烧以外，随着火灾温度的升高，部分建筑材料的性能会发生很大的改变。金属材料虽不燃烧，但在温度升高到某一范围，或者达到了某一极限温度值时，强度便大幅下降。例如，钢材在20℃时的强度为450MPa，在485℃时为278MPa，几乎降到了前者的50%，而到614℃，钢材的强度只有70MPa，失去其承载能力。高温时钢材遇水冷却也会变形，造成房屋倒塌，所以没有防火保护层的钢结构是不耐火的。为了提高金属结构的耐火性，必须设法推迟构件达到极限温度的时间，其主要方法是在构件表面粘贴隔热的保护层。

混凝土的耐火性主要取决于它的集料。花岗石集料混凝土在550℃时，因集料碎裂而出现裂纹，石灰石集料混凝土耐火可到770℃。一般来说，因混凝土结构的热容较大，升温较慢，所以混凝土结构在短时间内是不易被烧坏的。

钢筋混凝土是钢筋和混凝土的结合体。温度低于400℃时，两者能够共同受力，温度升高，钢筋变形过大，受力条件受到影响。这与钢筋保护层的厚度有关。厚度大的，耐火时间长。与金属结构比较，钢筋混凝土结构、砖石结构有着较高的耐火性能。火在短时间内对钢筋混凝土和砖石结构的影响不大，但在它们经受高温后已经膨胀的表面再受到射水的急剧冷却，引起表面收缩，在内胀外缩的情况下，往往使混凝土的表面剥落，同样，砖墙的抹灰或清水墙表面也被破坏。

石棉耐高温，是一种良好的隔热材料。石棉水泥，即石棉和水泥混合而成的板材，在均匀受热时，能耐热700～750℃，但高温时遇水冷却便立即破坏。

花岗石等由不同岩石组成的石材，遇高热则开裂。石灰石等单一岩石组成的石材，可耐800～900℃的高温。

普通黏土砖承受800～900℃的高温时无显著的破坏，遇水冷却的影响也不太大。空心砖因各面受热不均，膨胀不已，产生裂缝及表面剥落。

窗玻璃在700～800℃时软化，在900～950℃时熔融。在火灾条件下，大多由于玻璃膨胀、变形受到窗框的限制，早在250℃左右便开裂，自行破碎了。砂浆抹灰层，作为结构的保护层，当与结构表面结合牢固，厚达15～20mm时，能使结构的耐火时间延长20～30min。

硅酸盐砖是由炉渣、粉煤灰、石灰等加水搅拌蒸养而成的，在300～400℃时，开始分解，放出二氧化碳，自身开裂，不是耐火材料。

石膏板和石膏块，在高温下能大量吸热，是良好的隔热材料。但在高温下易开裂，遇水破坏。

木材，受热后开始蒸发水分，到100℃以后，开始分解可燃气体，放出少量的热。遇明火点燃，便出现火焰起火燃烧。木材的燃点介于240～270℃之间。木材在高温作用下超过400℃后，达到自燃温度，不用明火点燃也能自己发火燃烧。

纤维板，燃烧性取决于黏合剂。使用无机黏合剂，得到难燃的纤维板，使用各种树脂作黏合剂，则随着树脂的不同，得到易燃或难燃的纤维板。

复合板，是根据质轻、隔热、高强度及经济性等条件设计制造的一种新型板材，是由芯材和面材组成的。从防火要求来说，面材应选用耐火、难燃及导热性差的板材。芯材最好选用难燃、耐热的材料。

塑料为有机合成的高分子物质，叫合成树脂。塑料制品的优点很多，如质轻、耐酸碱、不透水、便于加工成型等，但耐火性能低，耐热性能差，实用的极限温度为 60 ~ 150℃，在火场上塑料熔化后到处流淌；易变形，刚性不足；发烟量大。在阴燃阶段，能放出很浓的烟，起火后多放出缕缕黑烟，含有不同程度的微量氧化氮、氢氰酸、醛、苯、氨等有毒气体或蒸气。

2. 建筑构件的耐火性能

建筑构件起火或受热、稳定，会导致建筑物倒塌，造成人员伤亡。为了安全疏散人员，抢救物资和扑灭火灾，要求建筑物具有一定的耐火能力。建筑物的耐火能力取决于建筑构件的耐火性能，称为耐火极限。准确地说，规范中给出的耐火极限值，应该说是耐火极限标准设计值，它只是特定条件下的耐火极限。

（1）建筑构件的耐火试验

所谓建筑构件的耐火极限，是指按标准时间—温度曲线所规定的火灾升温曲线，对建筑构件进行耐火试验，从构件受到火的作用时起，到失去完整性、隔热性或稳定性为止的这段时间，单位为小时（h）。标准时间—温度曲线最早是由英国提出，后成为国际上通用的标准耐火试验的升温条件。它是为了方便按统一方法试验，根据数据积累给出的火灾在爆燃后的一种理想状态下的温度与时间的关系曲线。

（2）影响建筑构件耐火性能的因素

耐火性能试验中，构件的耐火极限有 3 个判定条件，即完整性、隔热性和稳定性。所有影响构件这 3 个性能的因素都影响构件的耐火极限。

完整性。失去完整性是指当分隔构件（如楼板、屋面板，门、窗、墙体、吊顶等）一面受火作用时，在试验过程中，构件出现穿透性裂缝，火焰穿过构件或穿过空隙，使其背面可燃物起火。这时，构件将失去阻止火焰和高温烟气穿透或阻止背面出现火焰的性能。此时可认为构件失去完整性。

隔热性。失去隔热性是指分隔构件失去隔绝过量热传导性能。在试验中，试件背火面测点的平均温度超过初始温度140℃，或背火面任一测点温度超过初始温度180℃时，均认为构件失去隔热性。材料的热导率和构件厚度是影响构件隔热性的两个主要因素。材料热导率越大，热量越易传到背火面，隔热性越差；反之，热导率越小，隔热性越好。由于金属的热导率比混凝土、砖大得多，所以当墙体或楼板有金属管道穿过时，构件更易失去隔热性。由于热量是逐层传导的，所以，构件厚度越大，隔热性越好。

稳定性。凡影响构件高温承载力的因素都影响构件的稳定性，如构件材料的燃烧性能、有效荷载量值、钢材品种、实际材料强度、截面形状与尺寸、配筋方式、配筋率、表面保护、受力状态、支撑条件和计算长度等。失去稳定性是指构件在试验过程中失去承载能力或抗变形能力，此条件主要针对承重构件。具体地讲：

墙：在试验中发生塌垮，则表示试件失去承载能力。

梁或板：在试验中发生塌垮，则表示试件失去承载能力。试件最大挠度超过 L/20，则表示试件失去抗变形能力。此处 L 为试件跨度。

柱：在试验中发生塌垮，则表示试件失去承载能力。试件轴向压缩变形速度超过 3H（mm/min），则表示试件失去抗变形能力。其中 H 为试件在载炉内的受火高度，单位以米（m）计。如某钢筋混凝土柱，炉内的受火高度为 3m，若其变形速度超过 9mm/min，则该柱失去抗变形能力。

受上述因素影响，不同材料和形式的建筑构件的耐火性能具有如下特点：墙体的耐火极限与墙体材料和其厚度有关。普通黏土砖墙属非燃烧体。木骨架两面板条抹灰的墙属难燃烧体。

柱和墙一样都是建筑物受力的主要构件。起火时，墙仅一面受到火的作用，而独立柱四面均受到火的包围。钢柱为非燃烧体。有保护层的和无保护层的钢柱，其耐火极限差别很大。保护层可用 60mm 砖砌体，也可用钢丝网抹灰来做。木柱为燃烧体，加防火保护层属难燃烧体。钢筋混凝土柱和砖柱都属非燃烧体，其耐火极限随其截面的加大而上升。

现浇整体式肋形钢筋混凝土楼板为非燃烧体，其耐火极限取决于钢筋保护的厚度。木梁楼板属燃烧体，但木格栅下加板条抹灰属难燃烧体。

木屋架的杆件断面小，物架表面积大且非常干燥，非常容易被引燃。引火后受到风的作用，很快蔓延，瞬间即全面烧着。起火木屋能够支撑屋顶荷重的时间，主要取决于杆件截面的大小。钢屋架虽然是非燃烧体结构，但在高温下极易变形，变形后失去稳定而破坏。钢筋混凝土屋架的耐火极限取决于钢筋保护层厚度。用无保护层钢拉杆的钢筋混凝土组合屋架的耐火极限与钢屋架相同。

（3）建筑构件的耐火极限要求

构件的耐火极限是通过构件耐火试验的结果，并结合材料、施工质量等因素确定的。设计中必须按构件耐火极限的要求选用适宜的材料和构造。一、二级耐火等级建筑物构件、配件的燃烧性能和耐火极限要求如表 4-4 所示。

表 4-4　建筑物构件、配件的燃烧性能和耐火极限

| 构件名称 | | 耐火等级（h） | |
| --- | --- | --- | --- |
| | | 一级 | 二级 |
| 墙 | 防火墙 | 不燃烧体 3.0 | 不燃烧体 3.0 |
| | 承重墙、楼梯间、电梯井和住宅单元之间的墙 | 不燃烧体 2.0 | 不燃烧体 3.0 |
| | 非承重外墙、疏散走道两侧的侧墙 | 不燃烧体 1.0 | 不燃烧体 1.0 |
| | 房间隔墙 | 不燃烧体 0.75 | 不燃烧体 0.50 |
| 柱 | | 不燃烧体 3.00 | 不燃烧体 2.50 |
| 梁 | | 不燃烧体 2.00 | 不燃烧体 1.50 |
| 楼板、疏散楼梯、屋顶承重构件 | | 不燃烧体 1.50 | 不燃烧体 1.00 |
| 吊顶 | | 不燃烧体 1.50 | 不燃烧体 0.25 |

以木柱承重且以非燃烧材料作为墙体的建筑物，其耐火等级应按四级确定。

高层工业建筑的预制钢筋混凝土装配式结构，其节点缝隙或金属承重构件节点的外露部位应做防火保护层，其耐火极限不应低于表 4-4 相应构件的规定。

二级耐火等级的建筑物，如采用非燃烧体时，其耐火极限不限。在二级耐火等级的建筑中，面积不超过 $100m^2$ 的房间隔墙，可采用耐火极限不低于 0.5h 的难燃烧体或耐火极限不低于 3.0h 的非燃烧体。

二级耐火等级民用建筑疏散走道两侧的隔墙体，可采用 0.75h 的非燃烧体。

二级耐火等级的多层和高层工业建筑内存放可燃物的平均重量超过 $200kg/m^2$ 的房间，其梁、楼板的耐火极限应符合一级耐火等级的要求，但设有自动灭火设备时，其梁、楼板的耐火极限仍可按二级耐火等级要求。

承重构件为非燃烧体的工业建筑（甲、乙类用房和高层库房除外），其非承重外墙为非燃烧体时，其耐火极限可降低到 0.25h；为难燃烧体时，可降低到 0.5h。

二级耐火等级建筑的楼板（高层工业建筑的楼板除外），如耐火极限达到 1h 有困难时，可降低到 0.5h。

二级耐火等级建筑的上人平屋顶，其屋面板的耐火极限不应低于 1h。

二级耐火等级建筑的屋顶如采用耐火极限不低于 0.5h 的承重构件有困难时，可采用有保护层的金属构件。但甲、乙、丙类液体火焰能烧到的部位，应采取防火保护措施。

（4）提高构件耐火极限可以采取以下措施：

处理好构件接缝构造，防止发生穿透性裂缝；使用热导率低的材料或增大构件厚度以提高构件隔热性；使用非燃性材料；构件表面抹灰或喷涂防火涂料；加大构件截面，尤其是厚度；配置 Q345（16Mn）、Q390（15MnV）钢，把粗钢筋配于截面中部或构件内层，细钢筋配于角部或构件外层；梁采用根数较多、直径相对较细的钢筋；柱子和连续梁可提高混凝土强度等级，其余承重构件可提高材料强度等级；改变构件支撑条件，增加多余约束，做成超静定形式。

3. 建筑物的耐火等级

耐火等级是衡量建筑物耐火程度的分级标准。各类建筑由于使用性质、重要程度、规模大小、层数高低和火灾危险性存在差异，所要求的耐火程度应有所不同。确定建筑物耐火等级的目的是使不同用途的建筑物具有与之相适宜的耐火安全储备，以做到既利于安全，又利于节约投资。

（1）影响耐火等级的因素

1）建筑物的重要性。建筑物的重要程度是确定其耐火等级的重要因素。对于性质重要、功能和设备复杂、规模大、建筑标准高的建筑，一旦发生火灾，经济损失、人员伤亡大，甚至会造成很大的政治影响。因此，对于国家机关重要的办公楼、中心通信枢纽大楼、中心广播电视大楼、大型影剧院、礼堂、大型商场、重要的科研楼、图书馆、档案楼、高级宾馆等，其耐火等级应选定一二级。

2）火灾危险性。建筑的火灾危险性大小对其耐火等级的选定影响很大，特别是对火灾荷载大的工业建筑、民用建筑以及人员密集的公共建筑，应选定较高的耐火等级。

3）建筑物的高度。建筑物越高，火灾发生时人员疏散和火灾扑救越困难，损失也越大。对高度较大的建筑物选定较高的耐火等级，以提高其耐火能力，可以确保其在火灾条件下不发生倒塌破坏，给人员安全疏散和消防扑救创造有利条件。

（2）一般民用建筑的耐火等级

这里的一般民用建筑，是指非高层民用建筑，即住宅建筑为 9 层及 9 层以下者，其他民用建筑为建筑高度不超过 24m 者。根据《建筑设计防火规范》的规定，建筑物的耐火等级分为一、二、三、四共 4 级。

1）重要的公共建筑应采用一二级耐火等级，如省市级以上的机关办公楼、价值在 300 万元以上的电子计算机中心、藏书 100 万册以上的藏书楼、省级通信中心、中央级和省级广播电视建筑、省级邮政楼、大型医院以及大、中型体育馆、影剧院、百货楼、展览楼、综合楼等。

2）商店、学校、食堂、菜市场如采用一二级耐火等级的建筑有困难，可采用三级耐火等级的建筑。其他民用建筑（如住宅建筑）在层数较少时，可以采用三级或四级耐火等级的建筑。

（3）高层民用建筑的耐火等级

为了便于针对不同类别的建筑物在耐火等级、防火间距、防火分区、安全疏散、消防给水、防排烟等方面分别提出不同的要求，以同时满足消防安全和节约投资的目的，首先要对高层民用建筑进行分类。

《高层民用建筑设计防火规范》将性质重要、火灾危险大、疏散和扑救难度大的高层建筑划为一类，如高级住宅、层数在 19 层及以上的普通住宅以及重要的公共建筑。对于医院病房楼，不计高度皆列为一类建筑，主要是考虑病人行动不便、疏散困难。中央和省级（含计划单列市）广播电视楼、网局级和省级电力调度楼等，因为其重要地位，也划分为一类建筑。层数在 10～18 层的普通住宅、省级以下的邮政楼等政府机关楼、建筑高度不超过 50m 的教学楼、普通的旅馆、办公楼等划为二类建筑。

根据高层民用建筑类别，《高层民用建筑设计防火规范》对其相应的耐火等级规定如下：一类高层建筑的耐火等级应为一级，二类高层建筑的耐火等级不应低于二级。裙房的耐火等级不应低于二级，高层建筑地下室的耐火等级应为一级。

**六、消防设备与措施**

1. 高层建筑的总平面布置

观众厅、会议厅、多功能厅等人员密集场所，应设在首层或二三层。当人员密集公共场所必须设在其他楼层时，应符合下列规定：①一个厅、室的建筑面积不宜超过 400m$^2$。②一个厅、室的安全出口不应少于两个。③当高层建筑内设托儿所、幼儿园时，应设置在建筑的首层或二三层，并宜设置单独的出入口。

高层建筑的锅炉房宜离开高层建筑并单独设置。如受条件限制，锅炉不能与高层建筑分开布置时，只允许设在高层建筑的裙房内，但必须满足下列要求：①锅炉的总蒸发量不应超过 6t/h，且单台锅炉蒸发量不超过 2t/h。②不应布置在人员密集场所的上一层、下一层或贴邻，并采用无门窗洞口的耐火极限不低于 2h 的隔墙和 1.5h 的楼板与其他部分隔开，必须开门时，应设甲级防火门。③应布置在首层或地下一层靠外墙部位，并应设置直接对外的安全出口。外墙开口部位的上方，应设置宽度不小于 1m 的不燃防火挑檐。

油浸电力变压器室和设有充油电气设置的配置室，不宜布置在高层民用建筑裙房内。如必须将可燃油油浸变压器等电气设备布置在高层建筑内时，应符合下列防火要求：①可燃油油浸电力变压器的总容量不应超过 1260kVA，单台容量不应超过 630kVA。②变压器下方应设有储存变压器全部油量的事故储油设施；变压器室、多油开关室、高压电容器室，应设置防止油品流散的设施。

建筑上的其他防火要求与锅炉房相同，即应布置在首层或地下一层靠外墙部分，并应设置直接对外的安全出口。外墙开口部分的上方，应设置宽度不小于 1m 的不燃防火挑檐。消防控制室宜设在高层建筑的首层或地下一层，且采用耐火极限不低于 2h 的隔墙和 1.5h 的楼板与其他部分隔开，并应设置室外的安全出口。

2．工业企业的总平面布置

工厂、仓库的平面布置要根据建筑的火灾危险性、地形、周围环境以及长年主导风向等，进行合理布置，一般应满足以下要求：

（1）合理分区：规模较大的工厂、仓库，要根据实际需要，合理划分生产区、储存区（包括露天储存区）、生产辅助设施区和行政办公、生活福利区等。同一生产企业，若有火灾危险性大和火灾危险性小的生产建筑，则应尽量将火灾危险性相同或相近的建筑集中布置，以利采取防火防爆措施，便于安全管理，并应满足以下基本要求：

①厂区或库区围墙与厂区内建筑物的距离不宜小于 5m，并应满足围墙两侧建筑物之间的防火间距要求；液氧储罐周围 5m 范围内不应有可燃物。变压所、配电所不应设在有爆炸危险的甲、乙类厂房内或贴邻建造。乙类厂房的配电所必须在防火墙上开窗时，应设不燃烧体密封固定窗。

②甲、乙类物品库房不应设置在建筑物的地下或半地下室内。

③厂房内设置甲、乙类物品的中间库房时，其储存量不宜超过一昼夜的需要量。中间仓库应靠外墙布置，并应采用耐火极限不低于 3h 的不燃烧体墙和 1.5h 的不燃烧体楼板与其他部分隔开。

④有爆炸危险的甲、乙类厂房内不应设置办公室、休息室。如必须贴邻本厂房设置时，应采用一二级耐火等级建筑，并应采用耐火极限不低于 3h 的不燃烧体防火墙隔开和设置直通室外或疏散楼梯的安全出口。

⑤有爆炸危险的甲、乙类厂房总控制室应独立设置；其分控制室可毗邻外墙设置，并应用耐火极限不低于 3h 的不燃烧墙体与其他部分隔开；有爆炸危险的甲、乙类生产部门，宜设在单层厂房靠外墙或多层厂房的最上一层靠外墙处。有爆炸危险的设备应尽量避开厂房的梁、柱等承重构件布置。

（2）注意风向。散发可燃气体、可燃蒸气和可燃粉尘的车间、装置等，应布置在厂区的全年主导风向的下风或侧风向。物质接触能引起燃烧、爆炸的，两建筑物或露天生产装置应分开布置，并应保持足够的安全距离。如氧气站空分设备的吸风口，应位于乙炔站和电石渣堆或散发其他碳氢化合物的部位全年主导风向的上风向，且两者必须不小于 100 ~ 300m 的距离，如制氧流程内设有分子筛吸附净化装置时，可减少到 50m。

3. 消防道路的设置

大型民用建筑及工业建筑人员、财富和生产力高度集中，一旦发生火灾，消防扑救非常困难。消防道路的合理规划是成功完成消防扑救的必要条件。设置消防道路的目的是在发生火灾后，使消防车顺利到达火场，消防人员迅速展开灭火扑救。设计时，一般应根据当地消防部队使用的消防车辆的外形尺寸、载重、转弯半径等技术性能以及建筑物的体量大小、周围通行条件等建筑因素确定。

（1）消防车道设置的一般要求

1）实际的规划设计中，消防车道一般可与交通道路、桥梁等结合布置。因此，消防车道下的管道和暗沟应能承受大型消防车的压力。并且，消防车道应尽量短捷，并且避免与铁路平交。如必须平交时应设置两车道，两车道之间的间距不应小于一列火车的长度。

2）消防车道穿过建筑物的门洞时，其净高和净宽不应小于 4m，门垛之间的净宽不能小于 3.5m。

3）消防车道的宽度不应小于 3.5m，道路上空遇有管架、桥梁等障碍物时，其净高不应小于 3.5m。

4）当建筑物的沿街部分长度超过 150m 或总长度超过 220m 时，均应设置穿过建筑物的消防车道。建筑物的封闭内院，如其短边长度超过 24m 时，宜设有进入内院的消防车道。

5）超过 3000 个座位的体育馆、超过 2000 个座位的会堂和占地面积超过 3000m² 的库房或一座乙、丙类库房的占地面积超过 1500m² 时，宜设置环形消防车道，如有困难，可沿其两个长边设置消防车道或设置可供消防车通行且宽度不小于 6m 的平坦空地。

6）环形消防车道至少应有两处与其他车道连通。尽头式消防车道应设回车道或面积不小于 12m×12m 的回车场。供大型消防车使用的回车场面积不应小于 15m×15m；消防车道一般应与建筑物保持一定距离。

（2）高层民用建筑消防车道的设置要求

高层民用建筑的周围应设环形消防车道。当设环形车道有困难时，可沿高层民用建筑的两个长边设置消防车通道。当高层民用建筑的沿街长度超过 150m 或总长度超过 220m 时，应在适中位置设置穿过高层民用建筑的消防车通道。设置消防车道应与底部裙房的空当相配合，以便消防车能够驶近主体部分。

高层民用建筑应设有连通街道和内院的人行通道，通道之间的距离不宜超过 80m。

消防车道的宽度不应小于 4m，消防车道距离高层民用建筑外墙宜大于 5m，当消防车道上空遇有障碍物时，路面与障碍物之间的净空不应小于 4m。供消防车停留的空地，其坡度不宜大于 10%。

尽头式消防车道应设有回车道和车场，回车场不宜小于 15m×15m。大型消防车的回车场不宜小于 18m×18m。

穿过高层民用建筑的消防车道，其净宽和净高度均不应小于 4m。

消防车道与高层民用建筑之间不应设置妨碍登高消防车能够靠近高层的主体建筑，以利于迅速抢救人员和扑灭。在高层民用建筑进行总平面布置时，高层建筑的底边至少有一个长边或周边长度的 1/4，且不小于长边长度，不应布置高度大于 5m、进深大于 4m 的裙房，且在此范围内必须设置有直通室外的楼梯或直通楼梯间的出口。

4. 防火分隔设施

（1）防火墙

防火墙是水平防火分区的主要防火分隔物。一般来讲，防火干墙的耐火极限都应在 3h 以上。设置防火墙时，其构造部分的处理应满足以下基本要求：

防火墙应直接设置在基础上或钢筋混凝土的框架上。防火墙应截断燃烧体或难燃烧体的屋顶结构，且应高出非燃烧体屋面不小于 40cm，高出燃烧体或难燃烧体屋面不小于 50cm。

当建筑物的屋盖为耐火极限不低于 0.5h 的非燃烧体、高层工业建筑屋盖为耐火极限不低于 1h 的非燃烧体时，防火墙（包括纵向防火墙）可砌至屋面基层的底部，不高出屋面。

防火墙中心距天窗端面的水平距离小于 4m，且天窗端面为燃烧体时，应采用防止火势蔓延的设施。

建筑物的外墙如为难燃烧体时，防火墙应突出难燃烧体墙的外表面 40cm，防火带的宽度从防火墙中心线起每侧不应小于 2m。

防火墙内不应设置排气道，民用建筑如必须设置时，其两侧的墙身截面厚度均不应小于 12cm。

防火墙上不应开门窗洞口，如必须开设时，应采用耐火极限不低于 1.2h 的甲级防火门窗，并应能自行关闭。有些国家则要求防火墙上不得安置任何玻璃窗，并对不同隔墙上镶嵌丝玻璃的面积作了具体的规定，如表 4-5 所示。

考虑到防火墙的防火安全，应严禁煤气、氢气、液化石油气等可燃气体和甲、乙、丙类液体管道穿过防火墙，其他管道如必须穿过时，应用非燃烧材料将缝紧密填塞。穿过防火墙处的管道保温材料应采用不燃烧材料。

表4-5　防火墙及隔墙上开口的允许面积

| 类别 | 防火墙及隔板的位置 | 耐火极限（h） | 嵌丝玻璃允许的最大面积（m²） |
|---|---|---|---|
| A | 防火墙和防火分区隔墙、垂直交通工具的围墙 | 3 | 不允许 |
| B | 具有2h耐火极限的楼梯及电梯的隔墙 | 1 或 1.5 | 100 |
| C | | 0.75 | 1291 |
| D | 走廊及房间隔墙 | 0.75 | 不允许 |
| E | 可受到外部火焰中等辐射的外墙 | 0.75 | 1291 |
| | 可受到外部火焰中等辐射的外墙 | | |

　　为了防止火势从一个防火分区通过窗口烧到另一个防火分区，不应在U形、L形建筑的转角处设置防火墙。如设在转角附近，内转角两侧上的门窗洞口之间最近的水平距离不应小于4m。紧靠防火墙两侧的门窗洞口之间最近的水平距离不应小于2m，如装有耐火极限不低于0.9h的非燃烧体固定的窗扇的采光窗（包括转角墙上的窗洞），可不受距离的限制。

　　设计防火墙时，应考虑防火墙一侧的屋架、梁、楼板等受到火灾的影响而破坏时，不致使防火墙倒塌。

　　（2）防火门

　　防火门是具有一定耐火极限，且在发生火灾时能自行关闭的门。防火门是一种防止火灾蔓延的有效防火分隔物，防火门的防火门锁，由手动及自动环节组成。发生火灾时，由感烟探测器或联动制盘发出指令信号使电磁锁动作，或用手拉防火门使固定销掉下，门关闭。

　　按照耐火极限不同，防火门可分为甲、乙、丙三级，其耐火极限分别是1.2h、0.9h、0.6h。按照燃烧性能不同，可分为非燃烧体防火门和难燃烧体防火门。

　　钢质防火门即非燃烧体防火门，其构造不尽相同，如双层木板，两面铺石面板，外包镀锌铁皮。以上均可根据总截面尺寸的不同而达到不同的耐火等级要求。经过耐火试验测定，仅用双层木板，外包镀锌铁皮，总厚度为41mm的防火门，其耐火极限为1.2h。双层木板外包镀锌铁皮、中间夹石棉板、外包镀锌铁皮、总厚度为45mm的防火门，其耐火极限为1.5h；双层木板，双层木棉花，总厚度为51mm的防火门，其耐火极限为2.1h；木质，防火门在火烧、高温的作用下，木板或其他难燃烧材料受热炭化会分解出大量的气体使外包镀锌铁皮膨胀而撑开，从而使防火门过早地失去阻火能力，因此应在铁皮上做泄气孔，泄气孔可设置在门的中心，且宜朝向易于起火房间一侧。

　　防火门作为一种防火分隔墙，不仅应具有一定的耐火极限，还应做到关闭后密封性能好，以免窜烟、窜火而丧失防止火灾蔓延的作用。因此，宜在门扇与门框缝隙处粘贴防火膨胀胶条。目前，许多品牌的防火门与火灾探测器联锁或由火灾中心控制系统操作，还可以实现自动关闭功能。在具体选用防火门时，可参照生产厂家的具体说明。

（3）防火卷帘

防火卷帘是一种类似于防火门的防火分隔物，被广泛应用于大型营业厅、展览大厅以及敞开式楼梯间或电梯间处。防火卷帘有适用于门窗洞口、室内分隔的上下开启和横向开启式，亦有适用于楼板孔道等的水平开启式。火灾发生时，放下卷帘可起到一定的阻火作用，延缓火灾的蔓延速度，以利于人员的安全疏散和消防救助。

防火卷帘一般由钢板或铝合金等金属材料组成，也有以无机织物组合而成的软质防火卷帘。防火卷帘有轻型、重型之分。轻型卷帘钢板的厚度为 0.5 ~ 0.6mm；重型卷帘钢板的厚度为 1.5 ~ 1.6mm。厚度为 1.5mm 以上的卷帘适用于防火墙或防火隔墙上；厚度为 0.8 ~ 1.5mm 的卷帘适用于楼梯间或电动扶梯的隔墙。

防火卷帘的卷起方法，有电动式和手动式两种。手动式经常采用拉链控制，如在转轴处安装电动机则是电动式卷帘。电动机由按钮控制，一个按钮可以控制一个或几个卷帘，也可以对所有卷帘进行远距离控制。

安装防火卷帘时，对门扇各接缝处、导轨、卷筒等处的缝隙应做防火密封处理，以防烟火外窜。钢质防火卷帘一般不具备隔热性能，对于面积较大的钢质防火卷帘，最好结合水幕或喷淋系统共同使用，对其加以保护。软质卷帘有些可具有隔热性能，耐火隔热性根据制作方式的不同可达 3h。对门扇上易被燃烧的部分，应使用防火涂料进行喷涂，以提高卷帘的耐火能力。

# 第二节　城市防洪防灾工程

## 一、城市水灾及其防治

自古以来，洪涝灾害一直是困扰人类社会发展的最大的自然灾害之一。城市一旦遭受洪涝灾害，就会给人民生命财产和国家经济造成巨大损失，因此搞好城市的防洪工作对一个地区或国家的兴衰和稳定具有十分重要的意义。

洪水给人类正常的生产生活所带来的损失与祸患称为洪水灾害。洪水灾害是通常所说的水灾和涝灾的总称。水灾一般是指因河流泛滥淹没田地所引起的灾害；涝灾是指因过量降雨而产生地面大面积积水、土地过湿使农作物生长不良而减产的现象。由于水灾和涝灾往往同时发生，有时也难以区分，便把水涝灾害统称为洪水灾害。

1. 洪水灾害类型

洪水是由于暴雨或急骤的融冰化雪和水库垮坝等引起江河水量迅速猛增及水位急剧上涨的现象。洪水的形成往往受气候、地形地貌等自然因素与人类活动因素的影响。洪水按照出现地区的不同，可分为河流洪水、风暴潮洪水和湖泊洪水等，其中影响最大、最常见的是河流洪水，尤其是流域内长时间暴雨造成河流水位居高不下而引发堤坝决口对地区发展损害最大，甚至会造成大量人口死亡。河流洪水依照成因不同，可分为以下几种类型（见表4-6）：

**表4-6　河流洪水按成因分类**

| 类别 | 内容 |
|------|------|
| 暴雨洪水 | 这是最常见、威胁最大的洪水。它是由较大强度的降雨形成的，简称雨洪。我国受暴雨洪水威胁的主要地区大多分布在长江、黄河、淮河、珠江、松花江、辽河6大江河中下游和东南沿海。此类洪水的主要特点是峰高量大、持续时间长、灾害涉及范围广。近代的几次著名水灾，如长江1954年大水、珠江1915年大水、海河1963年大水、淮河1975年大水等都属此类 |
| 山洪 | 它是山区溪沟中发生的暴涨暴落的洪水。由于地面和河床坡降都较陡，降雨后会较快形成急剧涨落的洪峰，所以山洪具有突发、水量集中、冲刷破坏力强、水流中挟带泥沙甚至石块等特点，常造成局部性洪灾。这种洪水如形成固体径流，则称为泥石流 |
| 融雪洪水 | 它主要发生在高纬度积雪地区或高山积雪地区 |
| 冰凌洪水 | 在有冰凌活动的河流，如松花江和黄河都有冰凌洪水。由于某些河段由低纬度流向高纬度，在气温上升、河流解冻时，低纬度的上游河段先行开冻，而高纬度的下游段仍封冻，上游河水和冰块堆积在下游河床，形成冰坝，也容易造成灾害。在河流封冻时也有可能产生冰凌洪水。一般可分为冰坝洪水和冰塞洪水 |
| 溃坝洪水 | 溃坝洪水是指大坝或其他挡水建筑物发生瞬时溃决，水体突然涌出，造成下游地区灾害。这种溃坝洪水虽然范围不太大，但破坏力很强。此外，在山区河流上发生地震时，有时山体崩滑堵塞河流，形成堰塞湖。一旦堰塞湖溃决，也形成类似的洪水。这种堰塞湖溃决形成的地震次生水灾的损失，往往比地震本身所造成的损失还要大 |

2. 我国城市洪水灾害的特点

我国现有100多座大中城市处于洪水水位之下，受到洪水灾害的严重威胁。城市本身具有独特的地表形态和性质，如不透水地面面积大，有天然的和人工的地下管网等两套排水系统，导致地面径流系数大，水流速度快，时间短，下渗少。

我国城市洪水灾害主要有四大类型：第一类是洪水过大，超过了该江河近期防洪标准。第二类是很大一部分城市的防洪标准偏低，一遇普通洪水就造成灾害。第三类是河道或城市管理工作薄弱，每每侵占河道江滩，强行构筑生产堤坝，阻碍洪水下汇，或是盲目向河滩、坑塘发展城市建设，造成洪水一到，就会有重大损失。第四类是综合性因素，一、二、三种类型均兼而有之，洪灾造成的损失更为严重。

具体来讲，我国的城市洪水灾害具有如下特点：

（1）普遍性和多样性。我国地域辽阔，自然环境差异很大，具有产生多种类型洪水和严重洪水灾害的自然条件和社会经济条件。我国多数城市沿江河或者沿海普遍存在洪灾威胁。除沙漠、极端干旱区和高寒区，我国其余大约2/3的国土面积都存在不同程度和不同类型的洪水灾害。在我国的地貌组成中，山地、丘陵和高原约占国土总面积的70%，山区洪水分布很广，并且发生频率很高。平原约占总面积的20%，其中七大江河和滨海河流地区是我国洪水灾害最严重的地区，是防洪的重点地区。我国海岸线长达18000km，当江河洪峰入海时，如与天文大潮遭遇，将形成大洪水。这种洪水对长江、钱塘江和珠江河口区威胁很大。风暴潮带来的暴雨洪水灾害也主要威胁沿海地区。我国北方的一些河流，有时会发生冰凌洪水。此外，即使是干旱的西北地区，如西藏、新疆、甘肃和青海等地，也存在融雪、融冰洪水或短时暴雨洪水。

（2）区域性和差异性。我国洪水灾害以暴雨成因为主，而暴雨的形成和地区关系密切。我国暴雨主要产生于青藏高原和东部平原之间的第二阶梯地带，特别是第二阶梯与第三阶梯（东部平原区）的交界区，成为我国特大暴雨的主要分布地带。降雨汇入河道，则形成位于江河下游的东部地区的洪水。因此，我国暴雨洪水灾害主要分布于50mm/24h降雨等值线以东，即燕山、太行山、伏牛山、武陵山和苗岭以东地区。从社会经济条件来看，我国东南地区又是经济发达和人口稠密地区，单位面积上的洪水损失也最大，由此形成了我国洪水灾害区域性的特点。

（3）季节性和周期性。我国最基本、最突出的气候特征是大陆性季风气候，因此降雨量有明显的季节性变化。这就基本决定了我国洪水发生的季节规律。春夏之交，我国华南地区暴雨开始增多，洪水发生机遇加大。受其影响的珠江流域的东江、北江，在5~6月易发生洪水，西江则迟至6月中旬~7月中旬。6~7月间主雨带北移，受其影响，长江流域易发生洪水。四川盆地各水系和汉江流域洪水发生期持续较长，一般为7~10月。7~8月为淮河流域、黄河流域和辽河流域主要洪水期。松花江流域洪水则迟至8~9月。在季风活动影响下，我国江河洪水发生和季节变化规律大致如此。另外，浙江和福建由于受台风影响，其雨期和易发生洪水期持续时间较长，为6~9月。这是我国暴雨洪水的一般规律。在正常年份，暴雨进退有序，在同一地区停滞时间有限，不致形成大范围的洪涝灾害，但在气候异常年份，雨区在某区停滞，则将形成某一流域或某几条河流的大洪水。

（4）类似性和规律性。近几十年来，我国发生的多次特大洪水，在历史上都可以找到与其成因和分布极为相似的特大洪水。例如，著名的1662年海河流域特大洪水，是由7天7夜的大暴雨所造成的。暴雨主要分布在太行山东麓的大清河、子牙河流域，其中心位于滏阳河流域。这次暴雨的时空分布和1963年海河南系大暴雨极为相似，都造成了流域性的特大洪水灾害。其他流域也有不同年份发生时空分布都极其相似的大洪水的情况，例如1931年和1954年长江中下游和淮河流域的特大洪水等。

（5）破坏性和突发性。与地球上同纬度的其他地区相比，我国洪水的年际变化和年内分配差异之大，是少有的。常遇洪水与非常遇洪水量级差别十分悬殊。洪水威胁的严重，从古至今，对我国社会和经济的发展都有着重大的影响。大江大河的特大洪水灾害，甚至带来全国范围的严重后果。据调查，我国主要江河20世纪中期发生的特大洪水淹地数10万$km^2$，受灾人口数百万至数千万，死亡人口数十万，对生产力造成巨大破坏，甚至引起社会动荡。以1931年长江大水为例，洪灾遍及四川、湖北、湖南、江西、安徽、江苏等省，受灾面积达15万$km^2$，淹没大面积农田，灾民达2800万人，死亡人数达14.5万人。黄河的水灾更加频繁，由于含沙量大，黄河决口还将严重危害相邻流域，甚至造成水系变迁等问题，引起严重的环境后果。

（6）可预测性和可防御性。虽然不可能彻底根治洪水灾害，但通过多方努力，还是可以缩小洪水灾害的影响程度和空间范围，以减少洪灾损失，达到预防的目的。同时，通过一些组织措施，可把小范围的灾害损失分散到更大区域，减轻受灾区的经济负担；通过社会保险和救济增强区域抗灾能力。新中国成立以来，我国兴建了大量堤防工程，其中水库8万多座，加高培厚江河大堤20多万km，显著提高了防御洪涝灾害的能力。洪灾监测研究已经从传统的雨量观测站网研究、水文观测站网研究发展到了当前结合传统观测站网的洪灾遥感监测研究的新阶段。应用遥感（RS）和地理信息系统（GIS）等高新技术对洪灾进行监测是当前及今后的重点研究课题。目前，Landsat卫星、SPOT卫星及云雨卫星等已用于洪灾监测。人类虽然不可能彻底根治洪水灾害，但通过各种努力，可以尽可能地缩小灾害的影响。

3. 我国城市防洪策略

我国城市防洪的主要任务是加快防洪工程设施与非工程设施建设，防患于未然，确保防洪安全，适应城市经济社会发展需要。当前，我国城市防洪策略中需要注意以下几点：

（1）增强城市防洪意识

增强城市防洪工作，增强水患意识，摒弃侥幸心理，按照《防洪法》的要求采取措施加强防洪工程设施建设。从综合减灾角度考虑防洪规划及应急预案。

（2）我国城市防洪标准普通偏低

据统计，全国639座防洪城市中有85%的城市防洪标准低于50年一遇，50%的城市防洪标准低于20年一遇。对照国家防洪标准，全国68%的防洪城市低于国家规定标准，全国78座大城市和特大城市中仅有11座达到国家现行规定的防洪标准。由于城市防洪标准偏低，每年城市的洪涝灾害损失巨大，城市经济社会发展受到严重制约。

（3）保证城市防洪投入，加快防洪工程建设

城市防洪工程建设所需资金数额巨大，少则数千万元，多则数亿元。很多城市财政困难，实际用于城市防洪工程建设的投资远远不能满足工程建设要求。

（4）合理利用城市段河道的岸线和滩洲

城市段河道行洪障碍多、泄洪不畅，部分堤防堤脚冲刷严重，导致洪峰通过时间长，水位高，堤防防守压力大，受冲刷的堤防更容易发生大的险情。1998年汛期，松花江洪峰在哈尔滨持续了31h，长江洪峰在武汉持续了26h，都大于洪峰通过上、下游水文站所用的时间。这种"瓶颈"现象在各主要城市表现得越来越明显，更增加了城市防洪的难度。

（5）保证城市防洪工程的质量

特别是由于堤防基础较差，穿堤建筑物与堤防的结合不好，造成高水位下市区的堤防险象环生，不得不投入大量的人力、物力和财力。

（6）重视城市防洪工程的规划设计、施工和日常管理及维护

防洪规划是指为流域或区域、城市制定一套包括水库、蓄滞洪区和河道堤防等在内的比较经济合理、符合实际、切实可行、顾全大局以及讲科学的防洪工程总体部署，以期待改善耕地、人口、城镇、工矿企业及铁路等水陆交通干线的防洪安保条件，减少洪水给人民生命财产带来的损失。

（7）重视洪水预报工作

防汛斗争和作战一样，"知己知彼，百战不殆"。及时报告已出现的水文现象和预报未来可能的水文发展情况，对于防汛决策部门做好防汛准备工作是至关重要的。水文预报工作就是防汛的耳目。特别是在遇到超标准洪水时，根据洪水预报就可以有计划地进行水库调度，启用分蓄洪工程，组织防汛抢险队伍等，使洪涝灾害减至最低限度。

## 二、地震灾害及其防治

1. 城市地震灾害

（1）有关地震的几个概念

地震是在地球的地壳板块产生压力时产生的。地壳在释放压力时产生震动，导致对周围环境的损害。在地壳板块发生挤压的周围会产生地震波。据估计，即使是人们刚能感觉到的轻微地震也要放出 $10^3 \sim 10^8$J 的能量，这些能量足以使 10000t 重的物体升高 1m。而一个 8.5 级的大震，其能量约为 $3.6 \times 10^{17}$J，比一颗氢弹爆炸所释放的能量还大，相当于一个 $10^6$kW 发电站连续 10 年所发出的电能总和，可见其威力之大。

地震可以分为天然地震和人工地震两大类。天然地震主要是指构造地震、火山地震和某些特殊情况下（如岩洞崩塌、大陨石冲击地面等）产生的地震。构造地震是由于地下深处岩层错动、破裂所造成的地震。这类地震发生的次数最多，破坏力也最大，约占全球地震数的 90%。火山地震是由于火山作用，如岩浆活动、气体爆炸等引起的震动。火山地震所波及的地区通常只限于火山附近的几十公里远的范围内，而且发生次数也较少，只占地震次数的 7% 左右，所造成的危害较轻。陷落地震往往是由洞穴的崩塌所引起的。这种地震发生的次数更少，只占地震总次数的 3% 左右，震级很小，影响范围有限，破坏也较小。

人工地震是由于人为活动引起的地震，如工业爆破、地下核爆炸造成的震动；在深井中进行高压注水以及大水库蓄水后增加了地壳的压力，有时也会诱发地震。有时在人为条件下，也可能引起陷落地震。例如，地下矿体被采掘后，使周围岩石失去支托，往往会引起崩塌而形成地震。这种地震有时也能造成灾难性的破坏。这种现象，在加拿大和南非等国家，特别是煤矿中常有发生。

（2）震源与震中

地震只发生于地球表面到 700km 深度以内的脆性圈层中。地震时，地下岩石最先开始破裂的部位叫作震源，是地震能量积聚的地方。它是一个区域（也称震源区），但研究地震时常把它看成一个点。如果把震源看成一个点，那么这个点到地面的垂直距离就称为震源深度。

地面上正对着震源的那一点称为震中，实际上也是一个区域，称为震中区。在地面上，从震中到任一点的距离叫作震中距。

按震源深度不同可把地震分为 3 种类型：震源深度为 0 ~ 70km 的称为浅源地震，70 ~ 300km 的称为中源地震，300 ~ 700km 的称为深源地震。世界上绝大多数地震都是浅源地震，震源深度集中在 5 ~ 20km。中、深源地震较少，约占地震总数的 5%。对于同样大小的地震，当震源较浅时，波及范围较小，破坏程度较大；当震源深度较大时，波及范围则较大，而破坏程度相对较小。深度超过 100km 的地震在地面一般不会引起灾害。

（3）震级

地震震级是地震的基本参数之一，用以表征地震大小或强弱，是地震释放能量多少的尺度，其数值是根据地震仪记录的地震波图来确定的。

震级一般有 3 种定义：里氏震级或地方震级 ML、面波震级 M 和体波震级 MB。目前，国际上比较通用的是里氏震级，其定义为 1935 年美国地震学家里克特（C.F.Richter）给出的，通过一次地震所能释放能量的程度来表示。其计算公式为

$$M=lgA(\Delta)-lgAo(\Delta)$$

式中 $M$——震级；

$\qquad A$——待定震级的地震记录的最大振幅；

$\qquad Ao$——标准地震在同一震中距上的最大振幅；

$\qquad \Delta$——震中距。

因震级直接与震源所释放的能量的大小有关，所以也可以用下述关系式表达：

$$LgE=11.8+1.5M$$

式中 $E$——地震所释放的能量。

小于 2 级的地震人们往往感觉不到，只有仪器才能记录下来，称为微震；2～4 级的地震称为有感地震；5 级以上的地震就会引起不同程度的破坏，统称为破坏性地震；其中 7 级以上的地震称为强烈地震或大地震；大于 8 级的地震称为特大地震。

2. 地震烈度

对于一次地震，表示地震释放能量大小的震级只有一个，但由于地震波传播的远近和地下地质特性的差异，它对不同地点的影响是不一样的。对于地震的破坏程度，人们通常是用"地震烈度"这一概念来讨论的。所谓地震烈度，是指某一地区的地面和各类建筑物遭受到一次地震影响的强弱程度。地震烈度的大小与震源、震中、震级、地质构造和地面建筑物等综合特性有关。一般来说，距震中越远，地震影响越小，烈度就越低；反之，烈度就越高。震中点的烈度称为"震中烈度"。

对于浅源地震，震级 M 与震中距 I 大致成对应关系，可用经验公式进行计算，即 M=0.58I+1.5。也可参照表 4-7 选用。

表 4-7　烈度与震级大致对应关系

| 震级 | 2 | 3 | 4 | 5 | 6 | 7 | 8 | 8 以上 |
|------|------|------|------|------|------|------|------|------|
| 震中烈度 | 1～2 | 3 | 4～5 | 6～7 | 7～8 | 9～10 | 11 | 12 |

为评定地震烈度，需要建立一个标准，这个标准就称为地震烈度表。它是以描述震害宏观现象为主的，即根据建筑物的损坏程度、地貌变化特征、地震时人的感觉、家畜动作反应等方面进行区分。由于对烈度影响轻重的分段不同，以及在宏观现象和定量指标确定方面有差异，加上各国建筑情况及地表条件的不同，各国所制定的

烈度表也不同。目前，除了日本采用从 0 度到 7 度共 8 等的烈度表、少数国家用 10 度划分的地震烈度表，绝大多数国家包括我国都采用分成 12 度的地震烈度表。

3. 城市地震灾害及其特点

地震灾害是城市众多灾害中最为严重的，可谓"百害之首"。地球上的地震活动十分频繁，全球每年平均发生地震约 500 万次，可能造成破坏的地震约 1000 次，可能造成严重破坏的地震约 20 次。

地震最引人注目的特点是它的突发性与破坏力。它可在瞬间给整个城市造成巨大灾难。例如，1976 年 7 月 28 日发生在我国唐山的 7.8 级地震，顷刻间使一座城市成为一片废墟，24 万居民葬身于瓦砾之中。地震除给人类带来直接灾害，往往也可能伴生火灾、水灾和海啸等次生灾害。例如，1755 年里斯本地震、1906 年旧金山地震和 1925 年云南大理地震等，其震后的破坏都是由火灾造成的，而且比地震直接造成的损失还大。2004 年 12 月 26 日发生在印度洋的大地震，一些地区的海啸高达 10 多 m，这次地震及其引发的大海啸对东南亚及南亚地区造成巨大伤亡。

表 4-8 和表 4-9 列出了 1900 年以来全球若干造成重大破坏和损失的地震，可见地震对人类的生存是一个严重的威胁。统计资料表明，在 20 世纪的 100 年中，有 100 多万人死于地震；造成的经济损失达 1000 多亿美元。就是在 21 世纪初的几年里，地球上已发生 7 级和 7 级以上的地震 40 余次，地震造成的死亡人数近 2 万人。

表 4-8　1900 年以来全球若干大地震

| 时间 | 地点 | 震级 | 时间 | 地点 | 震级 |
|------|------|------|------|------|------|
| 1906 | 美国旧金山 | 8.3 | 1988 | 亚美尼亚斯皮塔克 | 7.0 |
| 1911 | 哈萨克斯坦阿拉木图 | 8.1 | 1994 | 美国北岭 | 6.8 |
| 1920 | 宁夏海原 | 8.5 | 1995 | 日本阪神 | 7.2 |
| 1923 | 日本关东 | 8.3 | 1999 | 土耳其伊兹米特 | 7.8 |
| 1976 | 危地马拉 | 7.5 | 1999 | 中国台湾南投 | 7.6 |
| 1976 | 河北省唐山 | 7.8 | 2004 | 印尼苏门答腊岛西部沿海 | 9.0 |

表 4-9　近年来全球造成重大损失的地震

| 地震名称 | 震级 | 损失情况 |
|----------|------|----------|
| 1995 年 1 月 17 日日本阪神地震 | 7.2 | 死亡 6000 余人，经济损失 1000 亿美元 |
| 1999 年 8 月 17 日土耳其伊兹米特地震 | 7.8 | 死亡 18000 余人，伤 26000 余人，经济损失 200 亿美元 |
| 1999 年 9 月 21 日中国台湾南投地震 | 7.6 | 死亡 2400 余人，伤 8000 余人，经济损失 92 亿美元 |
| 2001 年 1 月 26 日印度古吉拉特邦地震 | 7.9 | 死亡 16480 余人，伤 15 万人，经济损失 46 亿美元 |
| 2004 年 12 月 26 日印尼地震 | 8.7 | 死亡 22000 余人 |

总的来讲，城市地震灾害具有以下特点：

（1）城市地震灾害的严重性

城市地震灾害的主要特点是：直接灾害是最主要的地震灾害，发展中国家、平原区城市和楼房震灾尤其严重。据世界主要地震资料统计，由于房屋倒塌和生命线工程的破坏造成的人员伤亡和财产损失是地震最主要的灾害，其造成的损失约占全部地震损失的 95%。

以我国为例，由于地震活动频繁，地震震级偏高，大多数地震震源较浅，加上人口多而且密集，房屋建筑的抗震能力差等实际情况，因此我国的地震灾害显得特别严重。例如，在 20 世纪，全球因地震死亡的人数约 100 万人，其中我国约 60 万人，超过全球地震死亡人数的 50%。同一时段，全球共有两次造成 20 万人以上死亡的大地震都发生在我国，一次是 1920 年宁夏海原 8.5 级地震，造成 23.5 万人死亡，一次是河北唐山 7.8 级地震，造成 24.4 万人死亡。根据统计，我国地震灾害造成的人员伤亡占各种自然灾害伤亡总数的 54%。由此可见，我国的地震灾害是相当严重的。

（2）城市地震灾害的连锁性

由于城市空间的集中性、人口的密集性以及经济的多样性等特点，城市地震的次生灾害、诱发灾害种类多，而且形成的灾害链较长。

地震火灾是最为严重的次生灾害，如 1906 年美国旧金山 8.3 级地震，全市 50 多处起火，因消防系统破坏无法救火，大火烧了三天三夜，火灾造成的损失比直接损失高 3 倍。由地震引起的毒气污染也相当严重。1978 年唐山地震时，在天津市发生毒气污染 7 起，18 人中毒，3 人死亡。此外，还有由于地震引起的瘟疫、滑坡、火灾、放射性污染等次生灾害。总之，地震灾害链显示出种类纷繁的特点。

4．地震的防治

综观上述国内外地震灾害防抗对策的现状，可以明显地看出世界各国的地震防抗对策具有以下几个特点：

（1）以防为主，各有侧重

世界各国对地震灾害均确定了以预防为主的方针，但在具体实施时则因各国的地震预报水平和经济实力等情况不同而有很大差别。工业发达国家的经济实力强，因而多注重地震工程学研究，加强抗震设计，提高建筑物的抗震防灾能力。例如，日本是以加强灾害预测和地震工程抗灾设计为减灾的主要手段，从某种意义上讲属于防、抗、救三者结合的方法。对于经济实力不强的发展中国家，多采取灾时及时快速抢救、灾后援助重建措施来减轻灾害，如土耳其、秘鲁等国。中国的具体措施是力争做好地震的临时预报，同时加强中长期趋势的预测和地震区划等工作，加强建筑物抗震设计、城市防灾设防等；在震灾发生时及时抢险救灾。从某种程度上讲，我国也是以救灾为重点的抗震减灾方针。

（2）全面防御，重点突击

对于地震灾害来讲，有的地区多震，有的地区少震，有些地区虽多震但震害并不严重，另外一些地区地震不多但灾害严重。因此，各国在抗震救灾时十分重视全面防御、重点突击的策略。

（3）多学科综合研究

地震灾害的影响因素广泛而复杂，探索其成因、过程、特点和后果涉及许多学科，如地质学、地球物理学、地球化学、地球动力学、工程学和社会科学等。因此，各国都十分重视多学科的综合研究，通过联合与协作促进地震灾害研究的发展。

（4）应用新技术新理论探索地震灾害

新理论新技术的引进和应用在减轻地震灾害方面发挥了重大作用。美国、俄罗斯、日本和中国在运用现代空间技术和计算机技术发展地震科学方面取得了明显的成果。系统论、控制论、信息论和耗散结构论、灾变论、协同论以及分形几何学、混沌论等现代系统科学也被应用于地震科学的研究。理论分析与观测实验、定性分析与定量研究、空间技术与全球观测相结合的方式，使当今地震学和地震灾害对策研究正在向综合化、全球化、立体网络化方向发展。

（5）充分发挥政府的决策指挥作用

政府在防御对策中的重要地位和作用是不容忽视的，地震多发国家在这一点上已经形成了共识。美国、日本和中国等国家在制定和实施防御对策规划中都特别强调政府在其中的决策作用、协调作用、指挥作用等。此外，政府在国土规划、防灾计划、建筑规范、法律条例、地震知识宣传、防灾演习训练等方面也起着关键作用。

5. 地震灾害防御对策的发展趋势

国际上地震灾害防抗对策工作在最近几年有了很大的发展，尤其是国际减灾十年活动在世界范围开展以来，各国政府、科学技术界都在开展灾害防御的基础研究和应用研究工作。未来地震灾害防御对策的发展趋势主要表现为以下几个方面：

防、抗、救一体化。从地震灾害的监视、预测、预报到抗震抢险救灾形成有机结合是未来地震灾害防御对策的发展趋势之一。在有地震危险的地区，从中央到基层成立防灾应急组织、制订防灾计划、颁布各种防灾法律和条例。这是灾害科学不断发展的一个必然趋势。

防灾对策系统化。灾害科学研究结果说明，每一种灾害都是一个系统，各灾害系统的相互影响和相互作用又形成了复合的灾害系统。复合灾害系统所作用的对象是人类社会及其环境。它们的相互作用则造成了更加错综复杂的系统。因此，必须从系统科学的角度综合制定防灾对策，使减轻地震灾害工作系统化。

防、抗、救对策最佳化。防灾对策发展的一个重要问题是探讨一个最佳对策，即采取的措施、对策等得以用最小的投入获取最大的效益。由于各国的经济实力、国情、灾情不一样，对本国地震灾害采取什么样的最佳减灾对策是各国政府考虑的一个实际问题，最佳化也是未来地震灾害防御对策的发展趋势之一。

抗震减灾法规化。制定相应的法规，可确保震前防御、震时应对、震后重建的全面防震减灾措施得到落实。对我国来讲，未来的抗震减灾道路是建立和健全具有中国特色的防震减灾系统，将地震预报的经验和成果与危险性评估相结合，逐步走上防震减灾的法治化道路。

地震灾害研究与防震减灾的国际化。地震的发生，尤其是破坏性大地震，其影响范围很大。在一国发生的大地震，有时使邻国也受到破坏。若震后救灾与重建不及时，可能有大量难民涌入邻国。地震灾害的科学研究成果具有推广价值，对他国具有参考价值。一国的大地震，需要各国科学家共同研究和考察，接受经验教训。有些大的灾害，一国经济力量承担不了，需要国际上的支持和援助。因此，地震灾害研究和防震减灾必须发展国际化、双边性或区域性的合作研究。

建立防震减灾应急决策信息系统。破坏性地震发生后能否快速准确地做出决策，并采取相应措施，直接关系到能否尽可能多地拯救灾民生命、减少财产损失。要做到这一点，提出符合实际的震后灾害快速评估十分重要，特别是对震后区内重大工程与生命线工程的破坏现状进行快速评估更加重要。因此，建立基于地理信息系统的防震减灾应急决策系统也是未来地震灾害防御对策的发展趋势之一。防震减灾应急决策信息系统应融合地理学、地震学、工程地震学、系统理论和信息科学、计算机技术等知识，其核心是地震灾害损失快速预估子系统和地震应急决策信息子系统。这一系统可直接为有关政府部门的地震应急指挥服务。

### 三、滑坡、崩塌、沉降、泥石流及其防治

1. 滑坡

在自然地质作用和人类活动等因素的影响下，斜坡上的岩土体由于重力作用沿一定软弱面（或软弱带）整体或局部保持岩土结构而向下滑动的过程和现象及其形成的地貌形态，称为滑坡。滑坡的发育是一个缓慢而长期的变化过程，通常分为三个阶段：蠕动变形阶段、滑动破坏阶段和压密稳定阶段。

（1）滑坡的危害

灾害的广泛发育和频繁发生使城镇建设、工矿企业、山区农村、交通运输、河运航道及水利水电工程等受到严重危害。

著名山城重庆是我国西南地区重要的经济中心，由于所处的特殊地质地理环境

和强烈的人类活动影响，滑坡、崩塌灾害频繁，已成为影响居民生活和城市建设的主要因素之一。自 1949 年以来，重庆市已发生几十次严重的滑坡、崩塌灾害，如 1985 年王家坡滑坡，造成 102 户居民被迫搬迁，并严重危及重庆火车站的安全；1986 年 7 月，向家坡、老君坡等多处滑坡，造成 16 人死亡，3 人重伤，多处房屋被毁；1998 年 8 月中旬，重庆市巴南区麻柳嘴镇和云阳县帆水乡大面村分别发生特大型滑坡灾害，500 户房屋全部被毁，1000 余人无家可归，直接经济损失超过 8000 万元。据最新调查资料，重庆市 201.59km$^2$ 范围内，共有体积大于 500m$^3$ 的新、老滑坡 129 处，其中 66 处滑坡处于潜在不稳定或活动状态。

（2）滑坡的防治

滑坡整治工程大致可分减滑工程和抗滑工程两大类。减滑工程主要是改变滑坡的地形、土质、地下水等的状态使滑坡得以停止或缓和，包括排水工程及挖方减重工程等。而抗滑工程则主要是利用抗滑构筑物来支挡滑坡运动的一部分或全部，使其附近及该地段的设施及民房等免受其害，包括抗滑挡土墙和抗滑桩等，这类工程主要用来制止小型滑坡或者大型滑坡的一部分，或者改变滑坡的方向。

一般来讲，治理滑坡的方法主要有"砍头""压脚"和"捆腰"三项措施。"砍头"就是用爆破、开挖等手段削减滑坡上部的重量；"压脚"是对滑坡体下部或前缘填方反压，加大坡脚的抗滑阻力；"捆腰"则是利用锚固、灌浆等手段锁定下滑山体。

（3）滑坡防治原则

滑坡防治的原则，见表 4-10。

表 4-10　滑坡防治原则

| 原则 | 内容 |
| --- | --- |
| 综合治理，有主有次 | 由于滑坡往往是由多种因素综合作用形成的，必须在查明其工程地质条件的基础上，深入分析其稳定性和危害性，找出影响滑坡的因素及相互关系，综合考虑，全面规划，采用综合的方法来治理。同时，在综合整治的规划下，又要抓住主要矛盾，对诱发滑坡的主要因素，首先采用有效措施控制其发展；然后针对各次要因素，修筑各种辅助工程，使滑坡最终趋于稳定。根据危害对象及程度，正确选择并合理安排治理的重点，保证以较少的投入取得好的治理效益 |
| 及时治理，防患未然 | 滑坡并非一种突然出现的变形现象，而是有其发生发展的过程。在其活动初期，治理往往较容易。但到了滑坡的成熟期，治理工作就复杂困难得多。因此，治理滑坡，贵在及时。以长期防御为主，防御工程与应急抢险工程相结合；应急抢险工程应尽可能与防御工程衔接、配套 |

续表

| 原则 | 内容 |
|---|---|
| 生物工程措施与工程措施相结合,治理与管理、开发相结合 | 工程治理的方法很多,诸如蓄水工程、分水工程、排水工程、拦挡工程、爆破工程、锚固工程、减载工程、反压工程、护坡工程、停淤工程、排导工程、洞体工程等。工程治理作用明显、见效快,缺点是成本高、专业性强且效果不易持久。生物工程治理是指通过喷洒草种、移植草皮等增加植被覆盖,应用先进的农牧科学技术对山地资源开发利用,以减少水土流失,削减地表径流和控制松散固体物质补给,进而抑制滑坡的发生并促进生态环境的良性发展。生物治理功效持久,成本低,方法较简单,容易广泛开展,能较好地与经济开发相结合。因而生物治理与工程治理可以互为补充 |
| 力求根治,以防后患 | 对于大型滑坡,治理工作由临时工程、前期工程、根治工程来相互配合。但对于小型滑坡,则力求一次根治 |
| 因地制宜,就地取材 | 治理滑坡应根据滑坡的具体条件和该地区的自然环境,因地制宜进行方案选择。同时,应选择本地区现有的材料来设计抗滑工程,以尽量节省工程费用。讲求实效,治标与治本相结合。大、中型滑坡一般以搬迁避让为主,对不能采取搬迁避让措施的,才进行工程治理。治理过程中,针对滑坡形成的诱发因素,分清主次,合理选择治理方案 |
| 正确施工,安全经济 | 治理滑坡工程,应选择适当的时间与位置、方向来进行。要求使工程量大小适宜,并保证安全 |

根据预防为主的原则,在建设项目选择场址时,应查明是否有滑坡存在,对场址进行稳定性评价,应尽量避开对场址有直接危害的大、中型滑坡。对于已有的城镇或交通线路,则应通过预测滑坡可能带来的灾害程度,通过费用权衡后,来决定是进行城镇搬迁、线路改道,还是进行防滑工程。

当必须在滑坡区内修建土木工程时,设计必须注意下列几点:

尽可能少在滑坡前缘和滑坡体部位开挖或在滑坡体后部填土。如果有必要,则必须验算滑坡体的稳定性,并修建必要的防治工程;由于开挖、填土而使地形有较大变化时,要注意排除地表水与地下水;修建道路或房屋时,应注意其斜坡上部是否有蓄水的情况,如果有,应及时疏干;在施工和竣工后,要注意裂缝、隆起、陷落等异常现象,要根据需要设置监视器,根据裂缝的开裂情况来确定是否停工或转移;水库第一次蓄水或水位突然变化时,发生滑坡的可能性增大。

2. 崩塌

崩塌(崩落、垮塌或塌方)是较陡斜坡上的岩土体在重力作用下突然脱离母体崩落、滚动、堆积在坡脚(或沟谷)的地质现象。大小不等、零乱无序的岩块(土块)呈锥状堆积在坡脚的堆积物,称崩积物,也可称为岩堆或倒石堆。崩塌的过程表现为岩块（或土体）顺坡猛烈的翻滚、跳跃，并相互撞击，最后堆积于坡脚，形成倒石堆。崩塌的主要特征为：下落速度快、发生突然；崩塌体脱离母岩而运动；下落过程中崩塌体自身的整体性遭到破坏；崩塌物的垂直位移大于水平位移。具有崩塌前兆的不稳定岩土体称为危岩体。

按崩塌体的物质组成分为两大类：一是产生在土体中的，称为土崩；二是产生在岩体中的，称为岩崩。

（1）崩塌的危害

崩塌常使斜坡下的农田、房屋、水利水电设施及其他建筑物受到伤害，有时还造成人员伤亡。铁路、公路沿线的崩塌则阻塞交通、毁坏车辆，造成行车事故和人身伤亡。为了保证人身安全、交通畅通和财产不受损失，对具有崩塌危险的危岩体必须进行处理，从而增加了工程投资。整治一个大型崩塌往往需要几百万甚至上千万的资金。

（2）崩塌的防治

根据崩塌的特点、规模及其危害程度，将崩塌分为三类，见表4-11。

表4-11 崩塌分类

| 分类 | Ⅰ | Ⅱ | Ⅲ |
|------|------|------|------|
| 特点 | 山高坡陡，岩层软硬相间，风化严重；岩体结构面发育、松弛且组合关系复杂；形成大量破碎带和分离体，山体不稳定，可能崩塌的落石方量大于5000m³，破坏力大，难以处理 | 介于Ⅰ、Ⅲ类之间 | 山体较平缓，岩层单一，风化程度轻微；岩体结构面密闭且不甚发育或组合关系简单；无破碎带和危险切割面，山体稳定，斜坡仅有个别危石，可能崩塌的落石方量小于500m³。破坏力小，易于处理 |

崩塌的治理应以根治为原则，当不能清除或根治时对Ⅱ、Ⅲ类崩塌区可采取下列综合措施：

遮挡。在Ⅲ类崩塌区，对于在雨季才发生活动的坠石、剥落或者小型崩塌活动，可在岩石崩落滚动途中修建落石平台、落石槽和挡石墙，以拦截落石，防止破坏建筑设施，也可修筑明洞、棚洞等遮挡建筑物。

设置平台或挡石墙、拦石网。对于Ⅱ、Ⅲ类崩塌区，当线路工程或建筑物与坡脚有足够的距离时，可在坡脚或半坡设置平台或挡石墙、拦石网。

支撑加固。对于Ⅰ类崩塌区，在危石的下部修筑支柱、支墙。亦可将易崩塌体用锚杆、锚索与斜坡稳定部分联固。灌浆加固，增加岩体稳定性，提高岩体强度。在软基发育部位，根据形成的风化凹腔的规模和形态，采用嵌补、支撑和喷浆护壁等方法保护加固。

镶补勾缝。对于Ⅱ类崩塌区，对岩体中的空洞、裂缝用片石填补、混凝土灌注。

护面。对易风化的软弱岩层，可用沥青、砂浆或浆砌片石护面。

排水。设排水工程以拦截、疏导斜坡地表水和地下水，堵塞裂隙和孔洞，防止过量水进入危岩斜坡，从而提高危岩稳定程度，减少崩塌的发生。

刷坡。在危石突出的山嘴以及岩层表面风化破碎不稳定的山坡地段，可刷缓山坡。对规模小、危险程度高的危岩体采用静态爆破或者手工方法予以清除。对规模较大的危岩体，难以全部清除隐患，可在危岩体上部清除部分岩土体以降低临空面的高度，减小斜坡坡度和上部荷载，提高斜坡稳定性，从而降低危险程度，减少其他防治措施的工程量。

3. 地面沉降

地面沉降又称为地面下沉或地陷，是指在自然和人为因素影响下，由于地下松散土层固结压缩，在一定的地表面积内所发生的地面水平面降低的工程地质现象。

我国出现地面沉降的城市较多。按发生地面沉降的地质环境可分为3种模式。

（1）现代冲积平原模式，如我国的几大平原。

（2）三角洲平原模式。尤其是在现代冲积三角洲平原地区，如长江三角洲就属于这种类型。常州、无锡、苏州、嘉兴、萧山的地面沉降均发生在这种地质环境中。

（3）断陷盆地模式。又可分为近海式和内陆式两类。近海式是指滨海平原，如宁波；而内陆式则为湖冲积平原，如西安市、大同市的地面沉降可作为代表。不同地质环境模式的地面沉降具有不同的规律和特点，在研究方法和预测模型方面也应有所不同。

另外，根据地面沉降发生的原因还可分为：①抽汲地下水引起的地面沉降；②采掘固体矿产引起的地面沉降；③开采石油、天然气引起的地面沉降；④抽汲卤水引起的地面沉降。

（1）城市地面沉降的危害

地面沉降所造成的破坏和影响是多方面的。其主要危害表现为地面标高损失，继而造成雨季地表积水，防洪能力下降；沿海城市低地面积扩大、海堤高度下降引起海水倒灌；海港建筑破坏，装卸能力降低；地面运输线和地下管线扭曲断裂；城市建筑物基础下沉脱空开裂；桥梁净空减小，影响通航；深井井管上升，井台破坏，城市供水及排水系统失效；农村低洼地区洪涝积水，使农作物减产等。我国已开始重视这个问题，控制人口增长、合理开采地下水等一系列政策的出台使我国很多地区的地面沉降现象已经或将要得到控制。

1）滨海城市海水侵袭

世界上有许多沿海城市，如日本的东京市、大阪市和新潟市，美国的长滩市，中国的上海市、天津市、台北市等，由于地面沉降致使部分地区面标高降低，甚至低于海平面。这些城市经常遭受海水的侵袭，严重危害当地的生产和生活。为了防止海潮的威胁，不得不投入巨资加高地面或修筑防洪墙和护岸堤。例如，中国上海市的黄浦江和苏州河沿岸，由于地面下沉，海水经常倒灌，影响沿江交通，威胁码头仓库。1956 年修筑防洪墙，1959—1970 年间加高 5 次，投资超过 4 亿元。为了排除积水，不得不改建下水道和建立排水泵站。1985 年 8 月 2 日和 19 日，天津市沿海海水潮位达 5.5m，海堤多处决口，新港、大沽一带被海水淹没，直接经济损失达 12 亿元。1992 年 9 月 1 日，特大风暴潮再次袭击天津，潮位达 5.93m，有近 100km 海堤漫水，40 余处溃决，直接经济损失达 3 亿元。虽然风暴潮是气象方面的因素引起的，但地面沉降损失近 3m 的地面标高也是海水倒灌的重要原因。

地面沉降也使内陆平原城市或地区遭受洪水灾害的频次增多、危害程度加重。可以说，低洼地区洪涝灾害是地面沉降的主要致灾特征。江汉盆地沉降、洞庭湖盆地沉降和辽河盆地沉降加重了 1998 年中国大洪灾。

2）港口设施失效

地面下沉使码头失去效用，港口货物装卸能力下降。美国的长滩市因地面下沉而使港口码头报废。我国上海市海轮停靠的码头，原标高 5.2m，至 1964 年已降至 3.0m，高潮时江水涌上地面，货物装卸被迫停顿。

3）桥墩下沉，影响航运

桥墩随地面沉降下沉，使桥下净空减小，导致水上交通受阻。上海市的苏州河原先每天可通过大小船只 2000 条，航运量达（1000 ~ 1200）×$10^2$t，由于地面沉降，桥下净空减小，大船无法通航，中小船只通航也受到影响。

4）地基不均匀下沉，建筑物开裂倒塌

地面沉降往往使地面和地下遭受巨大的破坏，如建筑物墙壁开裂或倒塌、高楼脱空，深井井管上升、井台破坏，桥墩不均匀下沉，自来水管弯裂漏水等。我国江阴市河塘镇地面塌陷，出现长达 150m 以上的沉降带，造成房屋墙壁开裂、楼板松动、横梁倾斜、地面凹凸不平，约 5800m³ 建筑物成为危房。地面沉降强烈的地区，伴生水平位移所造成的巨大剪切力，使路面变形、铁轨扭曲、墙壁错断倒塌、高楼支柱和桁架弯扭断裂、油井及其他管道破坏。地面下降，一些园林古迹遭到严重损坏，如我国苏州市朴园内的亭台楼群阁、回廊假山，经常被水淹没，园内常年备有几台水泵排水。

（2）城市地面沉降的防治

由于地面沉降基本上是不可完全复原的，因此，对于尚未发生沉降的地区，应积极采取措施加以预防，而对于已发生沉降的地区，则应加以整治，以防或减缓地面沉降的发展。

对已发生地面沉降的地区，则有以下几种方法：

1）压缩地下水开采量，减少水位降深幅度。在沉降剧烈的情况下，应暂时停止开采地下水。

2）向含水层进行人工回灌。此时要根据地下水动态和地面沉降规律，制订合理的采灌方案。回灌要严格控制水源标准，防止地下水被污染。

3）调整地下水开采层次，适当开采更深层的地下水。

4）采用充填开采法、条带开采法以及井下支护和岩层加固措施等。

提倡以防为主、防治结合的原则。采取"超前"治理行为。对可能发生地面沉降的地区，应预测地面沉降的可能性及其危害程度，并采取相应的防治办法。①结合水资源评价，研究确定地下水资源的合理开采方案，从而在地面沉降允许的范围内抽取地下水。②采取适当的建筑措施，避免在沉降中心或严重沉降地区建设一级建筑物。在规划设计中，应充分考虑可能发生的地面沉降。

4. 泥石流

泥石流是介于流水与滑坡之间的一种地质作用，是山区沟谷中由暴雨、冰雪融水等水源激发的、含有大量泥沙石块的特殊洪流。典型的泥石流由悬浮着大量固体碎屑物并富含粉砂及黏土的黏稠泥浆组成。在适当的地形条件下，大量的水体浸透山坡或沟床中的固体堆积物质，使其稳定性降低，饱含水分的固体堆积物质在自身重力作用下发生运动，就形成了泥石流。泥石流是一种灾害性的地质现象，其特征是突然暴发，混浊的流体沿着陡峻的山沟前推后拥、奔腾咆哮而下，地面为之震动，山谷犹如雷鸣，在很短的时间内将大量泥沙石块冲至沟外，在宽阔的堆积区横冲直撞、漫流堆积，具有强大的能量，破坏性极大，常常给人类生命财产造成很大危害。泥石流的活动和危害几乎遍及全球各个山区，尤其在北回归线到北纬50°之间的山区显得更为活跃。

（1）泥石流的类型

按泥石流的物质成分可分成三类：由大量黏性土和粒径不等的砂粒、石块组成的叫泥石流；以黏性土为主，含少量砂粒、石块，黏度大，呈稠泥状的叫泥流；由水和大小不等的砂粒、石块组成的称为水石流。

泥石流按其物质状态可分为两类。一是黏性泥石流，含大量黏性土的泥石流或泥流。其特征是：黏性大的固体物质占40%～60%，最高达80%，水不是搬运介质，而是组成物质。暴发突然，持续时间短，破坏力大。二是稀性泥石流，以水为主要成分，黏性土含量少，固体物质占 10% ~ 40%，有很大分散性。水为搬运介质，石块以流动或跃移方式前进，具有强烈的下切作用。其堆积区呈扇状散流，停积后似"石海"。

以上分类是我国最常见的两种分类，除此之外还有多种分类方法。如按泥石流的成因分类有：冰川型泥石流、降雨型泥石流。按泥石流的形态分类有：沟谷型泥石流、山坡型泥石流。按泥石流流域大小分类有：大型泥石流、中型泥石流和小型泥石流。按泥石流发展阶段分类有：发展期泥石流、旺盛期泥石流和衰退期泥石流等。

（2）泥石流的危害

灾害性泥石流是指造成较严重经济损失和人员伤亡的泥石流。灾害性泥石流往往突然暴发，从强降雨过程开始到泥石流暴发的间隔时间仅十几分钟至几十分钟。因此，对于低频泥石流的发生难以预测、预报。泥石流发生时还兼有崩塌、滑坡和洪水破坏的双重作用，其危害程度往往比单一的滑坡、崩塌和洪水的危害更为广泛和严重。它对人类的危害具体表现在以下 4 个方面（见表 4-12）：

表 4-12　泥石流对人类的危害

| 项目 | 内容 |
|---|---|
| 对居民点的危害 | 泥石流最常见的危害是冲进乡村、城镇，摧毁房屋、工厂、企事业单位及其他场所、设施，淹没人畜。毁坏土地，甚至造成村毁人亡的灾难。山区地形以斜坡为主，平地面积狭小，平缓的泥石流堆积扇往往成为山区城镇和工矿企业的建筑用地。当泥石流处于间歇期或潜伏期时，城镇建筑和居民生活安全无恙，一旦泥石流暴发或复发，这些位于山剪沟口泥石流堆积扇上的城镇将遭受严重危害，并对其影响区内的道路交通、厂矿企业和农田等造成危害 |
| 对公路、铁路的危害 | 泥石流可直接埋没车站、铁路、公路，摧毁路基、桥梁等设施，致使交通中断，还可引起正在运行的火车、汽车颠覆，造成重大的人身伤亡事故。有时泥石流汇入河流，引起河道大幅度变迁，间接毁坏公路、铁路及其他构筑物，甚至迫使道路改线，造成巨大经济损失。例如，甘川公路 394km 处对岸的石门沟，1978 年 7 月暴发泥石流，堵塞白龙江，公路因此被淹 1km，白龙江改道使长约 2km 的路基变成了主流线，公路、护岸及渡槽全部被毁。该段线路自 1962 年以来，由于受对岸泥石流的影响已 3 次被迫改线 |
| 对水利、水电工程的危害 | 主要是冲毁水电站、引水渠道及过沟建筑物，淤埋水电站尾水渠，并淤积水库、磨蚀坝面等 |
| 对矿山的危害 | 主要是摧毁矿山及其设施，淤埋矿山坑道，伤害矿山人员，造成停工停产，甚至使矿山报废 |

（3）泥石流的防治

1）城市泥石流防治工程设计标准

根据其形成条件、作用性质和对建筑物的破坏程度等因素，泥石流的作用强度分三级，见表4-13。

表4-13 泥石流强度分级

| 级别 | I | II | III |
|---|---|---|---|
| 规模 | 严重（大型） | 中等（中型） | 轻微（小型） |
| 形成区特征 | 大型滑坡、坍塌堵塞沟道、坡陡，沟道比降大于4 | 沟坡上中小型滑坡较多，局部淤塞沟底，堆积物厚 | 沟岸有零星滑塌 |
| 泥石流性质 | 黏性，重度大于18kN/m³ | 稀性或黏性，重度16～18kN/m³ | 稀性或黏性，重度14～16kN/m³ |
| 可能出现最大流量 | >200m³/s | 50～200m³/s | <50m³/s |
| 破坏作用 | 以冲击和淤埋为主，危害严重，破坏强烈，可淤埋整个城镇或者部分城区，治理困难 | 有冲有淤，以淤为主，破坏作用大，可冲毁、淤埋部分房屋、桥涵，治理较容易 | 以冲刷和淹没为主，破坏作用较小，治理容易 |

泥石流防治工程设计标准：应根据城市等级及泥石流作用强度选定。严重（大型）的宜采用表4-14的上限值，轻微（小型）的宜采用下限值。泥石流防治应以大、中型泥石流为重点。

表4-14 城市等级与泥石流防治工程设计标准

| 等级 | I | II | III | IV |
|---|---|---|---|---|
| 重要程度<br>城市人口<br>泥石流防治工程设计标准 | 特别重要的城市<br>150万人以上<br>重现期100年以上 | 重要城市<br>50万～150万人<br>重现期50～100年 | 中等城市<br>20万～50万人<br>重现期20～50年 | 一般城市<br>20万人以下<br>重现期20年 |

2）泥石流防治工程

泥石流防治应采取防治结合、以防为主、拦排结合、以排为主的方针，根据泥石流对城市及建筑物的危害形式，采用生物措施（生命防护）、工程措施（无机防护）及管理等措施进行综合防治，并根据泥石流的危害及性质，采取多种工程措施和生物措施，统一规划，综合治理，防止或减少泥石流灾害。一般来说，大面积的泥石流形成区应以生物措施为主，局部的泥石流源地和流通沟段宜采用工程措施。对许多流域或地段，需先辅以必要的工程措施，然后再进行生物防治。

治理泥石流的生物措施。泥石流治理的生物措施主要是指保护与营造草本、灌丛和森林等植被，采用先进的农牧业技术以及科学的山区土地资源开发措施等。生物措施既可减少水土流失、削减地表径流和松散固体物质补给量，又可恢复流域生态平衡，增加生物资源产量和产值。因此，生物措施符合可持续发展的要求，是治理泥石流的根本性措施。

生物措施主要有农、林、牧业措施。

农业措施主要包括农业耕作措施和农田基本建设措施。前者包括沿等高线耕作、立体种植和免耕种植等，其主要作用在于减缓坡耕地的侵蚀作用，提高耕地的保水土效能。后者是指对山区农田、引排水渠系和交通道路网的合理布局和全面规划。

在泥石流频发区营造森林水源涵养林、水土保持林、护坡防冲林和护堤固滩林等，既可削减泥石流土石体补给量，又可控制形成泥石流的水动力条件。如在泥石流形成区和流通区营造水土保持林可增加地面植被覆盖率，调节地表径流，增强土层的稳定性，减少滑坡和崩塌的发生，从而控制或减少形成泥石流的土体和水体补给量。

牧业措施包括适度放牧、改良牧草、改放牧为圈养、分区轮牧等。采取科学合理的牧业措施，既可缓解发展畜牧业与缺少草料的矛盾，间接地减轻泥石流源地过度放牧的压力，又有利于草地恢复和灌木林的营造，防止草地退化，增强水土保持能力，从而削弱泥石流的发育条件。

治理泥石流的工程措施。泥石流治理的工程措施几乎适用于各种类型的泥石流防治，尤其是对急需治理的泥石流能够达到立竿见影的效果。目前所采用的主要工程措施有排导工程、拦挡工程和综合整治工程。

①排导工程。为避免泥石流出山口后造成危害，常采用导流排放措施。这类工程主要有导流堤、急流槽、束流堤和渡槽等，有时也采用明洞和隧道。其作用是保护可能受到泥石流威胁的区域或建筑物等，它可使泥石流顺畅地排泄，防止淤积，将泥石流按指定方向排到远离建筑物或道路的地区。排洪道的尺寸大小应根据泥石流的流量大小和水力要素而定。

②拦挡工程。在泥石流形成区的上游，选择适宜的地点建造水库、水塘或其他形式的蓄水池以调节洪水，削减流经泥石流形成区的洪峰流量，以减弱泥石流形成的水动力条件。发育泥石流沟槽的斜坡上常伴生有滑坡、崩塌，某些相对稳定的斜坡由于长期受到水流、泥石流的冲刷而日趋不稳。为了防治滑坡和崩塌，需要修建拦挡土石的护坡工程。这类工程主要有拦渣坝、谷坊工程和停淤场等。

拦渣坝的作用主要是拦渣滞流、固定沟槽。在一条沟内修建多座低坝，称为"谷坊坝群"，其作用是拦挡泥石流固体物质、淤缓沟床纵坡、加大沟宽、减小流速，从而减少洪峰和固体物质下泄量；同时利用坝前的淤积物，可防止沟床继续下切，保护岸坡不再发生侵蚀，最终起到对泥石流的抑制作用。

拦渣坝、谷坊的类型很多。按建筑材料分类，有砌块石坝、干砌块石坝、混凝土坝、土坝、钢筋石笼坝、钢索坝、木质坝、木石混合坝、竹石笼坝、砖砌坝等。从结构上分类，有直线型重力坝、曲线型拱坝及格栅坝等。其中格栅坝最有特色。格栅坝是用钢筋混凝土构件装配而成的，形状为栅栏状的构筑物。它能将稀性泥石流、水石流挟带的大石过滤阻留下来，形成天然石坝，以缓冲泥石流的动力作用，同时使沟段稳定。

停淤场是指在较平缓的堆积扇上或较宽阔的沟内，修筑拦截建筑物，形成人工泥石流落淤场。其作用是在一定期限内，让泥石流物质在指定地段内淤积，从而减少泥石流固体物质下泄量。

③综合整治工程。上述防治工程除单独修建，还可根据需要联合使用。最常见的有拦渣坝与急流槽相结合，导流堤、拦渣坝和急流槽相结合。

沟道整治工程。采用固床砂坝、水泥砂浆砌石、石笼等方法保护泥石流沟坡，防止岸坡坍塌和滑移；在沟底进行铺砌或者修建肋板稳固沟底，减少沟底冲刷。

防护工程和错避工程。对泥石流地区的建筑物、桥梁、隧道、铁路和公路等工程设施进行防护或者错避，抵御或者避开泥石流的危害，防护工程包括修建护坡、挡墙、顺坝、丁坝等。错避工程主要包括跨越式错避、穿过式错避等。前者是指修建桥梁，使工程设施架于泥石流沟上空，避免泥石流引起破坏；后者是将工程设施置于泥石流沟的地下，从而避开泥石流的破坏。

3）防治原则

在泥石流地区进行建设时，应根据泥石流的特征、破坏能力和对建筑物的要求，以预防为主、避强制弱、局部防护、重点处理和综合防治。对那些暴发频繁、规模较大、破坏力强的泥石流，应尽可能避开，不允许作为建筑场地。对于暴发次数少、规模不大、破坏力小的泥石流沟谷以及已经衰亡的泥石流堆积扇可作为建筑场地。不过，建筑物不应正对沟口，而应根据现场情况，修设排洪道、导流堤等，以便顺畅排泄泥石流，在可能条件下，还应设置泥石流停淤场，确保安全。防治的基本原则如下：

全面规划，突出重点。泥石流治理需上、中、下游全面规划，各沟段有所侧重。如上游水源区通过植树造林、修筑水库以减少水量、削减洪峰，抑制形成泥石流的水动力；中游修建拦沙坝、护坡、挡土墙等固定沟床、稳定边坡，减少松散土体来源；下游修建排导沟、急流槽和停淤场，以控制灾害的蔓延。

工程措施与生物措施相结合。泥石流治理的工程措施与生物措施各有优缺点，在治理方案的选择上应综合考虑，各有兼顾。工程措施工期短、见效快、效益明显，但超过使用年限或出现超标准设计的流量时，工程将失效甚至遭受破坏。生物措施见效慢、稳定土层厚度浅，但时间越长效果越好，同时可恢复生态平衡。因此，在治理前期以工程措施为主，可稳定边坡、促进林木生长；治理后期以生物措施为主，生态效益明显，也可延长工程措施的使用年限。

分清类别，因害设防。泥石流的形成机理不同，造成的危害方式不同，治理对象的主次也应有所不同。对土力类泥石流宜以治土、治山为主，采用拦挡工程、固床工程和水土保持措施来稳定山坡，调节沟床纵坡，消除或减少松散土体来源。对水力类泥石流，则以治水为主，采用引、蓄水工程和水源涵养林来调节径流，削减洪峰。

因地制宜，合理设计。泥石流防治工程的合理设计取决于对泥石流性质、形成过程、冲淤规律、流态特征和冲击过程的研究。一般来说，稀性泥石流的旁蚀和侧向堆积比黏性泥石流强烈，而黏性泥石流的局部下切和堆积能力又比稀性泥石流强。因此，稀性泥石流的导流堤需采用浆砌块石护面的土堤；而对于流体规模不大的黏性泥石流，在沟道顺直时可采用土堤。在选定设计方案时，还需注意区域工程地质条件、材料条件、施工条件和技术条件等。

### 四、城市防灾

虽然在历史上被灾害毁灭的城市不胜枚举，灾害给人类的生命和财产造成了极大的损失，给生产力的发展造成了巨大障碍，但人类社会却越来越繁荣，世界上的城市也越来越多。原因在于任何事物都有其相对性，灾害也是如此，它以其迅急的突发性和巨大的毁灭性向人类提出挑战，而人类却在防灾救灾过程中逐渐丰富和发展了自己，进而形成了科学体系，并通过先进的科学技术研究城市灾害的防治，从而取得了不断的进步。城市防灾由此而创立和发展起来。可以说，人类对于城市灾害本质的认识是随着时代的进步、经验的积累和科技的发展而不断提高的。

1. 城市防灾的必要性、可能性及特殊性

城市是繁荣之地，是国家和地区的经济、政治、文化、科技中心和交通枢纽，是人口和国家财富的集中地。同时，城市又是多灾之地，是国家防灾减灾的中心和重点。由于城市对灾害的放大效应，所以几乎所有的大灾大难都发生在城市。随着城市化的推进，21世纪初我国已有1/3的人口聚集在城市之中，城市的综合防灾任务显得越来越重要。

城市防灾不仅必要，而且存在可能，可以从测、报、防、治、救五个方面展开。这五项工作都需要高智商的专业人才，现代化的设备，科学的防灾规划，高效能的救灾队伍。城市，特别是大城市在这些方面有较好的基础。

城市人口、建筑、企业密度大，现代化设施集中，技术较发达，交通、通信、电力、水暖等生活支持网络与排污设施既自成体系，又互相关联，因而结构复杂，生产与生活对工程技术条件的依赖性较强。因此，在防灾减灾管理方面，城市具有以下特殊性：

（1）人口、建筑、财产集中，因此防灾抗灾的难度较大。国内外造成严重人员伤亡的大地震无不发生于城市与经济发展程度较高的地区，如中国 1976 年发生于大城市唐山的大地震，死亡 24.4 万人。而有些人烟稀少地区地震的级别虽更大，伤亡却甚少。全国城市平均人口密度为全国平均人口密度的两倍多，城市越大，人口密度也越大，特别是 100 万以上人口的特大城市。

（2）城市对交通、电力、通信、供水、供气等生命线系统的依赖性强。这些工程往往结构复杂，管线纵横交错，抗灾难度较大，加上我国城市受经济发展水平所限，有些工程的质量又难以充分保证，布局不尽合理，且许多技术设备也较为落后，破坏后修复不易。而且局部的破坏就有可能造成停工停产、生活困难或其他社会活动的障碍。随着计算机信息网络或其他现代技术的发展，还会出现新的防灾难题。

城市的救灾关键单位（重点防灾单位）较多，如党政首脑机关、重要文物与文化单位、大型企业等，这也增加了救灾难度。

（3）防止次生灾害的难度较大。因建筑物密度大，电、易爆气体或液体、易爆物、有毒物质较为集中，次生灾害的频次、爆炸、有毒有害物质污染等，次生灾害造成的人员伤亡与财产损失有可能比地震直接造成的还严重。中国城市大多历史悠久，一般都存在街道狭窄、互通性较差、老旧的低质量房屋较多、建筑密度大的老城区，易发生火灾等次生灾害，且救援困难。

（4）城市救灾的回旋余地较小。城市，特别是较大的城市往往难以找到足够的、具有一定规模（要求并不高）的地震避难场地。道路的选择性一般也不大。尤其是震后街道、道路堵塞较为严重时，人员疏散和救援力量的进入皆会受阻，速度与效率都是低水平的，而农村这方面会相对较好。

2. 城市防灾的主要工作

人类在城市化发展的同时也在为发展付出代价。每一座城市都必须考虑自身可持续发展的保障条件，而深入研究城市防灾减灾问题，以不断增强城市防御灾害和减轻灾害之能力的城市防灾学学科建设，便成为国家现代化建设中的一项战略性任务，它关系到国家和社会的稳定，关系到一个国家或一个地区的经济大局，是全国防灾工作的重点，加强和搞好城市防灾是保障我国改革开放、持续稳定发展的大事。

自 1990 年以来，国内外开始格外关注城市防灾减灾的综合研究。所谓"城市防灾"，就是尽可能地防止城市灾害的发生以及防止城市所在区域发生的灾害对城市造成不良影响。所谓"城市减灾"，包含了两重含义：一是采取措施以减少城市灾害发生的次数和频率；二是要减轻灾害对城市所造成的损失。实际上，城市防灾减灾工作还应包括对城市灾害的监测、预报、防护、抗御、救援和灾后恢复重建等多方面工作。针对我国城市防灾形势，我国城市防灾减灾应坚持"预防为主、防治结合、防救结合"的方针，建立与城市经济社会发展相适应的城市灾害综合防治体系，综合运用工程技术、法律、行政、经济及教育等手段，提高城市的防灾减灾能力，为城市可持续发展提供可靠的保证。

进行城市防灾需要强化防灾减灾的基础工作，城市自然灾害的防灾的背景工作至少包括：城市人文生态环境建设、城市规划与建设以及公共设施的完善；加强防灾工作的立法。另外，城市防火是一门专业性很强的工作，必须尊重知识、尊重科学，使防灾综合机构、专业部门、决策部门和市民之间，形成一个高效率的社会防灾减灾网络。

增强城市综合防灾意识，提高对城市防灾减灾工作重要性的认识。必须通过加强综合防灾教育和其他切实可行的办法，充分利用公共传播媒体进行安全教育，营造一个社会关心城市灾害的氛围，实行终身防灾教育（从学童至暮年都应具备一定的防灾知识），进行有针对性的职业防灾教育，发挥家庭教育的作用，实行课堂与现场教育相结合，开展经常性的防灾演练与宣传活动，使全体人民熟悉各种城市灾害源的发生和发展规律，防治方法方面的基本知识，深刻意识到灾害在现代化城市中发生所造成危害的综合性、广泛性和严重性。

3. 制定城市综合防灾规划

城市防灾规划是促进城市发展的有效措施，从城市的可持续发展战略来看，城市防灾规划不仅针对城市建设的专门问题，更为城市的发展提供了极为重要的安全保障。没有城市防灾规划的城市设计和建筑创作很难说是在促进城市发展，某种意义上是一种"建设性破坏"。

城市防灾是一项综合系统工程，应编制各种防灾专项规划，各专项规划要协调统一，相互配合，形成城市综合防灾规划。城市综合防灾规划应当作为城市规划的一项重要内容。在城市规划时，综合采取应有的防灾对策能起到其他措施不可替代的作用，从而可以取得事半功倍的效果。

城市的地形、地貌、地质、水文等条件往往决定了城市地区未来可能遭受的灾害及其影响程度。因此，在城市用地布局规划时，特别是消防、医疗、应急指挥等重大工程选址时应尽量避开灾害易发区或灾害敏感区，避免布置在地质不稳定地区、洪水淹没区、易燃易爆设施与化学工业及危险品仓储区附近，以保证救护设施的合理分布与最佳服务范围及其自身安全。要强化生命线工程的防灾能力，保证受灾时，通信、供电、供水等基础设施具有必要的适应性。

城市道路系统是城市布局的骨架，对城市的防灾抗灾有着重要的影响。城市干道必须与市区或郊区的永久或者临时疏散场所直接相连，并应保证具有足够的宽度。

**4. 必须加强城市防灾工程建设**

我国的城市防灾工作必须在国家灾害大区划的背景下进行，并根据国家灾害大区划来确定城市设防标准，做到因灾设施、因地减灾。同时，我国的城市防灾工作应服从区域防灾机构的指挥、协调和管理，加强区域减灾和区域防灾协作。

利用工程学的方法有效地防治城市灾害，减轻灾害对城市经济社会发展的破坏效应。工程防灾是防灾总体中的关键性环节和重中之重。无论灾害预测、预报是否及时准确，防灾的措施最终都必须体现在工程上，要特别重视工程防灾对策。1998年夏季我国发生的特大洪水灾害，在防洪工程的标准、数量、质量等问题上都有十分深刻的教训和启示，决不可重蹈覆辙。

**5. 重视城市防灾策略**

从广义上讲，随着科技的进步，相信任何城市灾害都是可以预防的，这是人类同城市灾害做斗争的一条根本原则。坚持这一原则，人类才可能坚持不懈地探索灾害的成因，研究预测方法。采取防灾减灾的对策有灾前预防对策和灾后救险对策两个方面。在不同的灾害中，两种对策各有侧重。一般来说，地震、风暴、洪水等自然灾害的重点是后者，因为防止灾害的发生比较困难，但能尽早预测、防范，尽量减小灾害损失，尽快恢复生产；而人为灾害的重点应该是灾害的预防。城市的各类人为灾害是可以预测、预防的，只要了解了灾害的成因，掌握了其影响因素，就可以对灾害的组成要素进行调控，从而改变系统的状态，使其保持安全稳定状态。产生人为灾害的原因不仅有人的因素，还有物的因素，这些因素在灾害发生之前都是可以采取对策的，它要求人们以科学技术理论为基础，以系统分析方法为手段进行防灾规划。坚持防患于未然的对策比采取灾后处理对策更为重要。

一个城市只有拥有较完善的防灾体系，才能有效地防抗各种城市灾害，并减少灾害的损失。一般来说，城市防灾工作包括对灾害的监测、预报、防护、抗御、应急救援和恢复重建六方面。灾前的防灾减灾工作包括城市灾害区划、灾情预测、防灾教育、防灾预案制定与防灾工程设施建设等内容。事实表明，灾前工作的好坏对整个防灾工作的成败有着决定性影响。在灾情尚未发生时，监测机构、人员通过仪器、设备对产生灾害的生成源灾害载体及灾害作用对象进行监测，采集信息和数据，从而为灾害预警、灾情的追踪、损失的评估及对策建议的制定提供依据。例如，我国曾经成功地预测1975年2月4日发生的辽宁海城地震，使该城市大部分人口在震前得以疏散，结果虽然发生了7.3级地震，死亡人数却仅为1328人；而1976年7月28日河北唐山发生的7.8级地震，由于种种原因未能做出成功预报，结果死亡人数竟达24万余人。

城市的防灾策略还包括如下内容：

（1）以立法的手段来确立城市防灾在城市经济发展中的地位与作用，明确政府、企业、事业单位在防灾减灾中的责任与义务，并加强对市民的法制教育，提高以法制灾、以法保城的意识。

（2）城市防灾减灾工作离不开保险事业，因此需大力发展灾害保险业务。

（3）城市综合防灾减灾是城市实现可持续发展的重要方面，要做好这一工作，必须充分依靠科学技术，不断提高城市防灾减灾的科技水平。利用先进的科学技术推动城市防灾系统工程，大力开展城市综合防灾体系的理论研究和城市各类灾害防治措施的研究，注意借鉴国外城市防灾减灾的先进技术，研究城市灾害的综合管理系统。深入开展城市综合防灾研究，加强城市综合防灾理论和技术研究，积极开发防灾救灾新技术、新产品、新材料，努力提高我国城市综合防灾技术水平，把城市灾害损失降到最低程度。城市综合防灾是一个复杂的、综合的系统工程，需要建立一个健全的具有防灾减灾功能的部门和灾害防御统一管理部门以及网络体系。组织各方力量来制定灾害防御和救治规划设计、法规、条例、规程、规范以及人、财、物、信息的组织与管理，形成一个既有分工负责，又有协调配合的综合防灾减灾管理机制。

（4）城市综合防灾需要相应的投入，而且需要早期投入。实践证明，灾前防御支出比灾后救济支出要划算得多，并且可以避免由于灾害巨额损失所造成的对社会经济发展的波动。

（5）灾前城市防灾工作非但不能松懈和停顿，并且必须抓紧时间，对城市及周边地区已经发生过的灾害做好调查研究，总结经验教训，探索规律，教育公众，训练队伍，建设设施，做好准备，随时迎接可能发生的一切灾害。实际上，灾害的监测、预测工作以及防灾预案的制定、防灾教育和防灾工程设施建设，都在防灾工作中发挥着重要作用。各种灾害之间存在因果关系或平行关系。为此，防治城市灾害不能各自单独地进行，要以增强城市抗灾能力为目标，用系统的观点和思想方法，采取综合对策措施。从系统的观点看，任何灾害都有其特定的环境和发生发展过程，在了解产生灾害的原因和成灾过程的基础上才能制定出防灾的原则。

然而，要完全预防灾害是困难的，这是由系统的复杂性决定的。为此，以防万一，采取充分的事后对策也是十分必要的。

# 第五章 城市电力通信工程

## 第一节 城市电力工程

### 一、基本概念

1. 电力

电力又称电能，是由其他形式的能源（如水能、风能、化学能、核能、太阳能等）转化而来的二次能源。随着城市化进程的不断推进，电能的适用范围和种类日益扩大。如今，电力系统已成为现代城市社会不可缺少的市政设施。

2. 电力系统的组成

电力系统由发电厂、各级变电站（所）、电力网和用电设备（用电户）等组成。根据功能又可将电力系统分为发输电系统、供配电系统和用电系统三大类。城市电力系统主要由供配电系统和用电系统组成。供配电系统是接受电源输入的电能，并进行检测、计量、变压等，然后向用户和用电设备分配电能的系统；用电系统主要包括动力用电系统、照明用电系统以及其他用电系统（如通信等）。

（1）发电厂（站）。发电厂是产生电能的设施（即电源），其作用是将其他形式的能转化为电能，如火力发电厂、水力发电站、核电站等。

（2）电力输送。电力输送是指将发电厂输出的电能送到用户所在的区域。

（3）变电站。变电站是改变供电的输配电压，以满足电力输送和用户用电要求的设施。变电站可分为升压变电站和降压变电站两种。在输电时，为了减少电能损耗和电压损失，通常采用高压输电，即通过升压变电站把发电厂所生产的 6kV、10kV 或 15kV 的电能变为 35kV、110kV、220kV 或 500kV 的高压电经输电线送达用电区。高压电到达用户端时，为方便用户低电压用电要求，再通过降压变电站把高压电降为 3kV、6kV 或 10kV，以供用户使用。

（4）电力网。电力网是指连接发电厂与变电站、变电站与变电站、变电站与用电设备之间的电力线网络，它是电能的输配载体，承担电能的接受与传输功能。

（5）用电户。用电户是将电能转化成其他形式的能量的用电设备或用电单位。

如电灯、电视机、电冰箱、电动机、空调、钢铁厂、化工厂等。

将发电厂、变电站、用电设备（用电户）用电力线连接起来就构成了电力系统。

3. 电压等级

电压等级是根据国家的工业生产技术水平、电机电器制造能力、新材料的发展情况以及社会经济发展状况，进行技术经济综合分析比较而确定的。

我国国家标准《标准电压》（GB156—93），是统一电力企业、电力设备制造行业以及用电工业和用户之间电压系列的强制性技术标准，也是城网的电压标准。电压标准以系统额定电压表示，有关输电与配电电压等级为（括号内为设备最高电压）：220/380（230/400）V，3（3.6）kV，10（12）kV，35（40.5）kV，66（72.5）kV，110（126）kV，220（252）kV，330（363）kV，500（550）kV，750kV、1000kV。

输电与配电的划分，主要是按照它们各自的性质，并依照它们在电力系统中某一发展阶段的作用和功能来区分。从电压等级上，也能够表示其输电与配电的功能和作用。配电电压可分为：高压配电电压，35kV、66kV、110kV、220kV；中压配电电压，10kV、20kV、35kV；低压配电电压，380/220V。某些地区在220kV输电网尚未出现前，可将110kV作为输电电压。

对于输电电压我国习惯是按照输电技术特点划分输电电压等级为三段：特高压输电电压，1000kV及以上；超高压输电电压，330kV、500kV、750kV；高压输电电压，220kV。

在同一个电网中采用的各层次的电压等级，组成电网的电压系列。国家电压标准列举了允许使用的标准电压，电网电压可不必逐级依次采用。例如，我国华北电网的电压系列是500/220/110/35/10/0.38kV；东北电网的电压系列则是500/220/63/10/0.38kV，其特点是保留并发展63kV以代替110/35kV两级，限制以至取消154kV、40kV、22kV电压；西北地区同时存在220/110kV及330/110kV两个系列，但是多年来随着330kV主网的发展，已经限制发展220kV电网，西北主网电压将形成750/330/110kV系列。

电网的电压系列是电网统一规定并形成的电压等级分层序列，但在具体应用于某一特定地点时，则可以依次沿用，也可以越级使用，以利于减少降压层次，避免重复降压，节约变电损失。

至于原有的3.3kV和6.6kV两级电压等级，则绝大部分升压为10kV。从电网中逐步取消3.3kV和6.6kV两级电压，以达到简化电压层次的目的。

在城市中，尤其是民用建筑用电电压，我国目前采用的仍然是1956年规定的三类电压标准：

（1）第一类额定电压。电压<100V，主要用于安全照明、蓄电池和其他开关设

备的操作电源。

（2）第二类额定电压。电压 100 ～ 1000V，主要用于低压动力和照明。城市用电主要属于这个电压等级范围。

（3）第三类额定电压。电压 >1000V，主要用于高压用电设备及发电、输电的额定电压值。

4. 电压质量标准

（1）电压偏移。电压偏移是指供电电压偏离用电设备额定电压的数值占用电设备额定电压值的百分数，规定一般不超过 ±5%。

（2）电压波动。电压波动是指用电设备接线端电压时高时低的变化。《电能质量供电电压允许偏差》(GB/T12325—2003)允许的供电电压偏差如下：电压 ≥ 35kV 时，电压波动应 ≤ ±10%；电压 <10kV 时，电压波动应 ≤ ±7%；低压照明的电压波动为 ±7% ～ −10%。城中低压配电网一般是动力与照明混合，因此低压用户的电压波动允许为 ±5% ～ −7%。

（3）频率。我国电力工业的标准频率（简称工频）规定为 50H% 交流电的频率直接影响到电动机的转速，工业产品的产量和质量，威胁到电力系统的稳定。因此，对频率的要求比电压值的要求要严格得多。供电局供电频率的允许偏差为：电网容量 >300 万 kW 时，其波动范围为 ±0.2Hz；电网容量 <300 万 kW 时，其波动范围为 ±0.5Hz。

（4）电压平衡。供电系统应保证三相电压平衡，以维持供电系统安全和经济运行，三相电压不平衡程度不应超过 2%，短时不超过 4%。

（5）容载比。容载比是城网内同一电压等级的主变压器总容量（kVA）与对应的供电总负荷（kW）之比，用 ^ 表示。容载比是反映城网供电能力的重要技术指标之一。容载比过大，供电基建投资过大，电能成本增加；容载比过小，将使电网适应性差，调度不灵，甚至发生"卡脖子"现象。因此，各地在电网规划时应根据现状统计资料和用电结构形式，合理确定容载比。一般情况下，220kV 变电站的容载比取 1.8 ～ 2.0，35 ～ 110kV 变电站的容载比取 2.2 ～ 2.5 比较合适。

## 二、城市电力工程规划设计

城市是电力负荷集中地区，据统计，其用电量约占全国总用电量的 70% ～ 80%。随着我国城市经济的不断发展和城市用地面积的扩大，城市用电量增长很快。新中国成立以来，1980—1985 年期间平均年增长率仅 6.2%，其余各期的年平均增长率都超过 10%，2004 年平均增长率达到 15.18%。从用电分类构成看，工业用电仍占我国总用电量的主要部分，历年来占 70% ～ 80%，但近年其占总用电量的百分比正呈下降趋势，第三产业和生活用电比重正进一步上升。我国城市电力负荷增长的趋势已逐步呈现现代化城市的特点，我国城市人均生活用电指标、公共设施用电负荷等都不断呈现远期增长趋势。

由于电能是一种没有仓库的特殊商品，要使电能达到"产""供""销"的动态平衡，使电力系统经济运行，就必须根据城市的经济、社会发展和人民生活水平，对用电量进行预测，按用户的需求来编制发电机机组的容量和开停计划、变配电站的规模和数量、输配电线路以及如何分布等。这些关于城市发输电、变配电、用电等方面的规划和设计就称为城市电力工程规划设计。

1．城市电力工程规划设计的原则

1997 年 12 月，电力工业部颁发了《电力发展规划编制原则》（电计〔1997〕730 号文），1993 年能源部以能源电〔1993〕228 号文颁发了《城市电力网规划设计导则》，2005 年、2006 年又修订了该导则。在以上两个文件精神的指导下，各省市、地区、县级电力工业部门制定了各自的技术原则。城市电力工程规划设计的原则主要是：可靠性、灵活性和经济性。具体有如下几点：

（1）城市电力工程规划设计要符合城市规划和城市电力系统规划的要求。

（2）城市电力工程规划设计的编制期限应与城市规划期限相一致，一般分为：近期 5 年，远期 20 年，必要时还可增加中期期限（5～15 年）。

（3）城市电力工程规划设计应做到新建与改造相结合，远期与近期相结合，电力工程的供电能力能适应远期负荷增长的需要，结构合理，便于实施和过渡。

（4）发电厂、变电所等城市电力工程的用地和高压线路走廊宽度的确定，应按城市规划的要求，节约用地，实行综合开发，统一建设；城市电力工程设施规划设计必须符合城市环保要求，减少对城市的污染和其他公害，同时应当与城市交通等其他基础设施施工工程规划相互结合，统筹安排。

2．城市电力工程规划设计的内容

城市电力工程规划设计是在城市规划的基础上进行的。城市规划一般分为城市总体规划、城市分区规划和城市详细规划三个层次。城市电力工程规划设计也可以相应地分为城市电力总体规划设计、城市电力分区规划设计和城市电力工程详细规划设计三个层次。在不同的层次，规划设计的内容有所不同。

（1）城市电力总体规划设计的主要内容有：收集城市发展规划的相关资料；确定城市电源的种类和布局；分期用电负荷预测和电力平衡；确定城市电网、电压等级和层次；确定城市电网中主网布局及其变电所的选址、容量和数量；高压线路走向及其防护范围的确定；绘制市域和市区电力总体规划图；提出近期电力建设项目及建设进度安排；环境及社会影响分析等。

（2）城市电力分区规划设计的主要内容有：分区用电负荷预测；供电电源的选择，包括位置、用电面积、容量及数量的确定；高压配电网或高、中压配电网络结构布置，变电所、开闭所位置选择，用地面积、容量及数量的确定；变配电站设计；确定高、中压电力线路宽度及线路走向；确定分区内变电所、开闭所进出线回数、10kV 配电主干线走向及线路敷设方式；绘制电力分区规划图等。

（3）城市电力工程详细规划设计的主要内容有：按不同性质类别地块和建筑分别确定其用电指标，然后进行电力负荷计算；确定小区内供电电源点位置、用地面积及容量、数量的配置；供电设备设计；拟定中低压配电网结线方式，进行低压配电网规划设计；确定中低压配电网回数、导线截面及敷设方式；进行投资估算；绘制小区电力详细规划图等。

3. 城市电力工程规划的基本任务

其基本任务是构建安全、经济、方便、优质、技术先进的城市供电网络体系，满足国民经济各部门用电增长的要求，为国民经济和人民生活提供"充足、可靠、合格、廉价"的电力。

4. 城市电力工程规划设计的设计方法和程序

（1）城市电力工程规划设计的设计方法

城市电力工程规划设计的设计方法主要有如下几种：

1）基本条件分析。如电力负荷需要、动力资源开发及运输条件许可、变配电设备的制造及供应等。

2）基本功能分析。对基本功能的分析要分层次进行，首先是全网供电范围、电源建设地点、电源的作用、分区电网之间的送受电关系等；其次应分析主力电源的合理送电范围、功率流向及相应的网架；最后是地区电网、设备等的情况。随着电力系统的发展，电网各部分无论是电源、网架还是输电线的功能都是变化的。

3）基本形态分析。基本形态分析就是分析电网的结构。最基本的电网结构有辐射型、链型及环型 3 种，电网结构主要取决于电厂和负荷的分布、电网覆盖地域的情况等。

电网结构设计的基本原则是分层分区原则，即不同电压等级电网构成不同的层次，不同地域的下一级电网解列构成不同的地区电网，地区电网本身具有足够的电压支撑和无功储备。

4）动态分析。动态分析即弹性分析或可变因素分析，主要是指电网实际的发展进程与设计预计有差别时规划电网的适应能力。可变因素主要是指：负荷的实际增长超过或低于预计；电源建设进度或顺序发生变化；主要送电线路投产时间提前或推迟等。因此，电力系统的规划要采取滚动的方法不断加以修正。

5）限制性条件分析。限制性因素主要有：自然地理条件，供水水源条件，煤炭供应条件，运输条件，输电线路存在跨江、河问题，主要电气设备制造困难等。

6）可靠性与经济性分析。通过系统稳定计算、无功补偿及调压计算、工频过电压和过电流计算、方案经济评价计算等对设计系统的技术经济特性进行全面综合评价，提出最佳方案。

（2）城市电力工程规划设计的程序

在上述规划设计方法的指导下，城市电力工程规划设计主要应按下述程序进行：

1）收集资料

资料包括区域动力资源分布及可开发利用的情况，城市供电及有关电力系统的现状和发展资料，工业、农业、市政、生活等方面的电力负荷情况，地形、气象、水文、地质、雷电日数等自然资料，城市规划有关资料等。

2）分析、归纳资料，进行电力负荷预测

电力负荷预测包括电量需求预测和最大负荷预测。

电量需求预测应包括：各年（或水平年）需电量；各年（或水平年）一、二、三产业和居民生活需电量；各年（或水平年）部分、分行业需电量；各年（或水平年）按经济区域、行政区域或供电区需电量。

需电量的具体预测方法有：用电单耗法、电力弹性系数法、回归分析法、时间序列法、综合用电水平法、负荷密度法等。其中，综合用电水平法和负荷密度法都是预测城乡居民生活用电的方法；综合用电水平法是按照预测的人口数及每人平均耗电量来预测居民总用电量；负荷密度法是指根据对不同规模城市的调查，参照城市发展规划、人口规划、居民收入水平增长情况等，每平方千米面积用电千瓦·小时数来测算城乡居民生活用电的方法。

电力负荷预测包括：各年（或水平年）最大负荷；各年（或水平年）代表月份的日负荷曲线、周负荷曲线；各年（或水平年）年时序负荷曲线、年负荷曲线；各年（或水平年）的负荷特性和参数，如平均负荷率、最小负荷率、最大峰谷差、最大负荷利用小时数等。

最大负荷值预测方法主要有：最大负荷利用小时数法和同时率法。

①最大负荷利用小时数法。可用下式来预测规划期的最大负荷，即

$$P_{\max} = \frac{E}{T_{\max}}$$

式中 $P_{\max}$——预测其最大负荷；

$E$——预测期需用电量；

$T_{\max}$——年最大负荷利用小时数。

②同时率法。用所求各供电地区的最大负荷之和乘以同时率 K，得到整个系统的综合用电最高负荷。如果再加上整个系统的线损和厂用电，就可以求得整个系统的最大发电负荷。

城市电力工程总体规划设计时，一般采用以规范制定的各项用电指标作为远期用电负荷的控制指标。分区规划设计电力负荷预测宜采用负荷密度法。城市供电详细规划设计采用城市建筑用电负荷分类负荷指标进行预测。城市居民人均生活用电量指标、规划单项建设用地供电负荷密度指标、分类综合用电指标、城市建筑单位建筑面积负荷密度指标等见表 5-1 ~ 表 5-4。

表 5-1　规划人均生活用电指标

| 指标分级 | 城市生活用电水平类别 | 人均生活用电量〔kw·h/（人·年）〕 | 指标分级 | 城市生活用电水平类别 | 人均生活用电量〔kw·h/（人·年）〕 |
|---|---|---|---|---|---|
| I | 较高生活用电水平城市 | 2500 ~ 1501 | III | 中等生活用电水平城市 | 800 ~ 401 |
| II | 中上生活用电水平城市 | 1500 ~ 801 | IV | 较低生活用电水平城市 | 400 ~ 250 |

表 5-2　规划单项建设用地供电负荷密度指标

| 类别名称 | 单项建设用地负荷密度（kW/hm²） | 类别名称 | 单项建设用地负荷密度（kW/hm²） |
|---|---|---|---|
| 居住用地用电 | 100 ~ 400 | 公共设施用地用电 | 300 ~ 1200 |
| 工业用地用电 | 200 ~ 800 | | |

表 5-3　分类综合用电指标

| 用地分类及其代号 | | | 综合用电指标（W/m²） | 备注 |
|---|---|---|---|---|
| 居住用地 | 一类居住用地 | 高级住宅别墅 | 18 ~ 22 | 每户 2 台及以上空调、2 台电热水器、有烘干的洗衣机、有电灶、家庭全电气化 |
| | 二类居住用地 | 中级住宅 | 15 ~ 18 | 有空调、电热水器、无电灶、家庭基本电气化 |
| | 三类居住用地 | 普通住宅 | 10 ~ 15 | 每户一般 76m² 以下，安装有一般家用电器 |

| 用地分类及其代号 | | 综合用电指标（W/m²） | 备注 |
|---|---|---|---|
| 公共设施用地 | 行政办公用地 | 15 ~ 26 | 行政、党派和团体等机构用地 |
| | 商业金融业用地 | 20 ~ 44 | 商业、金融业、服务业、旅馆业和市场等用地 |
| | 文化娱乐用地 | 20 ~ 35 | 新闻出版、文艺团体、广播电视、图书展览、游乐设施用地 |
| | 体育用地 | 14 ~ 30 | 体育场馆和体育训练基地 |
| | 医疗卫生用地 | 18 ~ 25 | 医疗、保健、卫生、防疫、康复和急救设施等用地 |
| | 教育科研设计用地 | 15 ~ 30 | 高校、中专、科研和勘测设计机构用地 |
| | 文物古迹用地 | 15 ~ 18 | |
| | 其他公共设施用地 | 8 ~ 10 | 宗教活动场所、社会福利院等 |
| 工业用地 | 一类工业用地 | 20 ~ 25 | 无干扰、无污染的工业，如高科技电子工业、缝纫工业、工艺品制造工业 |
| | 二类工业用地 | 30 ~ 42 | 指部分有一定干扰、污染的工业，如食品、医药等行业 |
| | 三类工业用地 | 45 ~ 56 | 重型机械、电气工业企业 |

表 5-4　城市建筑单位建筑面积负荷密度指标

| 大类 | 小类 | 用电指标 |
|---|---|---|
| 居住建筑用地 | 多层普通住宅 | 2 ~ 3kW/ 户 |
| | 多层中级住宅 | 3 ~ 5kW/ 户 |
| | 高层高级住宅 | 5 ~ 8kW/ 户 |
| | 别墅 | 7 ~ 10kW/ 户 |

续表

| 大类 | 小类 | 用电指标 |
|---|---|---|
| 公共建筑用地 | 高级宾馆、饭店及 40 层以上高层写字楼 | 120 ～ 160W/m² |
| | 中档宾馆及 40 层以下、15 层以上写字楼 | 100 ～ 140W/m² |
| | 普通宾馆及 15 层以下写字楼 | 70 ～ 100W/m² |
| | 科技馆、影剧院、医院等大型公共建筑 | 60 ～ 100W/m² |
| | 银行 | 60 ～ 100W/m² |
| | 大型商场 | 80 ～ 120W/m² |
| | 一般商场 | 25 ～ 50W/m² |
| | 行政办公楼 | 40 ～ 60W/m² |
| | 科研设计单位 | 20 ～ 60W/m² |
| | 中小学、幼儿园、托儿所 | 20 ～ 50W/m² |
| | 体育馆 | 70 ～ 100W/m² |
| | 停车场建筑 | 15 ～ 40W/m² |
| 工业建筑用地 | 工业标准厂房 | 45 ～ 80W/m² |
| 仓储建筑用地 | 一般仓库 | 2 ～ 6W/m² |
| | 冷藏仓库 | 8 ～ 15W/m² |
| 其他建筑用地 | | 12 ～ 18W/m² |

3）根据负荷及电源条件确定供电电源方式

电源规划设计的具体内容有：确定发电设备总容量；选择电源结构（即确定各类型电厂容量）；确定电源布局；电源建设方案优化；提出电源建设项目表等。城市电源通常分为城市发电厂和变电站（所）两类。城市发电厂主要有火力发电厂、水力发电厂、核电站等。发电厂应靠近负荷中心，有方便的运输条件，保证燃料供应稳定，有高压线进出的可能性，系统运行安全可靠、经济合理，系统装机容量得到充分利用，满足调峰要求，卫生防护距离达到国家标准。变电站一般建在工程地质条件良好，地耐力高，地质构造稳定的地方，少占农田，交通方便，不污染环境。

4）按负荷分布，拟定若干个输电和配电网布局方案，进行技术经济比较，提出推荐方案中主要应确定输电方式、城市电力网络电压等级、电力网接线方式（放射式、多回线式、环状式、格网式等）、电力线路分类和敷设方式、升压和降压变电所的类型、供电半径、供电范围和布局、电力变压器的选择等。

5）进行规划可行性论证

其工作内容主要包括城市电力工程建设必要性论证、工程建设任务书编制、研究输电方案、初选代表性厂（站）址和线路布置方案、初选工程规模、建设征地和移民安置初步规划、估算工程投资、资金筹措方式以及初步经济评价等。

6）编制规划、设计文件及规划图表

其工作内容包括可行性研究报告、规划书、初步设计、设计说明书、技施设计、工程材料表、设备清单、工程预算书等。

### 三、城市电力工程主要设施

1. 变电配电设施

变电站按其在电网中的位置、作用和特点可划分为：枢纽（中心）变电站、区域（中间）变电站、终端变电站、配电变电站、配电开关站和用户变电站等。

枢纽变电站一般有人值班，总平面布置中包括主控楼、配电装置场地和辅助设施场地等。主控楼的大小按变电站规模确定，楼内包括继电器室、计算机房、自用电室、蓄电池室、检修和实验室，以及主要为载波机房和微波机房的通信设施。配电装置场地占变电站用地的主要部分，可采用占地较少的高层或半高层的户外或半户外布置。其他辅助生产建筑主要有空气压缩机站、油库、锅炉房、汽车库等。

区域变电站规模较枢纽变电站小，一般位于市区外环，为节约投资和用地，多采用半户内型布置，主变压器安装在户外，其他设施均安装在室内。

终端变电站和其他变电站多数已深入负荷中心，主变压器容量很大且有户外安装条件的可采用半户内布置，其余均宜全户内布置。全户内变电站可以独立建造或与其他建筑物混合建造，如无合适场地也可建造在地下。

箱式变电站也是近年来城网中用得较多的设施。箱式变电站是将电力变压器与中、低压配电装置组装在同一箱体内，可以整体运输吊装的配电站，它节约用地，安装迅速，外形美观。

变电站的主要设备有：电力变压器、断路器和开关设备、继电保护和自动装置以及无功补偿设备等。

（1）电力变压器

电力变压器的类型很多，可以按不同方法进行分类。

按用途不同可分为：升压变压器、降压变压器、联络变压器、站用（厂用）变压器、接地变压器、配电变压器、箱式变压器、杆架变压器以及用于直流输电的换流变压器等。

按相数不同可分为：单相变压器、三相变压器和多相变压器等。

按绕组数及其结构形式不同可分为：双绕组变压器、三绕组变压器、多绕组变压器、自耦变压器和分裂变压器等。

按铁芯与绕组的组合结构不同可分为芯式变压器和壳式变压器。

按绝缘介质不同可分为：油浸变压器（内注矿物油或硅油等合成油）和干式变压器（内充空气、$SF_6$ 气体、采用绝缘材料或环氧树脂浇注等）。

按冷却方式不同可分为：油浸自冷变压器、油浸风冷变压器、强迫油循环风冷变压器、强迫油循环水冷变压器、强迫油导向循环风冷变压器、强迫油导向循环水冷变压器和蒸发冷却变压器等。

变压器一般是由铁芯、绕组、油箱、绝缘套管和冷却系统五个主要部分构成。

变压器在电力系统中的主要作用是：变换电压，以利于功率的传输。在同一段线路上传送相同的功率，电压经升压变压器升压后，线路传输的电流减小，可以减少线路损耗，提高送电经济性，达到远距离送电的目的，而降压则能满足各级使用电压的用户需要。

（2）断路器和开关设备

城市变电站用的断路器和开关设备主要在于形式的选择。断路器的形式有多油、少油、空气、电磁、六氟化硫（$SF_6$）和真空等几种。对 220kV 及以下的电网，若无特殊要求，可采用较为经济的少油断路器，但目前少油断路器的发展已接近尾声，逐步被 $SF_6$ 断路器所替代。110kV 及以上一般采用 $SF_6$ 落地罐式断路器扩大组合型的开关设备，除母线、电压互感器和避雷器外，隔离开关、接地开关、电流互感器和断路器都组装在一个充 $SF_6$ 的容器内；另一种是 $SF_6$ 全封闭组合式电器（GIS），把整个变电站除主变压器以外的一次设备全部封闭在一个接地的充 $SF_6$ 的金属压力容器内，更加缩小了占地面积与空间。10 ~ 35kV 的开关设备则是成套装配式的开关柜，开关柜用金属外壳封闭，柜内各功能隔室用金属或非金属隔板隔开，所装电流互感器既作穿墙套管，又作连接触头，支持绝缘子均由环氧树脂浇注。断路器一般用 $SF_6$ 或真空断路器装于手推车上，可推入或拉出，因而省去了隔离开关，更缩小了体积。

城网中用得较多的中压开关设备还有环网开关，因为城市电缆网的接线一般采用开环运行的单环网。单环网支接至用户由环网开关来完成。环网开关柜按柜体结构不同分为二回路单元或多回路单元，其中二回路分别为进线和出线，其他回路接至负荷，一般为配电变压器或用户变压器，进出线回路中装负荷开关，负荷回路中装负荷开关和断路器并带熔断器和继电保护。

所谓一次设备，是指直接生产和输配电能的设备，包括发电机、变压器、断路器、隔离开关、自动空气开关、接触器、闸刀开关、母线、电力电缆、电抗器、避雷器、熔断器、互感器等。

所谓二次设备，是指对一次设备的工作进行监察测量和控制保护的辅助设备，包括仪表、继电器、自动控制设备、信号设备及保护电源等。

（3）继电保护和自动装置

变电站中的线路、电力变压器、电容器、电抗器、调相机、消弧线圈等设备都需要配置可靠的、有选择性的、动作迅速和灵敏度高的继电保护装置。继电保护通常分为电流保护、电压保护、差动保护、距离保护、高频保护、微波保护和行波保护等。保护装置可由电磁继电器、整流型继电器、半导体元件、集成元件或微机等构成。

城网中 220kV 及以上的送电网采取双重化保护，即同样原理的继电保护应具备两套，以确保可靠动作；配电网的继电保护则应力求简化；城网中的终端变电站，尤其是 110kV 及以上的，高压侧不设母线和断路器，主变压器故障时由远方跳闸装置断开电源断路器。35kV 电网终端变电站中的线路变压器组的主变压器高压侧是否需要装断路器，可通过与远方跳闸装置的费用比较确定。城网中需要多条线路并联运行时，可采用纵差保护。

集成元件或微机型继电保护，由于成本低、性能好、体积小，已取代了传统的电磁继电器。

自动装置包括在变电站内就地控制的自动装置（如自动重合闸，按频率紧急减负，自动调节无功补偿和主变压器电压分接开关，以及故障录波器等设施），还包括电力调度中心用来对变电站实行遥控、遥信、遥测、遥调的技术装备，由具有发射和接收功能的主控制装置、远方终端装置组成。装置内部一般采用模块化、组合化和总线结构。基本部件包括中央处理器、存储器、模数转换器和数模转换器、通信控制器、调制器与解调器、实时时钟和电源部件等。输入与输出有模拟量、开关量、数字量和脉冲量等。

早期的"四遥"装置以及电器作为主要元件，称为有触点远动，其功能简单、容量小、动作速度慢。随着电子元件、通信和计算机技术的发展，无触点和微机远动装置先后得到发展和应用，功能日臻完善，数据更新也大大加快。近年来引入的数字化控制和保护装置，把所有硬件部件集中在一起，通过软件完成控制、连锁、保护、显示、监视、记忆以及通信等功能，新的适合于数字化控制单元特性的传感器体积更小，可靠性更高。

（4）无功补偿设备

在交流电路中，负载向电网吸取的电力有有功功率和无功功率之分。有功功率就是可以将电能转化为其他能量的功率，如热能、机械能、光能等。无功功率则用来产生用电设备所需要的磁场，特别是电动机等电感性设备。无功功率是不消耗电能的，所以称之为无功。但它要在电路中产生电流，这种电流称之为电感电流。电感电流同样会增加电气线路和变压设备的负担,降低电气线路和变压设备的利用率,增加电气线路的发热量;但没有它,用电设备又不能正常工作。于是,人们就找一种在同一电源下,所产生的电流与电感电流方向相反的电器接在线路上,用来抵消电感电流。这样,既不影响电动机产生磁场,又能消除或减少线路上的电感电流,这种电器就是电容器。这种电容器就叫补偿电容器,也叫电力电容器。它在线路上的电流正好与电感电流相反。只要在线路上接的电容数量与负载的电感分量相匹配,所产生的电容电流就能非常有效地消除或减少线路上的电感电流,也就是消除或减少负载向电网吸取无功功率。这样就能减少电气线路和变压设备的负担,提高电气线路和变压设备的利用率,降低电气线路的发热量。那么,在电气线路上安装补偿电容器就称为无功补偿,也叫对线路进行无功优化。补偿设备主要有补偿电容和有载调压变压器两种。

2. 输电、电网设备

（1）架空线路

1）架空线路的组成

架空线路由杆塔、横担、绝缘子、金具、导线、地线、拉线等主要部件组成。杆塔通常有钢筋混凝土杆、金属杆（铁塔、钢管杆、型钢杆等）。35kV 及以下一般采用钢筋混凝土单杆,63kV 及 110kV 线路进城的,用钢管焊或轻型窄基铁塔。架空线用导线有铝线、铜线、钢芯铝线和（耐热）铝合金线等。主干导线的品种、截面按电气和机械方面的设计要求,在同一个城市电网内应力求一致。每个电压等级可选用 2 种规格。一般可参考表 5-5 和表 5-6。

表 5-5　35kV 及以上送电线路选用导线截面

| 电压等级（kV） | 导线截面积（按钢芯铝绞线考虑）（mm$^2$） | | | |
|---|---|---|---|---|
| 35 | 185 | 150 | 120 | 95 |
| 63 | 300 | 240 | 185 | 150 |
| 110 | 300 | 240 | 185 | 150 |
| 220 | 400$^*$ | 300 | 240 | |

表 5-6　10kV 及以下配电线路选用导线截面

| 电压等级 | | 导线截面（按铝绞线考虑）（mm$^2$） | | |
|---|---|---|---|---|
| 380/220V（主干线） | | 150$^*$ | 120 | 95 |
| 10kV | 主干线 | 240 | 185 | 150 |
| | 次干线 | 150 | 120 | 95 |
| | 分支线 | 不小于 50 | | |

架空线路用的绝缘子有针式绝缘子、外胶装的支柱绝缘子（或瓷担）、悬式绝缘子、长棒形瓷绝缘子、合成绝缘子等。

架空线路常用电气设备有：跌落式熔断器、隔离开关、高压柱上开关（负荷开关）、避雷器、柱上电力容器等。

2）城市架空电力线路要求

城市架空电力线路应符合下列要求：

应根据城市地形、地貌特点和城市道路规划要求，沿道路、河渠、绿化带架设。路径选择应做到：短捷、顺直，减少同河渠、道路、铁路的交叉。对35kV及以上高压线路应规划专用走廊或通道。

架空线杆塔的选择，应采用占地少的混凝土杆、钢管杆及自立式铁塔。110kV架空线路在占地限制或高度要求条件下，可采用钢管杆，一般地带直线型采用混凝土杆，转角耐张型采用铁塔。35kV、10kV架空线路一般采用混凝土杆，对特高杆及受力较大的转角、耐张杆，为取消拉线可采用钢管杆或窄基铁塔。380V低压架空线路一般都采用混凝土杆。杆塔外表、色调应与周围环境相协调。

为美化市容、提高空间利用率，线路走廊拥挤地区，配电线路宜合杆架设，做到"一杆多用"（包含电力通信线）和"一杆多回路"。

中、低压架空线在电网联络分段处及支接点，需要时可加装负荷闸刀。

城市架空电力线路的导线安全系数一般选用3～4；市区架空线路安全系数，根据导线截面、档距大小，可增至5以上，合成绝缘子的机械强度安全系数应不小于3.5，线路外绝缘的泄露比距应符合地区污秽分级标准。

架空线路的规划设计，应满足导线与树木及建筑物之间的安全距离。市区或县级城镇低压架空线路应使用绝缘导线或沿墙敷设的成束架空绝缘导线，现有裸导线应逐步更换为绝缘导线。人口稠密地区中压架空线路推广使用绝缘导线。对线路走廊及安全距离有矛盾时，应通过规划、电力、绿化等部门协调解决。

中压、高压、超高压架空线路的导线，宜推广稀土铝导线。经过技术经济比较，也可选用耐热铝合金导线。

架空电力线路的规划建设应注意对邻近通信设施的干扰影响及电台距离，其干扰值应符合国家有关标准允许范围。

（2）电缆线路

1）适用范围

大城市中架空线电网已越来越不适应负荷增长和环境的要求，因此电力电缆得到不断发展并成为建设现代化城市电网的一个重要环节。按照我国的具体条件，目前在下列情况下采用电缆线路：

繁华地区、主要道路、重点旅游区等按照城市规划不宜通过架空线的地区；走廊狭窄、架空线对建筑物不能保持安全距离的道路；负荷密度和供电可靠性要求高的地区，用架空线不能满足要求时；深入市区的 110kV 及以上线路；严重腐蚀和易受热带风暴侵袭的主要城市的重点供电区。

2）常用电缆的型式

黏性油浸渍纸绝缘电缆。使用黏性油浸渍纸作为绝缘材料的电缆，在 6 ~ 35kV 电网中广泛使用，但截面较小，大部分为铝芯 240mm²，近年来随着城市负荷的增高，已逐步采用大截面的交联聚乙烯电缆来代替。

PVC 电缆。是用聚氯乙烯塑料作为绝缘材料的电缆，广泛应用于低压线路中。

充油电缆。主要是自容式充油电缆，有单芯和三芯两种，单芯用于 60 ~ 500kV 电网，三芯一般用于 35 ~ 110kV 电网。其特点是采用经过脱气的低黏度绝缘油充入电缆内部，并借补油设备给以一定压力以消除内部产生气隙的可能性。但需有一套共有设备，在城市中取得塞止接头和油箱的安装空间愈来愈困难。

交联聚乙烯电缆。这是利用高能辐射或化学方法对聚乙烯分子进行交联作为绝缘介质的一种电缆。与油纸电缆及充油电缆相比较，具有载流量大，质量轻，坚固，适用于恶劣环境，接头、终端头等附件制作简单等优点。目前已应用于各级电压电网。

3）电缆敷设方式

电缆敷设方式，见表 5-7。

表 5-7　电缆的敷设方式

| 方式 | 内容 |
| --- | --- |
| 直埋敷设方式 | 这是最简单、经济的敷设方式，一般敷设于市区人行道下部，三芯电缆并排敷设，单芯电缆成品字形排列。品字形排列的隔一定间距用绑带扎紧 |
| 电缆沟敷设 | 当电缆在人行道上需多层敷设时可以采用电缆沟，但沿线妨碍建沟的横向管道均需切断，故建设时也有一定难度。因此，一般只在变电站内部和个别变电站出线处使用 |
| 排管敷设 | 对于密集的电缆线路可用排管敷设。一路排管最多可有 3×7 孔。隔一定长度设置接头工井，线路转角较大时设置转角井。排管一般适用于电缆条数较多且有机动车等重载的地段 |
| 隧道敷设 | 电缆敷设在隧道内是最好的敷设方式，安装、运行、检修都比较方便。但隧道施工费用较昂贵，地下管线复杂时，施工困难。施工时还需长期封锁交通，虽然这种困难可用顶管或盾构法施工解决，但价格昂贵，要求施工场地大，在市区同样困难重重。因此，一般只在大型变电站、进出线密集的地方采用 |
| 电缆过桥 | 电缆利用交通桥梁过桥是最经济的过河办法。通过采取一定措施后，在防火、通信干扰和桥梁安全运行等方面均不存在问题。但电缆过桥须与桥梁管理单位协商，在桥梁结构上考虑增加的电缆荷重和预留通道。过桥时宜穿管，并推荐使用玻璃纤维增强型塑料管，其质量轻，耐振动，便于施工 |

（3）用电设备

用电设备主要包括动力用电设备、照明用电设备及其他用电设备。动力用电设备主要指各种带有电动机的动力设备；照明用电设备主要有各类照明器具、配电箱、开关等；其他用电设备包括广场音响、部分家用电器、充电设备等。

### 四、城市电力工程施工

城市电力工程施工包括变电站施工和输电线路施工两部分。

1. 变电站施工

（1）土建施工

土建施工主要包括配电房工程（一般包括配电室、主控室及其他功能室、电容器室等），设备基础施工，接地坑开挖，电缆沟施工，构支架安装，围墙、道路、大门、水暖、照明施工等内容。

配电房施工包括测量放线、土方开挖、垫层施工、基础施工、主体施工、预埋件安装、屋面施工等。设备基础施工主要包括基坑开挖、钢筋笼绑扎就位、连接件预埋、模板支设、混凝土浇筑及养护等。构支架安装主要是把钢筋混凝土或钢结构的构架和支架按设计图纸的要求固定好，以便安装电气设备。围墙、道路、大门、水暖、照明施工等与一般土木工程类似，这里不做详细介绍。电缆沟施工在本章后续内容有所介绍。

（2）电气安装

电气安装包括变压器安装、断路器安装、高压隔离开关安装、互感器和消弧线圈安装、避雷器安装、电抗器安装、电容器安装、母线装置安装、接地装置安装、控制电缆敷设及接线、盘（柜）安装等。这些电气安装工作须由相关专业人员来完成。

2. 输电线路施工

（1）架空线路施工

1）线路测量

工艺流程：包括施工准备—线路复测—基础分坑—质量检验。

准备工作。包括技术准备（熟悉设计文件和图纸，进行详细的现场调查，图纸会审与技术交底，材料复试与报验，仪器检测，技术标准准备等）、施工机具准备（经纬仪、GPS、全站仪、塔尺、钢尺、花杆、小木桩等）、施工人员准备（持证上岗的测工、普工）、材料准备、资金准备等。

线路复测。线路复测的内容主要包括档距、转角、相对高程、重要跨越等。复测的重点是核对所测数据的偏差是否在允许范围之内。复测时应进行跨越物、拆迁物、树木的登记和统计工作，复测完毕后应及时编制复测成果。

基础分坑。其内容包括确定线路方向和基础编号、定出杆塔中心桩位置、钉好辅助桩、开挖基础分坑等。分坑时要注意复核档距、角度，绘制塔基平面草图，做好分坑记录等工作。

质量检验。①线路路径复测质量要求及检查方法应按《110kV~500kV 架空电力线路工程施工质量及评定规程》（DL/T5168—2002）中表 5.1.2 的质量要求及检查方法逐基进行检查。②测量时重点核对杆塔位中心桩（作为测量基准）、地形危险点标高、塔位中心桩移桩的测量精度、新增障碍物位置及处理等。

2）土石方工程施工

工艺流程：施工准备→基础开挖→接地沟开挖→基础回填→接地沟回填→地貌恢复→质量检验。

施工准备。包括技术准备（如熟悉设计文件和图纸，进行现场调查，图纸会审与技术交底，制定施工方案等）、施工机具准备（经纬仪或全站仪、挖坑工具、挖掘机、凿岩机、抽水泵等）、施工人员准备（持证上岗的指挥工、安全员、质量员、测工、电工等）、资金准备等。

基础和接地沟开挖。主要内容有界面清理、探坑、开挖和扩孔、修坑、验坑、垫层施工等。垫层一般采用 C10 混凝土或 M7.5 水泥砂浆铺石灌浆制作。

基坑和接地沟回填。现浇基础在拆模后即取土回填，回填时应清除坑内的树枝、枯草等杂物，排除坑内积水，并不得在边坡范围内取土。回填宜选取未掺有石块及其他杂物的泥土，并应分层夯实。

回填完成后，进行地貌恢复。

3）基础浇筑工程施工

工艺流程：施工准备→模板安装→钢筋制作及安装→地脚螺栓安装和角钢插入就位→混凝土绕筑→基础养护→模板拆除→质量检验。

施工准备。包括技术准备（熟悉设计文件和图纸，现场调查，图纸会审与技术交底，原材料复试、混凝土配合比确定等）、人员准备（包括持证上岗的指挥工、安全员、质量员、混凝土振捣工、混凝土工、钢筋绑扎工等）、施工机具准备（混凝土搅拌机、插入式振捣器、磅秤、手推车、溜槽、模板等）、施工现场布置、原材料准备等。

模板安装。包括选择合格的模板和支架，检查、清理基坑，做好垫层，拼装模板，模板调整和固定等工作。

钢筋制作及安装。包括钢筋调直、钢筋加工、钢筋连接、配置箍筋、钢筋笼（网）安装等。

钢筋调直可采用机械方法或冷拉方法，要控制好冷拉率。钢筋弯钩和弯折应符合规范规定。钢筋加工的形状、尺寸应符合设计要求，其偏差应符合表 5-8 的规定。

表 5-8　钢筋加工的允许偏差

| 项目 | 允许偏差（mm） |
|---|---|
| 钢筋顺长度方向全长的净尺寸 | ±10 |
| 弯起钢筋的弯折位置 | ±20 |
| 箍筋内净尺寸 | ±5 |

钢筋连接一般采用机械连接、焊接连接或绑扎连接。纵向受拉钢筋采用绑扎连接时，其最小搭接长度应符合表 5-9 的规定。

表 5-9　纵向受拉钢筋的最小搭接长度

| 钢筋类型 | | 混凝土强度等级 | | | |
|---|---|---|---|---|---|
| | | C15 | C20 ~ C25 | C30 ~ C35 | ≥ C40 |
| 光圆钢筋 | HPB235 级 | 45d | 35d | 30d | 25d |
| 带肋钢筋 | HRB335 级 | 55d | 45d | 35d | 30d |
| | HRB400、RRB400 级 | | 55d | 40d | 35d |

钢筋笼（网）绑扎的允许偏差应符合表 5-10 的规定。

表 5-10　钢筋安装后的允许偏差　　　　　　　　（单位：mm）

| 项目 | | 允许偏差 | 项目 | | | 允许偏差 |
|---|---|---|---|---|---|---|
| 绑扎钢筋网 | 长、宽 | ±10 | 受力钢筋 | 保护层厚度 | 基础 | ±10 |
| | 网眼尺寸 | ±20 | | | 柱、梁 | ±5 |
| 绑扎钢筋骨架 | 长 | ±10 | 绑扎钢筋，横向钢筋间距 | | | ±20 |
| | 宽、高 | ±5 | 钢筋弯起点位置 | | | 20 |
| 受力钢筋 | 间距 | ±10 | 预埋件 | | 中心线偏差 | 5 |
| | 排间 | ±5 | | | 水平高差 | +3，0 |

地脚螺栓安装和角钢插入就位。地脚螺栓采用井字架和限位板进行安装，安装时控制好地脚螺栓间距、外露高度、同组螺栓对中心偏移。角钢插入坑底事先设置的垫块上，控制好插入式角钢各部位的尺寸、倾斜角、高程，将定位螺栓穿过角钢上的定位孔，然后对插入角钢的上外角（包括位置、角度、高程、扭转等）和坡比

进行找正和校核。

混凝土浇筑。其工艺流程为：施工准备→搅拌混凝土→浇筑混凝土（含试块制作）→混凝土振捣基础抹面。

基础养护。混凝土浇筑后，应在 12h 内开始浇水养护，当天气炎热、干燥有风时，应在 3h 内进行浇水养护。对普通硅酸盐和矿渣硅酸盐水泥拌制的混凝土，浇水养护时间不得少于 7 昼夜。

模板拆除。基础拆模时的混凝土强度，应保证其表面及棱角不损坏，特殊型式的基础底模及其支架拆除时的混凝土强度应符合设计要求。模板拆除后，基础外观质量不应有严重缺陷。对已经出现的严重缺陷，应由施工方提出技术处理方案，并经监理认可后进行处理。对经处理的部位，应重新检查验收。对于出现的一般质量缺陷，应由施工方按技术处理方案进行处理，以满足规范要求。

4）杆塔组立工程施工

在架空线路杆塔组立之前，首先要做好充分的准备工作，包括场地平整、清理障碍物、抱杆检查，起重机具检验或现场试验，清点和检验塔材，人员准备（如组塔指挥工、安全员、质量员、机动绞磨机手、吊车司机等）、技术资料准备（如线路明细表、铁塔施工组装图、组塔作业指导书、铁塔施工工艺手册、施工记录表等）及施工机具材料的准备（如塔料、普通螺栓、防盗螺栓、扣紧母、塔脚母、垫等）等。

杆塔组立施工方法可分为整体组立和分解组立两种。

整体组立是指在地面上将铁塔组装好，然后利用牵引装置把整个铁塔竖立和就位的方法。常用的方法是倒落式抱杆整体组立杆塔施工法。整体组立适用于重量轻、高度小的铁塔。

分解组立是指在地面上将铁塔按部位或构件类型进行局部组装，然后起吊并在空中分段分节组装就位的施工方法。常用的方法有：吊车组塔施工、铁抱杆分解组立铁塔施工、内悬浮抱杆分解组塔施工、落地摇臂抱杆分解组塔施工、塔式起重机分解组塔施工等。分解组立适用于重量较重、高度较大的中型和大型铁塔。

5）接地工程施工

其主要工作有：施工准备、接地体加工、接地沟开挖、接地体敷设、接地引下线安装、接地电阻测量和质量检验等。

（2）电缆线路施工

1）电缆沟道施工

电力沟施工，包括以下施工工作：

①施工准备工作。包括施工调查、原材料进场、机械设备进场、人员进场等。

②工程测量。包括桩位交接、桩位复测、控制网加密测量、施工测量放线、竣

工测量等工作。

③降水、排水施工。主要包括明沟排水、轻型井点降水及管井降水等施工方法。通过降水、排水，达到在无水的条件下进行沟槽开挖、结构施工、暗挖施工及顶管施工，保证工程施工质量及安全。明沟排水一般在沟槽或工作竖井内进行，轻型井点降水、管井降水一般在开槽边线外或结构边线外 1.5m 处布设，井点间距、深度根据降水设计计算确定。

④沟槽开挖。主要工作有沟槽开挖、边坡修整和人工清底。需要注意的是：

A. 在沟槽开挖前，先要确定沟槽断面形式、边坡坡度、开挖深度、底部开挖宽度，然后根据施工组织设计确定的开挖方法（人工开挖或机械开挖）进行开挖，一般多采用分段分层法开挖。

B. 检查井与沟槽同时开挖。开挖过程中要根据实际情况考虑好是否设置沟槽支护、余土外运、处理流沙、季节性施工等措施。

⑤地基与基础施工。沟槽挖至基底设计标高，宽度符合设计或施工方案要求，土质特性等符合设计要求，表面平整、无虚土时，按规范要求进行钎探。钎探深度必须符合要求，准确记录锤击数。钎探合格后，进行基础施工。具体基础类型有灰土基础、砂石和砂基础、换填地基等。施工时要注意配合比、每层虚铺厚度、分段处搭接长度、压实系数、顶面标高等指标的控制。

⑥防水施工。明挖电力沟一般采用多种防水措施以保证电力沟不渗不漏，达到隧道运营使用要求。其主要防水措施有防水混凝土、水泥砂浆防水层、聚合物改性沥青卷材防水层、双组分聚氨酯防水层、水泥基渗透结晶防水涂层等。变形缝、施工缝等防水薄弱环节则采取相应的构造措施。

A. 防水混凝土施工。这是通过控制混凝土材料、浇筑质量、细部构造，并适当添加防水剂的方法达到混凝土结构自防水的施工方法。其施工方法与普通混凝土施工类似，但对浇筑质量、施工缝处理、止水构造及养护要求更严格一些。

B. 水泥砂浆防水层施工。这是将质量合格的水泥、砂、水和外加剂按施工配合比搅拌均匀，然后分层涂抹在经过处理的砖墙或混凝土基层上的施工方法。施工中要处理好基层、控制好分层抹灰厚度、处理好细部构造、控制好环境温度等。

C. 高聚物改性沥青卷材防水层施工。防水材料常用 SBS、APP 高聚物改性沥青防水卷材。这类材料是以聚酯毡或玻纤毡为胎体，两面附以隔离材料所制成的防水卷材制品，与防水卷材配套的辅助材料必须和防水卷材材料性能相容。施工方法可采用外防外贴法（防水层贴在保护墙上）或外防内贴法（防水层贴在结构外表面）。具体铺贴方法有满粘铺贴法、空铺法、点粘铺贴法和条粘铺贴法四种。施工时要注意控制基层处理、阴阳角附加层、卷材铺贴、卷材搭接等工序的施工质量，加强检查和监督。

D. 双组分聚氨酯防水层施工。双组分聚氨酯防水涂料由甲组分（异氰酸基含量以 3.5%±0.2% 为宜）和乙组分（羟基含量以 0.7%±0.1% 为宜）两部分按产品说明书的比例混合搅拌而成。

E. 水泥基渗透结晶型防水涂层施工。水泥基渗透结晶型防水涂料是一种粉状防水涂料，经与水拌和后可调配成刷涂或喷涂在混凝土表面的浆料。材料中的活性化学物质向混凝土内部渗透，在混凝土表面及一定深度范围内形成不溶于水的结晶体，填塞毛细孔道，从而使混凝土致密、防水。

⑦电力沟结构施工。电力沟的受力结构常用钢筋混凝土结构和砖砌体结构两种。

A. 钢筋混凝土结构施工工艺流程见表 5-11。

表 5-11　钢筋混凝土结构施工工艺流程

| 施工程序 | 具体工艺流程 |
| --- | --- |
| 混凝土垫层施工 | 测量放线→清理基底→模板支护→混凝土浇筑→振捣找平→养护 |
| 底板钢筋绑扎 | 弹出钢筋位置线→绑扎底板下层钢筋→绑扎底板上层钢筋→绑扎墙体插筋隐蔽验收 |
| 底板模板支护 | 模板清理→安装底板外侧模板→焊堤坎模板定位筋→安装堤坎模板→安拉杆、支撑并校正→模板质量检查验收 |
| 底板混凝土浇筑 | 作业准备→混凝土搅拌→混凝土运输→混凝土浇筑与振捣（混凝土试块留置拆模、养护）→质量检查验收 |
| 侧墙、顶板内模支护 | 基底清理→模板清理→内模、支撑系统安装→检查、校正、加固 |
| 侧墙、顶板钢筋绑扎 | 放位置线→绑竖向钢筋→绑水平钢筋→绑斜拉筋及定位筋→安装预埋螺栓等预埋件→绑顶板主筋→绑分布筋→检查验收 |
| 侧墙、顶板外模安装 | 外模安装→外模支撑安装→工作缝清理→验收 |
| 侧墙、顶板混凝土浇筑（以泵送混凝土为例） | 混凝土泵、布料设备选择→混凝土泵、布料设备就位固定泵管铺设→设备调试→管道润滑→混凝土泵送（混凝土入场检验）→混凝土布料→泵及管道拆除、清洗 |

B. 砌体结构施工工艺流程见表 5-12。

表 5-12　砌体结构施工工艺流程

| 施工程序 | 具体工艺流程 |
| --- | --- |
| 工程测量施工降水沟槽开挖混凝土垫层施工防水施工 | 文中已述 |

| 施工程序 | 具体工艺流程 |
|---|---|
| 底板钢筋绑扎底板模板支护底板混凝土浇筑 | 同表 6-10 中对应内容 |
| 侧砖墙砌筑施工 | 确定组砌方法→砖浇水→拌制砂浆、排砖摆底→砖墙砌筑→抹面→验收 |
| 变形缝施工 | 主要是在变形缝处按设计要求安装止水带，位置要正确 |
| 水泥砂浆抹面施工 | 基层清理湿润→抹底层砂浆→抹面层砂浆→墙角加细修整→养护 |
| 预制盖板安装 | 支座铺筑砂浆→构件吊装就位→勾缝→验收 |
| 防水施工 | 文中已述 |

⑧土方回填。沟槽回填材料一般为素土，淤泥、沼泽土、冻土、有机土以及含有草皮、树根、垃圾和腐殖土不得作为回填材料。当素土回填密实度达不到要求时（通过压实度检测可知），应回填石灰土、砂砾等材料，砂、石级配要合理。

2）电缆埋管施工。电缆埋管是电缆敷设的一种常见方式，根据电缆埋管类型不同可分为海泡石电缆管埋管、钢管埋管、塑料管埋管、玻璃钢埋管、镀塑钢管埋管等种类。按照设计要求，埋管外部可作混凝土、钢筋混凝土包封，以适应不同的环境。电缆埋管均采用明挖方法施工，其主要施工内容有工程测量、沟槽开挖、管道安装、包封混凝土浇筑、土方回填等。具体工艺流程见表 5-13。

表 5-13 电缆埋管施工工艺流程

| 电缆埋管类型 | 施工工艺流程 |
|---|---|
| 海泡石电缆管埋管 | 测量放线→沟槽开挖→基槽验收→素土夯实→垫层混凝土→下层钢筋绑扎→管道安装→上层钢筋绑扎→检查验收（拉棒试通）→支模→浇筑包封混凝土→养护→验收→回填土方 |
| 钢管埋管 | |
| CPVC（氯化聚氯乙烯）电缆管埋管 | 测量放线→沟槽开挖→基槽验收→素土夯实→条基浇筑与安装→管枕安装→管间回填→验收 |

3）浅埋暗挖施工。电力隧道浅埋暗挖施工方法是在浅埋软质地层的隧道中，基于新奥法而发展的一种工法。主要施工内容有：施工测量、监控测量、工作竖井施工、浅埋暗挖隧道施工、防水层施工、二衬模筑混凝土施工及附属构筑物施工等。初期支护是施工的重点和难点，施工中必须坚持"管超前、严注浆、短开挖、强支护、

快封闭、勤测量"的十八字原则，确保隧道施工和周边建筑物、地下管线等的安全。具体工艺如下：

①隧道测量。在隧道测量时，需要明确两点：

A．隧道测量工艺流程为控制桩交接→控制桩复测→施工控制网加密测量→施工竖井联系测量→电力隧道掘进测量→竣工测量。

B．电力暗挖施工控制网应符合下列技术和精度要求：

a．精密导线测量主要技术要求见表5-14。

表 5-14　精密导线测量主要技术要求

| 平均边长（m） | 导线总长度（km） | 每边测距中误差（mm） | 测距相对中误差 | 测角中误差（"） | 测回数 | | 方位角闭合差（"） | 全长相对闭合差 | 相邻点的相对位中误差（mm） |
|---|---|---|---|---|---|---|---|---|---|
| | | | | | DJ1 | DJ2 | | | |
| 350 | 3～5 | ±6 | 1/60000 | ±2.5 | 4 | 6 | $5\sqrt{n}$ | 1/35000 | ±8 |

b．水平角方向观测法的技术要求见表5-15。

表 5-15　水平角方向观测法的技术要求

| 仪器型号 | 光学测微器两侧重合读数之差（"） | 半测回归零差（"） | 一测回中2倍照准差较差（〃） | 同一方向值各测回较差（"） |
|---|---|---|---|---|
| DJ1 | 1 | 6 | 9 | 6 |
| DJ2 | 3 | 8 | 13 | 9 |

c．电磁波测距的主要技术要求见表5-16。

表 5-16　电磁波测距的主要技术要求

| 平面控制网等级 | 测距仪精度要求 | 观测次数 | | 总测回数 | 一测回读数较差（mm） | 单程各测回较差（mm） | 往返较差 |
|---|---|---|---|---|---|---|---|
| 三等 | I | 1 | 1 | 4 | ≤5 | ≤7 | ≤2（a+bxD）<br>a—标定精度中的固定误差，mm；<br>b—标定精度中的比例误差系数，mm/km；<br>D—测距长度，km |
| | II | | | 6 | ≤10 | ≤15 | |
| 四等 | I | 1 | 1 | 2 | ≤5 | ≤7 | |
| | II | | | 4 | ≤10 | ≤15 | |

d. 精密水准测量主要技术要求见表 5-17。

表 5-17　精密水准测量主要技术要求

| 每千米高差中数误差（mm） | | 路线长度（km） | 水准仪的型号 | 水准尺 | 观测次数 | | 往返较差、附合或合差环线闭 | |
|---|---|---|---|---|---|---|---|---|
| 偶然中误差（mm） | 全中误差（mm） | | | | 与已知点联测 | 附合或环线 | 平地（mm） | 山地（mm） |
| ±2 | ±4 | 2～4 | DS1 | 铟瓦尺 | 往返各一次 | 往返各一次 | $\pm 8\sqrt{L}$ | ±2 |

e. 精密水准测量观测视线长度、视距差、视高差应符合表 5-18 的规定。

表 5-18　水准观测主要技术要求

| 水准尺 | 水准仪的型号 | 视线长度（m） | 前后视较差（m） | 前后视累计差（m） | 视线离地面最低高度（m） | |
|---|---|---|---|---|---|---|
| | | | | | 视线长度 20m 以上 | 视线长度 20m 以下 |
| 铟瓦尺 | DS1 | ≤ 60 | ≤ 1 | ≤ 3 | 0.5 | 0.3 |

f. 精密水准测量测站观测限差应符合表 5-19 的规定。

表 5-19　精密水准测量测站观测限差

| 基辅分划读数差（mm） | 基辅分划所测高差之差（mm） | 上下丝读数平均值与中丝读数平均值之差（mm） | 检测间歇点高差之差（mm） |
|---|---|---|---|
| 0.5 | 0.7 | 3.0 | 1.0 |

②工程注浆施工。电力隧道注浆施工主要包括地层超前注浆加固、初衬回填注浆和二衬背后回填注浆三种。根据开挖土质情况不同，所注浆液可分为水泥浆、改性水玻璃浆液、水泥－水玻璃双液浆等。

③土方开挖。其包括竖井开挖和隧道开挖。竖井开挖按工艺流程不同又分为全断面开挖和分部（或半断面）开挖两种：全断面开挖适用于土质稳定、开挖断面较小的竖井土方开挖；半断面开挖适用于土质较差或开挖断面较大的竖井土方开挖。一般采用人工开挖，然后用龙门架吊土。

④格栅钢架构件制作安装。其主要工作有钢筋或型钢加工、焊接成型、钢构架验收、格栅钢架架设、安装外层钢筋网片、焊接纵向连接钢筋和安装内层钢筋网片等。

⑤喷射混凝土施工（一衬）。其主要包括配料、拌和、喷射混凝土和混凝土养护。

⑥浅埋暗挖防水施工。其工作内容有清理喷射混凝土基面、验收基层、堵漏及抹找平层防水、涂刷水泥聚合物灰浆、粘贴聚乙烯丙纶防水卷材、排气压实、粘贴盖条、检验复合卷材施工质量、底板防水保护层施工和验收。

⑦模筑混凝土施工（二衬）。其主要包括基面清理、测量放线、底板钢筋绑扎、底板混凝土浇筑及养护、拱顶钢筋绑扎、模板支立、拱墙混凝土浇筑、拱墙模板拆除、拱墙混凝土养护、二衬背后注浆和验收等工作。

4）电力顶管施工。电力顶管施工一般指钢筋混凝土顶管施工，管径由设计根据电缆需要确定，管道顶进到位后，在管道内安装电缆支架等附属设施，以敷设电缆。顶管施工主要内容包括工作竖井及后背施工、工程注浆和管道顶进等方面。

①工作竖井及后背施工。其主要工作包括工作竖井类型确定、位置选择、工作竖井的开挖断面及支撑确定、后背墙安装等。

②注浆施工。顶管施工注浆是管道施工的重要工序，主要指压注触变泥浆和回填注浆（多为水泥粉煤灰浆）。压注触变泥浆在管道顶进过程中进行，随顶随压，触变泥浆充填于管周，以减小顶进阻力；回填注浆在管道顶进结束后进行。

③管道顶进。其包括顶进设备安装和管道顶进施工两方面。

顶进设备安装工艺流程：导轨安装工作平台安装→垂直起重运输设备安装→顶进设备（液压千斤顶）安装→检查验收等。

管道顶进工艺流程：测量放线→首节管空顶就位→初始顶进测量→压注触变泥浆→管道顶进→回填注浆→检查验收。

5）电力检查井及附属构筑物施工。电力检查井包括明挖检查井、暗挖工作竖井、暗挖井室等类型，电力附属构筑物包括通风设施、井筒、井盖、集水井、步道、电缆出入口和钢构件的制作安装等内容。

①明挖钢筋混凝土检查井施工。其工艺流程为：测量放线→井孔土方开挖→地基与基础处理→防水层施工→检查井钢筋绑扎（底板、侧墙、顶板筋）→安装预埋件→模板支护（底模、侧墙模、顶模）→混凝土浇筑、养护、拆模→防水层施工→土方回填等。

②浅埋暗挖井室初衬施工。其施工顺序为：测量放线→井口圈梁施工（同时安装竖井提升架和起重设备）→喷射混凝土初衬施工（土方开挖、格栅钢架等安装、喷射混凝土）→竖井封底→检查验收→盖板安装等。

③电力（隧道）附属构筑物施工，包括以下内容：

A. 电力沟通风管道施工，包括承插式柔性接口混凝土管、平口混凝土管、企口混凝土管等混凝土管，常常采用明挖法、平基法、垫块法和沉管法等施工方法。

B.电力沟砖砌通风亭的工作内容有准备工作、底板浇筑、通风亭砌筑、盖板安装、抹面勾缝、井周回填、验收；集水井、井筒、井盖等施工内容有作业准备、砖浇水、拌制砂浆、砌筑井筒和验收。

C.步道施工工艺流程为：基层清理→弹出步道中心线及边线→模板支护→浇筑步道混凝土→压实打光→养护→拆模→验收。

④钢构件制作与安装施工。电力沟（隧道）及其检查井中钢构件主要包括预埋铁、电缆支架、吊架、接地极、地线、拉力环、休息平台、挂梯、爬梯、井算子等。钢构件的制作、热刷锌防腐处理、现场安装焊接是其施工的主要内容。电力沟（隧道）钢构件一般由专业厂家制作成型，并要求全部进行防腐处理；现场采用手工焊接方式进行，经检查验收合格后，涂刷防锈漆进行防腐处理。

6）盾构施工。盾构施工是采用盾构机掘进的不开槽施工地下隧道方法之一，一般用于管径 1500mm 以上有特殊要求的长距离隧道施工。

盾构有土压平衡式、泥水加压式、手掘式、半机械式、机械式等几种形式，盾构机的选型应根据工程水文地质、施工范围内地上地下构筑物、管线埋深等要求，经技术经济比较后确定，盾构机的选型应满足以下要求：

盾构机必须满足施工范围内各种土层的掘进；盾构机必须满足施工过程需要的安全保障要求；盾构机强度与刚度应符合设计要求；盾构机的推进力、液压油缸推进速度、输土能力、刀盘切削的切削扭矩等应匹配，密封系统应严密，符合设计要求。

盾构法施工过程中，要注意加强安全、卫生、作业环境（包括通风、照明、排水、通道设置、劳保用品、噪声等）等方面的管理工作，特别是做好火灾、缺氧、瓦斯中毒、地面沉陷、触电、机械伤害、轨道事故等灾害的预防和救护措施的落实工作。

7）电缆敷设非开挖施工。电缆敷设非开挖施工，是指敷设电缆时不开挖电缆沟而利用钻机钻孔、扩孔并敷设电缆套管和电缆线的施工方法。按施工工艺不同可分为拉管施工和夯管施工两种。

①拉管施工适用于城区（或郊区）不具备明开条件的电力套管敷设，如过路、过河、过构筑物等不具备拆迁条件的场所，适用于除岩石层、砂卵石层以外的各种地质情况。

②夯管施工适用于不具备明开条件，跨越距离短（40m 以内）的直线电缆套管施工；对地层的适应性较强，适用于除岩石以外的各类地层。

电缆及附件的运输与保管。10 ~ 220kV 工程的电缆及附件的运输一般采取拖板车、电缆凹形运输车、卡车等运输方式。电缆及附件的保管包括仓库存放、环境条件控制和日常管理。

电缆敷设。电缆敷设是电力电缆工程施工中的重要工序，电缆敷设的质量、进度是整个电缆工程能否顺利投入运行的关键。电缆敷设是通过不同的敷设方法（人工、机械、人机组合）将电力电缆按设计要求展放到预定位置的施工过程。电缆敷设包括隧道电缆敷设、夹层电缆敷设、竖井电缆敷设等不同的敷设形式。

电缆附件安装。电缆附件包括终端、中间接头、接地系统、油路附件等。终端可分为空气终端、GIS终端和变压器终端，中间接头可分为绝缘中间接头、直通中间接头、过渡中间接头、塞止中间接头等，接地系统可分为交叉互联箱、接地箱等。

电缆附件安装是电力电缆工程施工中的关键工序，电缆附件的安装质量关系着电缆线路是否能够长期安全、稳定地运行。电缆附件的安装对人员的技能、施工环境要求很高，需要专业人员来操作。

附属设施安装。电缆附属设施安装一般包括电力电缆防火槽安装；电缆穿过竖井、墙壁、楼板或进入盘柜的孔洞防火封堵；防火隔断安装；灭火弹安装；变电站电缆夹层与电力隧道之间阻水装置安装等。

# 第二节　城市通信工程

所谓通信，是指使用某种媒质由一地向另一地（单向或双向）传递消息。通信所用的媒质可以是人、飞鸽、书信、包裹、烽火等实物，也可以是电波、光波等信号。所传递的消息也有不同的形式，可以是声音、文字、符号、音乐、图像、数据及视频等。

目前，通信业务根据内容可分为邮政通信和电信通信两方面。所谓邮政通信，是指用人工方式将用户的信息资料（如固体、液体或气体等形式）进行传输的活动。邮政通信主要传输实物信息，如信函、包裹、汇款、报刊等，处理程序包括：收寄、分拣、封发、运输、投递等。目前只有少数内部作业采用机械化和自动化的分拣传输，大量工作都靠人工进行传递。

电信通信是指利用无线电、有线电、光等电磁系统传递声音、文字、符号、图像或数据等信息的通信方式，被誉为国家的神经系统。电信是用电波来传递信息的，传输的不是原物的信息，收到的是信息的复制品。按通信方式可分为有线和无线两类。按业务分为电话、电报、传真、数据、可视电话、电视等。从广义上看，广播、导航、雷达、遥控、遥测等也可列入通信的范畴。

## 一、城市通信工程规划设计

1. 城市通信工程规划的原则

（1）城市通信工程规划要纳入城市规划，依据城市发展规模和布局进行。

（2）城市通信工程规划要以社会信息化的需求为主要依据，考虑社会各行业、各阶层对基本通信业务的需求，保证向社会提供普遍服务的能力，通信工程要符合国家和通信相关部门颁布的各种通信技术体制和技术标准。

（3）城市通信工程规划要充分考虑原有设施的情况，充分挖掘现有通信工程设施能力，合理协调新建通信工程的布局。规划必须论证方案的技术先进性、网络的安全可靠性、工程设施的可行性和经济合理性，同时还要考虑今后通信网络的发展，以适应电信技术的智能化、数字化、综合化、宽带化和电信业务的多样化的发展趋势。

（4）城市通信工程的规划要综合考虑，避免通信基础设施的重复建设。

（5）城市通信工程规划要考虑电信设施的电磁保护，以及其他维护电信设施安全的措施；也要考虑无线电信设施对其他专用无线设备的干扰；城市通信工程的规划要按远粗近细的原则进行。

2. 城市通信工程规划的内容深度

城市通信工程规划可分为总体规划和详细规划。在不同的规划阶段，其内容深度有所不同。

（1）城市通信工程总体规划的内容

1）依据城市经济、社会发展目标、城市性质与规模及通信有关基础资料，宏观预测城市近期和远期通信需求量，预测与确定城市近、远期电话普及率和装机容量，研究确定邮政、移动通信、广播、电视等发展目标和规模。

2）依据市域城镇体系布局、城市总体布局，提出城市通信规划的原则及其主要技术措施。

3）研究和确定城市长途电话网近、远期规划，确定城市长途网结构方式、长途局规模及选址、长途局与市话局间的中继方式。

4）研究和确定城市电话本地网近、远期规划，包含确定市话网结构、汇结局、汇接方式、模拟网、数字网（IDN）、综合业务数字网（ISDN）及模拟网向数字网过渡方式，拟定市话网的主干路规划和管道规划。

5）研究和确定近、远期邮政、电信局（所）的分区范围、局（所）规模和局（所）选址。

6）研究和确定近、远期广播及电视台、站的规模和选址，拟定有线广播、有线电视网的主干路规划和管道规划。

7）划分无线电收发讯区，制定相应的主要保护措施。

8）确定城市微波通道，制定相应的控制保护措施；绘制城市通信工程总体规划的系列图纸。包括市域通信工程现状图、市域通信工程设施规划图、城市通信工程现状图和城市通信工程总体规划图等。

（2）城市通信工程详细规划的内容

1）预测规划范围内的通信需求量。

2）确定邮政、电信局（所）等设施的具体位置、规模。

3）确定电信线路的路由、敷设方式、管道埋深等。

4）划定规划范围内电台、微波站、卫星电信设施控制保护界线。

5）估算规划范围内电信线路造价。

6）绘制城市通信工程详细规划图纸。

3．邮政通信规划

（1）邮政需求量预测

城市邮政设施的种类、规模、数量主要依据邮政通信总量来确定，城市邮政需求量通常用邮政通信总量来表示。城市邮政通信总量是以货币形式表现一个城市的邮政企业在生产过程中产品量的总和，是反映邮政通信企业劳动量（业务量）的综合指标，其单位用 RMB 表示。

预测通信总量常采用发展态势延伸法、单因子相关系数法、综合因子相关系数法等预测方法。

1）发展态势延伸法。找出历年邮政量的数据变化规律，从中分析其走势，以预测未来预知量。预测公式为：

式中 $y_t$——规划期内某年邮政通信总量，万元；

$y_o$——规划基年的需求量（现状业务总量），万元；

$\alpha$——邮政业务收入或通信总量增长态势系数，$\alpha > 0$；

$t$——规划年限。

2）单因子相关系数法。在影响邮政需求量的各个变化因子中，寻找出其中的一个与其变化相关最密切的因子，用该因子的变化分析邮政需求的变化，通过对该因子进行修正，以达到规划期末邮政需求量的预测。预测公式为：

$$y_t = x_t c(1+\alpha)^t = x_t \frac{y_o}{x_o}(1+\alpha)^t$$

式中 $x_t$——规划期某年的经济社会因子值；

$c$——现状邮政年业务收入量与经济社会因子值 $x_o$ 之比值；

$y_t$、$\alpha$、$t$ 含义与式（6-2）相同。

3）综合因子相关系数法。在单因子相关的基础上，将各个因子对城市邮政需求量的预测进行综合因子修正，以达到规划期末城市邮政需求量的预测。预测公式为：

$$y_t = \sum_{i=1}^{n} \beta_i x_{it} c_i (1+\alpha)^t$$

式中 $i$——其中某一因子；

　　 $n$——因子的数目；

　　 $x_{it}$——规划期内预测年的经济社会因子 $x_i$ 的值；

　　 $\beta_i$——各因子的权重；

$y_t$、$c$、$\alpha$、$t$ 含义同前。

（2）城市邮政局（所）规划

1）城市邮政局（所）等级划分及标准

邮政局是设置在城市内的邮政企业分支机构，邮政支局是具有营业功能和投递功能的分支机构，邮政所是归属邮政支局管辖的，只办理部分邮政业务。

城市邮政支局的等级划分及标准根据《城市邮政支局（所）工程设计暂行技术规定》（YDJ61—90）执行（见表 5-20、表 5-21）。

表 5-20　城市邮电支局的等级划分及标准

| 项目 | 单位 | 一等局 | 二等局 | 三等局 |
|---|---|---|---|---|
| 城市邮电支局邮政营业席位数 | 席 | 18 ~ 25 | 15 | 9 |
| 城市邮电支局邮政部分生产面积标准（建筑面积） | m² | 1041 ~ 1181 | 936 | 739 |
| 城市邮电支局生产辅助用房面积标准（建筑面积） | m² | 653 | 920 | 409 |
| 城市邮电支局生活辅助用房面积标准（建筑面积） | m² | 319 | 243 | 183 |
| 城市邮电支局所含电信部分的生产用房面积 | m² | 398 | 270 | 178 |
| 城市邮电支局建筑标准（合计） | m² | 2411 ~ 2551 | 1969 | 1509 |
| 处理标准邮件的数量 | 件 | ≥ 2000 | ≥ 1000 | ≥ 250 |

表 5-21　城市邮电所的等级划分及标准

| 项目 | 单位 | 一等局 | 二等局 | 三等局 |
|---|---|---|---|---|
| 邮电所的建筑面积 | m² | 254 ~ 278 | 215 ~ 239 | 141 ~ 165 |
| 邮电所使用面积 | m² | 216 ~ 236 | 183 ~ 203 | 120 ~ 140 |
| 处理标准邮件的数量 | 件 | ≥ 55 | ≥ 18 | <18 |

2）邮政局（所）的设置原则

邮政支局（所）是面向社会和广大群众、直接为用户提供服务的网点。从整个城市规划发展来看，邮政支局（所）建设与整个城市的发展建设密切相关，应与城市总体规划相符合。

邮政企业要考虑社会经济效益，其建设要体现广泛性、群众性和服务性，使其构成布局合理、技术先进、功能齐全、迅速方便的服务网络。

邮政支局（所）的设置既要立足现实，满足当前需要，又要兼顾长远，满足远期城市发展的需要。规划时要留有余地，在建设的数量和规模方面要以邮政各类业务发展为前提，并向现代化、标准化、规范化的邮政支局、所发展。

邮政支局（所）的设置应根据人口密度制定相应的服务半径。为方便广大群众能够就近投递，通常以不同的人口密度制定相应的服务半径、标准来确定邮政局（所）的数量及分布。规划邮政局（所）时，服务半径参照表5-22执行。

表5-22　邮电局（所）服务半径

| 城市人口密度<br>（万人/km²） | 2.5 | 2.0 ~ 2.5 | 1.5 ~ 2.0 | 1.0 ~ 1.5 | 0.5 ~ 1.0 | 0.1 ~ 0.5 | 0.05 ~ 0.1 |
|---|---|---|---|---|---|---|---|
| 服务半径(km) | 0.5 | 0.51 ~ 0.6 | 0.61 ~ 0.7 | 0.71 ~ 0.8 | 0.81 ~ 1.0 | 1.01 ~ 2.0 | 2.01 ~ 3.0 |

城市邮政局（所）具体位置的选择要考虑便于邮件的收集与投递。对于负担邮件集散功能的邮政支局，要根据投递范围以及邮路投递道段数量合理规划。按我国邮政部门要求，一般邮政支局的投递道段数为15 ~ 20条比较适宜。

3）城市邮政局（所）的位置选择

邮政局（所）应设在邮政业务量较为集中及方便人群邮寄或领取邮件的地方，如闹市区、商业区、车站、机场、港口、文化游览胜地等；邮政支局应设在面临主要街道、交通便利的地段，便于快捷、安全传递邮件；邮政支局（所）既要布置均衡，又便于投递工作的组织管理。投递区划分要合理,投递道路要组织科学;邮政支局(所)应选在火车站一侧，以方便接发邮件，同时要有方便的邮政交通通道。

（3）其他邮政设施规划

邮政支局（所）是基本服务网点，其他邮政设施是邮政支局（所）功能的补充和延伸、服务范围的扩大，是邮政通信网必不可少的物质基础。

1）邮亭

邮亭是设置在繁华地段定点办理邮政业务的简易设施，大多为过往用户提供方便的服务。在尚不具备设置邮局（所）服务网点，且有一定邮政业务市场的条件下，可采用邮亭这种设施。邮亭设施面积见表5-23。

表 5-23  邮亭设施面积

| 项目 | 单人亭 | 双人亭 |
|---|---|---|
| 面积标准（m²） | 8 | 12 |

2）信报箱、邮筒设置

信报箱、邮筒是邮政部门设在邮政支局（所）门前或交通要道、较大单位、车站、机场、码头等公共场所，供用户就近投递平信的邮政专用设施。信报箱、邮筒由邮政局（所）设专人开取，严格遵守开启频次和时间。

信报箱群（间）是指设置于城镇新建住宅小区、住宅楼及旧房改造小区的邮政设施。居民住宅楼房必须在每幢楼的单元门地面一层楼梯口的适当位置设置与该单元住户数相对应的信报箱或信报间。

根据《住宅区信报群（间）工程设计规范》（YD/T2009—93），信报箱亭的使用面积可按信报箱的服务人口数来确定（见表5-24）。

表 5-24  信报箱亭设施面积

| 类型 | 单位 | 前开总门 | | 后开总门 | |
|---|---|---|---|---|---|
| | | 600 户 | 1200 户 | 600 户 | 1200 户 |
| 无人值守 | m² | 20 | 30 | 40 | 60 |
| 有人值守 | m² | 25 | 35 | 45 | 65 |

3）报刊亭

报刊亭是邮政部门在城市合适地点设置的专门出售报刊的简易设施，是报刊零售的重要组成部分。报刊亭设置应符合《邮亭、报刊亭、报刊门市部工程设计规范》（YD2073—94）的规定。其等级与面积见表5-25。

表 5-25  报刊亭设施等级面积

| 项目 | 一类亭 | 二类亭 | 三类亭 |
|---|---|---|---|
| 面积标准（m²） | 16 | 12 | 8 |

4. 电信工程规划

（1）电信系统的基本组成

电信网由电话局（交换中心）及用户线路构成。电话网一般有全互联网、格状网、星形网及部分互联网四种结构。各市话局之间的线路叫中继线路，用于市话之间的接续中继呼叫的交换局称为汇接局。

电信系统是指在城镇区域内外的电信部门（局）与微波站、卫星及卫星地面站，电信局与中转设备，电信局与用户集中设备，电信局与用户终端设施以有线和无线的形式进行信息传输的系统。

按设备组成因素，电信系统可分为发送设备系统、传输设备系统、接收设备系统三个子系统。

1）发送设备系统。即把需要传送的信息（文字、语音等）变成电信号的设备。

2）传输设备系统。即传输电信号的线路或电路系统。

传输系统的方式包括有线传输、无线传输和卫星传输。有线传输主要是通过光缆、电缆实现通信传输的工程，其中对称电缆容量只有60路，用于短距离传送；同轴电缆可开通480～1800路，用于本地长途网中的各种路由。而光缆则因其容量大（为同轴电缆容量的数十倍以上），不受电磁干扰、投资比同轴电缆省20%而备受青睐。无线通信传输主要通过微波站接力的方式进行传递，可装1800～2700多门载波电话，是全国自动长途电信网的基础。一般每100～150km设一枢纽站，50～70km设一中间站，用于长途干线网。卫星通信依托天上的通信卫星和地面收发站传递信息。目前我国已建成37座大型卫星地面站，覆盖了全国主要大城市，可同时提供65300多条数字卫星通信网已基本完成。

公用移动通信系统是典型的移动通信方式，使用范围广，用户数量多，由移动台、基地站、移动控制台及自动交换中心等组成，并由自动交换中心接入市话汇接局进入公共电话网，是一种无线和有线传输的结合。大中城市多实行小区制，每区设一个基地台。

3）接收设备系统。即把经过传输线路传输送来的电信号复制成原来信息的设备。

（2）电信系统的分类

1）按业务，电信系统分为电话系统和电传系统

电话系统。把用户的声音以电信号或数字电信号传输的行为称为电话。其中，按通信方式分为电话通信方式和数字电话通信方式；按传输媒质可分为有线电话和无线电话。

电传系统。将用户的图文资料以电码信息或直接转换为电信号的传输称为电传。其中，电报是用户文字资料以电码信息的方式以无线形式进行传输的；电话传真是把用户图文资料利用普通电话网络以有线的形式进行传输的。

2）按局制，电信系统分为单局制和多局制

单局制适用于业务量少、用户少的小城镇。多局制适用于服务量大、业务量大的城市或中继站。

电信通信网可分为：市话通信网、长途通信网、农用话网。

长途通信网的结构形式分为直达式、汇接式和混接式三种。直达式，即对固定的对象使用，无中间环节，传递最迅速、可靠，但费用高，线路复杂；汇接式（辐射式），以长话为中心进行转接；混接式，是直达式和汇接式的混合形式。对于高级别传递用直达式，而对于其他传递则用汇接式。

按混接式线图将电信号分为四级：一级为省际间的电信网，二级为省内的电信网，三级为县际间的电信网，四级为县内范围的电信网。

与此对应，我国将电信线路分为四级：一级线路为长途通信中的干线网络，为省中心以上的线路；二级线路为省中心以下县级中心以上之间的线路；三级线路为县中心以下的线路；四级线路为乡级之间的线路，主要为农用线路。

3）按系统，电信系统分为通信系统和通信网

通信系统是指由完成通信全过程的各相关功能实体有机组合而成的体系。通信系统一般由发端、信道和收端等几大部分组成。

通信系统按信源分为电报通信、电话通信、数据通信、图集通信、多媒体通信等类型。

电报通信是指发端的符号、表格、图形、图像等书面消息由电报机转换成书面消息的通信方式。电话通信是指通过电话的方式传递语音的通信方式，是目前全球范围引用最广的电信业务。数据通信是指为满足计算机间的数据、表格、图形等的相互传递，将计算机技术与通信网络相结合而形成的通信方式。图像通信是指专门用于传递图像信息或同时携带语音信息的通信方式。多媒体通信是指多媒体信息有机结合进行传输，给信息以视觉、听觉感受的新型通信方式。

通信系统按信道可分为有线通信系统和无线通信系统两大类。有线通信系统是利用电磁波在导体中的导引传播进行通信的通信系统。无线通信系统是指借助电磁波在自由空间的传播、散射进行通信的通信系统。

通信系统按传输信号类型可分为模拟通信系统和数字通信系统。模拟通信系统是传递模拟信号的通信系统。数字通信系统是传递数字信号的通信系统。

通信网。将众多的通信系统按一定的拓扑结构和组织结构组成一个完整体系，称为通信网。通信网由用户终端设备、交换设备、传输链路组成。

用户终端设备是通信网通信的汇点和终点，亦称原始消息和发射信号间的交换。交换设备是组织、构建交换型通信网的核心，基本功能是完成介入接点信号和汇集转接接续和分配。传输链路是连接办理交换节点、实现信号传输的通路，常由传输媒质（有线通道或无线通道）附加一定的传输设备（如放大器、均衡器等）构成。

通信网的分类如表5-26所示。

表 5-26 电信通信网分类

| 特征属性 | 分类 | |
|---|---|---|
| 服务范围 | 电话网 | 长话网 / 本地网 |
| | 非话网 | 广域网 / 城域网 / 局域网 |
| 开放业务 服务对象 信号类型 传统媒质 处理方式 | 电话网 / 移动网 / 电报网 / 传真网 / 数据网 / 综合业务 公用网 / 专用网 模拟网 / 数字网 有线网 / 无线网 交换网 / 广播网 | |

本地网是指局部地区的电话网；长话网是指承载本地网间长途电话业务的网络。非话网主要是指包括计算机通信网以内的数据通信网。局域网是指一个房间或几个相邻房间或一幢楼内的网络。城域网是指直径在 50 ~ 100km 范围内或一个城市中进行通话的网络。广域网是指一个国家或几个相邻国家或全球通信的网络。

公用网是由国家通信主管部门或经过国家有关机构认可的机构建设并管理的面向全社会开放的通信网。专用网是指由某一专用部门或单位专用并管理的通信网。

模拟网是传输模拟信号的网络。数字网是传输数字信号的网络。

有线通信网是借助固体媒质进行信号传输的通信网。无线通信网是借助电磁波在自由空间的传播进行信号传输的通信网。

交换网是指由交换节点和传输链路构成的具有信号分配、交换的通信网。广播网无交换功能，所有终端共享传输链路，即一点发送信号后，网络上任一点均可收到此信号。

（3）城市电信工程需求量的预测

1）城市电话需求量的预测

简易市话需求量相关预测。即寻找城市电信增长与国内生产总值增长的关系。其预测公式为：

$$y_t = y_o(1+\alpha)^t$$

式中 $y_t$——规划期期末的城市电话需求量；

$y_o$——规划开始时的城市电话量；

$\alpha$——市话变化增长量与国内生产总值增长的比值，一般采用调查值，无
资料时，可取 1.5；

$t$——预测年数。

国际推荐预测方法。其计算式为：

$$y = 1.675x^{1.4156} \times 10^{-4}$$

式中 $y$——电话普及率，部/百人；

$x$——人均国民生产总值，美元。

根据我国规定的发展目标进行预测。其计算方法如下：

交换装机容量 =（1.2 ~ 1.5）[目前所需电话容量 +（10 ~ 20）年后的远期发展总容量]

中继线数量是通信部门总体规划的内容，为了路由规划方便，暂按装机容量的 20% ~ 30% 计算。

单项指标套算法。可分总体规划阶段和详细规划阶段。

总体规划阶段可用指标进行套算：每户住宅按 1 部电话进行计算；非住宅电话占总住宅电话的 1/3；电信局设备装机率规划近期为 50%，中期为 80%，远期为 85%；端局最终电话达 4 万 ~ 6 万门，电话站最终期电话容量 1 万 ~ 2 万门。

详细规划阶段主要是通过市话的服务面积来套算需求量，每部电话的服务面积如表 5-27 所示。

表 5-27　每部电话的服务面积

| 用地类别 | 面积指标（m²） | 用地类别 | 面积指标（m²） |
|---|---|---|---|
| 办公 | 20 ~ 25 | 商业 | 3 ~ 40 |
| 多层住宅 | 60 ~ 80 | 幼托 | 80 ~ 95 |
| 高层住宅 | 80 ~ 100 | 医院 | 100 ~ 120 |
| 仓库 | 150 ~ 200 | 学校 | 90 ~ 110 |
| 旅馆 | 35 ~ 45 | 文化 | 110 ~ 130 |

其中，小区内每 50 ~ 100 户至少设置 2 部公用电话（来话去话各 1 部），电话配线间（室内）一处，使用面积不小于 6m²。

电话增长率预测法。其计算公式为：

$$y_t = P_t R_t$$

式中 $y_t$——规划年的电话机总量；

$P_t$——预测年的电话机普及率；

$R_t$——预测年的人口总量；

$t$——预测年。

根据国家人口增长确定不同阶段的人口增长率，预测人口 $R_t$。根据全国及地区电信发展目标、城市经济发展特点来确定电话总量的增长率，最后得到电话普及率等发展目标。

2）移动电话需求量及普及率预测

用移动电话占市话的百分比来预测，一般而言，移动电话与市话之间存在一定的比率。参考国外移动电话的发展比例，我国城市移动电话可按下式预测：

移动电话用户数＝公用电话用户数 ×（0.7 ~ 1.0）

弹性系数预测法。移动电话发展与经济发展关系极为密切。根据二者的关系，移动电话量按下式计算：

$$y_t = y_o(1+\alpha k)^t$$

式中 $y_t$——预测年的移动电话量；

$\quad\quad y_o$——基准年的移动电话量；

$\quad\quad k$——经济发展平均增长速度；

$\quad\quad \alpha$——弹性系数，由历史数据中移动电话的增长率除以经济发展的增长率；

$\quad\quad t$——预测年数。

移动电话普及率法。根据国际电联（ITU）的统计和预测，世界不同国家的移动电话的普及率如表 5–28 所示。由于经济活动能力、贸易、交通及市政公用设施等方面的不同，我国城乡移动电话普及率应根据自身的水平和条件，参照国内外同等水平城市的情况，自行确定。

表 5–28　国外移动电话普及率

| 国别 | 1980 年（部 / 千人） | 1988 年（部 / 千人） | 2000 年（部 / 千人） |
| --- | --- | --- | --- |
| 美国 | 1.29 | 6.54 | 41.3 |
| 瑞典 | 1.38 | 20.40 | 47.1 |
| 德国 | 0.37 | 3.34 | 32.4 |
| 英国 | 0.26 | 5.02 | 26.2 |
| 芬兰 | 1.75 | 14.99 | 45.2 |
| 挪威 | 3.42 | 29.31 | 52.2 |
| 日本 | — | 1.21 | 42.8 |

## 二、城市通信工程施工

1. 电缆线路施工

电缆线路施工包括架空、管道、直埋、墙壁及暗管等工程。

（1）架空电缆

架设在电杆上的电缆称为架空电缆。主要应用于地质不稳定、市区无法直埋且无通信管道的地区，具有架设简单、维护方便、建设成本低的特点，但易受外界影响，施工过程包括放设吊线和挂设电缆。

1）放设吊线

在安装好的线担（即固定吊线的支撑物）上固定吊线夹板，在吊线夹板上再布放用钢绞线做成的电缆吊线。放设吊线的目的在于挂设电缆并把电缆提升到需要的高度。挂吊线应本着先上后下、先难后易的原则设置。在同一杆路架设两层吊线时，两吊线间距应为40cm。

2）挂设电缆

挂设电缆是通过电缆卡挂件把电缆挂在吊线上，并以人工拉放或机械牵引方法使电缆线张紧的过程。电缆挂放到承载钢绞线上后，施工人员可以用长竹梯沿线加挂U形钢绞线线卡固定电缆。如果钢绞线线径较粗，跨度又不太大，施工人员可以采用滑动吊篮式施工工具，沿钢绞线挂放U形卡。

（2）管道电缆

敷设在事先建好的地下管道中的电缆称为管道电缆。管道电缆的施工方法与电力电缆类似，这里不再详述。

（3）直埋电缆

将电缆直接埋在挖好的电缆沟里称为直埋电缆。其施工方式简单、线路安全可靠且建设成本低，适用于长途线路。

敷设直埋电缆时，如遇有腐蚀性土壤，应按设计规定的措施处理。当电缆埋设于市区、居民区或将来有可能被掘动的地段，应在电缆上覆土10cm后再铺红砖作为电缆保护标志。直埋电缆的标志应采用石桩或混凝土桩等。在穿越铁路、公路等重要地段时，直埋电缆需要加保护钢管。电缆进入（手）孔处应设置保护管，电缆敷设完毕后用沥青麻布或油絮等将保护管两端的管口封堵严密。直埋电缆敷设后，应按规定进行回填夯实。

（4）墙壁及暗管电缆

1）墙壁电缆

墙壁电缆是沿着墙壁敷设的电缆，可采用吊线式或卡钩式两种敷设方法。吊线式一般适用于室外或电缆对数较大时；卡钩式则适用于室内小对数电缆敷设。

墙壁电缆在穿越墙壁时应设预留穿墙管。墙壁电缆跨越街道、院内小路等，缆线最低点距地面不小于4.5m；在有过街楼的地方穿越，缆线应不低于过街楼底的高度。

2）暗管电缆

暗管电缆是指在建筑物内预埋的通信用暗管穿放电缆。

敷设暗管电缆之前必须穿通并清刷暗管，同时校核设计图样与现场实际是否相符。建筑物内为通信电缆设置的暗管管径，应根据所穿放的缆线外径而适当选配，一般所有电缆穿放的容量不大于管径的2/3。为了便于布放，电缆穿放时应涂抹黄油，并在暗管两端口与电缆间衬垫铅皮。

通信用壁式箱（柜）内的电缆应排列整齐、钉固，并应尽量做到电缆不重叠、不交叉。皮线下线整齐，一条以上的皮线应适当捆扎成束，不应散乱布放。箱内应清洁，不得在箱内存放他物。

房屋建筑预埋的通信暗管、配线箱及预留孔、洞应视具体情况确定规格、尺寸等，并必须事前征得通信部门的配合与协作。

2. 光缆线路施工

光缆线路施工是建设高质量光缆通信系统的重要环节。为了提高光缆通信系统的可靠性，提供传输性能优良且工作长期稳定的传输信道，要有高质量的光缆，还必须有高水平的施工技术。

（1）光缆施工程序

光缆敷设常采用管道、架空、直埋等方式。由于光缆重量轻，直径小，给施工带来了方便；又由于光缆盘长度远远超过普通电缆，因此给敷设提出了新的要求。光纤直径小、韧性差等特点对于光纤的熔接技术、熔接机具以及测量仪表等方面的要求更加严格。光缆线路施工一般可以分为准备阶段、施工阶段和竣工阶段。

1）准备阶段

单盘检验。光缆从出厂到工地，经过运输、储存等过程，施工前必须进行单盘检验测试。各项参数检验结果是光缆配盘的重要依据，也是保证光纤通信系统质量的第一关。检验的相关内容，主要是利用仪表对光缆的各种出厂技术参数进行复测，并测量光缆的实际长度。

路由复测。路由复测应以工程施工图为依据，主要核对路由的具体走向、敷设方式、环境条件、接头位置以及到地面的距离等，为光缆配盘、光缆分屯以及为敷设提供必要的资料。

光缆配盘。根据路由复测计算出的光缆敷设总长度以及光缆全程传输质量要求，选配单盘光缆。其目的是合理使用光缆，尽量减少光缆接头数目并降低光纤接头损耗，以便提高光缆通信系统的质量。

路由准备。不同敷设方式应有不同的路由准备工作。如采用管道敷设方式，路由准备工作有管道清理、预放铁丝或塑料导管等；采用架空敷设方式，路由准备工作有杆路建筑、光缆的支承方式选择等；采用直埋敷设方式时，准备工作有埋设光缆穿越铁道、公路的顶管，预埋过河、渠、塘的塑料管，跨过河堤以及公路的预埋钢管等工作。

2）施工阶段

敷设光缆。它是光缆施工中的关键步骤，必须根据预先确定的敷设方式，严格按有关设计施工的规定进行。

接续安装。单盘光缆因受制造、运输和施工等条件的限制，长度一般只有 2～4km。为了获得足够的长度，就必须进行光缆接续。通常光缆由光纤、加强芯和外护层构成，有些光缆还有铝护层和铜导线等。光缆的接续不仅包括光纤的接续、加强芯的连接，而且还包括铝护层和铜导线的接续等。光缆接续完毕，还需要将接头置入光缆接头盒中保护起来。光缆接头盒是个密闭体，具有密封防水性能，必要时可以充气或填充油膏。

中继测试，又称全程测试、中继段测试。光缆线路敷设施工完成一个中继段后，作为工程质量检验，必须进行中继测试。中继测试主要包括光纤特性测试和光缆电气性能测试。

3）竣工阶段

竣工阶段的主要工作就是竣工验收。此项工作包括检查工程是否完成设计要求的全部工程量；质量是否符合设计要求，竣工资料是否齐全等。实际上，验收工作在施工过程中也是不可缺少的，施工过程中的验收称为随工验收，与竣工验收一样是质量保证的监督手段之一。

（2）管道光缆敷设

通信光缆线路在城市建筑中通过时，常用管道敷设方法。管道敷设方式占地少，有利于市政建设统筹安排，有利于美化城市。管道光缆的敷设一般包括勘测、管道选用、清刷、穿放光缆、接续、引上、终端等工序。

（3）直埋光缆敷设

将光缆置于预先挖掘好的合格光缆沟内的敷设方法称为直埋敷设。长途光缆线路大部分采用直埋敷设方式，通常一个中继段直埋部分不少于 30km，个别中继段中有水底敷设或管道敷设时，可以形成几个自然段。直埋光缆施工工序主要有：路由复测、光缆布放、光缆接头和预留、光缆沟回填、线路标石设置等。

（4）架空光缆敷设

架空光缆是将光缆架挂在距地面有一定高度电杆上的一种光缆敷设方式，与地下光缆相比，虽然受外界影响较大，不够安全，也不美观，但架设简便，建设费用低，所以在离局较远，用户较少而变动较大，敷设地下光缆有困难的地方仍被广泛应用。

光缆重量轻，机械强度较差，所以不能直接悬挂在杆路上，必须另设吊线，然后把光缆支承在吊线上。架空光缆的支承方式有两种：吊线托挂式和吊线缠绕式。吊线托挂式是一种用挂钩或挂带将光缆吊挂于钢绞线上的方式；吊线缠绕式是将不锈钢扎线通过缠绕机，沿杆路将光缆与吊线捆为一体的方式。两种支承方式都适用于各种程式的光缆。

3．移动通信基站施工

移动通信基站施工项目包括基站设备的安装、基站附属设备的安装、线缆的布放和铁塔的安装。基站设备是供货厂家的技术人员负责安装，而且不同厂家不同型号设备的安装规范也有差别，所以这里不介绍基站设备的安装，只简单介绍基站附属设备、线缆布放和通信铁塔的施工。

（1）基站附属设备的安装

基站附属设备安装包括机架、配线架、线缆走线架及槽道安装等。

机架的安装，包括控制机架与墙、机架与机架的距离，机架的固定和接地等。

配线架的安装，包括总配线架底座安装、抗震加固、保护接地、防雷接地等。

走线架及槽道安装，包括安装位置确定、走线架及槽道安装、电缆穿板孔或墙洞、电缆保护、接地线连通等。

（2）线缆的布放

基站的线缆从功能上可分为信号线缆和电源线两种。

信号线缆的布放，主要是确定信号线缆的位置、线缆布放和绑扎。

电源线的布放，包括安装路由、确定布放位置、布放和固定、油漆、绝缘电阻测试等。

（3）通信铁塔

铁塔基础施工。铁塔基础施工包括基础的放线、基坑的开挖、坑壁的支撑、施工排水、验槽及基底土的处理、钢筋工程、混凝土工程、模板工程、避雷接地和土壤回填等项目。

铁塔塔身施工。铁塔塔身的安装可采用单件吊装、扩大拼装和综合安装等方式，有条件时可采用整体起吊的安装方法。当采用扩大拼装时，对容易变形的构件要进行强度和稳定性验算，需要时应采取加固措施。铁塔塔身施工主要工序有：铁塔安装、警航灯安装、天线固定、爬梯安装、防锈处理等。

铁塔的避雷。其主要工序是塔顶避雷针焊接和铁塔接地。山区接地电阻必须小于5 ，平原接地电阻小于1 Ω。

天线的安装。天线要安装在铁塔避雷针保护范围内，天线伸出铁塔平台距离不小于1m。

# 第六章 城市环境卫生及其他公用设施工程

## 第一节 城市环境卫生设施

我国环境卫生行业起步较晚，体系还不健全，生活垃圾处理系统的覆盖面不够广，30%～50%的生活垃圾并未真正进入环境卫生系统，而是随意堆放、丢弃在农、林、河、湖、海中，严重污染环境和影响市容美观。20世纪90年代前就出现了"垃圾围城"的现象，大量生活垃圾不仅极度影响生态环境、土壤、水源、大气等，而且生活垃圾中还含有大量的可回收利用的资源，如不加以利用就进入垃圾系统，将会造成处理负荷过重，处理成本增加。垃圾中可利用部分，一方面可作为成本较低的再生资源，另一方面则可避免由于开发新资源而对我们本来就紧缺的资源造成浪费。在我国资源紧缺、人均占有资源量少的国情下，更要求在生活垃圾的处理和处置上做到"减量化、资源化、无害化"。对环境卫生基础设施的规划要做到经济、社会、环境相协调。

城市环境卫生基础设施，主要包括垃圾收集、运输、转运或中转及分选、预处理、污染控制等过程需建设的专有设施或建筑。

### 一、生活垃圾收集运输系统

从垃圾产生到被送到处理处置场所需要进行收集、运输，这一系统称为生活垃圾的收集运输系统。生活垃圾的收集运输系统是整个生活垃圾处理处置系统的重要环节，收集运输系统的设置规划直接影响到后续垃圾处理处置工艺与成本，收集运输系统还应与其后的垃圾中转、运输、处置方式相适应。

1. 生活垃圾的收集

（1）收集方式

垃圾的收集方式在不同国家与地区存在很大的差异。经济水平的高低、公众的意识也对垃圾的收集产生影响，发达国家和城市的垃圾收集方式更规范、卫生，收集效率高。

1）混合收集

这是城市居民的生产生活活动产生的各种生活垃圾未经任何处理混合在一起收集的方式。混合收集运行简单，方便容易，经济投入低，对设施的作业要求不高，我国目前大部分城市通常采用的就是这种方式。由于各种垃圾混合在一起，降低了垃圾的纯度，各类垃圾很有可能产生化学反应造成进一步污染，不利于资源回收利用与垃圾分类处置。实践证明，分类与分选工作放在生活垃圾处理系统的后端几乎不能达到满意的效果。因此，对混合垃圾中的有价值的回收物进行回收利用是比较困难的，垃圾的处理效果也不佳，远不能达到垃圾处理"无害化、减量化、资源化"的要求，应尽可能分类收集。

2）分类收集

按照生活垃圾的组成，采取适用的处置方式将垃圾进行分类收集。这种方式在收集点的选择上比较复杂，投入成本较高，但能够提高可回收的资源利用率，如在美国 1t 废纸中可回收 0.8t 作为再生产资源，极大地减少了对新资源的开发利用。分类回收还可减少垃圾处理量和垃圾处理体积，减轻垃圾处置工程设施负荷，符合资源化与减量化的要求，使后续处理工艺简化，降低处理成本。将分类收集放在垃圾处理系统的前端是经济可行的。

垃圾分类收集可根据各城市和地区的具体情况设置垃圾桶，作上醒目明确的标识，通常采用的有"可回收物""危毒物品""干垃圾""湿垃圾"和其他等标识语，将其进行组合，一般采用 2 ~ 3 类，如"可回收物—危险物品—垃圾"，组合成一个垃圾收集箱，这种组合分类收集的垃圾通常适用于填埋或焚烧的方式处理。

（2）收集设施

《城镇环境卫生设施设置标准》（GJ27—2005）规定：垃圾收集容器或垃圾收集容器间等垃圾收集设施，应设置在居住区、商业文化大街、城镇道路以及商场、集贸市场、影剧院、体育馆（场）、车站、客运码头、大型公共绿地等场所附近及其他公众活动频繁处。

垃圾收集设施主要有垃圾收集点、废物箱、垃圾收集站。

1）垃圾收集点

常见的有垃圾桶和垃圾间。垃圾收集点的设置需满足日常生活和工作中产生的生活垃圾的分类收集要求，收集点固定，便于居民使用，且不影响城市卫生和市容市貌，还要便于分类投放和分类清运，与收运系统中的中转、运输、处置、利用等设施统一规划，配套建设，达到较好的社会效益与经济效益。

垃圾收集点的服务半径不宜超过70m。在规划建造新住宅区时，未设垃圾收集站的多层住宅每4幢应设置一个垃圾收集点，并建造垃圾容器间，安置活动垃圾箱（桶）。容器间应设有给排水和通风设施。

2）废物箱

在室外公共场所一般设置废物箱，如在道路两侧或路口、各级交通客运设施、广场、停车场等地方，以满足行人和沿街居民的垃圾投放要求。越来越多的城市将废物箱分成多格，明确标识，以便垃圾的分类清理。由于在户外，废物箱易受雨水的影响，垃圾易腐烂发臭，废物箱的设置必须考虑通风良好，底下设排水孔。废物箱的间隔一般按下列要求：

商业、金融业街道：50 ~ 100m；主干路、次干路，有辅道的快速路：100 ~ 200m；支路，有人行道的快速路：200 ~ 400m。

3）垃圾收集站

在新建、扩建的居住区或旧城改建的居住区设置垃圾收集站，同时考虑居住区远期近期规划，同步建设与投入使用。其主要类型有带压缩装置和不带压缩装置两种类型。服务半径不超过0.8km。

其他收集方式有管道收集（已废止）、上门收集、餐厨垃圾自行处理（在国外甚为广泛）等。

2. 垃圾运输系统

生活垃圾的运输是将垃圾收集点、废物箱及上门收集的生活垃圾最终运至处理处置设施的过程。运输也叫清运，这一过程是整个生活垃圾处理系统中最耗资、耗力的工作，该过程主要由具有运输设备（垃圾车、船等）的转运站（中转站）来承担。运输流程一般是垃圾收集车进行一段短程运输，将垃圾送至转运站，在转运站将垃圾集中装入大型垃圾运输车或设备后，进行长途运输。

（1）运输设备

运输设备型号主要与垃圾运输距离和体积有关，还与城市和地区经济水平、环卫部门对环境质量要求有关。以下是几种常见短途运输设备（见表6-1）。

表6-1　常见短途运输设备

| 设备名称 | 主要内容 |
| --- | --- |
| 自卸式垃圾车 | 具有液压聚生机构，能将车厢倾斜一定角度，垃圾在自重作用下自行卸落，这类垃圾车是我国中小城市常见的设备。结构简单，操作方便，但车厢敞开，在运输过程中垃圾飞扬散落，污水滴漏，容易造成二次污染。为避免对沿途环境造成影响，对自卸式垃圾车进行改造，出现了加盖自卸式垃圾车 |

续表

| 设备名称 | 主要内容 |
|---|---|
| 自装式垃圾车 | 是以自身的配置装置和动力，配合集装垃圾的定性容器如垃圾箱，自行将垃圾装入车厢，转运和倾卸的专用车辆 |
| 压缩式垃圾车 | 装有液压举升机构和尾部填塞器，将垃圾自行装入车厢和倾卸 |
| 车厢可卸式垃圾车 | 液压装置能将车厢托吊到车上或倾斜一定角度卸下垃圾或将车厢卸下，使用方便灵活，应用较广 |

（2）转运及转运站

随着城市的发展，垃圾处理工程位置越来越远离城区、居民区，造成垃圾运输距离的增加。长距离运输使短途运输垃圾车的运输费用增加，且造成车辆返回空载的浪费，工作效率低，不经济。因此，设立转运站（中转站）是十分必要的。注意：这里并不是每个城市或地区都需要设置转运站，须分析哪种运输方式更合理，成本更低一些。

1）中转站类型与设置要求

按照运输规模将中转站分为小型中转站（日转运量在 150t 以下）、中型中转站（日转运量在 150 ~ 450t）、大型中转站（日转运量在 450t 以上）。

根据垃圾转运量可确定转运站规模，按照下式确定：

式中 Q——转运站规模，t/d；

δ——垃圾产量变化系数，按当地实际资料采用，若无资料时，一般取 1.13 ~ 1.40；

n——服务区域人口数；

q——人均垃圾产量，kg/（人·d），按当地资料采用，若无资料时，可采用 0.8 ~ 1.8kg/（人·d）。

转运站内根据规模配置相应的压实设备与型号匹配的机械设备。

小型转运站每 2 ~ 3km² 设置一座，用地面积不宜小于 800m²。垃圾运输距离超过 20km，应设置大中型转运站，其服务半径与垃圾收集方式有关。采用人力方式收集垃圾，收集服务半径为 0.4km 以内，最大不超过 1.0km；采用小型机动车收集运输时，服务半径为 3.0km 以内，最大不应超过 5.0km。

2）垃圾转运站的选址

垃圾转运站选址应符合以下要求与原则：垃圾收集车辆与转运站的运输距离尽可能不超过 5km，应将中转站设置在服务区内垃圾产量较多且集中的地方；设置在交通便捷、道路宽敞、靠近主干道的地方；对附近道路交通秩序不产生明显影响的地方；设置在对居民影响小的地方；有较好的供电、给排水、排污等市政条件的地方；符合《城市环境卫生设施设置标准》的要求。

### 二、垃圾处理工程

城市垃圾处理基本方式主要有堆肥、焚烧、卫生填埋以及由几种技术相结合的综合处理方式。本章主要介绍卫生填埋技术。

城市垃圾的处理应该采用何种方式，应依据垃圾的组成、处理原则以及城市经济发展水平确定。

1. 垃圾处理原则

《中华人民共和国固体废物污染环境防治法》中明确了固体污染防治"三化"原则，即"减量化、资源化、无害化"。

减量化。垃圾的减量化是指通过适当的手段使固体废物的数量和体积减少。要做好减量化应从以下几个方面着手：一是从"源头"治理，从垃圾产生链的始端有效控制垃圾的产量，最大限度地减少产生和排放固体废物；二是采用各种垃圾处理处置技术，在末端进行减量处理；三是改变粗放经营模式，遵循循环经济的思想，合理充分利用原材料、能源及其他资源。

资源化。采用一定的工艺措施，将废弃物中的有利用价值的物质、能源回收利用，称为垃圾的资源化。资源化表现在以下几个方面：①物质回收，垃圾通过分类收集，有利于回收其中可利用的资源，如废纸、金属、玻璃等；②物质转化，利用废物制取新的物质形态，如炉渣生产水泥和建筑材料，有机垃圾堆肥产生肥料；③能量转换，即回收能量，如利用填埋气体燃烧的能量发电，垃圾厌氧发酵产生甲烷，作为居民生活之用。

无害化。垃圾经过物理、化学或生物的方法，进行对环境无害或微危害的安全处理、处置，达到废物消毒、解毒或稳定化。无害化过程需通过垃圾的处理工程实现，如焚烧、卫生填埋、堆肥、热解和解毒处理。

垃圾处理的趋势必然是从"无害化"走向"资源化"。"三化"的关系是：以减量化为前提，以无害化为核心，以资源化为归宿。

2. 垃圾焚烧处理技术

焚烧处理技术能高效地实现减量化、资源化和无害化，焚烧技术在经济发达、土地资源紧缺的国家和地区备受欢迎。垃圾焚烧技术的主要优点是：占地面积小，能源有一定程度利用，"减量化"效果甚佳（经焚烧处理后的垃圾可减重80%以上）；焚烧可杀灭细菌、病原菌，可回收热能并以电能的形式输出。其缺点是：焚烧技术难度大，运行成本较高，焚烧过程中产生的烟气与二噁英控制难度高。我国目前已制定了完善的垃圾焚烧污染控制标准，在污染问题上已有较成熟的治理技术。

3．堆肥化处理技术

堆肥化是最早的垃圾处理方法之一。堆肥是在人工控制下，在一定的水分、碳氧比和通风条件下，通过微生物的发酵作用将有机物转变为肥料的过程。

城市生活垃圾、纸浆、下水污泥、粪便、树皮、糠壳、秸秆等均可作为堆肥的原料。堆肥可使土壤松软，易耕作，土壤保水性好，透气性、渗水性强；堆肥可保持土壤中氨、氮、钾等养分，并使其以团粒形式存在，提高保肥能力；腐殖质中的微生物能分泌各种有效养分以被作物根部吸收，有利于根系发育和生长。

4．城市垃圾卫生填埋技术

卫生填埋主要是卫生土地填埋，是土地填埋处理的一种，其根本目的是使城市垃圾找到一个最终的归宿。

# 第二节　城市垃圾卫生填埋

城市生活垃圾是固体废物的一种，我国每年有大约 7 亿 t 固体废物产生，固体废物污染是我国乃至世界环境污染的严重问题之一。在我们生活的环境中，无时无刻不产生生活垃圾，城市生活垃圾的问题是涉及产生、收集、运输、处理处置、管理、政策和技术多种因素的一个复杂问题，其处理处置不容推迟。

## 一、城市生活垃圾

城市生活垃圾是指在城市日常生活中或者为城市日常生活提供服务的活动中产生的固体废物，以及法律法规、行政法规规定视为城市生活垃圾的固体废物，如商业活动、企事业单位办公、旅游等过程中产生的废纸、织物、废料、玻璃、陶瓷碎片等。

城市生活垃圾成分复杂，在我国生活垃圾主要具有以下特点：无机类物质含量高，可燃物质含量低；高热值物质少，有机类垃圾中含水量高。

生活垃圾的一般处理技术有焚烧、堆肥、卫生填埋，以及集堆肥、焚烧和填埋于一体的综合处理——"三合一"工程。我国大部分垃圾采用焚烧和填埋的处理技术，如松江生活垃圾卫生填埋场，深圳市下坪垃圾卫生填埋场，澳门生活垃圾焚烧厂，浦东新区生活垃圾焚烧厂；也有某些采用综合处理的例子，如常州市环境卫生综合厂。无论采用哪种处理技术，垃圾处理都应秉承"减量化、资源化、无害化"的处理原则。

## 二、卫生填埋

《城市生活垃圾卫生填埋技术规范》（CJJ17—2004）中对卫生填埋这样解释：采取防渗、铺平、压实、覆盖对城市生活垃圾进行处理和对气体、渗滤液、蝇虫等进行治理的垃圾处理方法。

垃圾的卫生填埋主要是在填埋处理过程中，同时进行对环境因子的保护，如防止渗滤液对地下水的污染和垃圾产气对大气的污染以及蝇虫的危害，而采取了相关工艺以解决诸如此类的问题。城市生活垃圾的填埋处理，不仅涉及填埋和废液废气的处理工艺，还涉及填埋场封场之后的运行管理和严格的法律法规、污染防治技术政策，对工作人员有着较高的综合素质要求。

### 1. 填埋场选址

根据《城市生活垃圾卫生填埋技术规范》（CJJ17—2004），填埋场的场址选择应符合以下原则：填埋场场址设置应符合当地城市建设总体规划要求；符合城市区域环境总体规划要求；符合当地城市环境卫生事业发展规划要求。对周围环境不应产生污染或对周围环境影响不超过国家相关现行标准的规定。在选址前应对照国家和当地的有关法律、法规和规定，填埋场应与当地的大气防护、水资源保护、大自然保护及生态平衡要求一致，应将填埋场选址纳入城市总体规划中。

（1）填埋场选址应考虑的因素

选址应以场地详细调查、工程设计和费用研究、环境影响评价为基础，以合理的技术经济方案，尽量少的投资，达到最理想的经济效益，实现环保目的。需考虑的因素有以下几点：

1）填埋场应具备相应的库容，使用年限宜超过10年以上，特殊情况下不应低于8年。目前国内的填埋场大多能达到20年及以上使用年限。

2）选择场址应有建设、规划、环保、国土管理、设计、地质勘察等部门有关人员参加。

3）填埋场不应设在以下地区：洪泛区、淤泥区，填埋区距居民居住区或人畜供水点500m以内的地区和距河流、湖泊50m以内的地区；填埋区应具备合理的运输距离和便利的交通条件，一般情况下填埋区距离转运站的距离不超过20km。

4）具有良好的气候条件，填埋场应处于下风向；地表水文条件，所选场地需位于100年一遇洪水区之外。

（2）填埋场选址程序

填埋场的选址应按下列程序进行：

1）场址初选。根据城市总体规划、区域地形、地质资料在图纸上确定3个以上候选场址。

2）候选厂址现场踏勘。选址人员对候选场址实地考察，分析地形、地貌、植被、水文、气象、交通运输和人口分布等确定预选场址。

3）预选场址方案比较。对 2 个及以上的预选场址比较，地形测量、初步勘察和初步工艺方案设计，完成报告，并通过审查确定场址。

2. 填埋场设计

（1）填埋场规模

填埋场面积和容积大小的确定，与城市的人口数量、垃圾的产率、废物填埋的高度、废物与覆盖材料的比值以及填埋后的压实容重有关。某一年中需要填埋的固体废物的体积按下式计算：

$$V = 365.\frac{WP}{D} + C$$

式中 $V$——年需填埋固体垃圾量，$m^3/a$；

$W$——城市垃圾和无害废物的产率，$kg/（人 \cdot d）$；

$P$——服务区的人口总数，人；

$D$——填埋厚垃圾的压实容重，$kg/m^3$；

$C$——覆土量，$m^3$。

若填埋高度为 $H（m）$，则每年所需的场地面积 $A（m^2）$ 为：

——

（2）垃圾预处理

在对垃圾进行填埋处理之前需先将垃圾进行预处理，以节省占用空间，减少运输量和运输费用。预处理通常包括压实、破碎和分选。

1）压实工艺

压实设备也称压实器，常见的压实器有水平压实器、三项联合压实器、回转式压实器。

水平压实器，主要用于城市垃圾的处理，依靠具有压面的水平压面作用使垃圾致密定型，然后将坯块推出。破碎杆的作用是将坯块表面杂乱废物破碎，以有利坯块移出。

三向联合压实器，适用于金属类废物的压实。三个互相垂直的压头依次启动，即可压实。

回转式压实器，适用于压实体积小、质量轻的废物。废物装入容器单元后，先按水平压头 1 的方向压缩，然后按箭头运动方向驱动旋动式压头 2，使废物致密化，最后按水平压头 3 的运动方向将废物压至一定尺寸推出。

2）破碎

通过人为或机械等外力的作用，破坏物体内部的凝聚力和分子间的作用力，使物体破裂变碎的操作过程，统称为破碎。

破碎是为了使运输、焚烧、压缩等操作容易进行，为分选和进一步加工提供合适的粒度，有利于综合利用；破碎增大垃圾的比表面积，提高焚烧、堆肥处理的效率；破碎的方法主要有冲击破碎、剪切破碎、挤压破碎、摩擦破碎等。

3）分选

分选的目的是将固体废物中可回收利用的或不利于后续处理、处置工艺要求的物料，用人工或机械方法分门别类地分离出来，并加以综合利用的过程。根据物料的物理或化学性质（包括粒度、容重、重力、磁性、电性、弹性等），采用不同的分选方法。分选方法包括人工捡选和机械分选，机械分选又分为筛分、重力分选、磁力分选、电力分选。

（3）填埋作业

填埋作业方式为垃圾倾倒、摊铺、压实、及时覆盖。

填埋场设有盘山道和临时的道路使用，作业车辆可到达作业区域。在建好的填埋场防渗层应该先铺一层 2m 厚的垃圾，且填埋过程中垃圾堆体稳定。每天填埋的垃圾体积为一填埋单元或者每班次填埋的垃圾体积为一单元，根据《城市生活垃圾卫生填埋技术规范》规定，作业单元应采用分层压实方法，垃圾压实密度应大于 $600kg/m^3$；单元每层垃圾厚度依填埋作业设备的压实性能及垃圾的可压缩性确定，宜为 2 ~ 3m，最厚不得超过 6m。

垃圾堆体边坡不是越大越好，为了防止堆体滑坡，边坡的坡度为 1：3 是最合适的。填埋作业从垃圾运输车将垃圾倾倒到指定的地点开始，倾倒点和压实点应保持一定的安全距离。这有助于防止事故发生，确保运输车和压实机间的移动空间，也有助于运输车司机和压实机司机能相互看见。

垃圾在摊铺过程中应根据垃圾作业面的实际情况使用推土机进行摊铺。推土机将垃圾摊铺成薄层，压实机再进行压实，压实是为了增加垃圾堆体的稳定性，减小垃圾体积，增大填埋场的使用时间，减少雨水渗透。通常在压实地点，垃圾被撒铺成 60 ~ 80cm 厚的薄层，然后压实机在其上压实 2 ~ 4 个来回，压实密度应大于 $0.9t/m^3$。在不具备完善设备情况下密度可达 $0.6t/m^3$。

每作业一个填埋单元必须在作业表面进行覆盖，以防止垃圾的飘散，减少气味、渗滤液等。覆土体积约为垃圾体积的 1/4，可采用黏土或人工衬层材料进行覆盖，黏土覆盖层厚度应为 20 ~ 30cm。

（4）渗滤液的产生、来源、控制措施

渗滤液（也叫渗滤水、浸出液）是指降水或地表径流、地下水等浸经垃圾层所含高污染物质的水分，包括垃圾本身含的水分以及在降解过程中产生的水分。

渗滤液主要由以下途径产生：

1）降水是渗滤液产生的主要途径，包括降雪、降雨量、降雨强度、降雨频率、持续时间等参数，对渗滤液的产生量有着极大的影响。

2）地表径流。降雨的一部分形成地表径流，其大部分从填埋场边坡的截洪沟排走，未排走的一部分向下渗透的水分经过垃圾形成渗滤液。

3）地下水。地下水位高于填埋场底部时，会反渗进入填埋区垃圾层，形成渗滤液。

4）垃圾与覆盖材料中的水分。垃圾被运往填埋区前，本身已经含有一定的水分，每当进行完一个填埋单元后都会对其进行覆盖，覆盖材料含的水分也会渗进垃圾层，形成渗滤液。

5）垃圾降解，主要指有机物降解。在此过程中有机物转化成无机物，并且产生水分，其产量与垃圾成分、pH 值、菌种有关。

渗滤液是一种高污染液体，为尽可能防止渗滤液的渗透，除了在渗滤液产量上进行控制（如控制入场的垃圾含水量）以外，还应在垃圾填埋场场底和四周边坡设计防渗结构，形成完整有效的防水屏障，以防止地下水和降雨的入侵，以及已经产生的渗滤液对地下水的污染。此外，防渗层还应具有一定的物理力学性能、抗化学腐蚀能力和抗老化能力。

防渗方式有水平防渗和垂直防渗。

水平防渗是填埋场最主要的防渗方式，应用最多，最普遍。防渗结构分为单层衬层，双层衬层。

单层防渗结构层从上至下依次为：渗滤液收集导排系统、防渗层（含防渗材料及保护材料）、基础层、地下水收集导排系统。

双层防渗结构层从上至下为：渗滤液收集导排系统、主防渗层（含防渗材料及保护材料）、渗漏检测层、次防渗层（含防渗材料及保护材料）、基础层、地下水收集导排系统。

垂直防渗通常采用帷幕灌浆，防止渗滤液在水平层上渗透进入边坡，对填埋场周围甚至以外的土地造成污染。

（5）填埋场气体控制

1）气体组成

填埋气体（LFG）主要由 $CH_4$、$CO_2$、$H_2$、$CO$、$NH_3$、$H_2S$ 等组成。其中 $CH_4$、

$CO_2$ 是主要成分。填埋层释放的气体如不加以处理，容易引起恶臭，填埋气体中的可燃气体与空气混合后易发生爆炸。因此，对填埋气体的收集与利用至关重要。

2）填埋气体产生方式

填埋气体产生主要分为五个阶段（见表6-2）：

表6-2 填埋气体产生的阶段

| 序号 | 内容 |
|---|---|
| 1 | 好氧阶段。可降解有机物快速被好氧生物降解 |
| 2 | 好氧向厌氧转化阶段。随着氧气的逐渐被消化，由好氧环境转化为厌氧环境。此过程 NO 被转化成 $N_2$，$SO_4^{2-}$ 被还原成 $H_2S$ |
| 3 | 产酸阶段。产生有机酸，产物为 $CO_2$ 和少量 $H_2$，环境 pH 值 ≤ 5 |
| 4 | 产甲烷阶段。厌氧条件下，产甲烷菌将有机酸与 $H_2$ 转化为甲烷与二氧化碳 |
| 5 | 稳定阶段 |

3）产量估算

经验估算。典型垃圾填埋场，每年 LFG 产生量约为 $0.06m^3/kg$。若比较干旱，产气量可降到 $0.03 \sim 0.045m^3/kg$；若比较湿润，产气量可上升到 $0.15m^3/kg$。

化学计量法。填埋垃圾中有机物除塑料外，分解的化学计量方程为：

4）填埋气体的迁移

LFG 的迁移运动与填埋场的地质构造及设计有关。运动方式分为向上迁移、向下迁移、地下横向迁移。

向上迁移。LFG 中的 $CH_4$ 和 $CO_2$ 可通过对流运动和扩散释放到大气中。

$CO_2$ 的密度是空气的 1.5 倍，有向填埋场底部运动的趋势，并最终聚集在场底。$CO_2$ 可通过扩散经天然防渗衬层进入地下水层，使地下水 pH 值下降，增加地下水的硬度和矿化度。

横向迁移。LFG 的横向迁移可渗透地质介质，在填埋区的疏松层、洞穴、沟壑、渠、裂缝和管道的裂缝等地方释放，甚至会迁移到离填埋区较远的地方释放。若不采取有效收集、导排措施，会形成安全隐患。

（6）填埋气体的收集处理与利用

填埋气体（LFG）中的 $CH_4$ 是可利用的资源，其利用技术有：

1）能源回收。将气体转换成能源，通过内燃机组燃烧气体发电。

2）净化、回收使用。即将 $CH_4$、$CO_2$ 分离，经过干燥过滤，除尘，得到洁净的

$CH_4$，通过管道输送到邻近使用点，如填埋场员工食堂，就近的居民住户。也可收集作为汽车燃料，这在国外十分普遍。

虽然LFG有利用的价值，但在产能系统出现故障的时候，应对填埋气体进行燃烧处理，控制其迁移。

（7）填埋场封场

填埋场封场后，填埋物上应覆盖黏土或人工合成材料，组成最终覆盖系统，以减少渗滤液的产生。最终覆盖系统由表土层、保护层、排水层、屏障层、基础层、气体收集层组成。黏土的厚度为20～30cm，其上再覆盖20～30cm的自然土。均匀压实，封场坡度为5%。

填埋场土地达到安全期后方能使用，由于填埋物是生活垃圾，不具备建筑地质的承重性质，因此填埋土地不能用做永久性建筑物用地，即一般作为绿化用地。封场后覆盖植被，总覆土厚度应在80cm以上。

# 第三节　公共厕所

## 一、概念

公共厕所是指在道路两旁或公共场所等处设置的厕所。包括商场、宾馆、饭店为服务对象开放的厕所，有城市环卫部门管理的、固定的，也可以是移动式卫生间。公厕的设计卫生、美观、与环境协调是一个城市或国家的文明体现。

## 二、分类

1. 按建筑形式分类

独立式公共厕所。独立式公共厕所的建筑构造与其他建筑无关，不依附于其他建筑物而独立建造于城市的广场、公园、商业街、车站等附近，为在这些场所和途经该场所的公众提供如厕方便服务的环境卫生公共设施。我国80%～90%的公厕都是独立式公共厕所。独立式公共厕所独立建造，独立使用，它与附属式公共厕所相比，可避免影响其他建筑的人类活动。

附属式公共厕所。其为依附于其他建筑供公众使用的厕所，在超市、商场、饭店、体育馆（场）、机场、展览馆、火车站、地铁和公共设施等服务性部门，根据其客流量建设相应规模和数量的附属式公共厕所，管理与维护较为便利。

活动式公共厕所。其为能移动使用的公共厕所。不受场地限制，一般占地较少，

5 ~ 10m², 活动性大, 可以重复且较为方便地移动到需要的地方, 在短时间内人流量大的集中地, 能满足公众的应急性需求。特别是用于车站、码头、机场、公园、商业街、体育馆等场所。活动式公共厕所的类型包括车载式流动厕所、标准型流动厕所、船舶型流动厕所、火车型流动厕所。

2．按建筑类别分类

（1）独立式公共厕所

独立式公共厕所按建筑类别应分三类。其规定如下：

1）商业区、重要公共设施、重要客运设施、公共绿地及其他环境要求高的区域, 应设置一类公共厕所。

2）城市主、次干路及行人交通量较大的道路沿线, 设置二类公共厕所。

3）其他街道和区域, 设置三类公共厕所。

（2）附属式公共厕所

附属式公共厕所按建筑类别分为二类。其规定如下：

大型商场、饭店、展览馆、机场、火车站、影剧院、大型体育场（馆）、综合性商业大楼和省市级医院, 应设置一类公共厕所。

一般商场（含超市）、专业性服务机关、体育场（馆）、餐饮店、招待所和区县级医院, 应设置二类公共厕所。

3．其他

无障碍专用厕所。其为供老年人、残疾人和行动不方便的人使用的厕所, 可以是活动式公厕, 也可以与附建式公厕或独立式公厕统一规划建设。目前, 许多城市的公厕设计都考虑到伤残人士、老年人如厕的方便性, 无论是附属式还是独立式都设置了单独的厕所间, 称为第三卫生间。

### 三、公厕设计

公厕是城市环境卫生公共设施之一, 不仅为公众提供如厕的方便, 也关系到城市的形象。公厕的建设已经不再单独考虑其功能, 现代文明已经将美学、生态、环境的概念因素加入公厕的设计中, 融入"绿色"的概念, "以人为本", 共存的形象在某种意义上反映了城市、国家的卫生技术水平, 体现了一个城市的文化水平和文化素质。现代公厕的设计强调以人为本, 符合可持续发展的要求, 与城市建设协调统一, 使公厕功能进一步延伸和强化, 向智能化、艺术化、保健化方向发展。

1．设计原则

公共厕所是城市基础设施建设中必不可少的一部分, 公共厕所的规划和建设已被纳入城市新建、扩建、改建的详细规划中，它体现了城市文明的元素，现代文明的要求，在城市建设中占有十分重要的位置，有其独特的意义和地位。

公厕设计应与环境相协调。公厕不仅在功能上满足人们的生理要求，在建筑艺术上也应力求美观、简洁、识别性强，与环境相协调、融洽。城市、风景区、民族村寨的公共厕所外观应和当地的人文景观一致，在文化背景上，体现各地的风俗习惯。在西方发达国家，厕所被看成是清洁、卫生、调整精神状态的方便之处。总之，公厕的设计要因地制宜，使之成为有使用价值和观赏价值的建筑小品，成为城市建筑的点缀。

公厕设计应注重环境保护的要求。城市环境污染日益严重，公厕的环境问题如臭气、细菌、粪便污水等处理成为公厕设计的重要部分。公厕将人类的排泄物集中，这一过程产生的臭气、细菌、病原菌繁殖、粪便污水的外溢等问题如得不到及时控制处理，对环境和人们的身体健康都会有很大的影响。

功能与外观统一。公厕设计在一定程度上反映了一个国家或地方的经济水平。公厕内部设施的合理布局，功能齐全，如干手、自动冲水等功能，加上人性化的考虑如设置休息沙发等，均反映了公厕的设计水平。公厕不仅有生理功能还应具有心理功能，能使如厕的人在精神上放松解压。公厕还有社会功能，公厕的设计水平标志着城市的经济发展水平和居民的生活质量水平，反映出国家文化素质和社会文明。

2. 公厕布局

一个城市的公厕建设应逐步建立以固定式公厕为主、活动式公厕为辅，沿街公共建筑内厕所对外开放的城市公共厕所的布置格局。为使我国城市公共厕所的布置格局与国外现代化城市接轨，根据国外经验和实践提出了逐步发展附属式公共厕所的方向。附属式公共厕所是现代城市公共厕所建设的主要方向，只有大力发展附属式厕所才能满足日益发展的城市商业活动，逐步减少独立式公共厕所，这也是我国公共厕所发展的方向。活动式公共厕所是为特定场所和特定时期对公共厕所的需要而配置的，为满足大型活动（如大型体育活动、节日庆典、集会）对辅助设施的需要，大、中型城市应储备一定数量的活动厕所。

3. 内部设计

（1）卫生洁具的平面布置

卫生洁具的使用空间，是指除卫生洁具所占用的空间外，使用者日常使用和清洁维护的空间，不同的卫生洁具其使用空间不同，基本规定见表6-3。

表 6-3 常用卫生洁具平面尺寸和使用空间

| 洁具 | 平面尺寸（mm） | 使用空间（宽 × 进深，mm） |
|---|---|---|
| 洗手盆 | 500 × 400 | 800 × 600 |
| 坐便器（低位，整体水箱） | 700 × 500 | 800 × 600 |
| 蹲便器 | 800 × 500 | 800 × 600 |
| 碗形小便器 | 400 × 400 | 700 × 500 |
| 水槽 | 500 × 400 | 800 × 800 |
| 擦手器 | 400 × 300 | 650 × 600 |

洁具尺寸决定使用空间的大小位置，以一个厕所间为例，通常厕所内有若干个厕位，在厕所间内，应为人体转身、出入提供无障碍圆形空间，直径为450mm，无障碍圆形空间可用在坐便器、临近设施及门的开启范围内画出的最大圆表示。

（2）大便器

大便器有蹲便器与坐便器之分。蹲便器是较为普遍的卫生器具，对于女性，蹲式比坐式更有益，但蹲便器使用起来不如坐便器舒适，却又被人认为是卫生可靠的；坐便器带来的担心往往是引起细菌、病毒感染等问题。蹲便器在使用过程中，经常会感到腿的麻木，实验结果表明，15°的足踏倾斜度是最合适的，足踏要采用凸纹表面以防滑。坐便器高度在450mm左右，对于儿童则设计高度为300mm为宜，残疾人使用的标准是450 ~ 470mm。

（3）小便池

小便池使用者应享有私密的权利，小便池占据空间不大，使用空间为700mm × 500mm。小便池适用对象不一，对于残疾人来说一般不设置台阶，还应设置专门的扶手，高度在500mm左右，对使用轮椅者应设置为380mm。

为防止小便设备尿滴的现象而导致的地面污染问题，可辅助设置荧光灯，使使用者视觉清晰，利于其靠近小便器，在小便器前铺设一条50cm的花岗岩条文，为使用者的站立姿势增加一些前倾趋势。

（4）冲洗器具与洗手、干手设施

1）冲洗器具

冲洗器具主要有三类，即手开手关式、手开自闭式和常开不闭式。根据使用者是否接触器具分为接触式与非接触式。根据冲洗器具的结构形式又可分为阀门式和水箱式。

手开手关是需要由使用者用手打开，用完后由使用者用手关闭，其安装简易，价格便宜，但打开后要等待粪便冲走后才将阀门关闭，不少使用者不愿等待；手开自闭式适用于单间蹲位式厕所；常开不闭式无须使用者接触器具，水箱自动冲洗，适用于冲槽式公厕，目前越来越多的公厕使用自动冲洗设备，更卫生可靠。

2）洗手、干手设施

每两个蹲位数应设一个洗手盆，洗手用水器具应符合《节水型生活用水器具》的规定；干手设施可采用电子干燥机或纸巾。干燥机耗电，但不会造成浪费，进风过滤器应常清洗，防止干燥器以空气为媒介传播细菌和微生物；纸巾不需耗电，但需要对废弃纸巾进行处理，废弃纸巾过多会造成垃圾问题。

4. 通风和无臭设计

（1）通风

公厕的异臭味来源于粪沟、小便池及化粪井，有效地控制异味发生源是解决公厕通风问题的重要环节。在平面设计时，考虑在粪沟、小便池及化粪井的中心位置加直通屋顶的通风道，直径大于200mm，自然通风相对于人工通风更为有效地缓解厕所内的气味问题。

我国现在大部分的公共厕所的氨和硫化氢的含量都超标，这说明我国公厕的通风问题较为严重，虽然采取了一些措施，如砌通风道、安抽风机、设置天窗等，但绝大多数公厕通风效果仍不理想，其原因有以下几个方面：

1）公厕的窗户设置问题

公厕由于受使用功能限制，窗台高度一般以遮挡人们视线为宜，距自然地面一般不低于1.8m，室内窗台以下和窗框以上均不通风；有的公厕虽然设置了天窗，但是由于天窗的位置不合理或天窗没有挡风墙，也没有起到通风的作用。

2）机械通风存在的问题

有的公厕封闭较严，采用排风扇通风时，门和墙的下部无进风口，易把地漏和化粪池下的沼气抽入室内。不开排风扇时，室内空气憋闷。

通风应优先考虑自然通风。公厕的自然通风一般是利用风压作用形成的。当风吹向建筑物时，气流受到建筑物的阻挡，使建筑物迎风面的空气压力增大。风压超过了大气压的区域叫作正压区（+）；越过建筑物正面边缘，气流加速，在建筑物顶部以及与风向平行的两侧形成小于大气压的区域叫作负压区（-）。在正压区设置进风口，而在负压区设置排风口，风由进风口进入，室内的热气或有害气体由排风口排至室外，使室内外空气进行交换。

公厕设计时，应根据自然通风的原理设计，正确布置进、排气口的位置，合理组织气流，使室内达到换气目的。

（2）无臭设计

目前，厕所排臭气无论是自然通风还是机械通风，大多采用下送上回或上送上回式。这类厕所即使有机械通风，原蹲坑中的臭气和大小便时产生的臭气都往上串，难免吸入人的鼻孔。实际情况是上下空气比重无多大差别，尤其是在有风的时候，空气是不会按图中所示的方向流动并带走臭气的。只有当臭气达到一定浓度的时候，才会自然向室外扩散。

所谓无臭公厕，在通风上与习惯做法相反。

首先，增设管道井，其作用为：像烟囱一样抽走厕所中的臭气（自然通风或机械通风均可）；将臭气通过管道井上部的特殊装置和绿化进行吸收、净化处理。每一个管道井供四个坑用，这样既节约空间，又节约资金。

其次，通风采用上送下回式，臭气由管道井上距地 ≥ 300mm 高的风口直接抽走，因而鼻孔吸入的只有清新空气。同时在管道井壁上部，设置除臭剂包，内装陶粒等混合物（空隙大），将臭气进行第一次吸收、净化处理后，由屋顶上的绿色植物再次吸收净化（绿色植物最好夹种能释放出香味的花草等），绿化可结合建筑小品，这样既能丰富建筑第五立面，美化环境，又能净化空气，减少污染。

现代无臭公厕并不难实现。与原公厕相比，造价根据标准的不同而有差异。就通风而言，仅仅多一管道井和除臭设施，却彻底改变了原公厕的现状，改善了人们的卫生条件。

**四、公厕的其他要求**

1. 节水问题

（1）用水现状

公共厕所的保洁除人工清洁以外主要靠水冲洗。根据使用对象不同，公厕的用水情况也不一样。城市街道公用厕所一般设专人管理，采取入厕收费的办法，所以浪费水的现象比较少；机关、团体、服务及游乐场所等，由于单位大小不等，领导重视程度以及管理水平不一样，因而浪费水的程度也不一样，而工厂的办公楼、车间、单身职工楼等部门的公用厕所浪费水现象比较普遍。

（2）用水浪费的原因

用水浪费的原因，见表6-4。

表 6-4　用水浪费的原因

| 原因 | 内容 |
| --- | --- |
| 厕所用水未计量 | 附属式公厕没有独立的水表，引不起有关人员重视 |
| 人为原因 | 公厕用水的多少与使用者的经济利益无直接联系，不少使用者对冲洗器具、洗手器具用水只开不关 |

| 原因 | 内容 |
|------|------|
| 卫生器具质量不高 | 老式卫生器具设计不合理，经常出现关闭不严而漏水的现象。目前市面出售的器具有些质量不高，易损坏，卫生器具使用频繁，冲洗阀损害后又无备用品更换，造成厕所用水量的浪费 |
| 结构原因 | 单间式公厕比冲槽式公厕的用水量多。单间式公厕每个蹲位的每次使用都要单独用水冲洗，而冲槽式公厕的 1～5 个蹲位可实现一次冲洗 |

（3）节水途径和措施

1）改造使用器具

停止使用阀门直接冲洗便器。因为由闸阀或球阀直接冲洗便器不能控制冲洗水量，容易出现不关阀门的长流水现象，应改为延时自备冲洗阀或高位水箱冲洗。

改进沟槽式便器冲洗方式。沟槽式便器应尽量少用，目前还需采用沟槽式便器的场所，应改变冲洗方式，以减少水的浪费。

更换冲洗水箱配件，采用节水型卫生器具。老式便器冲洗水箱配件由于设计不合理，常因为关闭不严而漏水，应逐步更换其配件。

正确使用卫生器具。选择卫生器具及冲洗方式一定要根据当地条件。例如，靠城市自来水管网供水时，在高峰供水时水压不足或楼层较高时，使冲洗阀不能正常工作，不仅影响使用，也易损坏。另外，选择卫生器具时还要注意产品质量。

2）利用中水、生产废水及雨水冲厕所

利用中水冲厕所。宾馆、饭店、机关、团体及有条件的部门等，可建中水处理系统，将洗涤等杂用水收集起来，经过处理后用于冲厕所。由于中水处理系统建设及运行管理费用高，国内应用还不普遍。

利用生产废水冲厕所。工厂生产过程中排出的废水属于轻污染费水，经简单处理，甚至不必处理，收集起来就可以用来冲厕所。

利用雨水冲厕所。在北方人们利用窖井、涝池将雨水蓄积起来供人畜饮用，在有条件的单位或部门也可将雨水蓄积起来用于冲厕所。

3）强化管理，端正思想

对独立式或附建式公厕加强管理，或专门设置厕管人员；增强节水意识教育，宣传节水思想，让公众养成良好的用水习惯。

2. 卫生防疫

粪便中含有大量病原体，有引起伤寒、痢疾、急性肠胃炎等肠道传染病的细菌；有引起病毒性肝炎、脑炎的病毒；有多种肠道寄生蠕虫卵；粪便腐烂后分解会产生有害气体。因此，做好粪便的卫生防疫工作十分重要。

我国卫生部门采取了多种预防措施，其中包括各地因地制宜地创建与农业生产体制相适应的粪便无害化处理设施的试点，并在大力推广中。

（1）粪便无害化处理

粪便卫生管理和无害化处理是农村环境卫生的基本内容，可减轻环境污染，提高生活环境质量，是预防肠道传染疾病和寄生虫病的根本措施。

（2）改厕改水

改厕粪管是控制肠道寄生虫病的治本措施之一，对于保护环境和建设生态农业具有重要作用，是目前我国卫生工作的重要内容。适宜的粪便处理设施和施工质量对厕所的粪便无害化卫生处理效果起着决定性作用，其中适宜的粪便处理设施，一方面能提高粪便的无害化效果，另一方面也能降低构筑物的施工技术难度，从而保证施工质量。农村改厕粪管是一项系统工程，其中构筑物设施的建造技术是其中心内容。因改厕技术融合了卫生学、建筑学、社会学等多学科的因素，虽然厕所设施在建筑技术上并不复杂，但在农村要想短期内取得推广无害化卫生厕所的成功也并非一件易事。

改善饮水可预防由饮水引起的感染性腹泻病及其他肠道病的发生。

（3）加强宣传教育

要加强宣传教育，使群众更新传统不良用厕习俗和观念，建立健康文明的生活方式。

（4）建立应急防疫系统

发生紧急疫情时，应具备相应应急防疫体系，如卫生监督监测、疾病控制、病毒消杀、药械管理、行政管理等方面。

## 五、公厕发展

公厕是城市建设中必不可少的设施之一，是整个城市建筑的一部分，是城市功能的组成部分，体现着时代所要求的文明程度，是城市诸项构成要素中必不可少的，是一种客观存在。随着经济的发展，厕所已不再是人类生理代谢的简陋且随意的场所，而是一个地方经济发展水平和生活质量的标志。未来的厕所设计应具有足够的建筑美学、环境美学和人文科学观念，不仅要做到设施先进卫生、节水节能、内部经济合理、实用方便、建筑新颖、外形美观高雅、环境协调，还要以人为本，重视解决老、幼、妇、残等人的如厕问题。

1. 生态卫生厕所

生态厕所是指不污染环境、能利用污染物自净功能、能对污染物进行处理、能充分循环利用各种资源的一类厕所。生态厕所的作用在于能减少或根除人类粪污带来的环境污染问题，通过各种技术或非技术手段，对厕所收集的粪污进行就地处理或异地处理，使粪污无害化后再回归环境，减少了厕所对外界资源的依赖性并节约资源，扩大了厕所的应用范围，提高了生活水平。

2. 休闲厕所

休闲厕所，普遍存在于意大利一些大型超市中，不仅可以为顾客提供"方便"，而且兼作休息室。有的休闲厕所还准备了杂志、音乐等，使来这里的人感受到了浓厚的文化气息。

3. 现代多功能厕所

公厕已成为现代城市文明形象的窗口之一，公厕建筑也已成为城市环境的一个有机组成部分，特别是与街道绿化、美化的完美结合。在公厕内部功能方面，集方便、休息、享受和保健功能于一身。而且，高科技环保技术在厕所的设计和建设中也有不少应用。现代多功能厕所将是公厕发展的趋势。

# 第四节　粪便处理

随着城市非农业人口的增长，粪便排出量亦随之增加。粪便的处置已逐渐成为突出的社会和环境问题。粪便是人类生活中不可避免的副产品，产量巨大（据估计，全国一年可产生 9.5 亿 t 纯粪便）。然而我国市政、环卫基础设施建设严重落后于城市发展速度，尤其是老城区或中、小城市。粪便中一少部分经污水处理厂处理，大部分则在公共厕所、倒粪站和化粪池暂存后，用车转运至农村做肥料或运至郊区填埋或经污水管道排入江河，填埋渗滤液及发酵恶臭气体对水环境和大气环境的污染日益严重。粪便排入江河后，其中大量的有机污染物和细菌严重污染水体，致使病原菌繁殖、传播，危害人群健康，造成大气、土壤、水体的污染。由于城市扩张后郊区地价上涨，填埋场地征用困难，费用高，一些城市则将粪便任意倾倒，露天堆放。

粪便中含有大量的有机物和氮、磷、钾等应用成分，是我国传统的农业资源，粪便又含大量的病原菌、病毒微生物和易使水体富营养化的污染物，其产生、贮存、处理及处置过程均有可能危害环境。粪便的处理本着"稳定化、无害化、减量化、资源化"的原则，通过稳定化消除恶臭，通过无害化杀虫卵和致病微生物等有害物，通过减量化使之便于运输和处理，通过资源化使之得到有效回收和利用。

### 一、粪便处理厂

粪便处理厂是对从旱厕及化粪池等粪便污水前端处理设施收运而来的粪便等进行无害化处理的场所。随着城市社会经济的发展、城市排水系统的完善，多数城市将不再需要粪便处理厂。但在一定时期内，部分城市还将有旱厕和粪便污水处理设施存在，由于粪便处理方式的多样性，这些城市可设置粪便处理厂，一般用来处理旱厕粪便和粪便污水前端处理设施中的粪渣。粪便处理厂不是每个城市都必须规划设置，是否设置应根据当地的外部条件来确定。

当规划期的城市污水处理要求较为完善时，规划可以不设置粪便处理厂及其专用粪便处理系统。但在近期或中期，城市污水处理尚不完善时，可以保留及建设此设施，但它们具有过渡性质，可以作为临时市政设施。

### 二、城市粪便清运

1. 我国城市粪便清运现状

我国城镇现行的粪便收运系统大多直接由重力冲水厕所、化粪池、黑水与灰水的混合排污管网或吸粪车等组成。重力冲水厕所的大耗水量和黑水与灰水的混合排污使粪便的固含量大幅下降，旱厕粪便的固含量是 6% ~ 9%，而重力冲水厕所粪便的固含量不足 0.1%，已严重丧失了其原有的利用价值，只能通过化粪池和有待完善的污水处理厂进行无害化处理。另外，污水处理厂的污泥中混入了大量重金属和有毒难降解物质，不宜用作农田肥料，粪便的流失和污染也就难以避免。

事实证明，城市粪便清运量在不断增加，其主要原因是城市人口的不断增加。在 1986—1998 年间，城市粪便清运量年平均增长率为 0.6%，1998 年全国城市共有垃圾粪便处理厂 1021 座，其中粪便处理厂 655 座，垃圾粪无害化处理能力达到 28.876 万 t/d，其中粪便处理能力达到 5.3406 万 t/d，垃圾粪便无害化处理率达到 58.49%。

2. 粪便与生活污水分开处理

将粪便管道与雨水及其他生活污水管道系统分开设置，单独将粪便收入集粪池，如民用建筑的化粪井。集粪池不得开任何缺口让粪便流入下水道，并由专人监管，定时用粪便清运车清运。此法能很好地控制粪便对水质的污染，减少其他污水对粪便的稀释作用，减少运输量，降低清运成本。

3. 真空分类收运系统

真空收运系统是由真空便器(或真空吸粪器)、真空破碎抽吸器(收集有机废物)、阀件、管网、真空泵、真空罐、排污泵机控制柜等组成。该系统利用真空泵抽取真空罐及真空管网内的空气形成相对真空，使真空管网具有抽吸污物的能力，随着各类阀门的相应动作，进入管网的粪便被逐级输送，最终进入真空罐内。

与传统的粪便收运系统相比，真空收运系统具有以下特点：

①节水。真空便器的冲水量约为 1L/次，是重力冲水厕所的 1/9～1/6。

②粪便与生活废水被独立收集，可使废水的中水回用成本降为原来的 1/3～1/2。

③粪便的固含量约为 1.7%，是重力冲水厕所的 20 倍，有力促进了粪便的资源化。

④卫生。真空管道臭气控制好，不易招惹蚊蝇，造成二次污染。

⑤适用性强。工作半径达 3～4km，系统终端入户数不限，可多至几千套，系统越大工作越稳定，尤其适合于人口相对分散、缺水及远离污水处理厂的地区。

⑥经济性。达到一定规模后，一次性建设投资低于传统收运系统，若考虑节水费用及制肥效益，还可产生一定量的经济效益。

此外，真空收运系统中的破碎抽吸器与真空管网相接，可破碎、收运厨余物等易腐性垃圾和粪便混合后制肥，做到了城市生活垃圾的减量化及资源化。

### 三、粪便处理工艺

1. 预处理

（1）臭气处理

粪便臭气中的物质包含 $H_2S$、$NH_3$、甲硫醇、三甲胺、低级脂肪酸等。除臭方法主要有：①感官除臭法，即加入相应的物质以抵消或掩盖臭味；②化学除臭，用中和、氧化还原、络合等化学反应；③物理除臭，利用活性炭吸附作用吸附易挥发的物质，物理方法效果较慢或较弱；④生物除臭，微生物对臭味物质进行分解。

（2）除渣

粪便中含有大量渣滓，在处理前去除渣滓可减轻后续处理负担。粪水倒入粪池，用河水稀释，经格栅过滤，再送至城市污水处理系统。

（3）固液分离

粪便倒入贮粪槽，用水稀释，再排入固液分离密闭箱，经转刷圆筒栅分离，分别由螺旋清渣机清渣，分离压缩排出的粪渣运往填埋场，分理出的粪液流入污水管网。

2. 生物处理工艺

（1）化粪池

化粪池是 20 世纪初德国人创造的，作为我国城镇生活污水主要局部处理构筑物，在消除病原体、减少污染等方面曾发挥了巨大的作用。化粪池的功能是接收、贮存家庭生活污水。它能截流生活污水中的粪便、纸屑、病原虫等杂质的 50%，BOD 降低 20%，减轻了污水处理厂的负荷或水体污染压力。池内分为漂浮层、淤泥层和中间清水层三个区域。清水可采用污水灌溉的方式作最终处理。

改良型化粪池由腐化槽、沉淀槽、过滤槽、氧化槽和消毒槽组成。污水经腐化槽腐化分离后，再经沉淀、过滤和氧化，最后经消毒后排出，沉淀污泥则定鱼清掏。立体多槽式化粪池是将各槽分隔叠置以节约用地。好氧曝气式化粪池时最大特点是利用好氧曝气方式来处理有机物质。这种化粪池的污水停留时间很短（一般 2～4h），出水水质稳定，池子容积较小，但运行和管理费用较高。

（2）厌氧消化法

厌氧消化法是将粪便倒入粪池经格栅除渣，沉淀 8h，上清液由泵提升至倒粪池。倒粪池的粪水经沉淀后再由泵提升至厌氧消化池，常温密闭厌氧发酵，二级消化，停留时间 90d，寄生虫卵和菌群被杀灭。消化池上清液排入污水处理厂，粪渣排入污水厂污泥处理系统。

（3）好氧堆肥

好氧堆肥是指将粪便脱水，加入除臭、发酵生物菌种和调整物料混合后，在一次发酵仓、二次发酵仓进行为期 10～30d 的动态、强通风发酵，产生有机肥。目前常用的堆肥工艺多为快速好氧堆肥。堆肥化处理，粪便中的有机物分解时产热，使材料温度上升，促进水分蒸发，杀死病原菌、寄生虫卵、杂草种子，促使粪便干燥，成为使用方便的肥料。同时使其中对作物有害的物质分解，成为无恶臭、安全、能广泛流通利用的有机质资源。

（4）人工湿地

人工湿地是由砾粒、砂、土壤等组成的过滤器，上面种植了挺水植物，如芦荟、灯心草、香蒲等。曼谷亚洲技术研究所早在 1997 年就已研究了三种小规模的种植有香蒲的湿地。

3. 化学法

（1）高温高压法

在高温高压的条件下，粪便中的有机物经过约 1h 连续不断的氧化分解，可达到较好的处理效果。此法的设备是反应塔。高温高压法的原理为反应釜内粪便经加热后以热能使各种病原菌体和寄生虫卵体蛋白凝固、变性或使其氧化变性，以杀灭病原体和寄生虫卵，其无害化效果可靠，而又不致使粪便氨化，为下一步粪便垃圾混合造粒稳固肥效奠定了基础，以适应当地农民施用固体肥的需要。

（2）化学药剂法

化学药剂法有两种处理方式：一是加入化学试剂使粪便发生絮凝作用，并通过沉淀分离液体和脱水污泥。其特点是在短时间内形成固液分离，但操作复杂，机械设备数量较多，分离出的液体 BOD 在 5000mg/L 左右，比厌氧发酵槽的脱离液要高得多。二是加入杀灭病原体和寄生虫卵的药物，在粪便中加入尿素可使氨的浓度增加，提高杀灭虫卵的效果；加入敌百虫能杀灭钩虫卵；加入碳酸氢铵可杀灭钩虫卵。

### 4．物理法

（1）脱水干化

脱水干化就是将除去杂质的粪便用污泥泵打入脱水机，在脱水机中进行脱水的过程。粪便是高黏度、富含有机质、粒子细微、含水量高的有机胶体，脱水性能差，脱水是保证后续堆肥质量的关键步骤。脱水设备一般采用滚压脱水机，并采用自动操作系统投加絮凝剂强化脱水效果。滚压脱水机采用压榨脱水，密闭运行，无恶臭污染，尤其适用于粪便脱水。

（2）焚烧

粪便污泥焚烧处理系统的最大特点是实现了粪便污泥的高效综合利用。粪便污泥经高压脱水后，送入干燥机，干燥后的污泥由造粒机制成颗粒状，投入焚烧炉中进行燃烧。颗粒状物质既可作为肥料又可作为固体燃料用。干燥时所需要的热风，由焚烧炉中污泥燃烧时所释放出的热量提供；干燥机利用后的热风经热交换器再次反馈给焚烧炉，以实现二次循环。整个系统利用的热风经旋风除尘器除尘，气体冷却器进一步回收余热后由排风机送入排风筒。由于采用了"双闭环"式的热量循环系统，故整个系统的热效率很高。

# 第五节　其他环境设施

## 一、水上环境工程设施

水上环境工程设施主要有垃圾码头和粪便码头，它们不属于城市必备的环境卫生设施。这两种设施在南方个别城市有设，但近年来有所减少，尤其是粪便码头已基本消失。这些设有垃圾码头和粪便码头的城市，随着城市环境和市容环境整治的深入，对滨水环境的改善往往作为重点，很多地方取消了这两类码头。现在这些城市旱厕的消亡，农村对人粪便用作肥料需求的减弱，也直接导致了粪便码头的没落。

垃圾码头有两种功能，一是水陆转运，将城市垃圾通过水路运至处理地；二是收集水上垃圾、水生植物及船舶垃圾后转运上岸，通过陆路运至处理地。这类码头对于近水城市有较大实用价值。而粪便码头除个别具备特殊条件的城市外，今后普遍不会再发挥作用。

## 二、环境卫生车辆停车场

大、中城市应设置环境卫生车辆停车场，其他城市也可以考虑设置环境卫生车辆停车场。

环境卫生车辆停车场是环境卫生系统的动脉，维系着整个系统的运行。环境卫生车辆是专业化车辆，大型车、特种车较多，除了停放需求外，维护、保养、准备作业也需要专用场地来完成。所以，小城市也宜设置环境卫生车辆停车场。停车场应设置在环境卫生车辆的服务区内，并避开人口稠密和交通繁忙区域。它的选址主要兼顾两个方面：一是位置不能过于偏远，因为出车距离太远易造成运行成本增加；二是不能设置在市区中心等人口密度大、交通量大的地区，以免影响城市环境和交通。停车场用地按作业车辆 150m²/辆选取。对于中、小城市，一般设置一处环境卫生车辆停车场即可，位置可选在中心区以外、出车便利、与居住和公共设施用地保持一定间距的地方。对大城市可多处设置，划定作业范围，根据作业范围确定作业车辆数和停车场面积。

## 三、环境卫生车辆通道

环境卫生车辆出行主要依靠城市道路和公路，其次是利用居住区、单位等的内部通道，使用专用的环境卫生车辆通道仅占极小比例。专用的环境卫生车辆通道一般设置在填埋场、焚烧厂、堆肥厂等进场道路及环境卫生设施内部通道上。它们必须满足：

机动车通道——宽度不得小于 4m，净高不得小于 4.5m；

非机动车道——宽度不得小于 2.5m，净高不得小于 3.5m；

机动车回车场地——不得小于 12m×12m；

非机动车回车场地——不得小于 4m×4m。

## 四、洒水车供水器

该设施用于向街道洒水、冲洗车供应市政给水。洒水车可以使用能满足《生活杂用水水质标准》（GB2501—89）的地表水、地下水和中水。取水方式也可多样化，使用洒水车供水器只是其中一种方式。

目前国内城市多数没有在城市道路上设置洒水车供水器，有的虽设置了也远未能达到标准间距要求，原因可能是标准可操作性不强、强制力不足及标准要求过高等。在建有供水器的城市，也多为双方协商及上级协调方式来解决，强制执行的情况极少。洒水车供水器宜设置在城市不太重要的道路上，以免影响交通和市容环境。

### 五、车辆清洗站

车辆清洗站分为进城车辆清洗站和市区车辆清洗站两类。

进城车辆清洗站应设置在城市主要对外交通道路的进城一侧，并宜靠近城市规划建成区的边缘。其用地一般为 1000 ~ 3000m$^2$。

市区车辆清洗站由于可与加油站、加气站、停车场等合并设置而较为灵活，规划中一般只定原则不选点布局。

# 第七章  园林工程施工概述及施工程序

## 第一节  园林建设工程基础内容

### 一、园林工程与园林建设工程的含义

1. 园林工程的含义

《中国大百科全书—建筑·园林·城市规划》卷中的"园林工程"条目：

园林工程。园林、城市绿地和风景名胜区中除园林建筑工程以外的室外工程，包括体现园林地貌创作的土方工程、园林筑山工程（如掇山、塑山、置石等）、园林理水工程（如驳岸、护坡、喷泉等工程）、园路工程、园林铺地工程、种植工程（包括种植树木、造花坛、铺草坪等）。研究园林工程原理、工程设计和施工养护技艺的学科称为"园林工程学"。它的任务是应用工程技术来表现园林艺术，使地面上的工程构筑物和园林景观融为一体。

《中华人民共和国行业标准—园林基本术语标准》中的"园林工程"条目：

园林工程。园林中除建筑工程以外的室外工程。

从上述园林工程的含义来讲，园林工程本身是不包含园林建筑工程的。

2. 园林建设工程的含义

园林建设是为人们提供一个良好的休息、文化娱乐、亲近大自然、满足人们回归自然愿望的场所，是保护生态环境、改善城市生活环境的重要措施。

园林建设工程是建设风景园林绿地的工程，泛指园林城市绿地和风景名胜区中涵盖园林建筑工程在内的环境建设工程，包括园林建筑工程、土方工程、园林筑山工程、园林理水工程、园林铺地与园路工程、绿化工程等，它是应用工程技术来表现园林艺术，使地面上的工程构筑物和园林景观融为一体。

### 二、园林工程的特点

园林工程的产品是建设供人们游览、欣赏的游憩环境，形成优美的环境空间，构成精神文明建设的精品，它包含一定的工程技术和艺术创造，是山水、植物、建筑、

道路等造园要素在特定境域的艺术体现。因此，园林工程和其他工程相比有其突出的特点，并体现在园林工程施工与管理的全过程之中，园林工程的特点主要表现在以下几方面（见表7-1）：

表7-1 园林工程的特点

| 特点 | 内容 |
| --- | --- |
| 生物性与生态性 | 植物是园林最基本的要素，特别是现代园林中植物所占比重越来越大，植物造景已成为造园的主要手段。由于园林植物品种繁多、习性差异较大、立地类型多样，园林植物栽培受自然条件影响较大。为了保证园林植物的成活和生长，达到预期设计效果，栽植施工时就必须遵守一定的操作规程，养护中必须符合其生态要求，并要采取有力的管护措施。这些就使得园林工程具有明显的生物性特点。园林工程与景观生态环境密切相关。如果项目能按照生态环境学理论和要求进行设计和施工，保证建成后各种设计要素对环境不造成破坏，能反映一定的生态景观，体现出可持续发展的理念，就是比较好的项目。进行植物种植、地形处理、景观创作等时，都必须切入这种生态观，以构建更符合时代要求的园林工程 |
| 艺术性与技术性 | 园林工程的另一个突出特点是具有明显的艺术性，园林工程是一种综合景观工程，它不同于其他的工程技术，而是一门艺术工程。园林艺术是一门综合性艺术，涉及造型艺术、建筑艺术和绘画、雕刻、文学艺术等诸多艺术领域。园林要素都是相互统一、相互依存的，共同展示园林特有的景观艺术，比如瀑布水景，就要求其落水的姿态、配光、背景植物及欣赏空间相互烘托。植物景观也是一样，要通过色彩、外形、层次、疏密等视觉来体现植物的园林艺术。园路铺装则需充分体现平面空间变化的美感，使其在划分平空间时不只有交通功能。要使竣工的工程项目符合设计要求，达到预定功能，就要对园林植物讲究配置手法，各种园林设施必须美观舒适，整体上讲究空间协调，既追求良好的整体景观效果，又讲究空间合理分隔，还要将层次组织得错落有序，这就要求采用特殊的艺术处理，所有这些要求都体现在园林工程的艺术性之中。缺乏艺术性的园林工程产品，不能成为合格的产品。园林工程是一门技术性很强的综合性工程，它涉及土建施工技术、园路铺装技术、苗木种植技术、假山叠造技术以及装饰装修、油漆彩绘等诸多技术 |
| 广泛性与综合性 | 园林工程的规模日趋大型化，要求各工种协同作业。加之新技术、新材料、新工艺的广泛应用，对施工管理提出了更高的要求。园林工程是综合性强、内容广泛、涉及部门较多的建设工程，大的、复杂的综合性园林工程项目涉及地貌的融合、地形的处理、建筑、水景的设置、给水排水、园路假山工程、园林植物栽种、艺术小品点缀、环境保护等诸多方面的内容；施工中又因不同的工序需要将工作面不断转移，导致劳动资源也跟着转移，这种复杂的施工环节需要有全盘观念、有条不紊；园林景观的多样性导致施工材料也多种多样，例如园路工程中可采取不同的面层材料，形成不同的路面变化；园林工程施工多为露天作业，经常受到自然条件（如刮风、冷冻、下雨、干旱等）的影响，而树木花卉栽植、草坪铺种等又是季节性很强的施工项目，应合理安排，否则成活率就会降低，而产品的艺术性又受多方面因素的影响，必须仔细考虑。要协调解决好诸如此类错综复杂的众多问题，就需要对整个工程进行全面的组织管理，这就要求组织者必须具有广泛的多学科知识与先进技术 |

续表

| 特点 | 内容 |
|------|------|
| 安全性 | 　　园林工程中的设施多为人们直接利用，现代园林场所又多是人们活动密集的地段、地点，这就要求园林设施应具备足够的安全性。例如建筑物、驳岸、园桥、假山、石洞、索道等工程，必须严把质量关，保证结构合理、坚固耐用。同时，在绿化施工中也存在安全问题，例如大树移植应注意地上电线、挖掘沟坑应注意地下电缆。这些都表明园林工程施工不仅要注意施工安全，还要确保工程产品的安全耐用。"安全第一，景观第二"是园林创作的基本原则。这是由于园林作品是给人观赏体验的，是与人直接接触的，如果工程中某些施工要素存在安全隐患，其后果不堪设想。在提倡"以人为本"的今天，重视园林工程的安全性是园林从业人员必备的素质。因此，作为工程项目，要把安全要求贯彻于整个项目施工之中，对于园林景观建设中的景石假山、水景驳岸、供电防火、设备安装、大树移植、建筑结构、索道滑道等均须倍加注意 |
| 后续性与体验性 | 　　园林工程中的后续性主要表现在两个方面：一是园林工程各施工要素有着极强的工序性，例如园路工程、栽植工程、塑山工程。工序间要求有很好的衔接关系，应做好前道工序的检查验收工作，以便于后续作业的进行。二是园林作品不是一朝一夕就可以完全体现景观设计最终理念的，必须经过较长时间才能展示其设计效果，因此项目施工结束并不能说明作品已经完成。提出园林工程的体验性特点是时代的要求，是欣赏主体——人对美感的心理要求，是现代园林工程以人为本最直接的体现。人的体验是一种特有的心理活动，实质上是将人融于园林作品之中，通过自身的体验得到全面的心理感受。园林工程正是给人们提供了这种体验心理美感的场所，这种审美追求对园林工作者提出了很高的要求，即要求组成园林的各个要素都要尽可能做到完美无缺 |

## 三、园林建设工程、园林工程分类

园林建设工程按造园的要素及工程属性，可将其分为园林工程和园林建筑工程两大部分，而各部分又可分为若干项工程，详见图7-1。

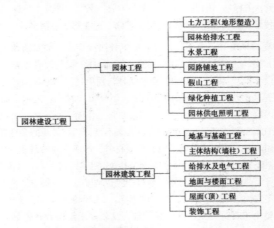

图7-1　园林建设工程分类示意图

随着社会的进步，科学技术的发展，园林建设工程的内容也在不断地更新与创新，特别是自 20 世纪 70 年代末 80 年代初我国改革开放以来，一些先进国家的工程技术新材料、高新技术的引进，使我国传统的古典园林工程的技法得以发扬、充实，并被注入了新的活力。

# 第二节　园林工程的主要内容

## 一、土方工程

土方工程主要依据竖向设计进行土方工程量计算及土方施工、塑造、整理园林建设场地。

土方量计算一般根据附有原地形等高线的设计地形来进行，但通过计算，有时反过来又可以修订设计图中的不足，使图纸更完善。土方量的计算在规划阶段无须过分精确，故只需估算，而在作施工图时，则土方工程量就需要较为精确的计算。土方量的计算方法有：

（1）用求体积的公式进行土方估算。

（2）断面法。是以一组等距（或不等距）的相互平行的截面将拟计算的地块、地形单体（如山、溪涧、池、岛等）和土方工程（如堤、沟渠、路堑、路槽等）分截成"段"，分别计算这些"段"的体积，再将各段体积累加，以求得该计算对象的总土方量。

（3）方格网法。方格网法是把平整场地的设计工作与土方量计算工作结合在一起进行的。方格网法的具体工作程序为：

在附有等高线的施工现场地形图上作方格网控制施工场地，依据设计意图，如地面形状、坡向、坡度值等，确定各角点的设计标高、施工标高，划分填挖方区，计算土方量，绘制出土方调配图及场地设计等高线图。

方施工按挖、运、填、压等施工组织设计安排来进行，以达到建设场地的要求而结束。

## 二、园林给排水工程

主要是园林给水工程、园林排水工程。

园林给排水与污水处理工程是园林工程中的重要组成部分之一，必须满足人们对水量、水质和水压的要求。水在使用过程中会受到污染，而完善的给排水工程及污水处理工程对园林建设及环境保护具有十分重要的作用。

1. 园林给水

给水分为生活用水、养护用水、造景用水及消防用水。给水的水源一是地表水源，主要是江、河、湖、水库等，这类水源的水量充沛，是风景园林中的主要水源。二是地下水源，如泉水、承压水等。选择给水水源时，首先应满足水质良好、水量充沛、便于防护的要求。最理想的是在风景区附近直接从就近的城市给水管网系统接入，如附近无给水管网则优先选用地下水，其次才考虑使用河、湖、水库的水。

给水系统一般由取水构筑物、泵站、净水构筑物、输水管道、水塔及高位水池等组成。

给水管网的水力计算包括用水量的计算，一般以用水定额为依据，它是给水管网水力计算的主要依据之一。给水系统的水力计算就是确定管径和计算水头损失，从而确定给水系统所需的水压。给水设备的选用包括对室内外设备和给水管径的选用等。

2. 园林排水

（1）排水系统的组成

①污水排水系统：由室内卫生设备和污水管道系统、室外污水管道系统、污水泵站及压力管道、传水处理与利用构筑物、排入水体的出水口等组成。

②雨水排水系统：由景区雨水管渠系统、出水口、雨水口等组成。

（2）排水系统的形式污、雨水管道在平面上可布置成树枝状，并顺地面坡度和道路由高处向低处排放，应尽量利用自然地面或明沟排水，以减少投资。常用的形式有：

①利用地形排水。通过竖向设计将谷、涧、沟、地坡、小道顺其自然适当加以组织划分排水区域，就近排入水体或附近的雨水干管，可节省投资。利用地形排水、地表种植草皮，最小坡度为5‰。

②明沟排水。主要指土明沟，也可在一些地段视需要砌砖、石、混凝土明沟，其坡度不小于4‰。

③管道排水。将管道埋于地下，有一定的坡度，通过排水构筑物等排出。

在我国，园林绿地的排水，主要以采取地表及明沟排水为宜，局部地段也可采用暗管排水以作为辅助手段。采用明沟排水应因地制宜，可结合当地地形因势利导。

为使雨水在地表形成的径流能及时迅速疏导和排除，但又不能造成流速过大而冲蚀地表土以致水土流失，因而在进行竖向规划设计时应结合理水综合考虑地形设计。

3. 园林污水的处理

园林中的污水主要是生活污水，因其含有大量的有机质及细菌等，有一定的危害。污水处理的基本方法有：物理法、生物法、化学法等。这些污水处理方法常需要组合应用。沉淀处理为一级处理，生物处理为二级处理，在生物处理的基础上，为提高出水水质再进行化学处理称为三级处理。目前国内各风景区及风景城市，一般污水通过一、二级处理后基本上能达到国家规定的污水排放标准。三级处理则用于排放标准要求特别高（如作为景区水源一部分时）的水体或污水量不大时，才考虑使用。

### 三、园林水景工程

古今中外，凡造景，无不牵涉及水体，水是环境艺术空间创作的一个主要因素，可借以构成各种格局的园林景观，艺术地再现自然。水有四种基本表现形式：一曰流水，其有急缓、深浅之分；二为落水，水由高处下落则有线落、布落、挂落、条落等，可潺潺细流、悠悠而落，亦可奔腾磅礴，气势恢宏；三是静水，平和宁静，清澈见底；四则为压力水，喷、涌、溢泉、间歇水等表现一种动态美。用水造景，动静相补，声色相衬，虚实相映，层次丰富，得水以后，古树、亭榭、山石形影相依，会产生一种特殊的魅力。水池、溪涧、河湖、瀑布、喷泉等水体往往又给人以静中有动、寂中有声、以少胜多、发人联想的强感染力。

水景工程是城市园林与水景相关的工程总称。它主要包括城市水系规划、水池、驳岸与护坡、小型水闸、人工泉和相应的园林建筑、园林小品及与之相配套的植物配置等几部分。

1. 城市水体规划

城市水系规划的主要任务是为保护、开发、利用城市水系，调节和治理洪水于淤积泥沙开辟人工河湖、兴城市水利而防治水患，把城市水体组成完整的水系。城市水体具有排洪蓄水、组织航运以便进行水上交通和游览、调节城市的气候等功能。河湖在城市水系中有着重要地位，承担排洪、蓄水、交通运输、调节湿度、观光游览等任务。河湖近期与远期规划水位，包括最高水位、常水位和最低水位，是确定园林水体驳岸类型、岸顶高程和湖底高程的依据。水工构筑物的位置、规格与要求应在水系规划中体现出来。园林水景工程除了满足这些要求外，应尽可能做到水工的园林化，使水工构筑物与园林景观相协调，以化解水工与水景的矛盾。

2. 水池工程

水池在城市园林中可以改善小气候条件，又可美化市容，起到重点装饰的作用。水池的形态种类很多，其深浅和池壁、池底的材料也各不相同。规则的方整之池，可显气氛肃穆庄重；而自由布局、复合参差跌落之池，可使空间活泼、富有变化。池底的嵌画、隐雕、水下彩灯等，使水景在工程的配合下，无论在白天或夜晚都能得到各种变幻无穷的奇妙景观。水池设计包括平面设计、立面设计、剖面设计及管线设计。平面设计主要是显示其平面位置及尺度，标注出池底、池壁顶、进水口、溢水口和泄水口、种植池的高程和所取剖面的位置；水池的立面设计应反映主要朝向各立面的高度变化和立面景观；剖面应有足够的代表性，要反映出从地基到壁顶各层材料厚度；水池的管线布置要根据具体情况确定，一般要考虑进水、溢水及泄水等管线。

水池材料多有混凝土水池、砖水池、柔性结构水池。材料不同、形状不同、要求不同，设计与施工也有所不同。园林中，水池可用砖（石）砌筑，具有结构简单、节省模板与钢材，施工方便，造价低廉等优点。近年来，随着新型建筑材料的出现，水池结构出现了柔性结构，以柔克刚，另辟蹊径。目前在工程实践中常用的有：混凝土水池、砖水池。玻璃布沥青席水池、再生橡胶薄膜水池、油毛毡防水层（二毡三油）水池等。

各种造景水池如汀步、跳水石、跌水台阶、养鱼池的出现也是人们对水景工程需要多样化的体现，而各种人工喷泉在节日中配以各式多彩的水下灯，变幻奇丽，增添了节日气氛。北京天安门前大型音乐电脑喷泉，无疑是当代高新技术的体现。

3. 驳岸与护坡

园林水体要求有稳定、美观的水岸以维持陆地和水面一定的面积比例，防止陆地被淹或水岸倒塌、或由于冻胀、浮托、风浪淘刷等造成水体塌陷、岸壁崩塌而淤积水中等，破坏了原有的设计意图，因此在水体边缘必须建造驳岸与护坡。园林驳岸按断面形状分为自然式和整形式两类。大型水体或规则水体常采用整形式直驳岸，用砖、混凝土、石料等砌筑成整形岸壁，而小型水体或园林中水位稳定的水体常采用自然式山石驳岸，以做成岩、矶、崖、岫等形状。

在进行驳岸设计时，要确定驳岸的平面位置与岸顶高程。城市河流接壤的驳岸按照城市河道系统规定平面位置建造，而园林内部驳岸则根据湖体施工设计确定驳岸位置。平面图上常水位线显示水面位置，岸顶高程应比最高水位高出一段，以保证湖水不致因风浪拍岸而涌入岸边陆地地面，但具体应视实际情况而定。修筑时要求坚固稳定，驳岸多以打桩或柴排沉褥作为加强基础的措施，并常以条石、块石混凝土、混凝土、钢筋混凝土作基础，用浆砌条石或浆砌块石勾缝、砖砌抹防水砂浆、钢筋混凝土以及用堆砌山石作墙体，用条石、山石、混凝土块料以及植被作盖顶。

护坡主要是防止滑坡、减少地面水和风浪的冲刷，以保证岸坡的稳定，常见的护坡方法有：编柳抛石护坡、铺石护坡。

4. 小型水闸

水闸在园林中应用较广泛。水闸是控制水流出入某段水体的水工构筑物，水闸按其使用功能分，一般有进水闸（设于水体入口，起联系上游和控制进水量的作用）、节制闸（设于水体出口，起联系下游和控制出水量的作用）、分水闸（用于控制水体支流出水）。在进行闸址的选定时，应了解水闸设置部位的地形、地质、水文等情况，特别是各种设计参数的情况，以便进行闸址的确定。

水闸结构由下至上可分为地基、闸底、水闸的上层建筑三部分。进行小型水闸结构尺寸的确定时须了解的数据包括：外水位、内湖水位、湖底高程、安全超高、闸门前最远直线距离、土壤种类和工程性质、水闸附近地面高程及流量要求等。

通过设计计算出需求的数据：闸孔宽度、闸顶高程、闸墙高度、闸底板长度及厚度、闸墩尺度、闸门等。

5. 人工泉

人工泉是近年来在国内兴起的园林水景。随着科技的发展，出现了各种诸如喷泉、瀑布、涌泉、溢泉、跌水等，不仅大大丰富了现代园林水景景观，同时也改善了小气候。瀑布、间歇泉、涌泉、跌水等亦是水景工程中再现水的自然形态的景观。它们的关键不在于大小，而在于能真实地再现。对于驳岸、岛屿、矶滩、河湾、池潭、溪涧等理水工程，应运用源流、动静、对比、衬托、声色、光影、藏引等一系列手法，作符合自然水势的重现，以做到"小中见大""以少胜多""旷奥由之"。

喷泉的类型很多，常见的有：

①普通装饰性喷泉。常由各种花形图案组成固定的喷水型；

②雕塑装饰性喷泉。喷泉的喷水水形与雕塑、小品等相结合；

③人工水能造景型。如瀑布、水幕等用人工或机械塑造出来的各种大型水柱等；

④自控喷泉。利用先进的计算机技术或电子技术将声、光、电等融入喷泉技术中，以造成变幻多彩的水景，如音乐喷泉、电脑控制的涌泉、间歇泉等。

喷水池的尺寸与规模主要取决于规划所赋予它的功能，它与喷水池所在的地理位置的风向、风力、气候湿度等关系极大，它直接影响了水池的面积和形状。喷水池的平面尺寸除应满足喷头、管道、水泵、进水口、泄水口、溢水口、吸水坑等布置要求外，还应防止水在设计风速下，水滴不致被风大量地吹出池外，所以喷水池的平面尺寸一般应比计算要求每边再加大 50 ~ 100cm。

喷水池的深度：应按管道、设备的布置要求确定。在设有潜水泵时，应保证吸水口的淹没深度不小于 150cm，在设有水泵吸水口时，应保证吸水喇叭口的淹没深度不小于 50cm。水泵房多采用地下或半地下式，应考虑地面排水，地面应有不小于 5‰ 的坡度坡向集水坑。水泵房应加强通风，为解决半地下式泵房与周围景观协调的问题，常将泵房设计成景观构筑物，如设计成亭、台、水榭或隐蔽在山崖、瀑布之下等。

喷泉常用的喷头形式有：单射流喷头、喷雾喷头、环形喷头、旋转喷头、扇形喷头、多孔喷头、变形喷头、组合喷头等。在进行喷泉设计时，要进行喷嘴流量、喷泉总流量、总扬程等项设计计算。由于影响喷泉设计的因素较多，故在安装运行时还要进行适当的调整，甚至作局部的修改以臻完善。

喷泉中的水下灯是保证喷泉效果的必要措施，特别是在现代技术发达的今天，光、机、电、声的综合应用将会使喷泉技术在园林景观中更具魅力。

### 四、园路铺装工程

园路铺装工程着重在园路的线形设计、园内的铺装、园路的施工等方面。

1. 园路

园路既是交通线，又是风景线，园之路，犹如脉络，路既是分隔各个景区的景界，又是联系各个景点的"纽带"，具有导游、组织交通、划分空间界面、构成园景的作用。园路分主路、次路与小径（自然游览步道）。主园路连接各景区，次园路连接诸景点，小径则通幽。

园路工程设计中，平面线形设计就是具体确定园路在平面上的位置，由勘测资料和园路性质等级要求以及景观需要，定出园路中心位置，确定直线段。园路纵断面线形设计主要是确定路线合适的标高，设计各路段的纵坡及坡长，保证视距要求，选择竖曲线半径，配置曲线、确定设计线，计算填挖高度，定桥涵、护岸、挡土墙位置，绘制纵断面设计图等。选用平曲线半径，合理解决曲直线的衔接等，以绘出园路平面设计图。

在风景游览等地的园路，不能仅仅看作是由一处通到另一处的旅行通道，而应当是整个风景景观环境中不可分割的组成部分，所以在考虑园路时，要用地形地貌造景，利用自然植物群落与植被建造生态绿廊。

园路的景观特色还可以利用植物的不同类型品种在外观上的差异和乡土特色，通过不同的组合和外轮廓线特定造型以产生标志感。同时尽可能将园林中的道路布置成"环网式"，以便组织不重复的游览路线和交通导游。各级园路回环萦绕，收放开合，藏露交替，使人渐入佳境。园路路网应有明确的分级，园路的曲折迂回应有构思立意，应做到艺术上的意境性与功能上的目的性有机结合，使游人步移景异。

风景旅游区及园林中的停车场应设置在重要景点进出口边缘地带及通向尽端式景点的道路附近，同时也应按不同类型及性质的车辆分别安排场地停车，其交通路线必须明确。在设计时综合考虑场内路面结构、绿化、照明、排水及停车场的性质，配置相应的附属设施。园路的路面结构从路面的力学性能出发，分为柔性路面、刚性路面及庭园路面。

2. 铺装

园林铺地是我国古典园林技艺之一，而在现时又得以创新与发展。它既有实用要求，又有艺术要求，主要用来引导和用强化的艺术手段组织游人活动，表达不同主题立意和情感，利用组成的界面功能分隔空间、格局和形态，强化视觉效果。

铺地要进行铺地艺术设计，包括纹样、图案设计、铺地空间设计、结构构造设计、铺地材料设计等。常用的铺地材料分为天然材料和人造材料，天然材料有：青（红）页岩、石板、卵石、碎石、条（块）石、碎大理石片等。人造材料有：青砖、水磨石、斩假石、本色混凝土、彩色混凝土、沥青混凝土等。例如，北京天安门广场的步行便道用粉红色花岗岩铺地，不仅满足景观要求，而且有很好的视觉效果。

### 五、假山工程

包括假山的材料和采运方法、置石与假山布置、假山结构设施等。

假山工程是园林建设的专业工程，人们通常所说的"假山工程"实际上包括假山和置石两部分。我国园林中的假山技术是以造景和提供游览为主要目的，同时还兼有一些其他功能。

假山是以土、石等为材料，以自然山水为蓝本并加以艺术提炼与夸张，用人工再造的山水景物。零星山石的点缀称为"置石"，主要表现山石的个体美或局部的组合。假山的体量大，可观可游，使人们仿佛置于大自然之中，而置石则以观赏为主，体量小而分散。假山和置石首先可作为自然山水园的主景和地形骨架，如南京瞻园、上海豫园、扬州个园、苏州环秀山庄等采用主景突出方式的园林，皆以山为主、水为辅，建筑处于次要地位甚至点缀。其次可作为园林划分空间和组织空间的手段，常用于集锦式布局的园林，如圆明园利用土山分隔景区、颐和园以仁寿殿西面土石相间的假山作为划分空间和障景的手段。运用山石小品则可作为点缀园林空间和陪衬建筑、植物的手段。假山可平衡土方，叠石可作驳岸、护坡、汀石和花台、室内外自然式的家具或器设，如石凳、石桌、石护栏等。它们将假山的造景功能与实用功能巧妙地结合在一起，成为我国造园技术中的瑰宝。

假山因使用的材料不同，分为土山、石山及土石相间的山。常见的假山材料有：湖石（包括太湖石、房山石、英石等）、黄石、青石、石笋（包括白果笋、乌炭笋、慧剑、钟乳石笋等）以及其他石品（如木化石、松皮石、石珊瑚等）。

1. 置石

置石用的山石材料较少，施工也较简单，置石分为特置、散置和群置。

特置，在江南称为立峰，这是山石的特写处理，常选用单块、体量大、姿态富于变化的山石，也有将好几块山石拼成一个峰的处理方式。散置又称为"散点"，这类置石对石材的要求较"特置"为低，以石之组合衬托环境取胜。常用于园门两侧、廊间、粉墙前、山坡上、桥头、路边等，或点缀建筑、或装点角隅，散点要做出聚散、断续、主次、高低、曲折等变化之分。大散点则被称为"群置"，与"散点"之异在于其所在的空间较大，置石材料的体量也较大，而且置石的堆数也较多。

在土质较好的地基上作"散点"，只需开浅槽夯实素土即可。土质差的则可以砖瓦之类夯实为底。大散点的结构类似于掇山。

山石几案的布置宜在林间空地或有树荫的地方，以利于游人休息。同时其安排应忌像一般家具的对称布置，除了其实用功能外，更应突出的是它们的造景功能，以它们的质朴、敦实给人们营造回归自然的意境。

2. 掇山

较之于置石要复杂得多，要将其艺术性与科学性、技术性完美地结合在一起。然而，无论是置石还是掇山，都不是一种单纯的工程技术，而是融园林艺术于工程技术之中，掇山必须是"立意在先"，而立意必须掌握取势和布局的要领，一是"有真有假，作假成真"，达到"虽由人作，宛自天开"的境界，以写实为主，结合写意，山水结合，主次分明。二是因地制宜，景以境出，要结合材料、功能、建筑和植物特征以及结构等方面，做出特色。三是寓意于山，情景交融。四是对比衬托，利用周围景物和假山本身，做出大小、高低、进出、明暗、虚实、曲直、深浅、陡缓等既对立又统一的变化手法。

在假山塑造中，从选石、采石、运石、相石、置石、掇山等一系列过程中总结出了一整套理论。假山有峰、峦、洞、壑等变化，但就山石之间的结合可以归结成山体的十种基本接体形式：安、连、接、斗、挎、拼、悬、剑、卡、垂，还有挑、撑等接体方式，这些都是在长期的实践中，从自然山景中归纳出来的。施工时应力求自然，切忌做作。在掇山时还要采取一些平稳、填隙、铁活加固、胶结和勾缝等技术措施。这些都是我国造园技术的宝贵财富，应予高度重视，使其发扬光大。

3. 塑山

在传统灰塑山和假山的基础上，运用现代材料如环氧树脂、短纤维树脂混凝土、水泥及灰浆等，创了塑山工艺。塑山可省采石、运石之工程，造型不受石材限制，且有工期短、见效快的优点。但它的使用期短是最大的缺陷。

塑山的工艺过程如下（见表7-2）：

表7-2 塑山的工艺过程

| 步骤 | 内容 |
|---|---|
| 设置基架 | 可根据石形和其他条件分别采用砖基架、钢筋混凝土基架或钢基架。坐落在地面的塑山要有相应的地基基础处理。坐落在室内屋顶平台的塑山,则必须根据楼板的构造和荷载条件作结构设计,包括地梁和钢架、柱和支撑设计。基架将所需塑造的山形概略为内接的几何形体的桁架,若采用钢材作基架的话,应遍涂防锈漆两遍作为防护处理 |
| 铺设钢丝网 | 一般形体较大的塑山都必须在基架上敷设钢丝网,钢丝网要选易于挂灰、泥的材料。若为钢基架则还宜先作分块钢架附在形体简单的基架上,变几何体形为凹凸起伏的自然外形,在其上再挂钢丝网,并根据设计要求用木槌成型 |
| 抹灰成型 | 先初抹一遍底灰,再精抹一两遍细灰,塑出石脉和皱纹。可在灰浆中加入短纤维以增强表面的抗拉力量,减少裂缝 |
| 装饰 | 根据设计对石色的要求,刷涂和喷涂非水溶性颜色,令其达到设计效果为止。由于新材新工艺不断推出,第三四步往往合并处理。如将颜料混合于灰浆中,直接抹上加工成型。也有在工场现做出一块块石料,运到施工现场缚挂或焊挂在基础上,当整体成型达到要求后,对接缝及石脉纹理作进一步加工处理,即可成山 |

## 六、绿化种植工程

包括乔灌木种植工程、大树移植、草坪工程等。

在城市环境中,栽植规划是否能成功,在很大程度上取决于当地的小气候、土壤、排水、光照、灌溉等生态因子。

在进行栽植工程施工前,施工人员必须通过设计人员的设计交底,以充分了解设计意图,理解设计要求,熟悉设计图纸;故应向设计单位和工程甲方了解有关材料,如工程的项目内容及任务量、工程期限、工程投资及设计概(预)算、设计意图,了解施工地段的状况、定点放线的依据、工程材料来源及运输情况,必要时应做现场调研。

在完成施工前的准备工作后,应编制施工计划,制定出在规定的工期内费用最低的安全施工的条件和方法,优质、高效、低成本、安全地完成其施工任务。作为绿化工程,其施工的主要内容为:

1. 树木的栽植

首先是确定合理的种植时间。在寒冷地区以春季栽植为宜。北京地区春季植树在3月中旬到4月下旬,雨季植树则在7月中旬左右。在气候比较温暖的地区,以秋季、初冬栽植比较相宜,以使树木更好地生长。在华东地区,大部分落叶树都可以在冬季11月上旬树木落叶后至12月中、下旬及2月中旬至3月下旬树木发芽前栽植,常绿阔叶树则在秋季、初冬、春季、梅雨季节均可栽种。

至于栽植方法，种类很多，在城市中常用人行道栽植穴、树坛、植物容器、阳台、庭园栽植、屋顶花园等。

在进行树木的栽植前还要作施工现场的准备，即施工现场场地拆迁、对施工现场平整土地以及定点放线，这些都应在有关技术人员的指导下按技术规范进行相关操作。挖苗是种树的第一步，挖苗时应尽可能挖得深一些，注意保护根系少受损伤。一般常绿树挖苗时要带好土球，以防泥土松散。落叶树挖苗时可裸根，过长和折断的根应适当修去一部分。树苗挖好后，要遵循"随挖、随运、随种"的原则，及时运去种好。在运苗之前，为避免树苗枯干等，应进行包装。树苗运到栽植地点后，如不能及时栽植，就必须进行假植。假植的地点应选择靠近栽植地点、排水良好、湿度适宜、无强风、无霜冻避风之地。另外，根据栽植的位置，刨栽植坑，坑穴的大小应根据树苗的大小和土壤土质的不同来决定，施工现场如土质不好，应换入无杂质的砂质壤土，以利于根系的生长。挖完坑后，每坑可施底肥，然后再覆素土不使树根直接与肥料接触，以免烧伤树根。

栽植前要进行修剪。苗木的修剪可以减少水分的散发，保持树势平衡，保证树木的成活，同时也要对根系进行适当的修剪，主要将断根、劈裂根、病虫根和过长的根剪去，剪口也要平滑。栽植较大规格的高大乔木，在栽植后应设支柱支撑，以防浇水后大风吹倒苗木。

2. 大树移植

大树是指胸径达 15 ~ 20cm，甚至 30cm，处于生长发育旺盛期的乔木和灌木，要带球根移植，球根具有一定的规格和重量，常需要专门的机具进行操作。大树移植能在最短的时间内创造出理想的景观。在选择树木的规格及树体大小时，应与建筑物的体量或所留有空间的大小相协调。

通常最合适大树移植的时间是春季、雨季和秋季。在炎热的夏季，不宜大规模地进行大树移植。若由于特殊工程需要少量移植大树时，要对树木采取适当疏枝和搭盖荫棚等办法以利于大树成活。大树移植前，应先挖树穴，树穴要排水良好，对于贵重的树木或缺乏须根树木的移植准备工作，可采用围根法，即于移植前 2 ~ 3 年开始，预先在准备移植的树木四周挖一沟，以刺激其长出密集的须根，创造移植条件。

大树土球的包装及移植方法常用软材包装移植、木箱包装移植、冻土移植以及移植机移植等。移植机是近年来引进和发展的新型机械，可以事先在栽植地点刨好植树坑，然后将坑土带到起树地点，以便起树后回填空坑。大树起出后，又可用移植机将大树运到栽植地点进行栽植。这样做节省劳力，大大提高了工作效率。大树起出后，运输最好在傍晚，在移植大树时要事先准备好回填土。栽植时，要特别注意位置准确，标高合适。

3. 草坪栽植工程

草坪是指由人工养护管理，起绿化、美化作用的草地。就其组成而言，草坪是草坪植被的简称，是环境绿化种植的重要组成部分，主要用于美化环境，净化空气，保持水土，提供户外活动和体育活动场所。

（1）草坪类型

草坪类型，见表7-3。

表7-3　草坪类型

| 类别 | 内容 |
|---|---|
| 单一草坪 | 一般是指由某一草坪草品种构成，它有高度的一致性和均匀性，可用来建立高级草坪和特种草坪，如高尔夫球场的发球台和球盘等。在我国北方常用野牛草、瓦巴斯、匍匐剪股颖来建坪，遍方则多用天鹅绒、天堂草、假俭草来建坪 |
| 缀花草坪 | 通常以草坪为背景，间以多年生、观花地被植物。在草坪上可自然点缀栽植水仙、莺尾、石蒜、紫花地丁等 |
| 游憩草坪 | 这类草坪无固定形状，一般管理粗放，人可在草坪内滞留活动，可以在草坪内配植孤立树、点缀石景、栽植树群和设施，周围边缘配以半灌木花带、灌木丛，中间留有大的空间空地，可容纳较大的人流。多设于医院、疗养地、学校、住宅区等处 |
| 疏林草坪 | 是指大面积自然式草坪，多由天然林草地改造而成，少量散生部分林木，其多利用地形排水，管理粗放。通常见于城市近郊旅游休假地、疗养区、风景区、森林公园或与防护林带相结合，其特点是林木夏季可庇荫，冬天有充足的阳光，是人们户外活动的良好场所 |

（2）草坪的兴建

草坪兴建一般分两步进行，在选定草种后，首先是准备场地（坪床）、除杂、平整、翻耕、配土、施肥、灌水后再整平。在此前应将坪床的喷灌及排水系统埋设完毕，下一步则可采用直接播种草籽或分株栽植或铺草皮砖、草皮卷、草坪植生带等法。近年来还有采用吹附法建草坪，即将草籽加泥炭或纸浆、肥料、高分子化合物料和水混合成浆，储在容器中，借助机械加压，喷到坪床上，经喷水养护，无须多少时日即可成草坪。此法机械化程度高，建成的草坪质量好，见效快，越来越受到人们的关注和喜爱。

（3）草坪的养护

不同地区在不同的季节有不同的草坪养护管理措施、管理方法。常见的管理措施有修剪、灌溉、病虫害防治、除杂草、施肥等，不同的季节，重点不同。

### 七、园林供电照明工程

随着社会经济的发展，人们对生活质量的要求越来越高，园林中电的用途已不再仅仅是提供晚间道路照明，各种新型的水景、游乐设施、新型照明光源的出现等，无不需要电力的支持。

在进行园林有关规划、设计时，首先要了解当地的电力情况：电力的来源、电压的等级、电力设备的装备情况（如变压器的容量、电力输送等），这样才能做到合理用电。

园林照明是室外照明的一种形式，在设置时应注意与园林景观相结合，以最能突出园林景观特色为原则。光源的选择上，要注意利用各类光源显色性的特点，突出要表现的色彩。在园林中常用的照明电光源除了白炽灯、荧光灯以外，一些新型的光源如汞灯（是目前园林中使用较多的光源之一，能使草坪、树；绿色格外鲜艳夺目，使用寿命长，易维护）、金属卤化物灯（发光效率高，显色性好，但没有低瓦数的灯，使用受到一定限制）、高压钠灯（效率高，多用于节能、照度高的场合，如道路、广场等，但显色性较差）亦在被应用之列。但使用气体等放电时应注意防止频闪效应。园林建筑的立面可用彩灯、霓虹灯、各式投光灯装饰。在灯具的选择上，其外观应与周围环境相配合，艺术性要强，有助于丰富空间层次，保证安全园林供电与园林规划设计灯具有密切的联系，园林供电设计的内容应包括：确定各种园林设施电量；选择变电所的位置、变压器容量；确定其低压供电方式；导线截面选择；绘制照明布置平面图、供统图。


# 第三节　园林的建筑工程

园林建筑是指在园林中有造景作用，同时供人游览、观赏、休息的建筑物。园林建筑是一门内容广泛的综合性学科，要求最大限度地利用周围环境，在位置的选择上要因地制宜，取得最好的透视线与观景点，并以得景为主。


### 一、园林建筑的类型按其用途可分为：

（1）游憩建筑。有亭、廊、水榭等；

（2）服务建筑。有大门、茶室、餐馆、小卖部等；

（3）水体建筑。包括码头、桥、喷泉、水池等；

（4）文教建筑。有各式展览馆、阅览室、露天演出场地、游艺场等；

（5）动、植物园建筑。有各式动物馆舍、盆景园、水景园、温室、观光温室以及各类园林小品，如院墙、影壁、园灯、园椅、花架、露窗等。

**二、园林建筑的特点**

园林建筑是中国园林中的一个重要因素。在长期实践中，无论在单体、群体、总体布局以及建筑类型上，都紧密地与周围环境结合。追崇自然，与自然环境相协调是中国园林建筑的一个准则。园林建筑的主要特色在于"巧"（灵活）、"宜"（适用）、"精"（精美）、"雅"（指建筑的格调要幽雅）。这四个字实质上代表了园林建筑从设计到施工要遵循的原则和指导思想。

古代建筑常使用在视觉中心两侧具有相同分量的构图，称为均衡构图。均衡构图分为对称均衡构图及不对称均衡构图。均衡构图给人一种稳定、安全、舒适的感受，是建筑构图中最重要的法则，而在生物界，不论是动物还是植物，在个体构造上都是对称的。但人类赖以生存的自然山川、河流以及植被群落等生存环境却都是不对称的，园林建筑是从属于自然风景，则以不对称构图为主，以更好地与大自然协调。在园林中，突出的应是山水景观，而建筑只是配角，起到一个陪衬和渲染的作用，尺度不宜过大，否则会适得其反，喧宾夺主，破坏了景观。

园林建筑就其所用的承重构件和结构形式来分，主要有：砖木结构、混合结构、钢筋混凝土框架结构、轻钢结构及中国古建筑物的木结构。砖木结构多见于古代园林中的楼、台、亭、阁等。而混合结构是指建筑物的墙柱用砖砌，楼板、楼梯用钢筋混凝土结构，屋顶为木结构或钢筋混凝土结构，这种形式目前在园林建筑中使用较为广泛。我国的古建筑已有几千年的历史，是我国文明史的瑰宝。古代木建筑物的木梁、椽、檩为承重构件是采用独特的技法结构而成的，目前在一些古建筑的修复、仿古建筑的建造中应用较多。

# 第四节　园林工程施工程序

**一、园林建设程序**

建设程序是指建设项目从设想、选择、评估、决策、设计、施工到竣工验收、投入使用，发挥社会效益、经济效益的整个建设过程中，各项工作的先后次序。

园林建设工程作为建设项目中的一个类别，它必须遵循建设程序。园林建设程序见图7-2。

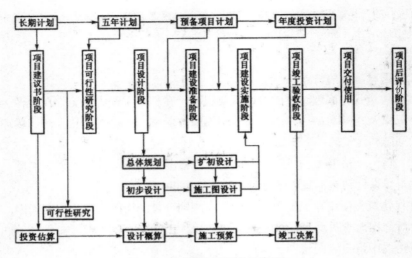

图 7-2　园林建设程序示意图

根据目前我国基本建设的程序，园林建设程序主要分七个阶段：

1. 项目建议书阶段

园林建设项目建议书是根据当地的国民经济发展和社会发展的总体规划或行业规划等多方面要求，经过调查、预测分析后所提出的；它是投资建设决策前，对拟建设项目的轮廓设想，主要是说明该项目立项的必要性、条件的可行性、获取效益的可靠性，以供上一级机构进行决策之用。

园林建设项目建议书的内容一般应包含以下几方面：

建设项目的必要性和依据；建设项目的规模、地点以及自然资源、人文资源情况及社会地域经济条件；建设项目的投资估算以及资金筹措来源；建设项目建成后的社会、经济、生态效益估算。

园林建设项目建议书的审批程序是：按现行规定，凡属大中型的园林建设项目，在上报项目建议书时必须附上初步可行性研究报告项目建议书首先要报送行业归口主管部门，同时抄送国家发改委（原国家计委）；行业归口主管部门初审后再由国家发改委审批。小型的园林建设项目的项目建议书应按项目隶属关系由部门或地方发改委（原计委）审批。项目建议书获得批准后即可立项。

2. 项目可行性研究阶段

园林建设项目立项后，根据批准的项目建议书，即可着手进行可行性研究，在详细进行可行性研究的基础上，编制可行性研究报告，为项目投资决策提供科学依据。根据国家发改委发布的计投资〔1991〕1969号文件，"从本文下发之日起，将现行国内投资项目的设计任务书和利用外资项目的可行性研究报告统一称为可行性研究报告，取消设计任务书的名称"，"所有国内投资项目和利用外资的建设项目，在批准项目建议书以后，并进行可行性研究的基础上，一律编报可行性研究报告，可行性研究报告的编报程序、要求和审批权限与以前的设计任务书（可行性研究报告）一致。"

园林建设项目可行性研究报告的内容主要包含以下几方面：

1）园林建设项目建设的目的、性质、提出的背景和依据；

2）园林建设项目的规模、市场预测的依据等；

3）园林建设项目的现状分析，即项目建设的地点、位置、当地的自然资源与人文资源的状况等；

4）园林建设项目的内容，包括面积、总投资、工程质量标准、单项造价等；

5）园林建设项目建设的进度和工期估算；

6）园林建设项目的投资估算和资金筹措方式，如国家投资、外资合营、自筹资金等；

7）园林建设项目的经济、社会、生态效益分析。

3. 项目设计阶段

设计是对拟建工程项目在技术上、经济上所进行的全面而详尽的安排，是园林建设工程的具体化。

根据批准的可行性研究报告，进行设计文件的编制。对于大型、复杂、有特定要求的园林建设项目的设计过程，一般分为三个阶段：初步设计、技术设计和施工图设计；一般的园林建设项目的设计过程仅需要初步设计（有时又称为扩大初步设计）、施工图设计两个阶段即可。初步设计文件要满足施工图设计、施工准备、土地征用、项目材料等的要求；施工图设计应使建设材料、构配件及设备的购置等能满足施工的要求。

4. 项目建设准备阶段

设计文件经上级相关部门批准后，就要切实做好园林建设项目开工建设前的各项准备工作，主要包含以下几方面内容：

组建筹建机构，征地、拆迁和场地平整，其中拆迁是一项政策性很强的工作，应在当地政府和有关部门的协助下，共同完成此项工作；落实和完成施工所用水、电、道路等设施工程及外部协调条件；组织设备和材料的订货、落实材料供应，准备施工图纸等；组织施工招标投标工作，择优选定施工单位、签订承包合同，确定合同价；报批项目施工的开工报告等。

5. 项目建设实施阶段

（1）园林建设项目建设实施阶段的工作内容项目施工的开工报告获得批准后，

建设项目方能开工建设。项目建设实施阶段的工作内容包括组织项目施工和生产准备。

（2）园林建设项目的工程施工方式。园林工程施工方式有两种：一种是由实施单位自行施工；另一种是委托承包单位负责完成。承包单位的确定，目前常用的是通过公开招标的方法来决定；其中最主要的是订立承包合同（在特殊的情况下，可采取订立意向合同等方式）。

园林工程施工承包合同的主要内容为：所承担的施工任务的内容及工程完成的时间；双方在保证完成任务前提下所承担的义务和享有的权利；甲方（项目建设方）支付工程款项的数量、方式以及期限等；双方未尽事宜应本着友好协商的原则处理，力求完成相关工程项目的协议内容。

（3）园林建设项目的工程施工管理园林建设项目工程开工之后，工程管理人员应与技术人员密切合作，共同做好施工中的管理工作。

园林工程施工管理一般包括：工程管理、质量管理、安全管理、成本管理、劳务管理和文明施工管理6个方面的内容（见表7-4）。

表7-4　园林工程施工管理的内容

| 项目 | 内容 |
|---|---|
| 工程管理 | 开工后，工程现场组织行使自主的施工管理。对甲方而言，是如何在确保工程质量的前提下，保证工程的顺利进行，在规定的工期内完成建设项目。对乙方来说，则是以最少的人力、物力投入而获得符合要求的高质量园林产品并取得最好的经济效益。工程管理的重要指标是工程速度，因而应在满足经济施工和质量要求的前提下，求得切实可行的最佳工期，这是获得较好经济效益的关键；为保证如期完成工程项目，应编制出符合上述要求的施工计划，包括合理的施工顺序、作业时间和作业均衡、成本合理等。在制订施工计划过程中，将上述有关数据图表化，以编制出工程表。工程上也会出现预料不到的情况，因而在整个施工过程中可补充或修正编制的工程表，灵活运用，使其更符合客观实际 |
| 质量管理 | 质量管理是施工管理的核心，是获得高质量产品和获得较高社会效益的基础。其目的是有效地建造出符合甲方要求的高质量的项目产品，因而需要确定施工现场作业标准量，并测定和分析这些数据，把相应的数据填入图表中并加以研究运用，进行质量管理。有关管理人员及技术人员正确掌握质量标准，根据质量管理图进行质量检查及生产管理，是确保质量优质稳定的关键 |
| 安全管理 | 安全管理是一切工程管理的重要内容。这是杜绝劳动伤害、创造秩序井然的施工环境的重要管理业务，也是保证安全生产、实现经济效益的主要措施之一。应在施工现场成立相关的安全管理组织，制订安全管理计划以便有效地实施安全管理，严格按照各工种的操作规范进行操作，并应经常对技术人员和工人包括临时工进行安全教育 |

| 项目 | 内容 |
| --- | --- |
| 成本管理 | 园林建设工程是公共事业，甲乙双方的目标应是一致的，就是以最小的投入，将高质量的园林作品交付给社会，以获得最佳的社会、经济和生态效益。因而必须提高成本意识，实行成本管理。成本管理不是追逐利润的手段，利润应是成本管理的结果 |
| 劳务管理 | 劳务管理是指施工过程中对参与工程的各类劳务人员的组织与管理，是施工管理的主要内容之一。应包括招聘合同手续、劳动伤害保险、支付工资能力、劳务人员的生活管理等，它不仅是为了保证工程劳务人员的有关权益，同时也是项目顺利完成的必要保障 |
| 文明施工管理 | 现代施工要求做到文明施工，就是通过科学合理的组织设计，协调好各方面的关系，统筹安排各个施工环节，保证设备材料进场有序，堆放整齐，尽量减少夜间施工对外部环境的影响，做到现场施工协调、有序、均衡、文明 |

6. 项目竣工验收阶段

竣工验收是园林建设工程形成园林工程产品的最后一个环节，是全面考核园林建设成果、检验设计和工程质量的重要步骤，也是园林建设转入对外开放及使用的标志。项目施工完成，就应组织竣工验收。

园林建设项目竣工验收阶段的主要内容为：①竣工验收的范围；②竣工验收准备工作；③组织项目验收；④确定项目对外开放日期。

7. 项目后评价阶段

园林建设项目的后评价是工程项目竣工并使用一段时间后（一般是 1～2 年），再对立项决策、设计施工、竣工使用等全过程进行系统评价的一种技术经济活动，是固定资产投资管理的一项重要内容，也是固定资产管理的最后一个环节；通过建设项目的后评价可以达到肯定成绩、总结经验、研究问题、吸取教训、提出建议、改进工作，不断提高项目决策水平的目的。

目前我国开展建设项目的后评价一般按三个层次组织实施，即项目单位的自我评价、行业评价、主要投资方或各级计划部门的评价。

## 二、园林工程施工程序

园林工程施工程序是指进入园林工程建设实施阶段后，在施工过程中应遵循的先后顺序。它是施工管理的重要依据。在园林工程建设施工过程中，能做到按施工程序进行施工，对提高施工速度，保证施工质量、安全，降低施工成本都具有重要作用。

园林工程施工程序一般分为施工前的准备阶段、现场施工阶段两部分。

1. 施工前准备阶段

园林工程建设各工序、各工种在施工过程中首先要有一个准备期。在施工准备期内，施工人员的主要任务是：领会图纸设计的意图、掌握工程特点、了解工程质量要求、熟悉施工现场、合理安排施工力量，顺利完成现场各项施工任务做好各项准备工作。其内容一般可分为技术准备、生产准备、施工现场准备、后勤保障准备和文明施工准备五个方面。

（1）技术准备

施工人员要认真读懂施工图，体会设计意图，并要求工人都能基本了解；对施工现场状况进行查看，结合施工现场平面图对施工工地的现状了如指掌；学习掌握施工组织设计内容，了解技术交底和预算会审的核心内容，领会工地的施工规范、安全措施、岗位职责、管理条例等；熟悉掌握各工种施工中的技术要点和技术改进方向。

（2）生产准备

施工中所需的各种材料、构配件、施工机具等要按计划组织到位，并要做好验收、入库登记等工作；组织施工机械进场，并进行安装调试工作，制订各类工程建设过程中所需的物资供应计划，如山石材料的选定和供应计划、苗木供应计划等；根据工程规模、技术要求及施工期限等，合理组织施工队伍、选定劳动定额、落实岗位责任、建立劳动组织；做好劳动力调配计划安排工作，特别是在采用平行施工、交叉施工或季节性较强的集中性施工期间更应重视劳务额配备计划，避免窝工浪费和因缺少必要的工人而耽误工期的现象发生。

（3）施工现场准备。施工现场是施工的集中空间。合理、科学布置有序的施工现场是保证施工顺利进行的重要条件，应给予足够的重视，其基本工作一般包括以下内容：

①界定施工范围，进行必要的管线改道，保护名木古树等。

②进行施工现场工程测量，设置工程的平面控制点和高程控制点。

③做好施工现场的"四通一平"（水通、路通、电通、信息通和场地平整）。施工用临时道路选线应以不妨碍工程施工为标准，结合设计园路、地质状况及运输荷载等因素综合确定；施工现场的给水排水、电力等应能满足工程施工的需要；做好季节性施工的准备；平整场地时要与原设计图的土方平衡相结合，以减少工程浪费；并要做好拆除清理地上、地下障碍物和建设用材料堆放点的设置安排等工作。

④搭设临时设施。主要包括工程施工用的仓库、办公室、宿舍、食堂及必要的附属设施。例如，临时抽水泵站，混凝土搅拌站，特殊材料堆放地等。工程临时用地的管线要铺设好。在修建临时设施时应遵循节约够用、方便施工的原则。

（4）后勤保障准备。后勤工作是保证一线施工顺利进行的重要环节，也是施工前准备工作的重要内容之一。施工现场应配套简易、必要的后勤设施，如医疗点、安全值班室、文化娱乐室等。

（5）文明施工准备。做好劳动保护工作，强化安全意识，做好现场防火工作等。

2. 现场施工阶段

各项准备工作就绪后，就可按计划正式开展施工，进入现场施工阶段。由于园林工程建设的类型繁多，涉及的工程种类多且要求高，对现场各工种、各工序施工提出了各自不同的要求，在现场施工中应注意以下几点：

（1）严格按照施工组织设计和施工图进行施工安排，若有变化，需经计划、设计及有关部门共同研究讨论并以正式的施工文件形式决定后，方可实施变更。

（2）严格执行各有关工种的施工规程，确保各工种技术措施的落实。不得随意改变工种施工，更不能混淆工种施工。

（3）严格执行各工序间施工中的检查、验收、交接手续的签字盖章要求，并将其作为现场施工的原始资料妥善保管，以明确责任。

（4）严格执行现场施工中的各类变更（工序变更、规格变更、材料变更等）的请示、批准、验收、签字的规定，不得私自变更和未经甲方检查、验收、签字而进入下一工序，并将有关文字材料妥善保管，作为竣工结算、决算的原始依据。

（5）严格执行施工的阶段性检查、验收规定，尽早发现施工中的问题，及时纠正，以免造成更大的损失。

（6）严格执行施工管理人员对质量、进度、安全的要求，确保各项措施在施工过程中得以贯彻落实，以防各类事故的发生。

# 第八章　园林土方工程施工方法与技术

## 第一节　土方工程施工准备工作

### 一、土方工程施工的准备工作

大体上包括四个方面的内容：

1. 土方工程的基本准备

（1）研究和审查施工图纸。检查设计图纸、资料是否齐全，核对平面尺寸和标高，图纸相互间有无错误和矛盾冲突；熟悉和掌握设计内容及各项技术要求，了解工程规模、特点、工程量和质量要求；熟悉土层地质、水文勘察资料；会看施工图纸，搞清建设场地范围与周围地下设施管线的关系；制定好开挖和回填程序，明确各专业工序间的配合关系、施工工期要求；并向参加施工的人员层层进行技术交底。

（2）查勘施工现场。摸清工程场地情况，收集施工需要的各项资料，包括施工场地地形、地貌、地质水文、河流、气象、运输道路、植被、临近建筑物、地下基础、管线、电缆坑基、防空洞、地面上施工范围内的障碍物和堆积物状况，供水、供电、通信情况，防洪排水系统等，以便为施工规划和准备提供可靠的资料和数据。

（3）编制施工方案。研究制定现场场地平整、土方开挖施工方案；绘制施工总平面布置图和土方开挖图，确定开挖路线、顺序、范围、底板标高、边坡坡度、排水沟水平位置，以及挖去的土方堆放地点；提出需用施工机具、劳力、推广新技术计划；深开挖还应提出支护、边坡保护和降水方案。

（4）修建临时设施和道路

1）临时设施的修建。应根据土方和基础工程规模、工期长短、施工力量安排等修建简易的临时性生产和生活设施，如工具库、材料库、油库、机具库、修理棚、休息棚、炊炉棚等，同时敷设现场供水、供电管线，并进行试水、试电等；

2）临时道路的修建。修筑好施工场地内的临时道路，以供机械进场和土方运输之用，主要临时道路宜结合永久性道路的布置修筑；准备好施工用料及工程用料，按施工平面图要求堆放。

### 二、清理、平整施工场地

1. 清理场地

在施工场地范围内，凡是有碍于工程的开展或影响工程稳定的地面物和地下物均应予以清理，便于土方施工工作的正常开展。

（1）建筑物和构筑物的拆除。对施工场地内没有利用价值或不需要保留的所有地上、地下的建筑物和构筑物，如电杆、电线、塔架、管线、坟墓、沟渠、房屋、基础等，在土方施工前均应拆除。拆除时，应根据其结构特点，按照一定的次序、并遵循现行《建筑工程安全技术规范》的规定进行操作。操作时可以用镐、铁锤，也可用推土机、挖土机等设备。对施工场地内原有需要保留和利用的建筑物、构筑物，应采取有效防护、加固措施加以保护或搬迁。

（2）伐除树木。对施工场地内影响施工且没有利用价值的树木，在经有关部门审查同意后，应进行伐除工作；凡土方开挖深度不大于50cm，或填方高度较小的土方施工，其施工现场及排水沟中的树木，必须连根拔除；清理树蔸除用人工挖掘外，直径在50cm以上的大树蔸还可用推土机铲除或用爆破法清除。

树木的伐除，尤其是大树的伐除，应慎之又慎；对施工场地内的名木古树或大树以及对施工有一定影响但又有利用价值的树木，要尽量设法保留或进行移植，必要时，则应提请建设单位或设计单位对设计进行修改，以便将大树、古树名木和有价值的树木保存下来。

（3）其他。在施工场地内的地面、地下和水下发现有管线通过或其他异常物体时，应事先请有关部门协同查清，未查清前，不可动工，以免发生危险或造成其他损失。

在黄土地区或有古墓地区，应在工程基础部位，按设计要求位置，用洛阳铲进行地下墓探，发现墓穴、土洞、地道（地窖）、废井等，应对地基进行局部加固处理。

2. 平整场地

按设计或施工要求范围和标高平整场地，将土方弃到规定的弃土区；对有利用价值的表土进行剥离和保存处理；凡在施工区域内，影响工程质量的软弱土层、淤泥、腐殖土、大卵石、孤石、垃圾、树根、草皮以及不宜作填土和回填料的稻田湿土、冻土等，根据不同情况采取全部挖除或设排水沟疏干、抛填块石、砂砾等方法进行妥善处理。

### 三、施工排水

场地积水不仅不便于施工，而且也影响工程质量，在施工之前，应设法将施工场地内的积水或过高的地下水排除。

1. 排除地面积水

在施工前，根据施工场地地形特点，在场地内设置临时性或永久性排水沟将地面积水排走或排到低洼处，再设水泵排走；或疏通原有排水泄洪系统；排水沟纵向坡度一般不小于2%，使场地不积水；山坡地区，在离边坡上沿 5 ~ 6m 处，设置截水沟、排洪沟，阻止坡顶雨水流入开挖基坑区域内，或在需要的地段修筑挡水堤坝阻水；在施工场地内，凡有可能流来地表水的方向，都应设上堤或截水沟、排洪沟，使场地内排水畅通，而且场外的水也不致流入。

2. 排除地下水

在地下水位高的地段和河地湖底挖方时，均应先考虑地下水的排除。排除地下水的方法很多，应根据土层的渗透能力、降水深度、设备条件及工程特点等来选定。一般多采用明排法，简单经济，通过明沟将地下水引至集水井，再用水泵排出。

明沟排除地下水，一般是按排水面积和地下水位的高低来安排排水系统，先定出主干渠和集水井的位置，再定支渠的位置和数目，土壤含水量大且要求排水迅速的，支渠分布应密些，其间距约为150cm，反之可疏导。

在挖湖施工中应先挖排水沟，排水沟的深度应深于水体挖深，沟可一次挖掘到底，也可依施工情况分层下挖，具体采用哪种方式应根据出土方向而定。

## 四、定点放线

在清理场地工作完成后，为了确保施工范围及挖土或填土的标高，应按设计图纸的要求，用测量仪器在施工现场进行定点放线工作，为使施工充分表达设计意图，测设时应尽量精确。

1. 测设控制网

对于大中型园林工程施工场地，为确保施工充分表达设计意图，先应进行全场控制网的测设工作，即根据给定的国家永久性控制点的坐标，按施工总平面要求，引测到现场，在工程施工区域设置控网，包括控制基线、轴线和水平基准点，并做好轴线控制的测量和校核。控制网要避开建筑物、构筑物、土方机械操作及运输线路，并有保护标志；场地平整应设 10 ~ 40m × 10 ~ 40m 的方格网，在各方格网点上做控制桩，并测出各标桩的自然地形标高（原地形标高），作为计算挖、填土方量和施工控制的依据。对建筑物应做定轴线的控制测量和校核。灰线、标高、轴线应进行复核无误后，方可进行场地的平整和开挖。

2. 平整场地的放线

平整场地的工作是将原来高低不平的、比较破碎的地形按设计要求整理成平坦的或具有一定坡度坡向的场地，如停车场、集散广场或休闲广场、露天表演场、体育场等；平整场地的放线一般采用方格网法。用经纬仪或全站仪将图纸上的方格网测设到工地地面上，并在每个角点处立桩，边界上的桩木按图纸要求设置。

桩木的规格及标记方法：桩木一般选用 5cm×5cm×40cm 的木条，其侧面平滑，下端削尖，以便打入土中；桩木上应标示出桩号，桩号要与施工图上的方格网的编号一致，同时还要标示出施工标高，施工标高通常用"+"号表示挖土方，用"−"号表示填土方。

3. 自然地形的放线

自然地形的放线比较困难，尤其是在缺乏永久性地面物的空旷场地；一般是先在施工图上设置方格网，再把方格网测放到施工场地地面上，将设计地形等高线和方格网的交点一一标到地面并立桩，在桩木上应同时标示出桩号和施工标高。

挖湖堆山，首先应确定堆山或挖湖的边界线。

（1）堆山山体的放线。堆山山体的放线根据堆山的高度情况，有两种放线方法：

第一种，一次性立桩。此法适用于堆山高度较低的山体，堆山的相对高度最高处小于 5m，将各层标高一次性标示在同一桩木上，值得注意的是，堆山时由于土层不断升高，桩木可能被土层埋没，因此桩木的长度应大于每层填土的高度；为便于施工中识别，桩木上不同标高层应用不同的颜色来标示。

第二种，分层放线立桩。此法适用于堆山高度较高的山体，一般堆山的相对高度在 5m 以上时，就应分层放线，分层设立桩标示，从最低的等高线开始，在等高线的轮廓线上，每隔 3～6m 立一桩木，桩木的长度根据堆山高度灵活选用，桩木材料一般选用竹竿；利用已知水准点的高程测出设计等高线的高度，标示在桩木上，作为堆山时掌握堆高的依据，然后进行填土堆山；在第一层的高度上又继续以同法测设第二层的高度，堆放第二层、第三层填土直至山顶。坡度可用坡度样板来控制。

如采用机械堆山，只要在施工场地标示出堆山的边界线即可，司机参考堆山设计模型，就可堆土，等堆到一定高度后，用水准仪检查标高，不符合设计的地方，用人工加以修整，使之达到设计要求。

（2）狭长形土方工程的放线。狭长形土方工程，如园路、土堤、沟渠等，其放线的步骤是：

第一步，打中心桩，确定中心线。利用测量仪器（如水准仪、经纬仪等），按照设计要求定出中心桩，桩距 20～50m 不等，视地形的繁简而定。每个桩号应标明桩距和施工标高，桩号可用罗马字母，也可用阿拉伯数字编定；距离用千米＋米来表示。

第二步，打边桩，定边线（即开挖线）。一般来说，中心桩定下后，边桩也有了依据，用皮尺就可以拉出，确定出的边线应撒上白灰以便施工。注意，弯道放线较为困难，为使施工尽量精确，在弯道地段应加密桩距。

沟渠施工如用打桩放线的方法，开挖时易使桩木移动甚至被破坏，影响校核工作；因此，其边坡坡度宜采用龙门板来控制，龙门板构造简单，使用方便，每隔30～100m 设龙门板一块，其间距视沟渠纵坡的变化情况而定。板上应标明沟渠中心线位置，沟上口、沟底的宽度等，板上还要设坡度板，用坡度板来控制沟渠纵坡。

# 第二节　土方工程施工方法

土方工程施工内容包括挖、运、填、压四个方面，其施工方法根据土方工程规模的大小、施工现场的状况、施工条件等因素来决定，可分别采用以下方法：

1. 机械施工

在现代园林土方工程施工中，规模较大、工程量较集中的土方工程，为加快工程施工进度，降低工程造价，应采用机械施工方式进行土方工程施工。

2. 人力施工

在现代园林土方工程施工中，对一些工程量小、施工点分散的土方工程，或因受场地限制等不便使用机械施工的地段，常采用人力施工方式进行土方工程施工。

3. 机械＋人力施工

采用机械施工方式进行土方工程施工，可大大加快工程施工进度，节省人力，但因场地限制，在一些偏僻地段或边缘地带等，施工机械常无法到场或机械不便操作，因而需要人力协助完成，形成机械＋人力的施工方式。

下面再谈谈土方的挖掘、填方、转运与压实的方法及要则。

## 一、土方的挖掘

1. 人力挖方

人力挖方适宜于一般园林建筑、构筑物的基坑(槽)和管沟以及小溪流、假植沟、带状种植沟槽和小范围整地的土方工程。人力挖方的主要施工机具有：尖、平头铁锹，手锤，手推车，梯子，铁镐，撬棍，钢尺，坡度尺，小线或铅丝等。人力挖方的施工流程：确定开挖顺序和坡度—确定开挖边界与深度—分层开挖—修整边缘部位—清底。

人力挖方施工要求：

（1）足够施工的工作面（作业面）人力挖方施工要有足够的工作面，人均 4 ~ 6m²，两人操作间距应大于 250cm。

（2）防止落物、坍塌。在开挖地段附近不得有重物及易坍落物，挖方不得在土壁下进行，以防塌方。

（3）挖方一般不垂直深度下挖。在挖方施工中一般不垂直向下挖得很深，要有合理的边坡，并接根据土质的疏松或密实情况确定边坡坡度的大小；必须垂直向下挖土的，则在松土情况下挖深不超过 70cm，中密度的土质不能超过 125cm，坚硬土挖深不得超过 200cm；凡超过上述标准的，均须加支撑板或留出足够的边坡。

（4）岩石地面的挖方施工。对岩石地面进行挖方施工，一般要先行爆破，将地表一定厚度的岩右层炸裂为碎块，再进行挖方施工。爆破施工时，要先打好炮眼，装上炸药雷管，待清理施工现场及其周围地带，确认爆破区无人滞留之后，才点火爆破。爆破施工的最紧要处就是要确保人员安全。

（5）遵循先深后浅或同时进行的施工程序。遇相邻场地、基坑开挖时，应遵循先深后浅或同时进行的施工程序。挖土应自上而下水平分段分层进行，每层 30cm 左右；边挖边检查坑底宽度及坡度，不够时及时修整，每 300cm 左右修一次坡，至设计标高，再统一进行一次修坡清底，检查坑底宽和标高，要求坑底凹凸不超过 1.5cm。在已有建筑物侧挖基（槽）应间隔分段进行，每段不超过 200cm，相邻段开挖应待已挖好的槽段基础完成并回填夯实后进行。

（6）尽量防止扰动地基土。基坑（槽）开挖应尽量防止对地基土的扰动。如人工挖方，基坑（槽）挖好后不能立即进行下道工序时，应预留 15 ~ 30cm 的一层土不挖，待下道工序开始再挖至设计标高。

（7）地下水位以下挖方，做好持续排水工作。在地下水位以下进行挖方施工时，应在基坑（槽）两侧或两侧挖好临时排水沟和集水井，将水位降低至坑槽底以下 50cm；排水工作应持续到施工完成（包括地下水位下回填土）。

（8）一般不宜在雨季进行挖方施工。土方开挖一般不宜在雨季进行，如必须进行施工，则应控制施工工作面，工作面不宜过大，应分段、逐片地分期完成；同时，雨季挖方，还应注意边坡的稳定，必要时可适当放缓边坡或设置支撑，并应在施工区域外侧围以土堤或开挖水沟，防止地面水流入，施工时加强对边坡、支撑、土堤等检查。

（9）一般不宜冬季进行挖方施工。土方开挖一般不宜在冬季施工，尤其是在有冰冻的地区，如必须在冬季施工时，其施工方法应按冬季施工方案进行。开挖基坑（槽）或管沟时，必须防止基础下的基土遭受冻结，如基坑（槽）开挖完毕后有较长的停歇时间，应在基底标高以上预留适当厚度的松土或用其他保温材料覆盖，使地基不得受冻；如遇开挖土方引起邻近建筑物或构筑物的地基和基础暴露时，也应采取防冻措施，以防产生冻结破坏。采用防止冻结法开挖土方时，可在冻结前用保温材料覆盖或将表层土翻耕耙松，其翻耕深度应根据当地气候条件确定，一般不小于30cm。

（10）挖方施工中必须随时保护基桩、龙门板或标杆，以防损坏。

2. 机械挖方

机械挖方适宜于较大规模的园林建筑、构筑物的基坑（槽）和管沟以及园林中的河流、湖泊、较大范围整地的土方工程。机械挖方的主要机械有：挖土机、推土机、铲运机、自卸汽车等。

机械挖方的施工流程：确定开挖顺序和坡度—分段分层平均下挖—修边和清底。机械挖方施工要求：

（1）向机械操作人员作技术交底。在机械作业之前，技术人员应向机械操作人员进行技术交底，使其了解施工场地的情况和施工技术要求，并对施工场地中的定点放线情况进行深入了解，熟悉桩位和施工标高等，对土方施工做到心中有数。

（2）施工现场布置的桩点和施工放线要明显。由于机械挖方施工作业范围大，为引起施工人工和机械手的注意，要将桩点和施工放线标记明显，可适当加高桩木的高度，在桩木上做出醒目的标志或将桩木漆成显眼的颜色；在施工期间，施工技术人员应和机械手密切配合，随时随地用测量仪器检查桩点和放线情况，以免挖错位置。

（3）注意保护原地面表土。因原地面表土土质疏松肥沃，适于种植园林植物，所以在挖方工程施工中，对地面50cm厚的表土层（耕作层）挖方时，要先用推土机将施工地段的这一层表面熟土推到施工场地外围，待地形整理停当，再把原表土推回铺好。

（4）一般要将地下水位降至开挖面以下。在开挖有地下水的土方工程时，应采取措施降低地下水位；一般要降至开挖面以下50cm，才能开挖。

（5）夜间施工要有足够的照明。为加快进度，进行夜间挖方施工，应有足够的照明，危险地段应设明显标志，防止错挖或超挖。

（6）施工道路、桥梁要安全、稳固。施工机械进入现场所经过的道路、桥梁、卸车设施等，应事先经过检查，必要时进行加固或加宽等准备工作。

（7）机械＋人力施工。在机械施工无法作业的部位和修整边坡坡度、清理槽底等，均应配备人工进行。

（8）基坑（槽）和管沟开挖，不得挖至设计标高以下。采用机械开挖基坑（槽）或管沟时，如不能准确挖至设计基底标高，应在设计标高以上暂留一层土不挖，以便在找平后由人工挖出。

（9）湖塘挖方施工要则。①在进行湖塘开挖工程中，要保护好施工坐标桩和标高桩。②湖塘底部的挖方作业可以粗放些。湖塘的土方工程因湖塘水位、深度变化比较一致，放水后水面以下部分一般不会暴露，因此湖塘底部只要挖到设计标高处，并将湖底地面推平即可。③湖塘岸线、岸坡施工要求准确。为保证湖塘岸线、岸坡施工的精度，应用边坡样板来控制边坡坡度的施工。

3. 挖方工程质量控制

（1）挖方工程质量标准

①严格要求达标的项目柱基、基坑（槽）、管沟基底和场地基土土质必须符合设计要求，并严禁扰动。

②允许有偏差的项目见表8-1。

表 8-1　土方工程的挖方和场地平整允许值偏差

| 项目 | 允许偏差（mm） | 检查方法 |
|---|---|---|
| 标高 | +0 −50 | 用水准仪检查 |
| 长度、宽度 | −0 | 用经纬仪、拉线和尺量检查 |
| 边坡偏差 | 不允许 | 观察或用坡度尺检查 |

（2）挖方工程施工需注意的质量问题

①基底超挖。开挖基坑（槽）或管沟均不得超过基底标高。如个别地方超挖时，其处理方法应取得设计单位的同意，不得私自处理。

②软土地区桩基挖土时桩基位移。在密集群桩上开挖基坑时，应在打桩完成后，间隔一段时间，再对称挖土，以防桩基位移；在密集桩附近开挖基坑（槽）时，要事先确定防止桩基位移的措施。

③基底未保护。基坑（槽）开挖后应尽量减少对基土的扰动，如遇基础不能及时施工或在雨季施工时，应在基底标高以上预留30cm左右厚的土层，待打混凝土垫层或做基础时再挖至设计标高。

④施工顺序不合理。土方开挖宜先从低处进行，分层、分段依次开挖，形成一定坡度，以利排水。

⑤施工机械下沉。施工时必须了解土质和地下水位情况；推土机、铲运机一般需要在地下水位50cm以上推、铲土；挖土机一般需要在地下水位80cm以上挖土，以防机械自重下沉；正铲挖土机挖方的台阶高度，不得超过最大挖掘高度的1.2倍。

⑥开挖尺寸不足，边坡过陡，基坑（槽）和管沟底部的开挖宽度，除应考虑结构尺寸要求外，还应根据施工需要增加工作面宽度，如排水设施、支撑结构等所需要的宽度。

⑦基坑（槽）或管沟边坡不直不平，基底不平应加强检查，随挖随修，并要认真验收。

## 二、土方的转运

在土方调配中，一般都按照就近挖方就近填方，采取土石方就地平衡的原则：土石方就地平衡可以极大地减少土方的搬运距离，从而能够节省人力，降低施工费用。土方的转运是挖方工程和填方工程之间的联系纽带，它的转运情况对挖方和填方都有影响。

1．人力转运土方

人力转运土方一般为短途的小搬运。搬运方式有用人力车拉、用手推车推或由人力肩挑背扛等。人力转运方式常在一些园林局部或小型工程施工中采用。

2．机械转运土方

机械转运土方通常为长距离运土或工程量很大时的运土，运输卫具主要是装载机和汽车。

3．机械＋人力转运土方

根据工程施工特点和工程量大小不同的情况，常常还采取机械和人力相结合的方式转运土方。

4．土方转运施工要求

（1）合理进行运输路线的安排、组织。土方转运的关键是运输路线的组织。在土方转运施工；过程中，应充分考虑运输路线的安排、组织，尽量使路线最短，以节省运力。土方转运路线一般采用回环式道路。

（2）应有专人指挥土方的装卸。专人指挥土方的装卸，能够做到装、卸土位置准确，运土路线顺畅，避免混乱和窝工。

（3）长距离、经过城市街道转运土方。汽车长距离转运土方需要经过城市街道时，车厢不能装载得太满，在驶出工地之前应当将车轮粘上的泥土全扫掉，不得在街道上撒落泥土和污染环境。

## 三、土方的填方

土方填方施工的质量好坏，直接影响到今后对地面的使用。填方应满足工程的质量要求，必须根据填方地面的功能和用途，选择合适土质的土壤和施工方法。如作为建筑用地的填方区应以要求将来地基稳定为原则，而绿化地段的填方区土壤则应满足植物种植要求。利用外来土垫地堆山，对土质应该检定放行，劣土及受污染的土壤，不应放入园内，以免将来影响植物的生长和妨害游人健康。

1. 填方的一般要求

（1）土料要求。填方土料应符合设计要求，保证填方的强度和稳定性，如设计无要求，则应符合下列规定：

碎石类土、砂土和爆破石渣（粒径不大于每层铺厚的2/3，当用振动碾压时，不超过3/4），可用于表层下的填料；含水量符合压实要求的黏性土，可作各层填料；碎块草皮和有机质含量大于8%的土，仅用于无压实要求的填方；淤泥和淤泥质土，一般不能用作填料，但在软土或沼泽地区，经过处理，含水量符合压实要求的，可用于填方中的次要部位；含盐量符合规定的盐渍土，一般可用作填料，但土中不得含有盐晶、盐块或含盐植物根茎。

（2）基底处理

场地回填应先清除基底上的草皮、树根、坑穴中积水、淤泥和杂物，并应采取措施防止地表滞水流入填方区，浸泡地基，造成基土下陷；当填方基底为耕植土或松土时，应将基底充分夯实或碾压密实；当填方位于水田、沟渠、池塘或含水量很大的松软土地段，应根据具体情况采取排水疏干，或将淤泥全部挖出换土、抛填片石、填砂砾石、翻松掺石灰等措施进行处理；当填土场地地面陡于1/5时，应先将斜坡挖成阶梯形，阶高20～30cm，阶宽大于100cm，然后分层填土，以利于接合和防止滑动。

（3）填土含水量

①填土含水量的大小，直接影响到夯实（碾压）质量，在夯实（碾压）前应先试验，以得到符合密实度要求条件下的最优含水量和最少夯实（碾压）遍数。

②遇到黏性土和排水不良的砂土时，其最优含水量与相应的最大干密度，应用击实试验测定。

③土料含水量一般以手握成团、落地开花为适宜。当含水量过大，应采取翻松、晾干、风干、换土回填、掺入干土或其他吸水性材料等措施；入土料过干，则应预先洒水润湿，亦可采取增加压实遍数或使用大功能压实机械等措施。

在气候干燥时，须采取加速挖土、运土、平土和碾压过程，以减少土的水分散失。

2. 填方施工方法

（1）人力填方。人力填方适用于一般园林建筑、构筑物的基坑（槽）和管沟以及室内地坪和小范围整地、堆山的施工。

人力填方的主要机具有：蛙式或柴油打夯机、手推车、筛子（孔径40～

60mm）、木耙、铁锹（尖头与平头）、2m 靠尺、胶皮管、小线和木折尺等。

人力填方的施工流程：基底地坪的清整—检验土质—分层铺土、耙平—夯打密实—检验密实度—修整找平验收。

人力填方施工要求：

①自下而上地分层铺填。一般从场地最低部分开始，由一端向另一端自下而上地分层铺填；

②铺筑厚度。填筑时每层先虚铺一层土，然后夯实，如采用人工进行夯实，砂质土的虚铺厚度不应大于 30cm，黏性土不应大于 20cm；如用打夯机械进行夯实，虚铺厚度不应大于 30cm；

③基坑深浅不一的填筑。当由深浅坑相连时，应先填深坑，相平后与浅坑全面分层填夯；

④分段填筑。如果采取分段填筑，交界处应填成阶梯形；

⑤墙基及管道回填。墙基及管道回填，应在两侧用细土同时均匀回填、夯实，防止墙基及管道中心线位移。

（2）机械填方。机械填方适用于较大规模的园林建筑、构筑物的基坑（槽）和管沟以及大面积整地、堆山的施工。

机械填方的主要机具：装运土方的有铲土机、自卸汽车、推土机、铲运机及翻斗车等；碾压的有平碾、羊足碾和振动碾等；其他一般的有蛙式或柴油打夯机、手推车、铁锹（尖头与平头）、2m 钢尺、20 号铅丝、胶皮管等。

机械填方的施工流程：基底地坪的清整—检验土质—分层铺土—分层碾压密实—检验密实度—修整找平验收。

机械填方施工要求：

①推土机填方。填方程序宜采用纵向铺填顺序，从挖土区段至填土区段，以 40～60m 距离为宜；大坡度堆填土不得居高临下，不分层次，一次堆填；推土机运土回填，可采用分堆集中，一次运送的方法，分段的距离约为 10～15m，以减少运土漏失量；土方推至填方部位时，应提起铲刀一次，成堆卸土，并向前行驶 50～100cm，利用推土机后退时，将土刮平；用推土机来回行驶进行碾压，履带应重叠一半。

②铲运机填方。铲运机铺填土区段的长度不应小于 20m，宽度不应小于 8m；每层铺土后，利用空车返回时将地表面刮平；填方顺序一般尽量采用横向或纵向分层卸土，以利于行驶时的初步压实。

③汽车填方。自卸汽车成堆卸土时，须配以推土机推土、摊平；填方可利用汽车行驶做部分压实工作，所以行车路线须均匀分布于填土层上；汽车不能在虚土上行驶，卸土推平和压实工作，须采取分段交叉进行。

3．填埋顺序

（1）先填石方，后填土方。土、石混合填方时，或施工现场有需要处理的建筑渣土而填方区又比较深时，应先将石块、渣土或粗粒废土填在底层，并紧紧地筑实；然后再将壤土或细土在上层填实。

（2）先填底土，后填表土。在挖方中挖出的原地面表土，应暂时堆放在一旁；而要将挖出的底土先填入到填方区底层；待底土填好后，才将肥沃表土回填到填方区作面层，特别是植物种植区域更应注意这一点。

（3）先填近处，后填远处。近处的填方区应先填，待近处填好后再逐渐填向远处。但每填一处，均要分层填实。

4．填埋方式

（1）一般的土石方的填埋。填方应从最低处开始，一般的土石方填埋，都应采取分层填筑方式，上下向上整个宽度地分层铺填碾压或夯实，一层一层地填，不应图方便而采取沿着斜坡向外逐渐倾倒的方法。分层填筑时，在要求质量较高的填方中，每层的厚度应为 30cm 以下，而在一般的填方中，每层的厚度可为 30 ~ 60cm，具体高度视选用的压实机具而定。填土过程中，最好能够填一层就压实一层。

填方应预留一定的下沉高度，以备在行车、堆重物或干湿交替等自然因素作用下，土体逐渐沉落密实。预留沉降量应根据工程性质、填方高度、填料种类、压实系数和地基情况等因素来确定。当土方用机械分层夯实时，其预留下沉高度（以填方高度的百分数计）：砂土为 1.5%，粉质黏土为 3.0% ~ 3.5%。

（2）自然斜坡的填土。在自然斜坡上填土时，要注意防止新填土方沿着坡面滑落。为了增加新填土方与斜坡的咬合性，应先把斜坡挖成阶梯状，然后再填入土方。这样便可保证新填土方的稳定。在地形起伏之处，应做好接茬，修筑 1∶2 阶梯形边坡，每一台阶可取高 50cm、宽 100cm。分段填筑时每层接缝处应做成大于 1∶1.5 的斜坡，碾迹重叠 50 ~ 100cm，上下层错缝距离不应小于 100cm。接缝部位不得在基础、墙角、柱墩等重要部位。

（3）自然山体的堆造。堆造自然式山体，土方的运输和下卸路线应以设计的山头为中心，结合来土方向进行安排，一般采用环形路线，满载土方的车（人）顺环形路线上山，顺次将土沿路线两侧卸下，空载的车（人）沿线路继续前行下山，车（人）不走回头路，不交叉穿行。随着卸土，山势逐渐升高，运土路线也随之升高，这样既组织了车（人）流，又使土山分层上升，部分土方边卸边压实，这不仅有利于山体的稳定，山体表面也较自然。如果土源有几个来向，运土路线可根据设计地形特点安排几个小环路，小环路以车（人）流不相互干扰为原则。

在堆土过程中，要注意控制堆土的范围。山脚回弯凹进处，要留空不填；山脚凸出位置上，则要按设计填得凸出去。山体边缘部分要按规定要求放坡；堆土到山顶部分时，因作业面越来越窄，要同时对几处山头堆土，以分散车（人）流。

（4）陡坡堆造。在堆造陡坡时，要用松散的土堆出陡坡是不容易的，需要进行特殊处理。可以用袋装土垒砌的办法，直接垒出陡坡，其坡度可以做到200%以上。土袋不必装得太满，装土约70%～80%即可，这样垒成的陡坡更为稳定。袋子可选用麻袋、塑料编织袋或玻璃纤维布袋。袋装土陡坡的后面，要及时填土夯实，使山土和土袋陡坡间结成整体以增强稳定性。陡坡垒成后，还需要湿土对坡面培土，掩盖土袋使整个土山浑为一体。坡面上还可栽种须根密集的灌木或培植山草，利用树根和草根将坡土紧固起来。

（5）悬崖的堆造。土山的悬崖部分用泥土堆不起来，一般要用假山石或块石浆砌做成挡土石壁，然后在石壁背面填土筑实，才能做出悬崖的崖面；在石壁背后，要有一些长条形石条从石壁插入山体中，形成狗牙槎状，以加强山体与石壁的连接，使山壁结构稳定可靠。浆砌崖壁时，不能像砌墙一样做得整整齐齐，而要使壁面凹凸不平，如同自然山壁，崖壁每砌筑120～50cm，就应停工几天，待水泥凝固硬化，并在崖壁背面填土夯实之后，才能继续向上砌筑崖壁。

5. 填方工程质量控制

（1）填方工程质量标准

①严格要求项目

基底处理必须符合设计要求或施工规范的规定；填方的土料，必须符合设计或施工规范的规定；填方必须按规定分层夯实。取样测定夯实后土的干土质量密度，其合格率不应小于90%，不合格的干土质量密度的最低值与设计值的差，不应大于1.08t/cm$^3$，且不应集中。环刀取样的方法及数量应符合规定。

②允许偏差项目（见表8-2）

表8-2 土方工程的挖方和场地平整允许偏差值

| 项目 | 允许偏差（mm） | 检验方法 |
|---|---|---|
| 顶面标高 | +0 −50 | 用水准仪或拉线和尺量检查 |
| 表面平整度 | 20 | 用2m靠尺和楔形尺量检查 |

（2）填方工程施工需注意的质量问题

①未按要求测定干土质量密度。回填土每层都应测定夯实后的干土质量密度，符合设计要求后才能铺摊上层土。试验报告要注明土料种类、试验日期、试验结论及试验人员签字。未达到设计要求部分，应有处理方法和复验结果。

②回填土下沉。因虚铺土超过规定厚度或冬季施工时有较大的冻土块或夯实不够遍数，甚至漏夯；回填基底有机杂物或落土清理不干净；以及冬期做散水，施工用水渗入垫层中；受冻膨胀等造成。这些问题均应在施工中认真执行规范的有关各项规定，并要严格检查，发现问题及时纠正。

③管道下部夯填不实。管道下部应按标准要求回填土夯实，如果漏夯会造成管道下方空虚，造成管道折断而渗漏。

④回填土夯实不密。在夯压时应对干土适当洒水并加以润湿；如回填土太湿同样夯不密实呈"橡皮土"现象，这时应将"橡皮土"挖出，重新换好土再予夯实。

⑤在地形、工程地质复杂地区内的填方，且对填方密实度要求较高时，应采取措施（如排水暗沟、护坡桩等）以防填方土粒流失，造成不均匀下沉和坍塌等事故。

⑥填方基土为杂填土时，应按设计要求加固地基，并要妥善处理基底下的软硬点、空洞、旧基以及暗塘等。

⑦回填管沟时，应防止管道中心线位移和损坏管道，在管道接口处，防腐绝缘层或电缆周围，应使用细粒土料回填；填方应按设计要求预留沉降量，如设计无要求时，可根据工程性质、填方高度、填料种类、密实度要求和地基情况等，与建设单位共同确定（沉降量一般不超过填方高度的3%）。

### 四、土方的压实

在填方工程进行之中，要伴随着进行土方的压实筑紧工序，填与压两道工序结合展开。

1. 土方压实施工方法

（1）人力夯压。人力夯压适于面积较小的填方区的压筑。人力夯压工具主要有：夯、石碨、铁碨、滚筒、石碾等。

人力夯压施工要求：

①人力打夯前，应先将填土初步整平。

②按一定方向分层打夯。打夯要按一定方向进行，一夯压半夯，夯夯相接，夯夯相连，两边纵横交叉，分层打夯；一般采用 60 ~ 80kg 的木夯或铁、石夯，由 4 ~ 8 人拉绳，2 人扶夯，举高不应小于 50cm，进行人力打夯，或采用人力拉动石碾、滚筒碾压土层。

③基坑（槽）、管沟的回填与夯实。基坑（槽）回填应在相对两侧或四周同时进行，在基坑（槽）及地坪夯实时，行夯路线应由四边开始，然后再夯向中间；管沟回填时，应用人工先在管子周围填土夯实，并应从管道两侧同时进行，直至管顶 50cm 之上。

④人力 + 小型夯实机具进行夯压。土方压实施工中，通常借助小型的夯压机具

如蛙式夯、内燃夯等进行夯压，一般填土厚度不宜大于25cm，打夯之前也应对填土初步整平，用打夯机依次夯打，均匀分布，不留间隙。

（2）机械压实。机械压实适用于面积较大的填方区的夯压作业。机械压实施工机具主要有：碾压机、用拖拉机带动的铁碾、羊足碾、铲运机、推土机等。

机械压实施工要求：

①机械碾压前，应先初步平实表面。为保证填土压实的均匀性及密实度，避免碾轮下陷，提高碾压效率，在碾压机碾压之前，应先用轻型推土机、拖拉机等推平，低速预压4～5遍，使表面初步平实；采用振动平碾压实爆破石渣或碎石类土，也应先静压，而后振压。

②控制碾压机械行驶速度和压实遍数。碾压机械压实填方时，要控制其行驶速度，一般平碾、振动碾不超过2km/h，羊足碾不超过3km/h；并要控制压实遍数。

③碾压机械应与基础或管道等保持一定的距离。为防止将基础或管道等压坏或使之位移，必须保持碾压机械与基础、管道等之间有一定的距离。

④压路机碾压。用压路机进行填方压实，应采用"薄填、慢驶、多次"的方法，填土厚度不应超过25～30cm；碾压方向应从两边逐渐压向中间，碾轮每次重叠宽度约15～25cm，避免漏压。运行中碾轮边距填方边缘应大于50cm，以防发生溜坡倾倒。边角、边坡、边缘压实不到位之处，应辅以人力夯或小型夯择机具夯实。碾压密实度，除另有规定外，应压至轮子下沉量不超过1～2cm为度。每碾压完一层，应用人工或机械（推土机）将表面拉毛，以利于接合。

⑤平碾碾压。采用平碾碾压填方，每碾压完一层，应用人工或机械（推土机）将表面拉毛；土层表太干时，还应洒水湿润后回填，以保证上、下层接合良好。

⑥羊足碾碾压。采用羊足碾碾压时，填土厚度不宜大于50cm，碾压方向应从填方区的两侧逐渐压向中心；每次碾压应有15～20cm重叠，同时随时清除黏着于羊足之间的土料；为提高上部土层密实度，羊足碾压过后，宜辅以拖式平碾或压路机补充压平压实。

⑦铲运机及运土工具压实。采用铲运机及运土工具进行压实时，铲运机及运土工具的移动须均匀分布于填筑层的整个工作面逐次卸土碾压。

2. 土方压实的工程质量控制

（1）密实度要求。填方的密实度要求通常以压实系数表示；最大干密度是最优含水量时，通过标准的击实方法确定的。密实度要求一般是由设计者根据工程结构性质、使用要求以及土的性质确定的。

（2）土壤含水量控制。为保证土壤的压实质量，土壤应具有最佳的含水量。表层土太干时，应洒水湿润后，才能继续回填，以保证上、下层接合良好；在气候干燥时，应加快挖土、运土、平土和碾压的速度,以减少土壤水分的散失;当填料为碎石类土(充填物为砂土)时,碾压前应充分洒水湿透,以提高压实的效果。

(3)铺土厚度和压实遍数。填土每层铺土厚度和压实遍数,应根据土的性质、设计要求的压实系数和使用的压(夯)实机具的性能而定,一般应先进行现场碾(夯)压试验,而后再确定。

(4)土方压实施工注意事项

从边缘开始碾压,逐渐向中间推进。土方的压实工作应先从边缘开始,逐渐向中间推进。这样碾压,可以避免边缘土被向外挤压而引起坍落现象;分层堆填、分层碾压夯实。填方时必须分层堆填、分层碾压夯实。不要一次性地填到设计土面高度后才进行碾压打夯,否则,就会造成填方地面上紧下松,沉降和塌陷严重的情况;压实要均匀。碾压、打夯要注意均匀,要使填方区各处土壤密实度一致,避免以后出现不均匀沉降;松土夯实,先轻后重。在夯实松土时,打夯动作应先轻后重。先轻打一遍,使土中细粉受震落下,填满下层土粒间的空隙,然后再加重打压,夯实土壤;压实后的干密度达到施工要求。填方压实后的干密度应有90%以上的符合设计要求,其余10%的最低值与设计值之差不得大于0.08t/m³。

# 第三节　土方工程的雨季、冬季施工

## 一、土方工程的雨季施工

一般应避免在雨季进行土方工程施工;大面积的土方工程施工也应尽量在雨季前完成。如确需要在雨季进行土方工程施工,则必须掌握当地的气象变化,从施工方法上采取积极措施。在雨季施工前要做好必要的准备工作。雨季施工中特别重要的问题是:要保证挖方、填方及弃土区排水系统的完整和畅通,并在雨季前修成,对运输道路要加固路基,提高路拱,路基两侧要修好排水沟,以利泄水;路面要加铺炉渣或其他防滑材料,并要有足够的抽水设备。

在施工组织与施工方法上,可采取集中力量分段突击的施工方法,做到随挖随填,保证填方质量。也可采取晴天做低处,雨天做高处,在挖土到距离设计标高20 ~ 30cm 时,预留垫层或基础施工前临时再挖。

## 二、土方工程的冬季施工

一般情况下要尽量避免在冬季进行土方工程施工,尤其是在有冰冻的地区,因为冬季土壤冻结后，要进行土方施工是很困难的。但为了争取施工时间，加快建设速度，仍有必要采用冬季施工。

1. 冬季土方的开挖

冬季土方开挖通常采取以下措施：

（1）机械开挖。冻土层在 25cm 以内的土壤可用 0.5 ~ 1.0m³ 单斗挖土机直接施工，或用大型土机和铲运机等综合施工。

（2）松碎法。可分人力与机械两种。人力松碎适用于冻层较薄的砂质土壤、砂黏土及植物性土壤等，在较松的土壤中采用撬棍，比较坚实的土壤用钢锥。在施工时，松土应与挖运密切配合，当天松破的冻土应当天挖运完毕，以免再度遭受冻结。

（3）爆破法。适用于松解冻结厚度在 50cm 以上的冻土。此法施工简便，工作效率高。

（4）解冻法。常用的解冻方法有热水法、蒸汽法和电解法等。

2. 冬季土方施工的运输与填筑

（1）冬季的土方运输应尽可能缩短装运与卸车时间，运输道路上的冻雪应加以清除，并按需要在道路上加垫防滑材料，车轮可装设防滑链，在土壤运输时须加覆盖保温材料以免冻结；

（2）为了保证冬季回填土不受冻结或少受冻结，可在挖土时将未冻土堆在一处，就地覆盖保温材料，或在冬季前预存部分土壤，加以保温，以备回填之用；

（3）冬季回填土壤，除应遵循一般土壤填筑规定外，还应特别注意土壤中的冻土含量问题，除房屋内部及管沟顶部以上 50cm 以内不得用冻土回填外，其他工程允许冻土的含量，应视工程情况而定，一般不得超过 15% ~ 30%；在回填土时，填土上的冰雪应加以清除，对大于 15cm 厚的冻土应予以击碎，再分层回填，碾压密实，并预留下沉高度。

# 第九章　园林水景工程施工方法与技术

## 第一节　园林水体驳岸与护坡工程施工

园林中驳岸与护坡是园林工程亲水景观中应重点处理的部位。必须在符合技术要求的条件下具有造型美，并同周围景色相协调。

1. 园林驳岸的形式与类型

在水景中水为面，岸为域。水景离不开相应岸型的规划和塑造。协调的岸型可使水景更好地呈现水在景园的特色。岸型包括洲、岛、堤、矶、岸各类形式。不同的水型，应采取不同的岸型，不同的岸型又可以组成多种变化的水景。

（1）池岸。凡池均有岸，岸式却有规则型与自由型之分。规则型池岸，一般是对称布置的矩形、圆形或对称花样的平面。自由型的池岸，往往随形作岸，形式多样，一池采用多种岸边造型，如用水卵石贴砌岸边配以景观置石，树桩（人工水泥砂浆仿造）排列配以大理石碎块嵌镶贴的岸边，或用白水泥磨石做成的流线型池岸。

（2）矶蚤。矶蚤是指突出水面的配景石。一般临岸矶蚤多与水栽景相配；位于池中的矶蚤，常暗藏喷水龙头，在池中央溅喷成景。

其他几种岸型如洲、岛、堤在景园中也有采用。

园林驳岸按断面形状可分为整形式和自然式两类。对于大型水体和风浪大、水位变化大的水体以及基本上是规则式布局的园林中的水体，常采用整形式直驳岸，用石料、砖或混凝土等砌筑整形岸壁。对于小型水体和大水体的小局部，以及自然式布局的园林中水位稳定的水体，常采用自然式山石驳岸，或有植被的缓坡驳岸。自然式山石驳岸可做成岩、矶、崖、岫等形状，采取上伸下收、平挑高悬等形式。

2. 园林驳岸施工要点

园林驳岸是起防护作用的工程构筑物，由基础、墙体、盖顶等组成，修筑时要求坚固和稳定。驳岸多以打桩或柴排沉褥作为加强基础的措施。选坚实的大块石料为砌块，也有采用断面加宽的灰土层作基础，将驳岸筑于其上。驳岸最好直接建在坚实的土层或岩基上。如果地基疲软,须作基础处理。近年来,中国南方园林构筑驳岸,多用加宽基础的方法以减少或免除地基处理工程。驳岸常用条石、块石混凝土、混凝土或钢筋混凝土作基础;用浆砌条石、浆砌块石勾缝、砖砌抹防水砂浆、钢筋混凝土以及用堆砌山石作墙体;用条石、山石、混凝土块料以及植被作盖顶。在盛产竹、木材的地方也有用竹、木、圆条和竹片、木板经防腐处理后作竹木桩驳岸。驳岸每隔一定长度要有伸缩缝。其构造和填缝材料的选用应力求经济耐用,施工方便。寒冷地区驳岸背水面需作防冻胀处理。方法有:填充级配砂石、焦渣等多孔隙易滤水的材料;砌筑结构尺寸大的砌体,夯填灰土等坚实、耐压、不透水的材料。

3. 护坡工程施工

护坡工程是指边坡防护的一个系统工程,常见的园林护坡工程包括浆砌片石护坡及边沟植草防护、三维植草被网喷播植草绿化防护等。

(1)浆砌片石护坡

整修边坡成整齐的新鲜坡面,坡面不应有树桩、有机质或废物。坡面修整后立即进行护坡铺砌;挖基时基础要嵌入槽内,基础埋置深度符合规范规定和图纸设计要求;砌体选用30cm以上的片石;砌石护坡在坡面夯实平整,铺设砂砾垫层后即可进行砌筑,垫层厚度要达到设计要求。砌体分层砌筑,砌筑上层时不振动下层,不在已砌筑好的砌体上抛掷、滚动、翻转和敲击石块。砌体的外露面和坡顶、边口选用较大而平整的石块,并稍加修凿。砌体边坡表面平整,里层码砌填实。砌体砌筑完成后,要及时进行勾缝,勾缝采用平缝压槽工艺;砌筑有渗透水时,应及时排除,以保证基础和砌体砂浆在初凝前不受水浸影响。

(2)浆砌片石边沟、排水沟。挖方路段的排水设施主要由山坡截水沟、边沟组成;填方路段的排水设施主要由边沟、涵洞等组成。填挖交界较陡处由急流槽(跌水)引导边沟水流进入排水沟或河沟等排路基排水设施自成体系与天然沟渠相连排除路基范围内的水。均采用机械开挖,人工配合,挤浆法施工。

(3)三维植草被网植草施工。施工工序:清整边坡—开挖沟槽—铺设网垫—固定网垫—撒播草籽—覆土—覆盖草帘或土、织物,保持水分—养护浇水。

在清除坡面上的杂草、碎石等杂物时,不规则的地方做必要的修整夯实。

在坡顶和坡脚开挖用于固定三维植物网的沟槽,开挖沟槽的进度根据铺网进度适当安排。在坡面上先铺覆10cm厚的种植土。然后铺网,采用从坡顶至坡脚顺铺的方式铺设。植被网保持端正且与坡面紧贴,相邻之间搭接宽度应大于5cm,当需要上下搭接时,让上接头压下接头,接头宽度大于10cm。植被网固定采用专用竹钉呈梅花形固定,钉与钉之间距离50cm,上下端用回填土将植被网压在沟槽内夯。

植草前，先在植被网上均匀撒一层细土，稍盖住网一半即可，将草籽与肥料（以草坪专用复合肥为底肥，用量 15 ~ 20g/m² ）及细土按一定比例混合好后，均匀撒在网上，边坡上部分适当增加草籽用量。撒完后用扫帚轻扫一遍，再均匀覆一层细土，盖住网，轻轻拍实，最后覆盖一层麦秸、稻草等，待草长出后可将覆盖物撤掉。草籽根据当地气候、土质进行科学选择，所种草种应具备根深叶茂、匍匐生长、多年生、养护粗放、耐贫瘠、购买方便等特性。

# 第二节　小型水闸工程施工

## 一、水闸的作用和类型

水闸是建在河道、渠道及水库、湖泊岸边，具有挡水和泄水功能的低水头水工建筑物。关闭闸门，可以拦洪、挡潮、抬高水位，以满足上游取水或通航的需要；开启闸门，可以泄洪、排涝、冲沙、取水或根据下游用水需要调节流量。

水闸按其功用可分为（见表 9–1）：

表 9–1　水闸按其功用分类

| 类别 | 内容 |
| --- | --- |
| 节制闸 | 用以调节上游水位，控制下泄流量。建于河道上的节制闸也称拦河闸 |
| 进水闸 | 又称渠首闸。位于江河、湖泊、水库岸边，用以控制引水流量 |
| 分洪闸 | 建于河道的一侧，用以将超过下游河道安全泄量的洪水泄入湖泊、洼地等分洪区，及时削减洪峰 |
| 排水闸 | 建于排水渠末端的江河沿岸堤防上，既可防止河水倒灌，又可排除洪涝渍水。当洼地内有灌溉要求时，也可关门蓄水或从江河引水。具有双向挡水，有时兼有双向过流的特点 |
| 挡潮闸 | 建于河口地段，涨潮时关闸，防止海水倒灌，退潮时开闸泄水，闸门开关频繁，具有双向挡水的特点 |
| 冲沙闸 | 用于排除进水闸或节制闸前淤积的泥沙，常建在进水闸一侧的河道上与节制闸并排布置，或建于引水渠内的进水闸旁 |

水闸按其形式可分为：

（1）开敞式。分为胸墙式和无胸墙式，水闸闸室上面是开敞的，当上游水位变幅大，而过闸流量增大时可设胸墙。水闸多采用开敞式，特别当过闸流量大，闸室高度不超过 15m 时，一般均采用开敞式。

（2）涵洞式。水闸修建在渠堤之下，可分为有压和无压两种类型。适用于过闸流量小，而闸室较高或位于大堤下的情况。

## 二、水闸的组成

水闸由闸室、上游连接段和下游连接段组成。

（1）闸室是水闸的主体，设有底板、闸门、启闭机、闸墩、胸墙、工作桥、交通桥等。闸门用来挡水和控制过闸流量，闸墩用以分隔闸孔和支承闸门、胸墙、工作桥、交通桥等。底板是闸室的基础，将闸室上部结构的重量及荷载向地基传递，兼有防渗和防冲作用。闸室分别与上下游连接段和两岸或其他建筑物连接。

（2）上游连接段由防冲槽、护底、铺盖、两岸翼墙和护坡组成，用以引导水流平顺地进入闸室，延长闸基及两岸的渗径长度，确保渗透水流沿两岸和闸基的抗渗稳定性。

（3）下游连接段一般由护坦、海漫、防冲槽、两岸翼墙、护坡等组成，用以引导出闸水流均匀扩散，消除水流剩余动能，防止水流对河床及岸坡的冲刷。

## 三、小型水闸的施工

（1）挖掘基槽土方。基槽土方采用挖掘机及人工配合进行开挖。基础开挖配合闸室墙体施工分段进行，先测量放线，定出开挖中线及边线，起点及终点，设立桩标，注明高程及开挖深度，用挖掘机开挖，多余的土方装车外运弃土。在施工过程中，应根据实际需要设置排水沟及集水坑进行施工排水，保证工作面干燥以及基底不被水浸。

（2）地基处理。基础开挖发现有淤泥层或软土层时，需进行换土处理，报请设计及建设单位批准后，才可进行地基处理施工。

（3）钢筋安装。现浇钢筋基础先安装基础钢筋，预埋墙身竖向钢筋，待基础浇灌完混凝土且混凝土达到设计强度后，进行闸室墙身钢筋安装。

（4）现浇混凝土基础。将闸室基础按墙体分段，整片进行一次性浇灌，在清理好的垫层表面测量放线，立模浇灌。

（5）现浇墙身混凝土。现浇钢筋混凝土闸室墙体与基础的结合面，应按施工缝处理，即先进行凿毛，将松散部分的混凝土及浮浆凿除，并用水清洗干净，然后架立墙身模板，混凝土开始浇灌时，先在结合面上刷一层水泥浆或垫一层 2～3cm 厚的 1:2 水泥砂浆再浇灌墙身混凝土。

墙身模板可以采用复合木模板拼装，竖枋用 8cm×10cm，木枋间距为 40cm，用钢管做围楞，用 5cm×10cm 的木枋做斜撑进行支撑，侧模用 φ6 的螺栓对拉定位，螺栓间距为 80cm，螺栓穿孔可采用内径为 20 ~ 25cm 的硬塑料管，拆模时，将螺栓拔出，再用 1：2 水泥砂浆堵塞螺栓孔，墙身模板视高度情况分一次立模到顶和二次立模的办法，一般 4m 高之内为一次立模，超过 4m 高的可分二次立模，亦可一次立模。当混凝土落高大于 2.0m 时，要采用串筒输送混凝土入仓，或采用人工分灰，避免混凝土产生离析。

混凝土采用商品混凝土，用混凝土运输车运至现场，在墙顶搭设平台，用吊机吊送混凝土至平台进行浇灌。混凝土浇灌从低处开始分层均匀进行，分层厚度一般为 30cm。采用插入式振捣器振捣，振捣棒移动距离不应超过其作用半径的 1.5 倍，并与侧模保持 5 ~ 10cm 的距离，切勿漏振或过振。在混凝土浇灌过程中，如表面泌水过多，应及时将水排走或采取逐层减水措施，以免产生松顶，浇灌到顶面后，应及时抹面，定浆后再二次抹面，使表面平整。

混凝土浇灌过程中应派出木工、钢筋工、电工及试验工在现场值班，发现问题及时处理。混凝土块的试制作应在现场拌和地点或浇灌地点随机制取，每一工作班组应制作不少于 2 组的试件（每组 3 块）。

混凝土浇灌完进行收浆后，应及时洒水养护，养护时间最少不得少于施工规范的规定，在常温下一般 24h 即可拆除墙身侧模板，拆模时必须特别小心，切勿损坏墙面。

### 四、小型水闸机电设备安装

小型水闸工程启闭机及电气设备购置安装的主要内容为：螺杆式手电两用启闭机的购置与安装，变压器、电动机、低压配电柜、盘、线路、接地、照明等安装。

1. 设备安装前的准备工作

设备安装前要全面检查安装部位的情况、设备构件以及零部件的完整性和完好性，对重要构件应通过预拼装进行检查。埋设部位一、二期混凝土结合面是否已进行凿毛处理并冲洗干净，预留插筋的位置、数量是否符合图纸要求。同时要对设备进行必要的清理和保养。安装工作的焊接、涂装、表面预处理及螺栓连接等均按钢结构制作安装要求进行施工。

2. 启闭机安装

启闭机安装应根据厂家提供的图纸和技术说明书要求进行安装、调试和试运转。安装好的启闭机，其机械和电气设备等的各项性能应符合施工图纸及制造厂家技术说明书的要求。安装启闭机的基础建筑物必须稳固安全，机座和基础构件的混凝土应按施工图纸的规定浇筑，在混凝土强度未达到设计强度时，不准拆除和改变启闭机的临时支撑，更不得进行调试和试运转。启闭机电气设备的安装应符合施工图纸及制造厂家技术说明书的规定，全部电气设备应可靠接地。每台启闭机安装完毕后应对启闭机进行清理，修补已损坏部位，保护油漆，并根据制造厂家技术说明书的要求，灌注润滑油脂。

3. 电气设备安装

电气设备在搬运和安装时应采取防震、防潮、防止框架变形和漆面受损等措施，必要时可将装置性设备和易损元件拆下。当产品有特殊要求时尚应按产品要求动作。要根据设备要求采取保管工作，对有特殊保管要求的电气元件应按规定妥善保管。对所使用的设备和器材均要按图纸进行检查，并符合现行标准和有合格证件。

安装低压配电柜、盘用的紧固件，除地脚螺栓外应用镀锌制品。基础型钢安装要符合要求，接地可靠，安装后其顶部宜高出抹平地面 10mm。盘、柜本体及盘、柜内设备与各构件间接触应牢固，主控制盘、继电保护盘和自动装置等不宜与基础型钢焊死。端子箱安装应牢固、封闭良好，并能防潮、防尘，安装位置应便于检查。盘、柜、台、箱的接地应牢固良好，装有电器的可开启的盘、柜门，应让裸铜软线与接地的金属构架可靠地连接。

电缆线路敷设前应检查电缆型号、电压、规格应符合设计，外观上无损伤，电缆绝缘好，直埋电缆应经直流耐压试验合格。敷设时，在电缆终端头与电缆接头附近可留有备用度，直埋电缆尚应在全长上留有少量富余度，并作波浪形敷设。

所有电气装置中，由于绝缘损坏而可传带的电气装置，其金属部分均应有接地装置。照明灯具配件要齐全，无机械损伤、变形、油漆剥落、灯罩破裂等现象。在砖墙或混凝土结构上安装灯具时，应预埋吊钩、螺栓或采用膨胀螺栓、尼龙塞等。照明装置的接地应牢固，接触良好。

4. 控制系统的调试与试运行

在水闸放水后，要对电气设备进行试运行，经过若干次试运行后方能显示设备的各部件工作正常，同时要有监理工程师在现场进行监督。所有安装工程的交接验收参照 GBJ232—82 中各有关章节规定执行。

## 五、水闸施工中应注意的问题

1. 混凝土工程的外观质量

小型水闸工程在混凝土施工过程中，由于资金和施工技术等方面的原因，多采用小型钢模板或小型木模板，模板接缝较多，缝隙如果处理不好或稍有渗漏，都会影响混凝土的外观质量，因此在小型水闸工程施工中，尽可能采用大型模板或滑模施工，在满足混凝土内部质量的同时，又可改善外观效果。

2. 翼墙沉陷缝设置

为满足墙下基础不均匀沉陷的要求，翼墙要设置沉陷缝，沉陷缝的设置应从基础开始，而两边缝面应平整垂直，在工程施工中切勿忽视沉陷缝的设置，若完工后设置一条假缝，容易造成工程质量事故，因此要了解沉陷缝的重要性，严格按设计要求施工。

3. 伸缩缝止水橡皮的设置

伸缩缝止水橡皮是防止水体渗漏，对主体工程造成损害，一般分水平止水和垂直止水，施工中止水橡皮漏水有以下几个原因：止水橡皮嵌固不牢；止水橡皮搭接方法不当，搭接方法有热接法和胶接法；水平止水橡皮下的混凝土振捣不实，止水橡皮的施工必须按照规范要求精心组织施工。

4. 闸门止水问题

闸门漏水主要表现在止水橡皮与止水面不在一个平面上，致使止水橡皮与止水滑道之间有缝隙而漏水；从止水橡皮螺栓孔漏水；从底止水橡皮与侧止水橡皮的接头处或止水橡皮接缝处漏水，要解决以上问题的方法是使止水橡皮与门叶顺直合贴或与止水座板或与滑道间无偏离，无缝隙；门叶预留的螺孔与止水压板上的螺孔要对应一致，然后对止水橡皮进行钻孔或冲孔；闸门止水橡皮应尽量定制"门"型橡皮，减少橡皮接头。

# 第三节　人工湖、池工程施工

水景是由一定的水型和岸型所构成的景域。不同的水型和岸型，可以构造出各种各样的水景，水型可分为湖池、瀑布、溪涧、泉、潭、滩等类。不同的水型和岸型，其施工和用材也都有所区别。景园中的湖池有方池、圆池、不规则池、喷水池等，喷水池又有平面型、立体型、喷水瀑布型等。

## 一、湖、池施工测量控制

根据勘测设计单位测设提供的平面控制点、高程控制点、工程地形图等有关测量数据，现场交接各类控制点，并对坝区原设计控制点进行复查和校测，并补充不足或丢失部分。然后根据勘测阶段的控制点，建立满足施工需要的施工控制网，对三等以上精度的控制网点以及湖体轴线标志点处设固定桩，并标明桩号，桩号与设计采用的桩号一致。

在开挖和填筑过程中，定期进行纵横断面坡度测量，并将施测成果绘制成图表，计算出有效方量，方量计算误差不得大于 5%。池体削坡前应定出放样控制桩，削坡后应施测断面，并与相应的设计断面比较。

施工期间所有施工放线、坡度、工程量、竣工等测量原始记录、计算成果和绘制的图表，均应及时整理、校核、分类、整编成册，妥为保存归档。

### 二、湖、池填挖、整形及运输

开挖前布置好临时道路，并结合施工开挖区的开挖方法和开挖运输机械，规划好开挖区域的施工道路。然后根据各控制点，采用自上而下分层开挖的施工方法。开挖必须符合施工图规定的断面尺寸和高程，并由测量人员进行放线，不得欠挖和超挖。开挖过程中要校核、测量开挖平面的位置、水平标高、控制桩、水准点和边坡坡度等是否符合施工图纸的要求。因湖、池开挖面积较大，一般采用挖掘机进行机械开挖，用人工修边坡的方法开挖，由自卸汽车进行土方的装运。

设计边坡开挖前，必须做好开挖线外的危石清理、加固工作。开挖时遇有地下水时，应采取有效的疏导和保护措施。开挖中如出现裂缝和滑动现象，应采取暂停施工和应急抢救措施，并做好处理方案，做好记录。

土方开挖后，对需要回填的部分进行与实际施工条件相仿的现场生产性试验；然后根据设计高程进行回填夯实。填方原则上采用挖方弃土，选择土料黏粒较高，不得含有杂物，有机质含量要小于 5%，采用分层填筑、分层压实的施工方法填土。施工时按水平分层由低处开始逐层填筑，每层不得大于 50cm，回填料直径不得大于10cm，回填土应每填一层，按要求及时取土样试验，土样组数、试验数据等应符合规范规定。边坡回填亦采用此方法。

最后进行修帮和清底。为不破坏基础土壤结构，在距池底设计标高 15cm 处预留保护层，采用人工修整到设计标高，并满足设计要求的坡度和平整度。

### 三、复合土工膜防渗工程

1. 基层施工

（1）基础造形和开挖后，须进行削坡，平整碾压或夯实处理，扰动土质的置换与回填，应分层洒水碾压或夯实，每层厚度应不大于 400mm。

（2）清除基层表面裸露的具有刺破隐患的物质，如砖、石、瓦块、玻璃和金属碎屑、树枝、植物根茎等。基层表面按设计要求铺设砂土、砂浆作为保护层，在施工过程中保持基层不受破坏；当面层存在对复合土工膜有影响的特殊菌类时，可用土壤杀菌剂处理。

2. 复合土工膜的铺设施工

（1）复合土工膜的储运应符合安全规定，运至现场的土工膜应在当日用完。

（2）复合土工膜铺设前应做好下列准备工作：检查并确认基础支持层已具备铺设复合土工膜的条件做下料分析，画出复合土工膜铺设顺序和裁剪图；检查复合土工膜的外观质量，记录并修补已发现的机械损伤和生产创伤、孔洞、折损等缺陷；进行现场铺设试验，确定焊接温度、速度等施工工艺参数。

（3）按先上游、后下游，先边坡、后池底的顺序分区分块进行人工铺设。坡面上复合土工膜的铺设，其接缝排列方向应平行或垂直于最大坡度线，且应按由下而上的顺序铺设。坡面弯曲处应使膜和接缝妥贴坡面。

（4）铺设复合土工膜时，应自然松弛与支持层贴实，不宜折褶、悬空，避免人为硬折和损伤，并根据当地气温变化幅度和工厂产品说明书，预留出温度变化引起的伸缩变形量。膜块间形成的结点应为 T 字型，不得做成十字型。.

（5）复合土工膜焊缝搭接面不得有污垢、砂土、积水（包括露水）等影响焊接质量的杂质存在；铺设完毕未覆盖保护层前，应在膜的边角处每隔 2 ~ 5m 放一个 20 ~ 40kg 重的沙袋。

（6）复合土工膜铺设应注意下列事项：铺膜过程中应随时检查膜的外观有无破损、麻点、孔眼等缺陷；发现膜面有缺陷或损伤，应及时用新鲜母材修补。补疤每边应超破损部位 10 ~ 20cm。

3. 现场连接复合土工膜焊接技术

先用干净纱布擦拭焊缝搭接处，做到无水、无尘、无垢；土工膜平行对齐，适量搭接。焊接宽度为 5 ~ 6cm。然后根据当时当地气候条件，调节焊接设备至最佳工作状态。做小样焊接试验，试焊接 1m 长的复合土工膜样品。再采用现场撕拉检验试样，焊缝不被撕拉破坏、母材不被撕裂，即为合格。才可用已调节好工作状态的焊膜机逐幅进行正式焊接。

要根据气温和材料性能，随时调整和控制焊机工作温度、带度，焊机工作温度应为 180 ~ 200° C。焊缝处复合土工膜应熔结为一个整体，不得出现虚焊、漏焊或超量焊。焊道搭接宽度：80 ~ 100mm；平面和垂直面的自然褶皱分别为 5% ~ 8%；预留伸缩量：3% ~ 5%；边角料剩余量：2% ~ 5%。

破损部位应进行修复，方法是：裁剪规格相同的材料，热熔粘补，聚乙烯胶密封。

焊道处无纺布的连接采用机械缝合。水下管口的密封止水，采用 GB 橡胶止水条密封，金属包扎并作防腐处理。

4. 保护层施工

保护层材料采用满足设计要求的细砂土，其中不得含有任何易刺破土工膜的尖锐物体或杂物。不得使用可能损伤土工膜的工具。

垫层采用筛细土料摊平后人工压实，再铺设砂砾石料保护层。铺放在边坡上，砂土应压实。

在土工膜铺设及焊接验收合格后，应及时填筑保护层。填筑保护层的速度应与铺膜速度相配合。

必须按保护层施工设计进行，不得在垫层施工中破坏已铺设完工的土工膜。保护层施工工作面不宜上重型机械和车辆，应采用铺放木板，用手推车运输的方式。

### 四、坝体及连接堤工程

1. 坝基与岸坡处理

坝基与岸坡处理为隐蔽工程，应根据合同技术条款要求以及有关规定，充分研究工程地质和水文地质资料，制定相应的技术措施或作业指导书，报监理工程师批准后实施。必须按照设计要求并遵循有关规定认真施工。

清理坝基、岸坡和铺盖地基时，应将树木、草皮、树根、乱石等全部清除，并认真做好地下水、洞穴等处理。坝肩岸坡的开挖清理工作，自上而下一次完成。凡坝基和岸坡易风化、易崩解的岩石和土层，开挖后不能及时回填者，应留保护层。

坝基与岸坡处理和验收过程中，系统地进行地质描绘、编录，必要时进行摄影、录像和取样、试验。取样时应布置边长 50cm 的方格网，在每一个角点取样，检验深度应深入清基表面 1m。若方格网中土层不同，亦应取样。如发现新的地质问题或检验结果与勘探有较大出入时，应及时与建设、设计单位联系。

开挖、填筑过程中必须排除地下水与地表径流。配备抽水泵及柴油发电机，以保证排水的电力供应。

2. 筑坝材料的选择和加工

坝料应充分合理利用工程开挖料，选择挖方土石料渣中符合要求的部分作为坝料。当工程开挖料不足或不能满足要求时，应考虑外购符合要求的筑坝材料。

当坝料中含有杂物，应予以清除。对坝料进行含水率与级配的调整，以满足施工和设计要求。含水率调整主要通过自然干燥或人工加水，使坝料含水率达到施工含水率控制范围，并保持均匀。级配调整主要通过推土机筛选，在推集料的同时，利用推土机上配置的多齿耙，耙除超径颗粒。细料不足时，采用人工掺料的方法进行调整。

对砂砾料进行评价时，首先要检查其级配、小于 5mm 含量、含泥量、最大粒径、天然干密度、最大与最小干密度等。取少量代表，做比重、渗透系数、抗剪强度、抗渗比降等物理力学性能试验。检查方法用坑探进行，方格网布点，坑距一般采用

50～100m。检查报告内容应包括：含水率、试验分析成果、代表性料样品、可利用开挖料适用于填筑坝体某一部位的说明书。经检验，砂砾料的质量和数量应满足设计要求，有良好的级配，质量均一，压实后能满足设计要求的强度、变形特性和渗透性。严控坝料质量，必须是合格坝料才能运输上坝。不合格的材料应经处理合格后才能上坝。合格坝料和弃料应分别堆放，不得混杂。存料场的位置应靠近上坝路线，使物料流向顺畅合理。

3. 坝体填筑

坝体填筑必须在坝基、岸坡及隐蔽工程验收合格并经监理工程师批准后，方可填筑。

坝面施工应统一管理、合理安排、分段流水作业，使填筑面层次分明，作业面平整，均衡上升。坝体各部位的填筑必须按设计断面进行。

铺料方法应遵循下列原则：铺料厚度容易控制；铺实过程中料物不产生料级分离；已压实合格的机体，不因上层料物铺筑面遭到破坏；铺料效率高、易操作、便于施工。料物上坝采用自卸汽车运送。汽车运输铺料方法采用两头进站法，即自卸汽车从坝肩两侧由近及远倒料，推土机向前推平坝料，使坝体不断向中间延伸，最终两头相聚，坝体合拢。层厚不得大于0.6m。此方法使推土机平料容易，坝面平整，铺料厚度易控制，汽车轮胎磨损小，且减少施工机械的相互干扰，提高了工作效率。

4. 坝料压实

坝料碾压前先对铺料洒水一次，然后边加水边碾压。加水力求均匀，加水量应通过现场碾压试验确定。

碾压方法应便于施工，便于质量控制，避免或减少欠碾和超碾。采用进退错距法，碾压遍数为4～8遍，压实厚度控制为每层50cm。要严格控制压实参数，按规定取样测定干密度和级配作为记录。检验方法、仪器和操作方法，应符合国家及行业颁布的有关规程、规范要求。坝体填筑、压实、坝坡修整同步进行。

# 第四节　人工溪流、瀑布工程水景施工

## 一、人工溪流、瀑布水景概述

对于园林景观而言，水景是景区的灵魂。"水令人远，景得水而活"，水是园林中最为活跃、最具魅力的造园元素之一。园林因水而生动，因水而活泼，因水而更加生机盎然。

从景观的角度看，水态可以分为五大类型，即喷涌、垂落、流变、静态及跌水。园林式水景通常以人工化水景为多，根据环境空间的不同，模拟水的各种形态，可采取多种手法进行引水造景：跌水、溪流、瀑布、涉水池等。

1. 瀑布型

瀑布通常的做法是将石山叠高，山下挖池作潭，水自高处泄下。假山上的水源通常是自来水管装于其中，需要较大的水量时，可用蓄水箱作水源，然后在瀑布上下配以适当植物。

人工瀑布按其跌落形式分为滑落式、阶梯式、幕布式、丝带式等多种，并模仿自然景观，采用天然石材或仿石材设置瀑布的背景和引导水的流向（如景石、分流石、承瀑石等），考虑到观赏效果，不宜采用平整饰面的白色花岗石作为落水墙体。为了确保瀑布沿墙体、山体平稳滑落，应对落水口处山石作卷边处理，或对墙面作坡面处理。人工瀑布因其水量不同，会产生不同视觉、听觉效果，因此，落水口的水流量和落水高差的控制成为设计的关键参数，居住区内的人工瀑布落差宜在1m以下。

2. 溪流型

溪流型属线形水型，水面狭而曲长，水流因势回绕，溪流常利用大小水池之间的高低错落造成。人工溪流中的水态以较薄的水层来展现，通过水底下垫面的铺装和纹理的设计，水景灯光照明，植物景观的配植等，来表现水流和水面的质感、波纹和光影变幻，丰富水景空间。

溪流水岸宜采用散石和块石，并与水生或湿地植物的配置相结合，减少人工造景的痕迹。溪流的形态应根据环境条件、水量、流速、水深、水面宽和所用材料进行合理的设计。溪流分可涉入式和不可涉入式两种。可涉入式溪流的水深应小于0.3m，以防止儿童溺水，同时水底应做防滑处理。可供儿童嬉水的溪流，应安装水循环和过滤装置。不可涉入式溪流宜种养适应当地气候条件的水生动植物，增强观赏性和趣味性。溪流的坡度应根据地理条件及排水要求而定。普通溪流的坡度宜为0.5%，急流处为3%左右，急流处不超过1%。溪流宽度宜在1～2m，水深一般为0.3～1m左右，超过0.4m时，应在溪流边采取防护措施（如石栏、木栏、矮墙等）。

**二、人工溪流、瀑布水景的施工要点**

1. 施工准备

溪流、瀑布水景的主体结构施工常用钢筋混凝土，施工需要主要是建筑材料、饰面材料以及防水材料。

（1）建筑材料。钢筋用于加固水池底面和侧壁的混凝土结构；通常用PO32.5以上的普通水泥及白水泥；中砂和中等颗粒石子。

（2）饰面材料。水景结构内侧面的饰面材料；常用白瓷砖、马赛克、水磨石面，高档的要求可用釉面地砖、大理石等。池岸的饰面，常用水磨石面、高级陶瓷地砖面、大理石面和花岗岩板面。

（3）防水防渗漏材料。防水材料有两类，第一类是与水泥拌合使用的防水剂；第二类是可涂刷在面层的涂料。

2. 水景组景的布局安排与放线

施工前，首先要根据水景布局图和施工图，并结合施工现场的具体情况，对水景中瀑布、溪流的具体位置进行安排。安排时要考虑的问题有：瀑布、溪流的给排水问题、水电路的管道走向问题、基础问题、瀑布的供水问题、各种设置与构筑物本身的关系问题。再根据安排好的位置尺寸进行布局安排与放线。

3. 施工要点

（1）浇筑要求。水景结构通常用混凝土浇筑，池边与池底浇筑为一整体，如溪流深度大于500mm，应用钢筋混凝土浇筑。在地面以下浇筑溪流时，水下的土基部分应做密实。其混凝土厚度可为100～150mm。在楼板面上做水池时，水池的混凝土厚度为100mm左右，水池的深度最好不要大于400mm。

（2）防渗防漏的处理方法

①池体浇筑时的防漏方法。当水池基体浇筑完毕，并浇水保养24h后便可进行防漏施工。如果防水要求很高，可使用防水混凝土浇筑池体，用于混凝土的防水材料通常为防水粉和避水剂。水池基体浇筑完后的防漏方法是采用防水砂浆抹面，抹面要分两次进行，每次抹面层厚10mm左右，待第二次防水砂浆初凝时，要将其面压实抹光。

②防水抹面层砂浆的配制。防水抹面砂浆配制时，先将避水剂与水先拌合，避水剂的用量为所需水泥量的5%左右。然后将拌合好的避水浆液掺入水泥和中砂内搅拌。

应当注意的是，不是所有的防水剂、避水剂都能作为水池的混凝土基体和内面层砂浆的防水材料。因为有些牌号的防水剂，只能补漏而不能大面积承重。所以防水剂要了解清楚后再使用。

③面层的防水涂层。为了使防水防漏更可靠，在水池基体和抹面防水砂浆完成后，再在水池内表面涂刷一层防水涂料，然后再进行饰面施工。

（3）饰面施工水池的饰面关键在于池岸的施工。边岸饰面时应做工精致，不可粗制滥造马虎施工。当用小卵石贴砌池岸时，卵石应经过筛选，大小基本一致。贴砌矿石用白水泥砂浆铺底，然后把卵石撒铺在白水泥砂浆层上，再拍压卵石，使其镶嵌其中，但要露出布置均匀的卵石光滑表面。大理石矿块嵌镶池岸时，往往要根据大理石的天然色彩和大小块来安排嵌铺，色彩与大小块的布置要均匀和协调。嵌铺方式又分为无缝铺和留缝铺两种。无缝铺就是在大理石碎块之间用白水泥填满缝隙，留缝铺就是大理石碎块之间不完全填满白水泥，使大理石碎块之间有凹下的纹路。但这两种方式嵌贴时，其大面一定要平整。其他瓷砖饰面、大理石整板饰面、花岗岩整板饰面同普通地面施工。但在镶贴时可用防水砂浆来铺贴施工。

（4）人工瀑布的回水方式。人工瀑布的回水方式大都采用自循环式，即采用水泵，从池内吸水，并将水供至瀑布的源头，瀑布水再回落至水池内，周而复始地循环。如果池内水变少时，可打开补水阀门，将新鲜自来水加入池内。

# 第五节　喷泉工程施工

喷泉是西方园林中常见的景观。主要是以人工形式在园林中运用，利用动力驱动水流，根据喷射的速度、方向、水花等创造出不同的喷泉状态。因此喷泉施工中要控制水的流量，对水的射流控制是制作喷泉的关键环节。

喷泉工程施工方法及技术要点：

（1）熟悉设计图纸和掌握工地现状。施工前，应首先对喷泉设计图有总体的分析和了解，体会其设计意图，掌握设计手法，在此基础上进行施工现场勘察，对现场施工条件要有总体把握，哪些条件可以充分利用，哪些必须清除等。

（2）做好工程事务工作是根据工程的具体要求，编制施工预算，落实工程承包合同，编制施工计划、绘制施工图表、制定施工规范、安全措施、技术责任制及管理条例等。

（3）准备工作

①布置好职工生活及办公用房等临时设施。仓库按需而设，最大限度地降低临时性设施的投入。

②组织材料、机具进场，各种施工材料、机具等应有专人负责验收登记，根据施工进度，制订购料计划，材料进出库时要履行手续，认真记录，并保证用料的规格质量。

③做好劳务调配工作，应视实际的施工方式及进度计划合理组织劳动力，特别采用平行施工或交叉施工时，更应重视劳力调配，避免窝工浪费。

（4）回水槽施工方法

①核对永久性水准点，布设临时水准点，核对高程。

②测设水槽中心桩，管线原地面高程，施放挖槽边线，划定堆土、堆料界线及临时用地范围。

③槽开挖时严格控制槽底高程，决不超挖，槽底高程可以比设计高程提高10cm，做预留部分，最后用人工清挖，以防槽底被扰动而影响工程质量。槽内挖出的土方，堆放在距沟槽边沿1.0m以外，土质松软的危险地段要采用支撑措施，以防沟槽塌方；槽底素土夯实，槽四边围使用MU5.0毛石，M5水泥砂浆砌筑。

原材料的选用：为了降低水化热，采用32.5级矿渣水泥；考虑混凝土可泵性，降低收缩，保证强度，提高混凝土的耐久性和抗裂性，采用5～31.5mm的连续径粒碎石；为了达到混凝土拌合物28.5℃的出灌温度，采用深井地下水搅拌；在混凝土中掺和UEA膨胀剂和超缓型高效泵送剂，补偿混凝土的收缩，延缓水化物的释放，减少底板的温度应力，提高可泵性；在混凝土中掺入粉煤灰，提高可加工性，增大结构密度和增强耐久性。

浇筑方法：要求一次性浇筑完成，不留施工缝，加强池底及池壁的防渗水能力。混凝土浇筑采用从底到上"斜面分层、循序渐进、薄层浇筑、自然流淌、连续施工、一次到顶"的浇筑方法。

振捣：应严格控制振捣时间、振捣点间距和插入深度，避免各浇筑带交接处的漏振。提高混凝土与钢筋的握裹力，增大密实度。

表面及泌水处理：浇筑成型后的混凝土表面水泥砂浆较厚，应按设计标高用刮尺刮平，赶走表面泌水，初凝前，反复碾压，用木抹子搓压表面2～3遍，使混凝土表面结构更加致密。

混凝土养护：为保证混凝土施工质量，控制温度裂缝的产生，采取蓄水养护。蓄水前，采取先盖一层塑料薄膜，再盖一层草袋，进行保湿临时养护。

溢水、进水管线的安装参照设计图纸。

管线施工完毕，安装水箅子。盖板常用涌泉的水箅子，盖板为不锈钢材质，四角固定使用不锈钢圈；回水槽的水箅子长度按设计要求现场确定，四边采用不锈钢管焊接加固。

（5）施工结束后严格按规范拆除各种辅助材料，对水体水面、水岩及喷水池进行清洁消毒处理，进行自检，如排水、供电、彩灯、花样等，一切正常后，开始准备验收资料。

# 第十章　园路铺装工程与假山工程
# 的施工方法与技术

## 第一节　园路铺装工程施工方法与技术

园路是指绿地中的道路、广场等各种铺装地坪。它是园林不可缺少的构成要素，是园林的骨架、网络。园路的规划布置，往往反映不同的园林面貌和风格。园路除了组织交通、运输，主要还有其景观上的要求：组织游览线路，提供休憩地面，园路、广场的铺装、线型、色彩等本身也是园林景观的一部分。

### 一、园路铺装工程施工测量

园路在不同风格的园林规划中，有自由、曲线的方式，也有规则、直线的方式，因此园路测量、放线的质量直接关系到整个园林工程的效果。测量的主要方法详见本书中有关测量的内容，主要测量步骤为：

1. 地形复核

对照园路广场竖向设计平面图，复核场地地形。各坐标点、控制点的自然地坪标高数据，有缺漏的要在现场测量补上。

2. 园路放样

按照设计图所绘的施工坐标方格网，将所有坐标点测设到场地上并打桩定点。然后以坐标桩点为准，根据广场设计图，在场地地面上放出园路的边线及主要地面设施的范围线和挖方区、填方区之间的零点线。

### 二、园路的类型和尺度

一般的园路分为以下几种：

（1）主要道路。联系全园，必须考虑通行、生产、救护、消防、游览车辆。宽7～8m。

（2）次要道路。沟通各景点、建筑，通轻型车辆及人力车。宽 3 ~ 4m。

（3）林荫道、滨江道和各种广场。

（4）休闲小径、健康步道。双人行走 1.2 ~ 1.5m，单人 0.6 ~ 1m。健康步道是近年来最为流行的足底按摩健身方式。通过行走卵石路按摩足底穴位达到健身目的，但又不失为园林一景。

### 三、园路的结构形式

（1）面层。路面最上的一层。它直接承受人流、车辆的荷载和风、雨、寒、暑等气候作用的影响。因此要求坚固、平稳、耐磨，有一定的粗糙度，少尘土，便于清扫。

（2）结合层。采用块料铺筑面层时在面层和基层之间的一层，用于结合、找平、排水。

（3）基层。在路基之上。它一方面承受由面层传下来的荷载，另一方面把荷载传给路基。因此，要有一定的强度，一般用碎（砾）石、灰土或各种矿物废渣等筑成。

（4）路基。路面的基础。它为园路提供一个平整的基面，承受路面传下来的荷载，并保证路面有足够的强度和稳定性。如果路基的稳定性不良，应采取措施，以保证路面的使用寿命。此外，要根据需要进行道牙、雨水井、明沟、台阶、种植地等附属工程的设计。

### 四、园路施工

1. 基土

（1）施工流程现场勘测—平整（开挖）—分层压（夯）实。

（2）施工工艺

①根据设计要求，勘测现场基土，对土质和土壤状况进行分析判断，并确定基土标高，是否填土或开挖。在淤泥、淤泥土质及杂填土、冲填土等软弱土层上施工时，应按设计要求对基土进行更换或加固。

②根据设计结构要求，确定基土标高，判断是否平整填土或开挖土方。

淤泥、腐殖土、冻土、耕植土和有机物含量大于 8% 的土场不得用作填土。膨胀土作为填土时，应进行技术处理。

填土前宜取土样用击实试验确定最优含水量与相应的最大干密度，如土料含水量偏高，可采用翻松、晾晒或均匀掺入干土等措施；如土料含水量偏低，可采用预先洒水湿润等措施。

在做墙、柱基础处填土时，应重叠夯填密实，在填土与墙柱相连处，也可以采取设缝进行技术处理。

用碎石、卵石等作基土表层加强时，应均匀铺成一层，粒径宜为40mm，并应压（夯）入湿润的土层中。

（3）相关标准及规范分层压（夯）实的要求：

①机械压实。每层虚铺厚大于300mm；②蛙式打夯机夯实每层虚铺厚不大于250mm；③人工夯实每层虚铺厚不大于200mm；④当基土下非湿陷性土层，用沙土为填土时，可随浇水随压（夯）实。每层虚铺厚度不大于200mm。

施工应严格执行《地基与基础工程技术规范》《建筑地基处理技术规范》《土方与爆破工程施工及验收规范》《建筑地面工程施工及验收规范》。

2. 铺装地坪基层施工

（1）灰土垫层

①施工流程：备料—拌料—铺设压实。

②施工工艺

根据设计要求，进行熟化石灰与黏土的备料，放在不受地下水浸湿的基土上即可。

按设计要求备料，一般灰土拌合料中熟化石灰：黏土体积比宜为3：7。当采用黏煤灰或电石渣代替熟化石灰作垫层时，其粒径不得大于5mm；拌合料的体积比应通过试验确定；灰土拌合料应拌合均匀，颜色一致，并保持一定温度。加水量宜为拌合料总重量的16%。

对拌合料进行铺设，应分层随铺随夯，不得隔日夯实，亦不得受雨淋。夯实后表面要平整，经晾干后方可进行下道工序施工。

③相关标准及规范。灰土垫层厚度不应小于100mm。生石灰中的灰块不应小于70%；使用前3～4天洒水粉化；粒径不得大于5mm；雨黏土拌合堆放8h后使用。拌合黏土粒径不得大于15mm，每层虚铺厚度为150～250mm。施工应严格执行《建筑地面工程及验收规范》。

④施工注意事项。随铺随夯，不得隔日夯实，不能受雨淋；施工间歇后继续铺设前，接槎处应清扫干净，铺设后接槎处应重叠夯实；黏土中不得含有机杂质。

（2）砂垫层和砂石垫层

①施工流程：备料—拌料—铺设夯实。

②施工工艺

根据设计要求进行备料，砂或砂石中不得含有草根等有机杂质，石子的最大粒径不得大于垫层的2/3。砂宜选用坚硬的中砂或中粗砂；对砂石进行拌料，以防摊铺不均匀。

根据设计厚度要求（一般砂垫层厚度不小于60mm；砂石垫层厚度要求不宜小

于 100mm）进行铺设夯实，砂垫层铺平后，应洒水湿润，并宜采用机具振实，振实后密度要符合设计要求；砂石垫层应摊铺均匀，不得有粗细颗粒分离现象，压前应洒水使砂石表面保持湿润；采用机械碾压或人工夯实时，均不小于三遍，并压（夯）至不松动为止。

③相关标准及技术规范。砂垫层厚度不小于60mm；砂石垫层厚度不小于100mm；施工应严格执行《建筑地面工程施工及验收规范》。

（3）碎石垫层和碎砖垫层

①施工流程：备料—铺设压（夯）实。

②施工工艺

根据要求选用强度均匀和未风化的石料、碎石、砖，不得采用风化、酥松、夹有瓦片和有机杂质的砖料。

垫层要均匀摊铺，碎石要分层。碎石垫层表面空隙应以粒径为 5 ~ 25mm 的细石子填补，碎砖垫层分层摊铺，洒水湿润后采用机具夯实，表面平整，夯实后的厚度不应大于虚铺厚度的 3/4。

③相关标准及规范。施工应严格执行《建筑地面工程施工及验收规范》，碎石厚度不应小于60mm；碎砖垫层厚度不应小于100mm；碎砖料一般粒径不应大于60mm。

④施工注意事项。石料一般最大粒径不得大于垫层厚度的 2/3；在已铺设的碎砖垫层上，不得用锤击的方法进行砖料加工。

（4）炉渣垫层

①施工流程：备料—拌料—铺设压实。

②施工工艺

根据设计要求进行备料，炉渣垫层应备：a. 炉渣；b. 水泥、炉渣；c. 水泥、石灰、炉渣。三种都可以用作拌合料铺设。炉渣内不应含有机杂质和未燃尽的煤块。粒径不应大于40mm，并且粒径在5mm以下的体积不得超过总体积的40%，石灰的粒径一般不得大于5mm。

按要求进行均匀拌料，炉渣或水泥炉渣垫层采用的炉渣，使用前应浇水闷透；水泥石灰炉渣，垫层采用的炉渣，应先用石灰浆或用熟化石灰浇水闷透，且闷透时间都不小于5d。

铺设并压实拍平，当垫层厚度大于120mm时，应分层铺设，每层压实后的厚度不应大于虚铺厚度的 3/4。

③施工注意事项

炉渣垫层拌合料应拌合均匀，并应控制加水量，铺设时垫层表面不得呈现泌水现象；在垫层铺设前，基层应清扫干净并洒水湿润；当炉渣垫层内埋设管道时，管道周围宜用细石混凝土予以稳固；炉渣垫层施工完毕后应养护，并应待其凝固后方可进行下一道工序施工。

（5）水泥混凝土垫层

①施工流程：备料—立边模等—搅拌浇筑。

②施工工艺

按设计要求备料：要求混凝土强度等级不应小于C10；根据现场要求带线立模，以保证平整度；搅拌并分压段进行浇筑。

③相关标准及规范。垫层厚度不小于60mm；强度等级不应小于C10；施工应严格执行《建筑地面工程施工及验收规范》。

④施工注意事项

垫层厚度不得小于60mm；分压段应结合变形缝位置，不同材料的建筑地面连接处按设备基础的位置进行划分；浇筑前，表面应予湿润；并按设计要求施工；埋设锚柱或木砖等要预留孔洞。

3．铺装地坪找平层施工

（1）施工流程：备料—清理面层—铺设找平层。

（2）施工工艺

①根据要求进行备料，一般找平层采用水泥砂浆、水泥混凝土和沥青砂浆、沥青混凝土等几种物料铺设，具体确定条件应符合合同类面层的要求。

②在铺设找平层前，应将下一层表面清理干净。当找平层下有松散填充料时应予铺平振实。下一层为水泥混凝土垫层时，应予湿润。当表面光滑时，应划（凿）毛，铺设时先刷一遍水泥浆，其水灰比宜为1：4～1：5，并随刷随铺。

③根据垫层要求，铺设找平层，保持表面平整，并做好养护工作。

（3）相关标准和规范。施工应严格执行《建筑地面工程施工及验收规范》。

（4）施工注意事项

①水泥砂浆体积比不宜小于1：3；水泥混凝土强度等级不应小于C15。

②在预制钢筋混凝土板上铺设找平层前，板缝填嵌施工，要求板缝内清理干净，保持湿润。填缝采用细石混凝土，其强度等级不应小于C20，其嵌缝高度应小于板面10～20mm，表面不宜压光。

③在预制钢筋混凝土板上铺设找平层时，其板端间应按设计要求采取防裂构造措施。

④在有防水要求的地面或楼面上铺设找平层时，应对立管、套管、地漏与地面（楼面）节点之间进行密封处理，并在管四周留出三条8～10mm的沟槽，采用防水卷

材或防水涂料裹住管口和地漏。

4．铺装地坪施工隔离层和填充层施工

（1）施工流程：表面清理—放线定标高—铺设—检测。

（2）施工工艺

①检查所用的材料是否符合现行的产品标准规定，并应经国家法定的检测单位检测。

②铺设隔离层和填充层时其下一层的表面应平整、洁净和干燥，并不得有空鼓、裂缝和起砂现象。

③根据设计要求，放线定标高，控制铺设层厚度和区域。

④当采用松散材料做填充层时，应分层，铺平拍实；当采用板、块状材料做填充层时，应分层错缝铺设，每层应选用同一厚度的板、块材料。

⑤当采用沥青胶结料粘贴板块状填充层材料时，应边刷边贴边压实，防止板、块材料翘起。

⑥防水隔离层铺设完后，应做蓄水检查。蓄水深度宜为 20 ～ 30mm。24h 内无渗漏为合格，并做记录。

（3）相关标准和规范。施工应严格执行《房屋工程技术规范》《地下防水工程施工及验收规范》《建筑地面工程施工及验收规范》。

（4）施工注意事项

①当隔离层采用水泥砂浆或水泥混凝土作为地面与楼面防水时，应在水泥砂浆或水泥混凝土中掺防水剂；

②涂刷沥青胶结料的温度不应低于 160℃，并应随即将预热的绿豆砂均匀撒入沥青胶结料压入 1 ～ 1.5mm，绿豆砂的粒径宜为 2.5mm，预热温度宜为 50 ～ 60℃；

③防水卷材铺设应粘实、平整，不得有皱折、起鼓、翘边和封口不严等缺陷，被挤出的沥青胶结料应及时刮去。

5．铺装地坪面层施工

（1）施工准备

①材料。铺装地坪面层石材的品种、规格、图案、颜色按设计图验收，并应分类存放。

②作业条件。做好地面的防水层和保护层；地面预埋件及水电设备管线等施工完毕并经检查合格；在四周做好水平控制线及花样品种分隔线。

（2）操作工艺。基层清理—贴灰饼冲筋—铺结合层砂浆—弹控制线（按放样设计）—铺砖—敲平—拨缝—修整—嵌缝隙。

（3）清理基层。基层施工时，必须按规范要求预留伸缩缝；以地面 ±0.00 的抄平点为依据，在周边弹一套水平基准线进行抄平。水泥砂浆结合层厚度控制在 10 ~ 15mm。最后清扫基层表面的浮灰、油渍松散砼和砂浆，并用水清洗湿润。

（4）弹线。根据板块分块情况，挂线找中，在装修区取中点，拉十字线，根据水平基准线，再标出面层标高线和水泥砂浆结合层线，同时还需弹出流水坡度线。

（5）试拼

①根据规矩线，对每个装修区的板块，按图案、颜色、纹理试拼达到设计要求后，按两方向编号排列，按编号放整齐。同一装修区的花色、颜色要一致。缝隙如无设计规定，不大于 1mm。

②根据设计要求把板块排好，检查板块间缝隙，核对板块与其他管线、洞口、构筑物等的相对位置，确定找平层砂浆的厚度，根据试排结果，在装修区主要部位弹上互相垂直的控制线，引到下一装修区。

（6）铺装结合层。采用 1 : 3 的干硬性水泥砂浆，洒水湿润基层，然后用水灰比为 0.5 的素水泥浆刷一遍，随刷随铺干硬性水泥砂浆结合层。根据周边水平基准线铺砂浆，从里往外铺，虚铺砂浆比标高线高出 3 ~ 5mm，用括尺赶平、拍实，再用木抹子搓平找平，铺完一段结合层随即安装一段面板，以防砂浆结合层铺张长度应大于 1m，宽度超出板块宽 20 ~ 30mm。

（7）铺面层。铺镶时，板块应预先浸湿晾干，拉通线，将石板跟线平稳铺下，用橡皮锤垫木轻击，使砂浆振实，缝隙、平整度满足要求后，揭开板块，再浇上一层水灰比为 0.5 的水泥素浆正式铺贴。轻轻锤击，找直找平。铺好一条，及时拉线检查各项实测数据。注意锤击时不能砸边角，不能砸在已铺好的板块上。块料路面的铺砌要注意以下几点：

①石板块与基层空鼓。主要由于基层清理不干净；没有足够水分湿润；结合层砂浆过薄（砂浆虚铺一般不宜少于 25 ~ 30mm，块料坐实后不宜少于 20mm 厚）；结合层砂浆不饱满以及水灰比过大等。

②相邻两板高低不平。板块本身不平；铺贴时操作不当；铺贴后过早上人将板块踩踏等（有时还出现板块松动现象），一般铺贴后两天内严禁上人踩踏。

（8）灌、擦缝。板块铺完养护 2d 后在缝隙内灌水泥浆、擦缝。水泥色浆按颜色要求，在白水泥中加入矿物颜料调制。灌缝 1 ~ h 后，用棉纱蘸色浆擦缝。缝内的水泥浆凝结后，再将面层清洗干净。

（9）成品保护。铺装完后严禁早期上人走动，表面覆盖锯末、席子、编织袋等予以保护。

6. 园林铺装石材泛碱现象处理

（1）泛碱现象。湿贴天然石墙面在安装期间，石材板块会出现似"水印"一样的斑块，随着镶贴砂浆的硬化和干燥，"水印"会稍微缩小，甚至有些消失，其孤立、分散地出现在板块中，室内程度不严重，影响外观不大。但是，随着时间推移，特别是外墙反复遭遇雨水或潮湿天气，水从板缝、墙根等部位侵入，天然石的水斑逐渐变大，并在板缝连成片，板块局部加深、光泽暗淡、板缝并析出白色的结晶体，长年不褪，严重影响外观，此种现象称为泛碱现象。

（2）原因分析

①天然石材结晶相对较粗，存在许多肉眼看不到的毛细管，花岗岩细孔率为0.5% ~ 1.5%，大理石细孔率为0.5% ~ 2.0%，其抗渗性能不如普通水泥砂浆，花岗岩的吸水率为0.2% ~ 1.7%是较低的，水仍可通过石材中的毛细管浸入面传到另外一面。天然石材的这种特性及毛细孔的存在，为粘接材料中的水、碱、盐等物质的渗入和析出并形成泛碱提供了通道。

②粘结材料产生含碱、盐等成分的物质。

③水的渗入由于外墙接缝用水泥细砂砂浆勾缝，防水效果差；由于地面水（或潮湿）沿墙体或砂浆层侵入石材板；安装时对石材洒水过多等原因，使水入侵石材板，并溶入 $Ca(OH)_2$ 和其他盐类物质进入石材毛细管形成泛碱。可见，水是泛碱物质的溶剂和载体。

（3）治理办法。天然石材墙面一旦出现泛碱现象，由于可溶性碱（或盐）物质已沿毛细孔渗透到石材里面（渗出石板表面的可以清除），很难清除，故应着重预防，泛碱发生后只可作以下补救：

①尽快对墙体、板缝、板面等全面进行防水处理，防止水分继续入侵，使泛碱不再扩大。

②可使用市面上的石材泛碱清洗剂，该清洗剂是由非离子型的表面活性剂及溶剂等制成的无色半透明液体，对于部分天然石材表面泛碱的清洗有一定效果。但是在使用前，一定要先做小样试块，以检验效果和决定是否采用。

# 第二节　假山工程施工方法与技术

## 一、置石施工

置石是以石材或仿石材布置成自然露岩景观的造景手法。置石还可结合它的挡土、护坡和作为种植床或器设等实用功能，用以点缀风景园林空间。置石能够用简单的形式，体现较深的意境，达到"寸石生情"的艺术效果，有"无园不石"之说。

现存江南名石有苏州清代织造府（在今苏州第十中学）的瑞云峰、留园的冠云峰、上海豫园的玉玲珑和杭州花圃中的皱云峰；而最老的置石则为无锡惠山的"听松"石珠，镌刻唐代书法家李阳冰篆"听松"二字。

1. 园林置石常用石材

（1）斧劈石。产于我国较多地区，犹以江苏武进、丹阳的斧劈石最为有名。斧劈石属硬质石材，其表面皱纹与中国画中"斧劈皴"相似，四川川康地区也有大量此类石材，但因石质较软，可开凿分层，又云"母石片"。斧劈石属页岩，经过长期沉淀形成，含量主要是石灰质及碳质。同时色泽上虽以深灰、黑色为主，但也有灰中带红锈或浅灰等变化，这是因石中含铁量及其他金属含量的成分变化所致。斧劈石因其形状修长、刚劲，造景时做剑峰绝壁景观，尤其雄秀，色泽自然。但因其本身皱纹凹凸变化反差不大，因此技术难度较高，而且吸水性能较差，难以生苔，盆景成型后维护管理也有一定难度。现在在大型园庭布置中多采用这种石材造型。

（2）太湖石，有南北两种太湖石。

①南太湖石。俗称太湖石，是一种多孔玲珑剔透的石头，因盛产于太湖地区而古今闻名，与雨花石、昆石并称为江南三大名石。李斗《扬州画舫录》载："太湖石乃太湖石骨，浪击波涤，年久孔穴自生。"太湖石的形成，首先要有石灰岩。苏州太湖地区广泛分布 2 亿~3 亿年前的石炭、二叠、三叠纪时代形成的石灰岩，成为太湖石的丰富的物质基础。尤以 3 亿年前石炭纪时，深海中沉积形成的层厚、质纯的石灰岩最佳。往往能形成质量上乘的太湖石。由于丰富的地表水和地下水沿着纵横交错的石灰岩节理裂隙，无孔不入地溶蚀，精雕细凿，或经太湖水的浪击波涤、天长日久使石灰岩表面及内部形成许多漏洞、皱纹、隆鼻、凹槽。不同形状和大小的洞纹鼻槽有机巧妙地组合，就形成了漏、透、皱、瘦，奇巧玲珑的太湖石。苏州留园的冠云峰，苏州十中的瑞云峰，上海豫园的玉玲珑，杭州西湖的皱云峰，被称为太湖石中的"四大珍品"。

②易州怪石。亦称北太湖石。产于易县西部山区，其石质坚硬、细腻润朗，颜色为瓦青。以奇秀、漏透、皱瘦、浑厚、挺拔、秀丽为特征。由于大自然的造化，使太湖石千姿百态，玲珑剔透，形态荒诞怪异，别具特色。有的像飞禽，形似孔雀梳羽，祥云缭绕、彩蝶飞舞；有的小巧可爱像小狗静卧，慈态可掬；有的像玉兔活灵活现；有的浑厚、壮观，酷似骏马奔腾；有的挺拔如山峰叠起雄伟宏大，形成一幅幅逼真美丽的图画，让人遐想，令人陶醉，成为建造园林假山、点缀自然景点理想的天赐材料。

（3）吸水石，别名上水石，该石上水性能强，盆中蓄水后，顷刻可吸到顶端。石上可栽植野草、苔藓，青翠苍润，为制作盆景的佳石。沙积石，暄而脆，但吸水性很强；石灰石硬度稍高，结构比沙积石细密。上水石易于造型，由于暄而脆，可随意凿槽、钻洞、雕刻出心中理想的形象。上水石中大大小小的天然洞有很多，有的互相穿连通气，小的洞穴如气孔，这就是吸水性强的主要原因。在上水石的洞穴中，填上泥土栽植花草，大的洞穴可栽树木，由于石体吸水性强，植物生长茂盛，开花鲜艳。上水石可以散发湿气，用它制作假山或盆景，都有湿润环境的作用。上水石系古苔藓虫化石，距今约有一亿三千万至一亿九千万年。石质坚硬，呈黄、褐、白等色，外形美观多姿，大部分呈管状、中空、条纹式，独具特色。山坡沟谷均有分布，属石灰岩，质地上乘。

①北京上水石。产于北京市房山区西南部的十渡。该石状似蜂窝，上面有大小不一孔穴，吸水性较好，采回后把外表的黄泥冲刷洗净，石上可栽树植草，是制作山石盆景的佳材。

②山东上水石。产于山东省临朐县龙岗镇、上林镇等地和青石山区河谷中，以及平邑县铜石镇、兵宝山乡一带。该石呈灰白色、灰褐色；石上有很多天然的大小洞，有的互相连通，有的小如气孔，具较强吸水性能；石性较脆，可凿槽钻洞、雕刻，易造型，常用于制作假山或盆景。此上水石分沙积石和石灰石两种。沙积石暄而脆，但吸水性很强；石灰石也称泉华，硬度稍高，结构比沙积石细密。产于平邑县铜石镇大秦堂和天宝山乡小圣堂附近的泉华，为脉状产出，矿石部分出露地表，部分深埋地层。

③河北上水石。产于河北省邯郸市磁县、保定市易县等地。该石上水性能强，盆中蓄水后，顷刻奇吸到顶端。石上可栽植野草、苔藓，青翠苍润，为制作盆景的佳石。磁县地下的上水石蕴藏丰富，分布在水广铁路以西地区，埋深 0 ~ 30m，厚度 4 ~ 6m。易县上水石产于城西北 16km 处的千佛山一带，山坡沟秦均有分布，属石灰岩，质地上乘。

④山西上水石。产于山西省阳泉市平定县娘子关一带。该石颜色呈棕红、土黄、橙黄等色，质地较软，带有许多洞孔，显蓬松状。石体上布满纵横交错的管状孔，容易加工成"奇峰异洞"等景观造型，但加工、砍凿时用力不能太猛，否则容易断裂。上水石吸水迅速，在顷刻间能将水吸至石头顶端，浸湿整块石体，石上可随意植绿，是制作盆景的上佳石料。鉴别真假吸水石的方法：把吸水石放在浅水里，大部分露在外面，看会不会上水，上水能力越好说明质量越好。

2. 置石的选材与加工

（1）置石的选材。置石种类繁多，大都从大自然中采掘而得，其质地、色泽、皱纹都具有天然本质。选材时，首先要注意应根据石材的自然特征，确定其适合做哪种自然景观的造型，如果选择的是一组皱纹重立简练、形状长条、轮廓自然的砂积石为一景石的素材时，肯定地说，这些素材最适宜做剑峰峻峭、高耸挺拔的造型景观，选材时要注意，素材的质地、种类、皱纹一定要统一，一处景石，最好只用一种类别的素材，色彩不可差异太大。

（2）置石的加工

①山体轮廓的敲削。在制作景石进行选材时，首先要对石材的顶部轮廓线进行观察，引发构思，反复推敲，不论硬石、软石，在轮廓线排列起伏不明显时，都要对其进行敲削，使之起伏鲜明，富有节奏感。

②锯截与粘合。有些时候，一块石材是不能构成一处景石完整画面的，因此要进行多块石材组合而形成景观。而石材一般都是天然未经加工的，因此必须根据景观要求进行石材的锯截、连接和粘合，锯截石材用切割机或钢锯进行，也可用锤子敲断理平的方式进行。然后再用水泥或水泥兑色，或用其他粘合剂粘接成形。

③理纹与错落。一般来说，一处景石要求在石体皱纹上达到大体一致，这样显得景观画面较为统一。但因石材本身的差异性，因此在尽量选择纹理自然、线条一致的前提下，有时要对一些纹理皱法不明显或纹理差异较大的石材进行理纹，理纹一般用剔、掏、敲、锯的方式进行，视石材的软硬性质而定，若有的纹理实在不能理出，则可用大致色泽一致的石材进行错落拼接，形成大的块面的皱纹明显凹凸的现象，达到景观统一、生动的要求。

3. 园林置石常用的施工方法及其特点

（1）特置。又称孤置山石、孤赏山石，也有称其为峰石的。特置山石大多由单块山石布置成独立性的石景，常在环境中作局部主题。特置常在园林中作入口的障景和对景，或置于视线集中的廊间、天井中间、漏窗后面、水边、路口或园路转折的地方。此外，还可与壁山、花台、草坪、广场、水池、花架、景门、岛屿、驳岸等结合来使用。特置山石施工特点有：

①特置选石宜体量大，轮廓线突出，姿态多变，色彩突出，具有独特的观赏价值。石最好具有透、瘦、漏、皱、清、丑、顽、拙的特点。

②特置山石为突出主景并与环境相协调，通常石前"有框"（前置框景），石后有"背景"衬托，使山石最富变化的那一面朝向主要观赏方向，并利用植物或其他方法弥补山石的缺陷，使特置山石在环境中犹如一幅生动的画面。

③特置山石作为视线焦点或局部构图中心，应与环境比例合宜。

（2）对置。把山石沿某一轴线或在门庭、路口、桥头、道路和建筑物入口两侧作对应的布置称为对置。对置由于布局比较规整，给人严肃的感觉，常在规则式园林或入口处多用。对置并非对称布置，作为对置的山石在数量、体量以及形态上无须对等，可挺可卧，可坐可偃，可仰可俯，只求在构图上的均衡和在形态上的呼应，这样既给人以稳定感，亦有情的感染。

（3）散置。散置即所谓的"攒三聚五、散漫理之，有常理而无定式"的做法。常用奇数三、五、七、九、十一、十三来散置，最基本的单元是由三块山石构成的，每一组都有一个"3"在内。

散置对石材的要求相对比特置低一些，但要组合得好。常用于园门两侧、廊间、粉墙前、竹林中、山坡上、小岛上、草坪和花坛边缘或其中、路侧、阶边、建筑角隅、水边、树下、池中、高速公路护坡、驳岸或与其他景物结合造景。它的布置特点在于有聚有散、有断有续、主次分明、高低起伏、顾盼呼应、一脉既毕、余脉又起、层次丰富、比例合宜、以少胜多、以简胜繁、小中见大。此外，散置布置时要注意石组的平面形式和立面变化。在处理两块或三块石头的平面组合时，应注意石组连线总不能平行或垂直于视线方向，三块上的石组排列不能呈等腰三角形、等边三角形和直线排列。立面组合要力求石块组合多样化，不要把石珠放置在同一高度，组合成同一形态或并排堆放，要赋予石块自然特性的自由。

（4）群置。应用多数山石互相搭配布置称为群置或称聚点、大散点。群置常布置在山顶、山麓、池畔、路边、交叉路口以及大树下、水草旁，还可与特置山石结合造景。群置配石要有主有从，主次分明，组景时要求石之大小不等、高低不等、石的间距远近不等。群置有墩配、剑配和卧配三种方式，不论采用何种配置方式，均要注意主从分明、层次清晰、疏密有致、虚实相间。

4. 现代园林置石施工的发展趋势

新时代要建造符合现代精神风貌的新颖的园林。在现代造园中，园林中不是为置石而置石，现代园林置石的发展趋势应是：适应现代人亲近自然的心理特征，以生态效益为目的，利用新材料、新技术创造富有时代气息的置石作品，与其他物质要素紧密结合，以求共同建造优美的富于生机的自然景观，创造清新宁静的生态环境。

新材料、新技术正广泛应用于现代园林置石中。利用水泥、灰泥、混凝土、玻璃钢、有机树脂、GRC（低碱度玻璃纤维水泥）作材料，进行"塑石"，正在现代园林中兴起。塑石的优点是造型随意、多变，体积可大可小，色彩可多变，重量轻，节省石材，节省开支。特别适用于施工条件受限制或承重条件受限制的地方，如屋顶花园。缺点是寿命短，人工味较浓。解决这个缺点，可用少量天然石材与塑石配合进行造型设计，用植物进行修饰，真中含假，假中有真，既节省石材，又减少了塑石的人工味，不失为一种良策。随着科技日益进步，塑石材料、技术亦会大有改进，塑石定会更加贴近天然山石本色，达到"假"石宛如"真"石的境界。

## 二、假山工程施工

园林假山所指的"假山"，是相对于自然形成的"真山"而言的。一般按体量大小分为：小型假山，用景石叠成的山形景观，主峰高度 4m 以上，用景石 60t 以下者为小型；60 ～ 200t 者为中型；大型假山，用景石叠成的山形景观，主峰高度 4m 以上，用景石 200t 以上或占地面积 20m² 以上；同时堆砌台基、山洞、水景的为组合型假山。

1. 假山的材料

（1）石料。假山基础的用石是承重假山体的负荷结构。一般选用花岗岩毛石或砂岩毛石，石块大小以人工搬运砌筑方便为宜，约为 40cm×50cm×50cm。

（2）砂。砂是岩石风化后的产物。按它的来源分，有砂、河砂，按颗粒大小分，平均粉经大于 0.5mm 的为粗砂；0.35 ～ 0.5mm 为中砂；0.25 ～ 0.35mm 为细砂。在假山工程中，中砂为基础抹浆或搅拌混凝土用；细砂用于嵌缝修饰性水泥砂浆的配合。

（3）碎石。碎石是指破碎后的具有一定粒径的混凝土骨料石。它也分粗、中、细三种：粗碎石——粒径约为 60mm；中碎石——粒径约为 30mm；细碎石——又叫瓜片石或叫细石，粒径为 10 ～ 5mm，用细碎石拌成的混凝土叫细石混凝土。碎石在假山工程中有两个用途：其一是做混凝土基础用；基二是对假山芯部大空隙的灌浆填实用。

（4）水泥。水泥是以含有较多碳酸钙、氧化硅等成分的石灰岩、白垩土（高岭土、瓷土）以及黏土为原料，用球磨机封闭研细后，再经过 1300 ～ 1450℃ 的锻烧成石膏为以硅酸钙为主要矿物成分的熟料，然后加入 2% ～ 5% 的生石膏（$CaSO_4 \cdot 2H_2O$）或熟石膏（$CaCO_3 \cdot 1/2H_2O$），再磨细，就成为灰色粉末状的材料。由于水泥浆不仅能在潮湿环境中硬结，而且还能在水中硬结，因而便成了现代假山工程中乐于使用的胶结材料了。然而，也正是由于水泥容易水化硬结，因此在贮存时要严防受潮，并不宜久存，一般以出厂时间不超过 3 ～ 6 个月为好。在使用前再做一次鉴定，以确保工程质量。

2. 园林假山的基础施工

堆叠假山和建造房屋一样，必须先做基础，即所谓的"立基"。首先按照预定设计的范围，开沟打桩。基脚的面积和深浅，则由假山山形的大小和轻重来决定。一般假山基础的开挖深度，以能承载假山的整体重量而不至于下沉，并且能在久远的年代里不变形的要求为原则。同时也必须做到假山工程造价较低而施工简易的要求。

假山除非坐落在天然岩基上，否则都需要做基础。基础的做法有如下几种：

（1）桩基。多用于水中的假山或假山驳岸。以柏木桩或杉木桩为主，木桩顶面的直径在 10 ~ 15cm，平面布置按梅花形排列，故称"梅花桩"。桩边至桩边的距离约为 20cm，其宽度视假山底脚的宽度而定。如做驳岸，少则三排，多则五排。桩的类型有两种，一种是直打到硬层的，称为"支撑桩"；另一种是用来挤实土壤的，称为"摩擦桩"。桩长一米多至两米不等，视土层厚度而定，一般桩顶要露出湖底十几厘米至几十厘米，其间用块石嵌紧，再用花岗石压顶。条石上面才是自然形态的山石。条石应置于低水位线以下，自然山的下部也在水位线下。

除了木桩之外，也有用钢筋混凝土桩的。由于我国各地的气候条件和土壤情况各不相同，所以有的地方，如扬州地区为长江边的冲积砂层土壤，土壤空隙较多，通气较多，加之土壤潮湿，木桩容易腐烂，所以传统上还采用"填充桩"的方法。所谓填充桩，就是用木桩或钢杆打桩到一定的深度，将其拔出，然而在桩孔中填入生石灰块，再加水捣实，其凝固后便会有足够的承载力，这种方法称为"灰桩"；如用碎瓦砾来充填桩孔，则称为"瓦砾桩"。其桩的直径约为 20cm，桩长一般在 60 ~ 100cm，桩边的距离为 50 ~ 70cm。苏州地区因其土壤黏性相对较强，土壤本身比较密实，对于一般的陆地置石或小型假山，常采用石块尖头打入地下作为基础，称为"石钉桩"，再在缝隙中夹填碎石，上用碎砖片和素土夯实，中间铺以大石块；若承重较大，则在夯实的基础上置以条石。北京圆明园因处于低湿地带，地下水成了破坏假山基础的重要因素，包括土壤的冻胀对假山基础的影响，所以其常用在桩基上面打灰土的方法，以有效地减少地下水对基础的破坏。

（2）灰土基础。某些北方地区，因地下水位不高，雨季比较集中，这样便使灰土基础有个比较好的凝固条件。灰土一经凝固，便不透水，可以减少土壤冻胀的破坏。所以在北京古典园林中，对位于陆地上的假山，多采用灰土基础。灰土基础的宽度一般要比假山底面的宽度宽出 50cm 左右，即所谓的"宽打窄用"。灰槽的深度一般为 50 ~ 60cm。2m 以下的假山，一般是打一步素土，再一步灰土。所谓的一步灰土，即布灰 30cm 左右，踩实到 15cm 左右后，再夯实至 10cm 多的厚度。2 ~ 4m 高的假山，用一步素土、两步灰土。灰土基础对石灰的要求，必须是选用新出窑的块灰，并在现场泼水化灰，灰土的比例为 3∶7，素土要求是颗粒细匀不掺杂质的黏性土壤。在北方地下水位低，雨季集中的地方，陆地上的假山可采用灰土基础灰土凝固后不透水，可减少土壤冻胀的破坏。

（3）混凝土基础。近代假山一般多采用浆砌块石或混凝土基础，这类基础耐压强度大，施工速度快。块石基础常用没有造型和没有多少利用价值的假山石，或花岗岩毛石、废条石等筑砌，所以也称毛石基础。这种基础适用于中小型假山。其基础的厚度根据假山的体量而定，一般高在 2m 左右的假山，其厚度在 40cm 左右；4m

左右的假山，其厚度则在 50cm 左右；毛石基础的宽度应比假山底部宽出 30cm 以上。毛石需满铺铺平，石块之间相互咬合，搭配紧密，缝隙用碎石及 C15 ~ C20 的水泥砂浆或混凝土灌实作平，使它连成整体。堆叠大型假山则常采用钢筋混凝土板基础，先需要挖土到设计所需的基础深度，人工夯实底层素土，再用 C15 ~ C20 的混凝土做厚 7 ~ 10cm 的垫层，然后再在上面用钢筋扎成 20cm 左右见方的网状钢筋网，最后用混凝土浇筑灌实，经一周左右的养护后，方可继续施工。

3. 山石结体的施工

假山虽有峰、峦、洞、壑等各种变化，但就山石相互之间的结合而言，却可以概括为十多种基本形式。北京的"山子张"张蔚庭老师傅总结过"叠石十字诀"，即"安、连、接、斗、挎、拼、悬、剑、卡、垂"，还有挑、撑等，江南一带则流传为九字诀，即"叠、竖、垫、拼、挑、压、钩、挂、撑"。两相比较，有些是共有的字，有些称呼不同内容一样，可见南北匠师是一脉相承的。

4. 假山的分层结构

叠石本无显著的层次区分，但为了分析的方便，也为了一定的结构要求，按其部位来分大致有三层。

（1）基石。即头层安，俗称"拉底"。它必须立于基础之上，有稳固的底层。基石为"叠石之本"，假山造型中所有竖向与横向的发挥，全看基石的安置。

①用材。多选用巨型或中型之石块。体形不用太美，但需坚硬、耐压。

②施工要点

活用。用石必须灵活，力求不同形体、大小参差混用，避免大小一样的石连安。

找平。将山石的最大而平坦之面朝上，用眼力找平，然后在其下面垫石，使之稳固。

错安。安石排列，必犬牙相错，高低不一，首尾拼连成不同形状。

朝向。安基必须考虑假山的朝向，要将每块石的凹凸多变的一面朝向游人视线集中的一面（即主立面）。

断续。基石避免筑成墙基式，应有断有续，有整有零。

并靠。成组安石，接口靠紧，搭接稳固。

（2）中层。位于基石之上，为叠山的主要构成部分，其艺术手法丰富多变，下面从结构上加以分析。

①用材。凡石型佳美者多用于此，但必须注意在特别受力点处一定要用坚实的石块，以免发生危险。

②施工要点

平稳。与安基相同，使石块大面朝上安放平稳。

连贯。叠石不论如何错综复杂，须所有石连靠块相接，使上下左右连贯成一体。

避碰。即避免闪露出狭小石面，因为它既不能再行叠石，又非常难看，俗称为"闪碰露尾"。

偏安。每置一石，必要考虑其继续发展的可能。常用的方法就是"偏安"，即在下层石面之上，再行叠石必须放于一侧，但避免连续同侧而安，应有错交之势，以破其平板。

避"闸"。所谓"闸"，就是用板状石块直立地撑托起搭连作用之条石，状如闸板或建筑支柱，造型呆板，应避免使用。

后坚。无论挑、拎、悬、垂等，凡有前沉现象者必先以数倍之重力稳压其内侧，将重心回落，方可再行施工。

重心。凡叠石应考虑双垂重力问题，一是山石本身重心，二是全局重心。无论如何变化，总重力线绝不能超出底面。要找出山石的重心，否则会因立面不稳而倾斜。

巧安。叠石要利用石形，巧妙地搭接叠落，避免上下左右平垂一致，而形成规则式的墙面状。因此必须广开思路，充分了解每块石的形状，并在下层叠石时就为它创造必要的条件。

（3）立峰。俗称"收头"，为叠山的最后一道工序。其材料选用"纹""体""面""姿"最佳者。

不同峰顶及其施工要点：

①堆秀峰。其结构特点在于利用丰厚强大的压力镇压全局。它必须保证山体的重力线垂直底面中心，并起均衡山势的作用。峰石本身所用单块山石，也可由多块山石拼接，但要注意不能过大而压塌山体。

②流云峰。此式偏重于挑、飘、环、透的做法。因在中层已大体有了较为稳固的结果关系，因此在收头时，只要把环透飞舞的中层收合为一。峰石本身可能完成一个新的环透体，也可能作为某一挑石的后坚部分。这样既不破坏流云或轻松的感觉，又能保证叠石的安全。

③剑立峰。凡用竖向石姿纵立于山顶者，称为剑立峰。安放时最主要的是力求重心均衡，剑石要落实，并与周围石体靠紧。

### 三、园林塑石、塑山工程施工

假山的材料有两种，一种是天然的山石材料，仅仅是在人工砌叠时，以水泥作胶结材料，以混凝土作基础而已；还有一种是水泥混合砂浆、钢丝网或 GRC（低碱度玻璃纤维水泥）作材料，人工塑料翻模成型的假山，又称"塑石""塑山"。

1. 塑石、塑山施工的特点

（1）可以塑造较理想的艺术形象——雄伟、磅礴富有力感的山石景，特别是能塑造难以采运和堆砌的巨型奇石。这种艺术造型较能与现代建筑相协调。此外，还可通过仿造，表现黄蜡石、英石、太湖石等不同石材所具有的风格。

（2）可以在非产石地区布置山石景，可利用价格较低的材料，如砖、砂、水泥等。

（3）施工灵活方便，不受地形、地物限制，在重量很大的巨型山石不宜进入的地方，如室内花园、屋顶花园等，仍可塑造出壳体结构的、自重较轻的巨型山石。

（4）可以预留位置栽培植物，进行绿化。

2. 塑石、塑山现场塑造的一般施工步骤

（1）建造骨架结构。骨架结构有砖结构、钢架结构，以及两者的混合结构等。砖结构简便节省，对于山形变化较大的部位，要用钢架悬挑。山体的飞瀑、流泉和预留的绿化洞穴位置，要对骨架结构做好防水处理。

（2）泥底塑型。用水泥、黄泥、河沙配成可塑性较强的砂浆在已砌好的骨架上塑型，反复加工，使造型、纹理、塑体和表面刻画基本上接近模型。

（3）塑面。在塑体表面细致地刻画石的质感、色泽、纹理和表层特征。质感和色泽根据设计要求，使石粉、色粉按适当比例配白水泥或普通水粉调成砂浆，按粗糙、平滑、拉毛等塑面手法处理。纹理的塑造，一般来说，直纹为主、横纹为辅的山石，较能表现峻峭、挺拔的姿势；横纹为主、直纹为辅的山石，较能表现潇洒、豪放的意象；综合纹样的山石则较能表现深厚、壮丽的风貌。为了增强山石景的自然真实感，除了纹理的刻画外，还要做好山石的自然特征，如缝、孔、洞、烂、裂、断层、位移等的细部处理。一般来说，纹理刻画宜用"意笔"手法，概括简练；自然特征的处理宜用"工笔"手法，精雕细琢。

（4）设色。在塑面水分未干透时进行，基本色调用颜料粉和水泥加水拌匀，逐层洒染，需要做出点着石的肌理，如凹凸、褶皱。在石缝孔洞或阴角部位略洒稍深的色调，待塑面九成干时，在凹陷处洒上七许绿、黑或白色等大小、疏密不同的斑点，以增强立体感和自然感。

3. 塑石、塑山新材料、新工艺

GRC 是玻璃纤维强化水泥的简称，或称 GFRC。其基本概念是将一种含氧化锆（$ZrO_2$）的抗碱玻璃纤维与低碱水泥砂浆混合固化后形成一种高强的复合物。"GRC"于 1968 年由英国建筑研究院（BRF）马客达博士研究成功并由英国皮金顿兄弟公司（Pilkinean Brother Co.）将其商品化，后又用于造园领域。目前，在美国、加拿大、中国香港等地已用该材料制作假山，取得了较好的艺术效果。

GRC 用于假山造景，是继灰塑、钢筋混凝土塑山、玻璃钢塑山后人工创造山景的又一种新材料、新工艺。它具有可塑性好、造型逼真、质感好、易工厂化生产，材料重量轻、强度高、抗老化、耐腐蚀、耐磨、造价低、不燃烧、现场拼装施工简便的特点。可用于室内外工程。能较好地与水、植物等组合创造出美好的山水景点。目前多采用的是喷吹式生产 GRC 山石构件。

# 第三节　硬质景观施工中的常见问题

　　硬质景观工程是园林工程的一个重要组成部分，做好硬质景观工程施工是实现园林景观设计的重要保证，但实际施工中常常出现施工工艺不到位，违反施工规程等情况，影响整个工程的质量，施工部门应予充分重视。下面介绍硬质景观工程施工中常见的一些问题：

　　1. 车行道在与人行道或健康步道交叉口处路面出现纵向和斜向裂缝，进而下陷

　　原因分析：人行道和健康步道一般路基较薄，路面常用渗水好的材料，在交接部位雨水容易渗入车行道路基，使路基承载力降低，造成道路下沉开裂。当较高的人行道向车行道找坡时，在接口处雨水径流较多，破坏情况更易发生。

　　改进措施：将道路交接处的路缘石深埋，减少渗水对路基的影响；将车行道基层向人行道加宽，在交接处铺不透水的平石或地砖。

　　2. 车行道路面在靠近立缘石处开裂，并随着车辆的碾压出现翻浆和下陷

　　原因分析：立缘石构造处理不当造成。在一些构造较薄的道路施工中发现，立缘石安装既无基础又没铺在道路基层上，而是直接放在土基上，下面仅垫干砂，外侧回填杂土，造成立缘石固定不牢易向外倾斜，水从立缘石与路面间的缝隙及立缘外侧进入路基土层，使土层软化，路面开裂，进而水从裂缝进入路基造成翻浆下沉。

　　改进措施：严格按道路工程的要求施工，立缘石做灰土基础或铺在道路的基层上，并用石灰砂浆粘结，外侧用足够厚度的灰土固定，立缘石间用水泥砂浆粘结，立缘石与路面的接缝用沥青填塞。道路较薄时可将立缘石处的基层局部加厚。

　　3. 雨后广场地面积水时间过长，局部地面和排水口周边塌陷，影响舒适度和安全性

　　原因分析：广场地面不平整及没做适当的排水坡，造成排水不通畅；地面垫层不均匀密实，排水井壁没做防渗处理造成塌陷；地面材料选择不当，造成积水时间长。

　　改进措施：做好场地的找坡。较小场地应向周边找坡，较大场地分区找坡；组织好排水。较大场地内部需设排水明沟或暗沟，排水沟除了位置选择要合理外，明

沟与地面的交接要圆滑，暗沟排水口的位置要恰当；做好排水口井壁和井底的防渗处理，防止外部土壤流失造成地面塌陷。可用混凝土浇筑；砖砌井壁应用水泥砂浆砌筑，内外两侧抹防水砂浆，外侧范围回填灰土夯实。井口水箅子应在空隙以下，避免轮椅的小轮和拐杖的尖头掉入；合理选用地面材料，除有剧烈体育活动的场地选用硬质地面外，休闲活动场地宜用透水或半透水地面，避免积水。

4. 在休闲和游戏场地上的涉水池、沙坑等常有池壁和隔墙，池壁、隔墙等构件断面形式、连接方式存在锐角尖刺等危险隐患，构件的尺寸或色彩不当，易造成忽视和错觉而发生危险

原因分析：构造设计欠细化和深入，施工操作欠妥。

改进措施：设计中对那些常与人特别是儿童接触的构件，表面应选光滑或有弹性的材料（如面砖和橡胶），棱角处做成倒棱或圆角，最好用橡胶保护层；金属焊接应将焊点磨光，螺栓连接应控制螺杆长度并用圆头螺母封头；高度较小或相对尺寸差别较小的构件要醒目。

5. 当地面有较大高差和设花坛时常会设置挡土墙，清水砖墙表面出现泛碱、风化，混水砖墙饰面空鼓剥落等问题

原因分析：土中的水从背部和底部进入墙体，造成墙面泛碱、风化，在高温或冻胀作用下造成墙面的起鼓剥落。

改进措施：优先采用混凝土墙或石墙做挡土墙；砖砌挡土墙，应用水泥砂浆砌筑，与土接触的内侧做防水层（如用防水砂浆抹面后涂热沥青两遍），在墙内高于地面处设防潮层，墙上留泄水口。为使块材地面铺设时调整方便及接缝隐蔽，挡墙根部可内收。

6. 在造景中，为遮挡视线、屏蔽噪声常设置景墙，墙体多呈独立状态，四面临空，容易出现粗糙的墙体表面污染严重、在贴面类饰面中饰面层空鼓剥落等问题

原因分析：墙体污染主要是顶部灰尘被雨水冲刷渗入墙面引起，也有空中灰尘的附着；装饰层剥落有面层粘结不牢和基层未干透就做饰面等施工原因；也有因顶部或底部构造不合理造成渗水，在冻胀作用下造成开裂，寒冷地区尤为明显。

改进措施：顶面面砖铺贴尽可能减少接缝并做排水坡；顶面面砖压盖侧面面砖，避免出现朝天缝，墙面采用光滑密实材料，面砖接缝要密实。若顶部能做挑檐效果更好；采用砖、砌块等多孔材料砌墙时，墙脚处应做防潮层，防止地下水汽进入墙身。

在硬质景观工程施工中还存在其他一些问题，但只要施工者树立"质量第一"的意识，严格按施工规范进行施工，就能杜绝质量隐患，创建优质的景观工程。

# 第十一章　园林绿化种植工程施工方法与技术

在园林工程施工中，绿化种植造景是不可缺少的关键环节。园林绿化种植工程施工主要指乔木、灌木、草坪、花卉及水生植物在园林造景中的运用。不同的地理位置，不同的气候特征，使植物在实践中的应用多样灵活。此外，水源、气候、地形地貌、土壤条件对园林植物习性及应用的影响也十分深远。

## 第一节　乔灌木种植工程施工

### 一、施工工艺流程

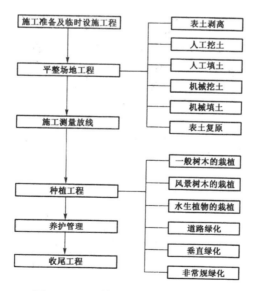

图 11-1　园林工程施工流程示意图

## 二、施工原则及主要工序

（1）施工人员施工前要认真熟悉、理解设计意图，看懂设计图纸，严格按照设计图纸进行施工。

（2）抓住施工的栽植季节，合理安排施工进度。了解各种乔灌木植物及花草的生物学特性和生态学特性，以及施工现场状况，合理安排施工进度。

（3）乔灌木种植的主要工序为：整地—种植物的定位、放线—挖穴、槽—播种或花苗种植—施茎肥—填种植土。

## 三、现场准备与定点测量、放线

### 1．现场准备

施工现场保证树木成活和健壮成长的措施包括：

（1）清理杂物。清除施工场地内的建筑垃圾及杂物等。

（2）挖填土。按要求将绿化地段整理出预定的地形。对土方工程应先挖后填，并注意对新填土的碾压夯实，并适当增加土量，以防下雨后自行下沉。

（3）平整场地。整地要做到因地制宜，应结合地形进行整理，除满足树木生长对土壤的要求外，还应注意地形地貌的美观。整地工作应分两次进行，第一次在栽植乔灌木以前进行；第二次则在栽植乔灌木之后及铺草坪或其他地被植物之前进行。

（4）改良土壤。土壤改良多采用消毒、深翻熟化、客土改良、培土与掺沙和施有机肥等措施。

（5）土壤的深翻熟化。为根系生长创造良好条件，促使根系向纵深发展。深翻的时间一般以秋末冬初为宜，在一定范围内，翻得越深效果越好。深翻应结合施肥、灌溉同时进行。深翻后的土壤，必须按土层状况处理，通常维持原来的层次不变，就地耕松后掺和有机肥，再将新土放在下部，表土放在表层。

### 2．定点、放线

园林绿化种植工程一般线路较长，施工测量项目较多，而且多为定点，定线测量，普通仪器测量极为不便。为满足施工需要，建议采用先进的测绘仪器全站仪取代经纬仪和水准仪。利用全站仪的极坐标测设功能可极大地方便点的测量定位。

（1）片状林带定点放线

①仪器法。利用全站仪定点、放线。

②网格法。用皮尺、测绳等在地面上按照设计图的相应比例等距离画好正方格（如 $10m \times 10m$、$15m \times 15m$、$20m \times 20m$ 等），这样可以正确地在地面上定点定位，并撒上白灰标明。

③交会法。找出设计图上与施工现场中两个完全符合的基点（如建筑物、电线

杆等），量准植物树点位与该两基点的相互距离，分别从各点用皮尺在地面上画弧交出种植点位，撒上白灰或钉木桩，做定位标记。此法适用于面积较小的地段。

④目测法。对于设计图上无固定点的绿化种植，如灌木丛、树群等，可用上述方法画出树群树丛的栽植范围，其中每株树木的位置和排列，可根据设计要求在所定范围内用目测法进行确定，定点时注意植株的生态要求并注意自然美观。定好点后，多采用白灰打点或打桩，标明树种，栽植数量（灌木丛树群）、坑径。

（2）成排树木的定点放线

行道树行位按设计的横断面规定的位置放线，在有固定马路牙内侧为准，没有路牙的道路，以道路路面的中心线为准。用钢尺（或皮尺）测准定位，然后按设计图规定的株距，大约每10株钉一个定位桩。较直且距离较长的道路，首尾用尺量距定行位，中间段可用测竿进行三竿测定位，这样可加快进度，行位确定之后，用皮尺或测绳定出株位。株位中心用铁锹铲出一小坑，撒上白灰，做定位标记。

### 四、种植施工

1. 树坑的挖掘

树坑挖掘质量的好坏，将直接影响植株的成活和生长。在坑穴挖掘前，应先了解地下管线和隐蔽物埋设情况。坑穴定点放线注意事项：

（1）树坑定点放线应符合设计图纸要求，位置必须准确，标记明显；

（2）设坑定点时应标明中心点位置，树坑应标明边线；

（3）定点标志应标明树种名称、规格；

（4）树坑定点遇有障碍影响株距时，应与设计单位取得联系，进行适当调整。

开挖树坑的大小，应根据苗木根系、土球直径和土壤情况而定。按规定的尺寸，沿四周垂直向下挖穴。如果坑内土质差或瓦砾多，则要求清除瓦砾垃圾，最好更换种植土。如果种植土太贫瘠，则先要在穴底垫一层壤土，厚度在5cm以上。

2. 苗木的移栽

苗木的选择，除了根据设计提出对规格和树形的要求外，要注意选择长势好、无病虫害、无机械损伤、树形端正、根须发达的苗木。

起苗时时间最好能紧密配合，做到随起随栽。为了挖掘方便，起苗前1～3d可适当浇水使泥土松软。起苗时，常绿苗应当带有完整的根团土球。土球的大小一般可按树木胸径的10倍左右确定。对于特别难成活的原树种要考虑中大土球。土球高度一般可比宽度少5～10cm。一般的落叶树苗也多带有土球。

3. 苗木的运输

苗木装卸运输时应轻吊轻放，避免损伤苗木和造成散球。起吊带土球的小型苗木时，应用绳网兜住球吊起，不得用绳索捆根颈起吊。裸根乔木长途运输时，应覆盖并保持根系湿润。装车时应顺序码放整齐；并应加垫层防止磨损树干。花灌木运输时可直立装车。

4. 苗木的移植

苗木运到现场 1d 后不能按时栽种，或是栽种后苗木有剩余的，都要进行假植。不同的苗木假植时，最好按苗木种类、规格分区假植，以方便绿化施工。移植区的土质不宜太泥泞，地面不能积水，在周边地带的移植苗木上面应设遮光网，减弱光照强度。对珍贵树种和非种植季节所需的苗木，应在合适的季节起苗，并用容器假植。

（1）带土球的苗木假植。可将苗木树冠捆扎收缩起来，使每一棵树苗都是土球挨土球，树冠靠树冠，密集地挤在一起。然后，在土球层上盖一层壤土，填满土球间缝隙，再对树冠及土球均匀地洒水，使上面湿透，以后仅保持湿润，或把带着土球的苗木临时性地栽到一块绿化用地上，土球埋入土中一定的深度。苗木成行列式栽好后，浇水保持一定湿度即可。

（2）裸根苗木假植。裸根苗木必须当天种植。当天不能植的苗木应进行假植。裸根苗木，一般采取挖沟假植方式，先在地上挖浅沟，然后将裸根苗木一棵棵紧靠着斜栽到沟中，使树梢朝向西边或朝向南边。在根蔸上分层覆土，层层插实。以后，经常对枝叶喷水，保持湿润。

5. 苗木的定植

（1）定植树施工的一般方法。将苗木的土球放入种植穴内，使其居中；再将树干立起扶正，使植物保持垂直；然后分层回填种植土，填土后将树根稍向上提一提，使土面能够盖住树木的根颈部位，初步栽好后还应检查一下树干是否仍保持垂直；最后，把余下的穴土绕根颈一周进行培土，做成环形的拦水围堰。其围堰的直径应略大于种植穴的直径。围堰土要拍压密实，不能松散。

（2）带土球树木必须踏实空底土层，而后置入种植穴，填土踏实。

（3）绿篱成块种植或群植时，应由中心向外种植；坡式种植时应由上向下种植；大型块植或不同彩色丛植时，宜分区分块进行。

（4）对排水不良的种植穴，可在穴底铺 10 ~ 15cm 砂砾或盲沟，以利于排水。

（5）栽植较大的乔木时，在定植树后应加支撑，以防浇水后大风吹倒苗木。

（6）定植施工注意事项

种植时根系必须舒展，填土应分层夯实，种植密度与原种植线一致；规则式种植应保持对称平衡，相邻植株规格应合理搭配，高度、干径近似，树木应保持直立，不得倾斜，注意观赏面的合理朝向；种植带土球树木时，不易腐烂的包装物必须拆除。

6. 灌水和支撑

（1）定植灌水。树木定植后应在稍大于种植穴直径的周围，筑成高 10 ~ 15cm 的灌水土堰。新植树木应在当日浇透第一遍水，第一次灌水称为头水。头水要浇透，使泥土充分吸收水分，灌头水主要目的是通过灌水将土壤缝隙填实，保证树根与土壤紧密结合以利根系发育。水灌完后应做一次检查，如果踩得不实树身会倒歪，要注意扶正。以后应根据当地情况及时补水。尤其是大苗，在气候干旱时，灌水极为重要。每一次连续灌水后，要及时封堰，以免蒸发和土表开裂透风。黏性土壤，宜适量浇水；根系发达的树种，浇水量宜较多；肉质根系树种，浇水量宜少。秋季种植的树木，浇足水后可填封穴越冬。干旱地区或遇干旱天气时，应增加浇水次数。干热风季节，应对新发芽放叶的树冠喷雾，宜在上午 10 时前和下午 15 时进行。

（2）植后支撑。树木定植、灌水完毕后，一定要加强围护，用围栏、绳子围好，以防人为损害，必要时派人看护。树木种植后支撑固定的规定如下：种植胸径在 5cm 以上的乔木，应在下风向设置支柱固定。支柱应牢固，绑扎树木处应夹垫物，绑扎后的树干应保持直立。攀缘植物种植后，应根据植物生长需要，进行绑扎或牵引。

7. 养护与管理

养护与管理是一项经常性的工作。为了使所栽植的各种绿地植物不仅成活率高，而且能生长得更好，就必须根据这些植物的生物学特性、生长发育规律和当地的具体生态条件，制定一整套符合实情的科学管理措施。

绿化植物的养护管理工作，必须一年四季不间断地进行，其内容有灌水、排水、除草、中耕、施肥修剪整形、病虫害防治、防风防寒等。

（1）灌水与排水

①根据树种不同、栽植年限不同确定灌水和排水量。冬春季风多，树木易失水，如果水跟不上，树木易干枯，如观花树种，特别是花灌木的灌水量和灌水次数均比一般的树要多；而对于水曲柳、枫杨、垂柳、意杨、水松、水杉等喜欢湿润土壤的树种，则应注意灌水。刚刚栽种的树种一定要灌 3 次水，方可保证存活。

②根据不同的土壤情况进行灌水和排水，对种在砂地的树木要勤灌水，因砂土保水能力差，灌水次数应当增加，应小水勤浇，并施有机肥增加保水保肥性。低洼地也要小水勤浇，注意不要积水。较黏姓的土壤保水力强，灌水次数和灌水量应当减少，并施入有机肥和河沙，增加通透性。

③灌水应与施肥、中耕、除草、培土、覆盖等土壤管理措施相结合，因为灌水和保水是一个问题的两个方面，保水可以减少水分的消耗，满足树木对水分的要求并可减少灌水的次数。栽后浇水一定要跟上。

（2）施肥

①施肥特点。对植物施肥应以有机肥为主，适当施用化学肥料，要掌握植物需肥的特性，树木在整个生产期氮肥需求量是不同的，树木在春季、夏季初需肥较多，树木在生长后期，对氮和水分的需求量一般较少，应控制灌水和施肥；树木除需要氮肥外还需要一定的钾、磷肥。同时应了解肥料的性质与施肥时期的关系，如易流失、易挥发的速效性和施后已被土壤固定肥料，如碳酸氢铵、过磷酸钙等宜在植物需肥前施入；迟效性肥料如有机肥，因需腐烂分解矿质化后才能被植物吸收利用，故需提前施入；同一肥料因施用时间不同而效果不一样。

②施肥方法。土壤施肥方法要与树木的根系分布特点相适应。施肥方式以基肥为主，基肥与追肥兼施。绿地树木种类繁多，在施肥种类、用量和方法等方面存在差异，应根据栽培环境特点采用不同的施肥方法。具体施肥的深度和范围与树种、树龄、土壤和肥料性质有关。施肥方法有环状沟施肥，放射状沟施肥、条沟状施肥、穴施、撒施、水施等。

（3）病虫害防治。绿化植物病害的发生是在一定的环境条件下受病源物的浸染造成的。病源物传染植物使其发病的过程称为病程，病程可分为接触期、侵入期、潜伏期、发病期4个时期。病害发展到最后一个阶段病源物就会繁殖、传播和扩大、蔓延。养护期间要采取科学的方法防治病害，避免造成绿护植物的大面积病害。绿化树木主要的虫害有天牛、木虱、潜叶蛾、潜叶虎、介壳虫、金龟子等。近年来，在乔木灌木中木虱为害较严重，其次是介壳虫，采用常规杀虫剂、速扑杀、介特灵等均能达到防治效果。主要的为害有：根腐病、白粉病、炭疽病等，常用的防治药物有托布津、多菌灵、炭疽病等，常用浓度800～1000倍。除了药物防治外，栽培上要经常清理枯枝落叶，保持清洁，同时要排除渍水，必要时修剪后喷药。

（4）中耕除草。中耕可增加土壤透气性、提高土温、促进肥料的分解，有利于根系的生长。中耕深度以栽种植物及树龄而定，浅根性中耕宜浅，深根性中耕宜深。中耕宜在晴天或雨后2～3d进行。中耕次数：花灌木一年内至少1～2次；小乔木至少隔年一次，夏季中耕结合除草一举两得，宜浅些，秋后中耕宜深些，也可结合施肥进行。

（5）防寒

加强栽培管理、适当施肥、灌水，增加树木抗寒能力；注意栽植防护林和设置风障，预防和减轻冻害；保护树干，入冬前用稻草或草绳将不耐寒树木的主干包裹起来，包裹高度在1.5m或分枝处；用石灰水加盐或石硫合剂对主干涂白，降低病虫害的传播、蔓延。养护期间要采取科学的防病虫害措施，避免造成绿护植物的大面积伤害。

# 第二节　大树移栽工程施工

大树移栽工程是城镇园林绿化施工中的一项重要内容。大树移栽施工的成败优劣直接影响到绿化工程的效果和效益。因此，必须进行精心策划和准确掌握大树移栽的配套技术以及加强栽后的精细管理，以确保大树移栽的成功。

## 一、移栽前制定完整配套移栽方案

大树移栽一般是指胸径 20cm 以上的落叶乔木和胸径 15cm 以上的常绿乔木。因移栽树种、年龄、季节、距离、地点等不同而移栽难易不同，必须制定完整配套的移栽方案。

1. 树种及规格选择

根据园林绿化施工的要求，坚持适地适树原则，确定好树种品种及规格。规格包括胸径、树高、冠幅、树形、树相、树势等。树种不同移栽难易不同，一般易于成活的树种有银杏、柳、杨、梧桐、臭椿、槐、李、榆、梅、桃、海棠、雪松、合欢、榕树、枫树、罗汉松、五针松、木槿、暴马丁香、梓树、忍冬等；较难成活的树种有柏类、油松、华山松、金钱松、云杉、冷杉、紫杉、泡桐、落叶松、核桃、白桦等。一般选用乡土树种，经过移栽和人工培育比异地树种、野生树种容易成活，树龄越大成活越难，选择时不要盲目追新求大。应根据确定好的树种、品种和规格，通过多渠道联系和实地考察及成本分析确定好树种的来源，并落实到具体树木。同时做好移栽前各项准备工作，如大树处理、修路、置办设备工具、配备移植人员，办好准运证和检疫证等。

（1）选苗的技巧。要选择成活率高的树苗：长势缓慢，树冠丰满，树杆低，树皮厚，树体老结的树成活率高；根系生长受到障碍物阻挠无法向外扩张的树移植成活率高；选择移植过的大树、苗圃里的树、公路边的树和房前屋后的树；选择便于挖掘、吊装及运输的树；容器苗移植成活率高。

（2）选苗的关键点：看起苗时能带多少根系，特别是须根，须根多的苗才是要选的好苗；山苗的根系粗大，须根在根系远端，带土困难，且须根少，土质与种植地的土质有可能不一样，不利于移植成活；不要选又高又瘦的树苗，大多这种形态的树不易移植成活。

2. 施工区域的树种规划及定植穴

根据绿化工程要求做出详细的树种规划图，确定好定植点，并根据移栽大树的规格挖好定植穴，准备好栽植时必需的设备、工具及材料，如吊车、铁锹、支撑柱、肥料、水源及浇水设备、地膜等。

3. 运输线路勘测及设备准备

根据运输要求，提早考察运输线路，如路面宽度、质量、横空线路、桥梁及负荷、人流量等做好应对计划，准备好运输相关的设备，如汽车、吊车、绑缚及包装材料等。

4. 大树移栽技术及相关人员培训

根据大树移栽要求，制定好相关移栽技术规程并进行人员培训，明确分工和责任，协调联动，确保移栽工作准确、有序地进行。

## 二、大树移栽技术

### 1. 大树移栽的时期

北方最佳移栽时期是早春，大树带土球移栽及较易成活的落叶乔木裸根栽，加重修剪，均可成活。需带大土球移栽较难成活的大树可在冬季土壤封冻时带冻土移栽，但要避开严寒期并做好土面保护和防风防寒。春季以后尤其是盛夏季节，由于树木蒸腾量大，移栽大树不易成活，如果移栽必须加大土球，加强修剪、遮阳、保湿也可成活，但费用加大。雨季可带土移栽一些针叶树种，由于空气湿度大也可成活。落叶后至土壤封冻前的深秋，树体地上部处于休眠状态，也可进行大树移栽。南方地区尤其是冬季气温较高的地区，一年四季均可移栽，落叶树还可裸根移栽。

### 2. 大树处理

移栽大树必须做好树体的处理，对落叶乔木应对树冠根据树形的要求进行重修剪，一般剪掉全部枝叶的 1/3 ~ 1/2；树冠越大，伤根越多，移栽季节越不适宜，越应加重修剪，尽量减少树冠的蒸腾面积。对生长快、树冠恢复容易的槐、枫、榆、柳等可进行去冠重剪。需带土球移栽的不用进行根部修剪，裸根移栽的应尽量多保留根须，并对根须进行整理，剪掉断根、枯根、烂根，短截无细根的主根，并加大树冠的修剪对常绿乔木树冠应尽量保持完整，只对一些枯死枝、过密枝和树干上的裙枝进行适当处理，根部大多带土球移栽不用修剪。为了保证大树成活，促进树木的须根生长，常采用多次移栽法、预先断根法、根部环剥法，提早对根部进行处理。起树前还应把树干周围 2 ~ 3m 以内的碎石、瓦砾、灌木丛等清除干净，对大树要用三根支柱进行支撑以防倒伏引起工伤事故及损坏树木。成批移栽大树时，还要对树木进行编号和定向，在树干上标定南北方向，使其移栽后仍能保持原方位，以满足其对阳光的需求。

3．大树挖描和包装

国内目前普遍采用人工挖掘软材包装移栽法，适用于挖掘圆形土球，树木胸径为 10 ～ 15cm 或稍大的常绿乔木，用蒲包、草片或塑编材料加草绳包装。也可采用木箱包装移栽法，适用于挖掘方形土台，树木的胸径为 15 ～ 25cm 的常绿乔木。北方寒冷地区可用冻土移栽法。落叶乔木一般采用休眠期树冠重剪，尽量保留较大较多根须的裸根移栽法，挖掘包装相对容易。大树移栽时，必须尽量加大土球，一般按树木的 6 ～ 8 倍挖掘土球或方形土台进行包装，以尽量多保留根须。泥球起挖与包扎的关键点是：

①起挖工具准备要充分；起挖时间越短越利于成活。

②起挖时碰到粗大根必须用锋利的铲或锯子切断，不可用锹硬性铲断；超大规格的树应预先缩坨断根。

③起挖泥球大小必须符合规范；泥球包扎腰箍与网络以"紧"为准则。起挖时有主根的树木尽可能保留主根，特别是山苗，以免养分流失，影响成活率。

④施工中要注意泥球起挖包扎的好坏，这将直接影响树木移植的成活率。

4．大树的吊运

大树吊运是大树移植中的重要环节之一，直接关系到树的成活、施工质量及树形的美观等。一般采用起重机吊装或滑车吊装、汽车运输的办法完成。树木装进汽车时，要使树冠向着汽车尾部，根部土块靠近司机室。树干包上柔软材料放在木架上，用软绳扎紧，树冠也要用软绳适当缠拢，土块下垫木板，然后用木板将土块夹住或用绳子将土块缚紧在车厢两侧。一般一辆汽车只吊运一株树，若需装多株时要尽量减少互相影响。无论是装、运、卸时都要保证不损伤树干和树冠以及根部土块。非适宜季节吊运时还应注意遮阳、补水保湿，减少树体水分蒸发。

装运要点与技术处理主要有以下内容：争取最短时间完成挖掘到栽植的过程；装运中保护泥球不松散，泥球两边用土包固定；注意保护枝杆与树皮不被磨损；喷洒蒸腾抑制剂，最大限度减少树叶的蒸发，对成活大有好处；罩上遮阳网，减少叶片晃动，减少树木的招风面，树体需用绳与车厢紧密连接。

5．大树定植

大树运到后必须尽快定植。首先按照施工设计要求，按树种分别将大树轻轻斜吊于定植穴内，撤除缠扎树冠的绳子，配合吊车，将树冠立起扶正，仔细审视树形和环境，移动和调整树冠方位，将最美的一面向空间最宽最深的一方，要尽量符合原来的朝向，并保证定植深度适宜，然后撤除土球外包扎的绳包或箱板（草片等易烂软包装可不撤除，以防土球散开），分层夯实，把土球全埋于地下。做好挡水树盘，灌足透水。

### 三、大树移栽后的养护

大树移栽后的精心养护，是确保移栽成活和树木健壮生长的重要环节之一，绝不可忽视。

#### 1. 支撑树干

大树移栽后必须进行树体固定，以防风吹树冠歪斜，同时固定根系利于根系生长。一般采用三柱支架固定法，将树牢固支撑，确保大树稳固。一般一年之后大树根系恢复好方可撤除。

#### 2. 水肥管理

大树移栽后立即灌一次透水，保证树根与土壤紧密结合，促进根系发育，然后连续灌 3 次水，灌水后及时用细土封树盘或覆盖地膜保墒和防止表土开裂透风，以后根据土壤墒情变化注意浇水。浇水要掌握"不干不浇，浇则浇透"的原则，在夏季还要多对地面和树冠喷水，增加环境湿度，降低蒸腾。移栽后第一年秋季，应追施一次速效肥，第二年早春和秋季至少施肥 2 ~ 3 次，以提高树体营养水平，促进树体健壮。

#### 3. 生长素处理

为了促发新根，可结合浇水加入 200mg/L 的萘乙酸或 ABT 生根粉，促进根系快速发育。

#### 4. 包裹树干

在地上部分的枝干截口涂上保护剂，为了保持树干湿度，减少树皮水分蒸发，可用浸湿的草绳从树干基部密密缠绕至主干顶部，再将调制好的黏土泥浆糊满草绳，以后还可经常向树干喷水保湿。盛夏也可在树干周围搭荫棚或挂草帘。北方冬季用草绳或塑料条缠绕树干还可以防风防冻。

#### 5. 根系保护

北方的树木特别是带冻土移栽的树木，移栽后需要泥炭土、腐殖土或树叶、秸秆以及地膜等对定植穴树盘进行土面保湿，早春土壤开始解冻时，再及时把保湿材料撤除，以利于土壤解冻，提高地温促进根系生长。此外，大树移栽后，两年内应配备工人进行修剪、抹芽、浇水、排水、设风障、包裹树干、防寒、防病虫害、施肥等一系列养护管理，在确认大树成活后，才能进行正常管理。

# 第三节 草坪工程施工

草坪已成为城市绿化美化的重要组成部分，草地植被，在单位绿化中种植面积较大，种植于平地为广场草坪，种植在坡壁和山丘为草丘（草山）。草地植被，水土保持效果好，使黄土不至于裸露，绿油油的草地使人心旷神怡。

草坪种植与管理直接影响草坪的质量与效果。草坪种植与管理是通过人工对适合于本地地理气候、土壤条件的牧草品种经过对坪床进行科学的规划、设计、平整等技术处理后，经播种、发芽、生长、喷灌、施肥、修剪等一系列的种植与管理程序，最终达到预期的设计与观赏效果的技术管理养护和操作规程。

**一、草坪种植坪床准备**

草坪种植准备工作的好坏直接影响草坪的品质。草坪一经播种，再发生由于坪床准备不完善而引起的失误往往难以挽回，所以草坪种植过程中坪床的准备是非常关键的。场地的准备一般包括杂草灭除、坪床清理、土壤耕翻、平整、设置排灌系统、施肥等工作。

1. 土壤准备与处理

草坪种植地上要有 25cm 深的土壤，并要彻底清除杂草根、甲虫、虫卵、碎石等异物。

2. 排灌系统设置

场坪应配备有喷水灌溉设施和相应的管道设备，为了保证安全与节约用水，设计采用低矮式喷水型方法为宜。

3. 杂草防除

耕翻土地时用人工清除和用化学方法在播种前进行灭杀。常用除草剂有草甘膦、五氯酚钠，分别为内吸型和触杀型，可杀灭多年生和一年生杂草，每亩用量 250mL。

4. 坪床平整

坪床平整工作分粗平整和细平整两步进行，粗平整是在场地施肥并深翻后，即将场地予以粗平整，粗平整时，应将标准杆钉在固定的坡度水平之间，使整个坪床保持良好的水平面，然后铲除高出的部分，添填低洼部分，填方时应考虑到填土的下陷问题，细致土通常下沉 15%～20%。

5. 施肥

由于成坪后不可能再在土壤的根区大量施肥，而土壤的质地与肥力好坏直接影响到草坪草的根系生长与发育，从而又影响到建成草坪的质量与寿命。因此在建坪前应施入足够的有机肥，保证草坪的正常生长和长效性。有机肥必须是经过充分沤熟的粪肥，以防将杂草种子和病虫源带入土壤，每平方米有机肥的用量为 10kg，使肥料与土壤充分混合均匀，播种前可施入无机复合肥、磷肥每亩各 20kg 要与表层土壤充分混合均匀。

## 二、播种建坪

适宜草种的选择是草坪场地直播建坪的重要一环。根据不同地区的经纬度，气候条件和建坪具体情况，选择适宜的草种，才可保证建坪的成功率和草坪的质量。

（1）播种量。为使草坪达到致密茂盛，具有较高的密度，良好的弹性和旺盛的再生能力，播种量应按草籽发芽率、草坪单位面积、发芽后的分蘖性选择适当的播种量。

（2）播种时间。确定播种时间主要应多考虑草坪与环境之间的关系，应给草坪草以足够的生长发育期限，以使其度过"危机期"，如高温高湿、干旱、杂草蔓延、寒冷期，避免在"危机期"播种，以防造成发芽率不高、缺苗、杂草共生或抗旱能力差的弱苗。

（3）播种方式。草坪播种要求种子均匀地散在坪床上，并使种子掺和到 1 ~ 1.5cm 厚的土层中。播种分机械播种和手工播种两种，机械播种完后将坪床用细齿耙轻轻耙平，然后用 5 ~ 100kg 重的碌子震压使种子与表土充分接触，再用草袋覆盖其上后立即喷水，喷水深度以浸透土层 5 ~ 10cm 为宜。

## 三、幼坪管理

（1）灌水。新建的草坪不及时浇灌是失败的重要原因。干旱对种子的萌芽是十分有害的，特别是幼苗期对水分特别敏感，缺水会导致窒息而死。

（2）灌水频率以少量多次为原则，一天早晚各一次，用喷灌强度较小的喷灌系统，以雾状水喷灌避免种子被冲刷。

（3）每次灌水深度以浸透表层土 3 ~ 5cm 为宜，避免地表有积水。随着草坪的发育，灌水次数相应减少，每次灌水量相应加大。

（4）施肥。发现幼苗颜色变浅、泛黄、生长发育缓慢，则表明缺肥，应施以复合肥和尿素，施用量为 10 ~ 15d，施用 3.5 ~ 4kg/ 亩，宜少量多次，切忌一次施用量太大而造成幼苗被烧死，同时每次施肥后应立即喷灌一次水。

（5）清除杂草。幼苗期是杂草危害较严重的时期，此时杂苗容易被发现，容易清除，应集中人力及时拔除，否则会严重影响幼苗的生长发育，造成坪床不整齐、不美观。

（6）补苗。在出苗不全或被破坏而使草坪不能完全覆盖的地方，可以松土补播或用移栽方法进行补苗。

（7）修剪。新种植的草坪应勤修剪，保持坪面整齐美观，增加枝条分蘖。在幼苗长到10cm高时，即要修剪，剪去的部分，一定要在修剪前草坪高度的1/3以内，如果多于这个量，将由于叶面面积损失过多而造成光合作用能力急剧下降，使幼苗枯死。

### 四、草坪建成后的常年养护管理

草坪是人们实践活动直接干预而形成的一种植被系统，因此草坪建成以后，随之而来的就是日常的管护和定期的培育管护工作。而且，一块建成草坪的外观优美，色泽及耐用程度以至草坪的寿命等，都与草坪的养护所采取的手段、养护机具、养护管理水平与措施等息息相关。因此掌握正确的管理理论与技术，采取适当的措施，因地制宜、有利有节地对建成草坪加以养护与管理，才能达到科学建坪，科学管理之目的，形成美观、整洁、舒适的草坪。

1. 草地养护原则

均匀一致，纯净无杂，四季常绿。据资料介绍，在一般管理水平情况下绿化草地可按种植时间的长短划分为四个阶段。一是种植至长满阶段，指初植草地，种植至一年或全覆盖（100%长满无空地）阶段，也叫长满期。二是旺长阶段，指植后2～5年，也叫旺长期。三是缓长阶段，指植后6～10年，也叫缓长期。四是退化阶段，指植后10～15年，也叫退化期。在较高的养护管理水平下草地退化期可推迟5～8年。连地针叶草的退化期比台湾草迟3～5年，大叶草则早3～5年。

2. 绿化种植的阶段养护

在栽培学中，常言道"种三管七"，绿化中种植的都是有生命的植物，不少单位在园林绿化时，往往规划设计高标准，施工养护低水平，造成好景不长。在绿化养护管理上，要了解种植类型和各种品种的特征与特性，关键抓好肥、水、病、虫、剪五个方面的养护管理工作。

（1）恢复长满阶段的管理。按设计和工艺要求，新植草地的地床要严格清除杂草种子和草根草茎，并填上纯净客土刮平压实10cm以上才能贴草皮。贴草皮有两种：一是全贴，二是稀贴。稀贴一般20cm×20cm一方块草皮等面积留空稀贴，全贴无长满期，只有恢复期7～10天，稀贴有50%的空地需一定的时间才能长满，春季贴和夏季贴的草皮长满期短，仅 1 ~ 2 个月，秋贴冬贴则长满慢，需 2 ~ 3 个月。

在养护管理上，重在水、肥的管理，春贴防渍，夏贴防晒，秋冬贴防风保湿。一般贴草后一周内早晚喷水一次，并检查草皮是否压实，要求草根紧贴客土。贴后两周内每天傍晚喷水一次，两周后视季节和天气情况一般两天喷水一次，以保湿为主。施肥植后一周开始到三个月内，每半月施肥一次，用 1% ~ 3% 的尿素液结合浇水喷施，前稀后浓，以后每月一次亩用 2 ~ 3kg 尿素，雨天干施，晴天液施，全部长满草高 8 ~ 10cm 时，用剪草机剪草。除杂草，早则植后半月，迟则一月，杂草开始生长，要及时挖草除根，挖后压实，以免影响主草生长。新植草地一般无病虫，无须喷药，为加速生长，后期可用 0.1% ~ 0.5% 的磷酸二氢钾浇水喷施。

（2）旺长阶段的管理。草地植后第二年至第五年是旺盛生长阶段，观赏草地以绿化为主，所以重在保绿。水分管理，翻开草茎，客土干而不白，湿而不渍，一年中春夏干，秋冬湿为原则。施肥应轻施薄施，一年中 4 ~ 9 月少，两头多，每次剪草后亩用 1 ~ 2kg 尿素。旺长季节，以控肥控水控制长速，否则剪草次数增加，养护成本增大。剪草是本阶段的工作重点，剪草次数多少和剪草质量的好坏与草地退化和养护成本有关。剪草次数一年控制在 8 ~ 10 次为宜，2 ~ 9 月平均每月剪一次，10 月至下年 1 月每两个月剪一次。剪草技术要求：一是草高最佳观赏为 6 ~ 10cm，超过 10cm 可剪，大于 15cm 时，会起"草墩"，局部呈疙瘩状，此时必剪。二是剪前准备，检查剪草机动力要正常，草刀锋利无缺损，同时检查清理草地细石杂物。三是剪草机操作，调整刀距，离地 2 ~ 4cm（旺长季节低剪，秋冬高剪），匀速推进，剪幅每次相交 3 ~ 5cm，不漏剪。四是剪后及时清净草叶，并保湿施肥。

（3）缓长阶段的管理。植后 6 ~ 10 年的草地，生长速度有所下降，枯叶枯茎逐年增多，在高温多湿的季节易发生根腐病，秋冬易受地志虎（刺枝虫）伤害，工作重点：注意防治病虫害。据观察，台湾草连续渍水 3d 开始烂根，排干渍水后仍有生机，连续渍水 7d，90% 以上烂根，几乎无生机，需重新贴草皮。渍水 1 ~ 2d 烂根虽少，但排水后遇高温多湿有利病菌繁殖，导致根腐病发生。用托布津或多菌灵 800 ~ 1000 倍，喷施病区 2 ~ 3 次（2 ~ 10d 喷一次），防治根腐病效果好。高龄地志虎（刺枝虫）在地表把草的基部剪断，形成块状干枯，面积逐日扩大，为害迅速，造成大片干枯。检查时需拨开草丛才能发现幼虫。要及早发现及时在幼虫低龄期用药，一般用甲胺硫磷或速扑杀 800 倍泼施，为害处增加药液，3d 后清掉为害处的枯草，并补施尿素液，一周后开始恢复生长。

缓长期的肥水管理比旺长期要加强，可进行根外施肥。剪草次数控制在每年 7 ~ 8 次为好。

（4）退化阶段的管理。植后 10 年的草地开始逐年退化，植后 15 年严重退化。

水分管理，干湿交替，严禁渍水，否则加剧烂根枯死，加强病虫害的检查防治，除正常施肥外，每 10 ~ 15d 用 1% 尿素和磷二钾混合液根外施肥，或者用商品叶面保，叶面肥如大丰田等根外喷施，效果很好。对局部完全枯死处可进行全贴补植。退化草地剪后复青慢，全年剪草次数不宜超过 6 次。另外，由于主草稀，易长杂草，需及时挖除。此期需全面加强管理，才能有效延缓草地的退化。

3. 绿化养护管理的技术措施

（1）修剪。草坪的修剪是草坪管理措施中的一个重要环节。草坪只有通过修剪，才能保持一定的高度和平整洁净的外观。

①修剪的目的。草坪修剪目的主要在于在允许的范围内去除草坪表面的多余部分，控制不理想的营养生长，保持和刺激草坪的顶端生长，维持草坪的理想高度和平整的表面。

在草坪草所能允许的修剪范围内，草坪修剪得越低矮，坪观显得越优美，质地越均匀整洁；而草生长过高时，则显得杂乱，品质下降，影响草坪的外观和使用，从而失去其经济价值、使用价值及观赏值。另外，双子叶杂草的生长点都位于植株顶端，适当的修剪能因减去生长点而抑制杂草的侵入，并降低单子叶杂草的竞争能力。多次的修剪还能防止杂草种子的形成，减少杂草种子的来源。修剪的另外一个目的就是保持草坪的致密、匍匐与多叶，避免其形成多茎、直立的状况。

②修剪原理与修剪高度。植物都具有再生特点，草坪草经修剪后，有三个再生部位。a. 被剪去的叶片的老叶仍可保持继续生长；b. 修剪时未被伤害的幼叶可长大；c. 草坪草可以蘖分叶，分蘖节可以部分枝叶，所以草坪草可以频繁修剪。

草坪草的修剪留草高度因草坪的类型、用途和生长状况而定，一般草坪草的适宜留草高度为 3 ~ 5cm，并且当草坪草生长到约 8cm 时要及时修剪。

草坪草的修剪应遵循 1/3 的原则，来确定剪除部分的高度与修剪频繁率，如果一次剪除的草太多，即多于草总量的 1/3，则会由于叶面积的大量损失而导致草坪草光合能力的急剧下降，影响草坪草的正常生长，从而影响草坪草的质量与寿命。

③修剪时间与修剪频率。修剪时间与草坪的生长发育状况和阶段有关。不同的草坪草其生长发育的最佳时间不同，在适宜生长阶段草坪草生长迅速，分蘖旺盛。因此，修剪时间多放在草坪的适应生长时间，修剪次数也较频。冷季型草坪草其生长发育旺盛期在 6 ~ 8 月，所以应集中在这个时间修剪，又由于冷季型草坪在冬季停止生长，在越冬前需贮备一定的养分，进行光合作用，所以北方草坪草的最后一次修剪时间不能太迟，应保证草坪的养分贮备恢复生长到以抵抗冬季寒冷的气候条件。

草坪的修剪频率也是根据具体草坪的留草高度而定，并应遵循 1/3 的原则，所以草坪的留草高度越低，需修剪的次数越多，频率就越大。

（2）施肥。施肥是草坪养护培育的重要措施，适时的施肥为草坪提供生长发育所需养料，改善草地和持久性。已建成草坪每亩施肥2次，早春与早秋。3～4月早春肥可使草坪草提前2周左右发芽、提前返青，还可使冷季型草坪草在夏季一年生杂草萌生之前恢复损伤与生长，加厚草皮，对杂草起抑制作用。8～9月的早秋肥不仅可延长青绿期至晚秋或早冬，有助于草坪的越冬，还可促进第二年生长和新分蘖茎的生长。

建成草坪的施肥多为全价肥，即含有N、P、K的无机肥，常用的有硝酸铵、硫酸铵、过磷酸钙、硫酸钾、硝酸钾等。北方草坪每次每亩的用量一般为5～8kg，N:P:K约为10:8:6，切记浓度不能过大以免灼伤草坪。

（3）灌水。草坪草组织含水量达80%以上，水分含量下降就会产生萎芽，下降到60%时就会导致草坪死亡，适宜的灌水对维持草坪的正常生长发育与新陈代谢，促进草坪草体内养分的吸收及运转，保持草坪草体温度的恒定有很大意义。黄昏是灌水的最好时间，灌水量多少以耗水量而定，冷季草坪草在夏季生长旺盛应1～2天灌水一次，或每月补充10cm左右的水。天气炎热时更多一些，一般可检查土壤中水的实际深度，当土壤润湿到20cm时，草坪草就有足够的水分供给了。

**4. 园林绿化工程施工过程中的常见问题**

（1）雨天栽植。绿化施工人员为抢时，抓进度，头顶大雨栽植苗木，这种行为似乎可减少浇水一环，实则两败俱伤，一是施工人员易感冒生病；二是根部被糊状泥土埋压，通透性极差，不利于苗木的成活生长。

（2）带袋栽植。绿化施工人员为了省工常将苗木连同营养袋一同埋入土中，这种省工的行为虽然能保证苗木栽后短时间内的成活，但由于塑料袋较难腐烂，限制了苗木根系向土壤四周生长，从而易形成"老小株"苗；同时塑料袋经长时间腐烂后对土壤的理化性状会造成一定的破坏。建议对袋苗必须先除去塑料营养袋后再栽植为宜。

（3）垃圾地上栽植。绿化施工人员开穴栽苗时，对穴内的垃圾诸如塑料袋、石灰渣、砖石块等不予清除，将苗木直接栽植，苗木在这种恶劣的小环境中成活率无疑极低。建议在开穴时遇到建筑垃圾或生活垃圾等杂物时，一定要清理彻底然后再栽植，确保建植绿地的质量。

（4）栽植过深或过浅。绿化施工人员易忽视苗木土球的大小和苗木根系的深浅而将苗木放入穴中覆土而成，这样对小苗木和浅根性苗木易造成栽植过深埋没了根颈部，苗木生长极度困难，甚至因根部积水过多而窒息；对大苗木和深根性苗木易造成栽植过浅，根部易受冻害和日灼伤，风吹易倒伏等。建议要视苗木的大小和苗木根系的深浅来确定栽植深度，以苗木根颈部露于表土层为宜。

（5）未能及时浇透水。绿地栽植过程中遇到降雨或乌云压境时，施工人员常忽视了栽后浇水的环节，这极易因雨水量不够导致苗木缺水而死亡。建议待雨停后立即补浇水一次，保证浇透浇足。

# 第十二章　园林水电安装工程施工方法与技术

## 第一节　园林给排水工程施工方法与技术

### 一、园林给排水测量

园林给排水测量是园林给排水工程施工的第一步。这项工作对于实现设计意图十分重要。

1. 一般原则

（1）尊重设计意图。施工测量应该尊重设计意图。一般情况下，各级管道的走向和坡向、喷头和阀门井的位置均应严格按照设计图纸确定，以保证管网的最佳水力条件和最小管材用量，满足园林工程的要求。

（2）尊重客观实际。施工测量必须尊重客观实际。园林绿化工程在实施过程中存在着一定的随意性，这种随意性加上绿化工程的季节性，时常要求现场解决设计图纸与实际地形或绿化方案不符的矛盾需要现场调整管道走向，以及喷头和阀门井的位置，以保证最合理的喷头布置和最佳水力条件。其次，园林绿化区域里的隐蔽工程较多，在喷灌工程规划设计阶段，可能因为已建工程资料不全，无法掌握喷灌区域里埋深较浅的地下设施资料，需要在施工测量甚至在施工时对个别管线和喷头的位置进行现场调整。

（3）由整体到局部。施工测量同地形测量一样，必须遵循"由整体到局部"的原则。测量前要进现场踏勘，了解测量区域的地形，考察设计图纸与现场实际的差异，确定测量控制点，拟定测量方法，准备测量时使用的仪器和工具。若需要把这些地物点作为控制点时，应检查这些点在图上的位置与实际位置是否符合。如果不相符应对图纸位置进行修正。

（4）按点、线、面顺序定位测量。对于封闭区域，测量定位时应按点、线、面的顺序，先确定边界上拐点的喷头位置，再确定位于拐点之间沿边界的喷头位置，最后确定喷灌区域内部位于非边界的喷头位置。按照点、线、面的顺序进行喷头定位，有利于提前发现设计图纸与实际情况不符的问题，便于控制和消化测量误差。

2．施工测量的要求

施工测量必须符合施工图纸及《工程测量规范》的有关要求；对建设单位提供的控制点，在复核无误、精度符合要求后方可引用；施工场区控制网按要求的导线精度设置平面控制网；施工场区内按施工情况需要增设水准点，测量精度必须按要求的水准测量精度进行测量。

3．施工测量的组织与措施

工程施工测量分为控制点的复核、控制网的建立、平面轴线定位、放线等阶段。应对整个工程运行全过程的跟踪测量。

（1）施工放测前按要求将测量方案设计意见报告监理审批。内容包括施测的方法和计算方法，操作规程、观测仪器设备和测量专业人员的配备等。

（2）工程施工中组建以测量工程师和测量工组成的测量小组，分别负责仪器操作、投点、现场记录、成果整理等工作，有严密的责任制度和程序，分工明确、责任到人。

（3）仪器和工具按照规定的日期、方法及专门检测单位进行标定。

（4）要加强对测量用所有控制点的保护，防止移动和破坏；一旦发生移动和破坏，立即报告监理，并协商补救措施；对所有测量资料注意积累，及时整理，做好签证，及时提出成果报告提供给监理检测审批，以便完整绘入竣工文件。

4．施工测量方法

常用的实测方法有直角坐标法、极坐标法、交会法和目测法。具体做法按所采用的仪器和工具不同有以下几种：

（1）钢尺、皮尺或测量。测量这种方法简单易行，但必须在较为开阔平坦、视线良好的条件下进行。用尺子或测量的测量方法也称直角坐标法，这种方法只适合纬基线与辅线是直角关系的场合。

（2）经纬仪测量。当施工区域的内角不是直角时，可以利用经纬仪进行边界测量。用经纬仪测量需用钢尺、皮尺或测绳进行距离丈量。

（3）平板仪测量。平板仪测量也叫图解法测量。但必须注意在测量过程中，要随时检查图板的方向，以免因图板的方向变化，出现误差过大，造成返工。

无论采用哪种方法确定施工区域的边界，都需要进行图纸与实际的核对。如果两者之间的误差在允许范围内，可直接进行定位，同时进行必要的误差修正。如果误差超出允许范围，应对设计方案作必要的修改，然后按修改后的方案重新测量。定位完成之后，根据设计图纸在实地进行管网连接，即得沟槽位置。确定沟槽位置的过程称为沟槽定线。沟槽定线前，应清除沟槽经过路线的所有障碍物，并准备小旗或木桩、石灰或白粉等物，依测定的路线定线，以便沟槽挖掘。

5. 施工测量

（1）平面控制测量。根据总平面图和建设单位提供的施工现场的基准控制点，用全站仪在场区按要求的导线精度进行测角、测距，联测的数据精度满足测量规范的要求后，即将其作为工程布设平面控制网的基准点和起算数据

（2）工程定位放线。根据设计图纸，计算待测点坐标，应用全站仪的坐标测量模式进行测量，测量点必须进行复核。全站仪坐标测量示意图如图 12-1 所示。

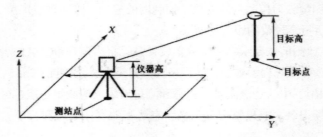

图 12-1　全站仪坐标测量示意图

（3）高程控制测量。测定地面点高程的测量工作，称为高程测量，根据仪器不同分为水准测量，三角高程测量，气压高程测量。水准测量原理是利用水准仪提供一条水平线，借助竖立在地面点的水准尺，直接测定地面上各点间的高差，然后根据其中一点的已知高程，推算其他各点的高程。

水准测量所用的仪器有：水准仪、水准尺和尺垫三种。DS3 型微倾水准仪由望远镜、水准器和基座等部件构成。水准尺有双面水准尺和塔尺两种。尺垫用于水准测量中竖立水准尺和标志转点。使用微倾水准仪的基本操作程序为：安置仪器—粗略整平（简称粗平）—调焦和照准—精确整平（简称精平）—读数。

水准测量方法：为了统一全国的高程系统，满足各种比例尺测图、各项工程建设以及科学研究的需要，在全国各点埋设了许多固定的高程标志，称为水准点，常用 "BM" 表示。水准点有永久性和临时性两种。水准测量通常是从某一已知高程的水准点开始，引测其他点的高程。在一般的工程测量中，水准路线主要有三种形式：闭合水准路线、附合水准路线、支线水准路线。水准测量的测站检核方法有变动仪高法和双面尺法。

水准测量成果计算：计算水准测量成果时，要先检查野外观测手簿，计算各点间高差，经检核无误，则根据野外观测高差计算高差闭合差。若闭合差符合规定的精度要求，则调整闭合差，最后计算各点的高程。

微倾水准仪的检验与校正：微倾水准仪有四条轴线，轴线应满足的条件：圆水准器轴平行于仪器竖轴、十字丝横丝垂直于仪器竖轴、水准管轴平行于视准轴。

水准测量误差及其消减方法：水准测量误差一般分为观测误差、仪器误差和受外界条件影响产生的误差。观测误差主要包括整平误差、照准误差、估读误差，要消减此类误差在观测时必须使用符合气泡居中，视距线不能太长，后视观测完毕转向前视，要注意重新转动微倾螺旋令气泡居中才能读数，切记不能转动脚螺旋；仪器误差主要包括仪器本身误差、调焦误差、水准尺误差，仪器虽经校正，但还会存在一些误差，如水准管轴不平行于视准轴的误差，观测时只要将仪器安置于距前后视距等距离处，就可消除这项仪器安置于前后视尺等距离处，可消除调焦误差，观测前对水准尺进行检验，尺子的零点误差，使单程观测站数为偶数时即可消除；受外界条件影响产生的误差主要包括仪器升降的误差、天气情况的影响，因此应选晴天进行测量，整平前要将三脚架固定牢固，以消减此类误差。

精密水准仪和水准尺：精密水准仪是能够提供水平视线和精确照准读数的水准仪。主要用于国家一、二等水准测量和高精度的工程测量中。

**二、园林给水工程施工**

1. 管道选材

（1）管道选材及接口。目前埋地排水管材选用范围有碳钢管、球墨铸铁管、灰口铸铁管、预制混凝土管、预制钢筋混凝土管、各类塑料管、玻璃钢管、有衬里的金属管、不锈钢管等。

（2）管道基础。根据设计管顶覆土的深度要求不同，管道基础可分为素土基础、碎石基础、混凝土基础，施工中沟槽应采取适当的排水措施防止基土扰动，遇到软弱地基再另作处理。

2. 园林给水的特点

（1）地形复杂。需认真确定供水最不利点；

（2）用水点分散。需找出合理有序的供水路线；

（3）用途多样。需分别处理，并应错开用水高峰期；

（4）饮用水要求较高。宜单独供给。

3. 给水管道安装

施工原则为先深后浅，自下而上；跨越挡土墙或结构物处要先于墙基础施工，采取有力措施，保护扭有管线；分段开挖见缝插针，为总体施工创造条件。

（1）管沟开挖。开挖前现场要进行清理，根据管径大小，埋设深度和土质情况，确定底宽和边坡坡度。根据施工方案采用机械开挖或人工开挖，一般当挖深较小，或避免振动周围及需探查时才用人工开挖。使用机械开挖时，底部预留20cm用人工清理修整，不得超挖。挖出的土方不应堆在坡顶，以免因荷载增大引起边坡坍塌，多余土方要及时运走。沟底不应积水，应有排水和集水措施，及时将水用抽水泵排走。

（2）给水管道基础

①在管基土质情况较好的地层采用天然素土夯实；

②管基在岩石地段采用砂基础，砂垫层厚度为150mm，砂垫层宽度为D+200mm；

③管基在回填土地段，管基的密实度要求达到95%，再垫砂200mm厚；

④管基在软地基地段时，请设计验槽，视具体情况现场处理。

（3）管道安装。给水管道及管件应采用兜身吊带或专用工具起吊，装卸时应轻装轻放，运输时应垫稳、绑牢，不得相互撞击；接口及管道的内外防腐层应采取保护措施。

管节堆放宜选择使用方便、平整、坚实的场地；堆放时必须垫稳，堆放高度应符合规范规定。使用管节时必须自上而下依次搬运。

管道在贮存、运输中不得长期受挤压；安装前，宜将管、管件按施工设计的规定摆放，摆放的位置应便于起吊及运送。管道应在沟槽地基、管基质量检验合格后安装，安装时宜自下游开始，承口朝向施工前进的方向。

接口工作坑应配合管道铺设的方向及时开挖，开挖尺寸应符合规范规定。管节下沟槽时，不得与槽壁支撑与槽下的管道相互碰撞；沟内运管不得扰动天然地基。管道安装时，应将管节的中心及高程逐节调整正确，安装后的管节应进行复测，合格后方可进行下一道工序的施工；应随时清扫管道中的杂物，给水管道暂时停止安装时，两端应临时封堵。管道安装完毕后进行水压试验，试验压力为1.0MPa。

给水管道施工应严格按设计及施工规范进行，按验收标准进行管道打压和隐蔽验收。

（4）管道试验。给水管道安装完成后，应进行强度和严密性试验。为了保证给水管道水压试验的安全，需做好以下两项工作：

①准备工作。先安装后背：根据总顶力的大小，预留一段沟槽不挖，作为后背（土质较差或低洼地段可作人工后背）。后背墙支撑面积，应根据土质和试验压力而定，一般土质可按承压15t/m$^2$考虑。后背墙面应与管道中心线垂直，紧靠后背墙横放一排枋木，后背与枋木之间不得有空隙，如有空隙则用砂子填实。在横木之前，立放3～4根较大的枋木或顶铁，然后用千斤顶支撑牢固。试压用的千斤顶必须支稳、支正、顶实，以防偏心受压发生事故。漏油的千斤顶严禁使用。试压时如发现后背有明显走动时，应立即降压进行检修，严禁带压检修。管道试压前除支顶外，

还应在每根管子中部两侧用土回填1/2管径以上，并在弯头和分支线的三通处设支墩，以防试压时管子位移，发生事故。

再设排气门：根据在管道纵断上，凡是高点均应设排气门，以便灌水时适应排气的要求。两端管堵应设有上下两孔，上孔用以排气及试压时安装压力表，下孔则用以进水和排水。排气工作很重要，如果排气不良，既不安全，也不易保证试压效果。必须注意使用的高压泵，其安装位置绝对不可以设在管堵的正前方，以防发生事故。

②试压。应按试压的有关规定执行：管道分段试压的长度，一般不超过1000m，试验压力按设计要求为1.1MPa。

试压段两端后背和管堵头接口，初次受力时，需特别慎重，要有专职人员监视两端管堵及后背的工作状况，另外，还要有一人来回联系，以便发现问题及时停止加压和处理，保证试压安全。试压时应逐步升压，不可一次加压过高，以免发生事故。每次升压后应随即观察检查，在没有发现问题后，再继续升压，逐渐加到所规定的试验压力为止。加压过程中若有接口泄漏，应立即降压修理，并保证安全。

（5）管道回填。管道回填应在管道安装，管道基础完成后并井室砂浆强度达到设计标号70%后进行。回填分两步进行：先填两侧及管顶0.5m处，预留出接口处，待水压试验、管道安装等合乎要求后再填筑其余部分。回填应对称、分层进行，每层约30cm，按要求夯实，以防移位，逐层测压实度。

### 三、园林排水工程施工

园林绿地的排水主要采用地表及明沟排水方式为宜，采用暗管排水只是局部的地方采用，仅作为辅助性的。采用明沟排水应因地制宜，不宜搞得方方正正，而应该结合当地地形情况，因势利导，做成一种浅沟式，适宜植物生长的形式。

1．排水管施工方法

（1）施工流程为。沟槽开挖—基坑支护—地基处理—基础施工—管道安装—基坑回填土。

（2）管沟开挖。一般采取平行流水作业，避免沟槽开挖后暴露过久，引起沟槽坍塌；同时可充分利用开挖土进行基坑回填，以减少施工现场的土方堆积和土方外运数量。根据现况管线的分布和实际地质情况，拟采用人工配合机械开挖的方法。人工填土层用机械开挖和人工开挖，分别按规范要求采用放坡系数，开挖沟底宽，应比管道构筑物横断面最宽处侧加宽0.5m，以保证基础施工和管道安装有必要的操作空间，开挖弃土应随挖随运，以免影响交通；场地开阔处，开挖弃土应置于开挖沟槽边线1.0m以外，以减少坑壁荷载，保持基坑壁稳定；沟槽开挖期间应加强标高和中线控制测量，以防超挖。当人工开挖沟槽深度超过2.0m且地质情况较差时，需对坑壁进行支撑。当采用机械开挖至设计基底标高以上 0.2m 时，应停止机械作业，改用人工开挖至设计标高。

（3）地基处理。管沟开挖完毕，按规定对基底整平，并清除沟底杂物，如遇不良地质情况或承载力不符合设计要求应及时与建设、设计、监理单位协商，根据实际情况分别采用重锤夯实、换填灰土、填筑碎石、排水、降低水位等方法处理。经检查符合设计及有关规定要求后及时完成基础施工以封闭基坑。

（4）管道安装。管道安装应首先测定管道中线及管底标高，安装时按设计中线和纵向排水坡度在垂直和水平方向保持平顺，无竖向和水平挠曲现象。排水管道安装时，管道接口要密贴，接口与下管应保持一定距离，防止接口振动。管道安装前应先检查管材是否破裂，承插口内外工作面是否光滑。管材或管件在接口前，用棉纱或干布将承口内侧和插口外侧擦拭干净，使接口面保持清洁，无尘砂与水迹。当表面沾有油污时，用棉纱蘸丙酮等清洁剂擦净。连接前将两管接口试插一次，使插入深度及配合情况符合要求，并在插入端表面画出插入承口深度的标线。然后套入橡胶圈，为了使插入容易可以在橡胶圈内涂抹脚皂水作为润滑剂。承插接口连接完毕后，及时将挤出的粘结剂擦干净，不得在连接部位静置固化时间强行加载。

（5）管沟回填。回填前应排除积水，并保护接口不受损坏。回填填料符合设计及有关规定要求，施工中可与沟槽开挖、基础处理、管道安装流水作业，分段填筑，分段填筑的每层应预留 0.3m 以上与下段相互衔接的搭接平台。管道两侧和检查井四周应同时分层、对称回填夯实。管道胸腔，部分采用人工或蛙式打夯机（基础较宽）每层 0.15m 厚分层填筑夯实，管顶以上采用蛙式打夯机，每层 0.3m 厚，分层填筑夯实，回填密实度严格按回填土的压实度标准执行。

2. 雨污排放系统施工

雨污排放系统施工前，先由技术部门复核检查井的位置、数量，管道标高、坡度等。现场测量图纸设计的市政雨污系统接口标高和现场实测口的是否一致，确定无误后再进行施工。施工时总体上遵循由下而上的顺序进行，具体顺序如下：

（1）雨水井、污水井、检查井的施工。首先将现场的雨污管引出，确定井的位置，再根据图纸上的标高确定井的深度。然后进行挖土、垫层、砌筑抹灰等施工。各分项工程施工工艺参照前阶段结构和装饰施工的分项工程施工方案。施工注意事项：

①当管道基础验收后，抗压强度达到设计要求，基础面处理平整和洒水润湿后，严格按设计要求砌筑检查井。

②工程所用主要材料，符合设计规定的种类和标号；砂浆随拌随用，常温下，在 4h 内使用完毕，气温达 30℃以上时，在 3h 内使用完毕。

③立皮数杆控制每皮砖砌筑的竖向尺寸，并使铺灰、砌砖的厚度均匀，保证砖

皮水平。

④铺灰砌筑应横平竖直、砂浆饱满和厚薄均匀、上下错缝、内外搭砌、接槎牢固。随时用托线板检查墙身垂直度，用水平尺检查砖皮的水平度。圆形井砌筑时随时检测直径尺寸。

⑤井室砌筑时同时安装踏步，位置应准确。踏步安装完成后，在砌筑砂浆未达到规定抗压强度前不得踩踏。

⑥检查井接入圆管的管口与井内壁平齐，当接入管径大于300mm时，砌砖圈加固。

⑦检查井砌筑至规定高程后，及时安装浇筑井圈，盖好井盖。

⑧井室做内外防水，井内面用1:2防水砂浆抹面，采用三层做法，共厚20mm，高度至闭水试验要求的水头以上500mm或地下水以上500mm，两者取大值。井外面用1:2防水砂浆抹面，厚20mm。井建成后经监理工程师检查验收后方可进行下一道工序。

（2）雨水、污水管安装。雨水、污水排水管材插口与承口的工作面，应表面平整，尺寸准确，既要保证安装时插入容易，又要保证接口的密封性能。管材及配件在运输、装卸及堆放过程中严禁抛扔或激烈碰撞，避免阳光暴晒以防变形和老化。管材、配件堆放时，放平垫实，堆放高度不超过1.5m；对于承插式管材件堆放时，相邻两层管材的承口相互倒置并让出承口部位，以免承口承受集中荷载。

3. 雨水、污水管道的闭水试验

排水管道闭水试验是在试验段内灌水，井内水位应为试验段上游管内顶以上2m（一般以一个井段为一段），然后，在规定的时间里，观察管道的渗水量是否符合标准。

试验前，用1:3水泥砂浆将试验段两井内的上游管口砌24cm厚的砖堵头，并用1:2.5砂浆抹面，将管段封闭严密。当堵头砌好后，养护3～4d达到一定强度后，方可进行灌水试验。灌水前，应先对管接口进行外观检查，如果有裂缝、脱落等缺陷，应及时进行修补，以防灌水时发生漏水而影响试验。

漏水时，窨井边应设临时行人便桥，以保证灌水及检查渗水量等工作时的安全。严禁站在井壁上口操作，上下沟槽必须设置立梯、戴上安全帽，并预先对沟壁的土质、支撑等进行检查，如有异常现象应及时排除，以保证闭水试验过程中的安全。

4. 工艺和安全要求

管道安装应采用专用工具起吊，装卸时应轻装轻放，运输时应平稳、绑牢、不得相互撞击；管节堆放宜选择使用方便、平整、坚实的场地，堆放时应垫稳，堆放层高应符合有关规定，使用管节时必须自上而下依次搬运。

管道应在沟槽地基、管基质量检验合格后安装，安装时宜自下游开始，承口朝向施工前进的方向，管节下入沟槽时，不得与槽壁支撑及槽下的管道相互碰撞，沟内运管不得扰动天然地基。槽底为坚硬地基时，管身下方应铺设砂垫层，其厚度须大于150mm；与槽底地基土质局部遇有松软地基、流沙等，应与设计单位商定处理措施。

管道安装时，应将管节的中心及高程逐节调整正确，安装后的管节应进行复测，合格后方可进行下一工序的施工。还应随时清扫管道中的杂物，管道暂时停止安装时，两端应临时封堵。

雨期施工时必须采取有效措施，合理缩短开槽长度，及时砌筑检查井，暂时中断安装的管道应临时封堵，已安装的管道验收后应及时回填土；做好槽边雨水径流疏导路线的设计，槽内排水及防止漂管事故的应急措施；雨天不得进行接口施工。

新建管道与已建管道连接时，必须先检查已建管道接口高程及平面位置后，方可开挖。给水管道上采用的闸阀，安装前应进行启闭检验，并宜进行解体检验。沿直线安装管道时，宜选用管径公差组合最小的管节组对连接，接口的环向间隙应均匀，承插口间的纵向间隙不应小于3mm。

检查井底基础与管道基础同时浇筑，排水管检查井内的流槽，宜与井壁同时砌筑，表面采用水泥砂浆分层压实抹光，流槽应与上下游管道底部接顺。

给水管道的井室安装闸阀时，井底距承口或法兰盘的下缘不得小于100mm，井壁与承口或法兰盘外缘距离不应小于250mm（DN400mm）。闸阀安装应牢固、严密、启用灵活、与管道直线垂直。

井室砌筑应同时安装踏步，位置应准确，踏步安装后，在砌筑砂浆未达到规定的强度前不得踩踏，砌筑检查井时还应同时安装预留支管，预留支管的管径、方向、高程应符合设计要求，管与井壁衔接处应严密，预留支管的管口宜采用低强度等级的水泥砂浆砌筑封口抹平。

检查井接入的管口应与井内壁平齐，当接入管径大于300mm时应砌砖圈加固，圆形检查井砌筑时，应随时检测直径尺寸，当四面收口时，每层收进不应大于30mm，当偏心收口时，每层收进不应大于50mm。

砌筑检查井、雨水口的内壁应采用水泥砂浆勾缝，内壁抹面应分层压实，外壁应采用水泥砂浆搓缝挤压密实。检查井及雨水口砌筑至设计标高后，应及时浇筑或安装顶板、井圈、盖好井盖。雨期砌筑检查水井及雨水口时，应一次砌起，为防止漂管，可在侧墙底部预留进水孔，回填土前应封堵。雨水口位置应符合设计要求，不得歪扭，井圈与井墙吻合，井圈与道路边线相邻边的距离应相等，雨水管的管口应与井墙平齐。

管道施工完毕，在回填土前，雨水管道则应采用闭水法进行严密性试验，试验可分段进行，管道试验合格后，方可进行土方回填。回填土时，槽底至管顶以上

50cm 范围内不得含有机物及大于 50mm 的砖、石等硬块，应分层回填，分层夯实，每层厚度不得大于 250mm，回填土的密实度必须满足有关要求。

### 四、园林喷灌工程

园林喷灌是将灌溉水通过由喷灌设备组成的喷灌系统或喷灌机组，形成具有一定压力的水，由喷头喷射到空中，形成细小的水滴，均匀地喷洒到土壤表面，为植物正常生长提供必要水分的一种先进灌水方法。与传统的地面灌水方法相比，喷灌具有节水、节能、省工和灌水质量高等优点。喷灌的总体设计应根据地形、土壤、气象、水文、植物配置条件，通过技术、经济比较确定。

1. 喷灌系统的组成

（1）水源。一般多用城市供水系统作为喷灌水源，另外，井泉、湖泊、水库、河流也可作为水源。在绿地的整个生长季节，水源应有可靠的供水保证。同时，水源水质应满足灌溉水质标准的要求。

（2）首部枢纽。其作用是从水源取水，并对水进行加压、水质处理、肥料注入和系统控制。一般包括动力设备、水泵、过滤器、加药器、泄压阀、逆止阀、水表、压力表，以及控制设备，如自动灌溉控制器、衡压变频控制装置等。首部枢纽设备的多少，可视系统类型、水源条件及用户要求有所增减。当城市供水系统的压力满足不了喷灌工作压力的要求时，应建专用水泵站或加压水泵室。

（3）管网。其作用是将压力水输送并分配到所需灌溉的绿地区域，由不同管径的管道组成，如干管、支管、毛管等，通过各种相应的管件、阀门等设备将各级管道连接成完整的管网系统。喷灌常用的塑料管有硬聚氯乙烯管（PVC-U）、聚乙烯（PE）管等。应根据需要在管网中安装必要的安全装置，如进排气阀、限压阀、泄水阀等。

（4）喷头。喷头用于将水分散成水滴，如同降雨一般比较均匀地喷洒在绿地区域。喷头是喷灌系统中最重要的部件，喷头的质量与性能不仅直接影响到喷灌系统的喷灌强度、均匀度和水滴打击强度等技术要素，同时也影响系统的工程造价和运行费用，故应根据植物配置和土壤性质的不同选择不同的喷头。

2. 施工工序

喷灌系统施工安装的总的要求是，严格按设计进行，必须修改设计时应先征得建设单位、设计单位同意。喷灌系统施工工序：施工准备—施工放样—立标制桩、分组放线—水源管沟开挖—安装主管管线及线缆安装支管管线—安装各种控制阀及砌闸阀井—泵站管沟夯实、回填土—安装球道分控制器—冲洗管道—安装喷头、快速给水阀—管道试运行、电路试运行。

3. 施工准备

（1）根据园林工程设计的总体布局，认真进行现场查勘，做到心中有数，了解当地冻土层厚度，确定给水管线的埋深度。

（2）在施工之前先要询问建设单位水源位置，并测下静态水压。

（3）按照设计要求，采购喷灌系统的所有设备和材料，要预先了解各种设备、材料的型号、性能，并掌握其安装技术。

4. 喷灌施工放样

先喷头后管道，对于每一块独立的喷灌区域，施工放样时应先确定喷头位置，再确定管道位置。管道定位前应对喷头定位结果进行认真核查，包括喷头数量和间距。放样方法是将绿地喷灌区域分为闭边界区域和开边界区域两类。园林绿化喷灌的区域一般属于闭边界区域。草场、高尔夫球场等大型绿化喷灌区域多为开边界区域。对于不同的喷灌区域，施工放样的方法有所不同。

（1）闭边界喷灌区域首先应该确定喷灌区域的边界。在大多数情况下，喷灌区域与绿化区域基本吻合。并且在工程施工放样前，绿化区域已经确定，所以很容易确定喷灌区域的边界，可直接按照点、线、面的顺序确定喷头位置，进而结合设计图纸确定管道位置。然而，在有些情况下，喷灌区域与绿化区域不相吻合，或喷灌工程施工时绿化区域尚没有在实地确定，需要通过现场实测确定喷灌区域的边界。

（2）开边界喷灌区域没有明确的边界，或者喷灌区域的边界不封闭，无法完全按照点、线、面的顺序进行喷头定位，如大型郊外草场、绿地、高尔夫球场等。对于开边界喷灌区域，首先应该确定喷灌区的特征线（称为"基线"）。特征线可以是场地的几何轴线、局部边界线或喷灌技术要求明显变化的界线等。完成特征线测量后，再以特征线为基准进行喷头定位，进而根据设计图纸进行沟槽定线。

喷头之间的间距应选用喷头直径的 50% ~ 60%，例如两个喷洒半径为 10m 的雨鸟 7500c 喷头 > 两个喷头之间的间距应选用 20×50% ~ 60%，为 10m 至 12m 比较合适，当然有时候还要看给水的压力、当地的气候条件等，点喷头时先把控制点、边角点点上，统计管材管件数量。通常的布置方式选用正三肩形布置，喷头间距为喷头直径的 50% ~ 60%，正方形布置注意一个限制因素就是最大间距对角线的限制。

5. 绿化喷灌系统施工

不同形式的喷灌系统，其管道施工的内容也不同。移动式喷灌系统只是在绿地内布置水源（井、渠、塘等），主要是土石方工程，而固定式喷灌系统则还要进行管道的铺设。

（1）喷灌管沟的开挖。土方施工根据现场的土质及地下水位情况，根据图纸设计埋深确定沟槽放坡，开挖方案一般采取人工开挖，注意及时将沟槽内积水排除，严禁泡槽。开挖时要把表层土与下面的阴土或者建筑垃圾分开放置,管沟要找好坡度,沟下面不要有尖锐的东西,要做到平与直,满足设计和施工规范的要求。

（2）绿地喷灌系统的管道安装。管道安装是绿地喷灌工程中的主要施工项目,固定式喷灌系统管道施工的技术要求较高,为保证施工质量,施工时最好有设计人员和喷灌系统的管理人员参加。这样一方面可以保证施工能符合设计要求,另一方面也便于管理人员熟悉整个喷灌系统的情况,及时维修管理。

①管道安装的施工要求。管道铺设应在槽床标高和管道基础质量检查合格后进行。管道的最大承受压力必须满足设计要求,不得采用无测压试验报告的产品。铺设管道前要对管材、管件、密封圈等进行一次外观检查,有质量问题的不得采用。金属管道在铺设之前应预先进行防锈处理。铺设时如发现防锈层损伤或脱落应及时修补。

在昼夜温差变化较大的地区,刚性接口管道施工时,应采取防止因温差产生的压力而破坏管道及接口的措施。胶合承插接口不宜在低于 5℃ 的气温下施工。管材应平稳下沟,不得与沟壁或槽床激烈碰撞。一般情况下,将单根管道放入沟槽内粘接。当管径小于 32mm 时,也可以将 2 或 3 根管材在沟槽上接好,再平稳地放入沟槽内。

干支管均应埋在当地冰冻层以下,并应考虑地面上变动荷载的压力来确定最小埋深,管子应有一定纵向坡度,使管内残留的水能向水泵或干管的最低处汇流,并装有排气阀以便在喷灌季节结束后将管内积水全部排空。在安装法兰接口的阀门和管件时,应采取防止造成外加拉应力的措施。口径大于 100mm 的阀门下应设支墩。

管道在铺设过程中可以适当弯曲,但曲半径不得小于管径的 300 倍。在管道穿墙处,应设预留孔或安装套管,在套管范围内管道不得有接口,管道与套管之间应用油麻堵塞。管道穿越铁路、公路时,应设钢筋混凝土板或钢套管,套管的内径应根据喷灌管道的管径和套管长度确定,便于施工和维修。

管道安装施工中断时,应采取管口封堵措施,防止杂物进入。施工结束后,铺设管道时所用的垫块应及时拆除。管道系统中设置的阀门井的井壁应勾缝,管道穿墙处应进行砖混封堵,防止地表水夹带泥土泄入。阀门井底用砾石回填,满足阀门井的泄水要求。

②管道连接。对于不同材质的管道,其连接方法也不相同。现在聚氯乙烯管在绿地喷灌系统中被普遍采用。聚氯乙烯管道的辖接方式有冷接法和热接法。虽然这两种方法都能满足喷灌系统管网设计要求和使用要求,但冷接法无须加热设备,便于现场操作,故被广泛用于绿地喷灌工程。根据密封原理和操作方法的不同,冷接法又可分为胶合承插法、密封圈承插法和法兰连接法,不同连接方法的条件及选择

的连接管件也不相同。因此，在选择连接方法上，应根据管道规格、设计工作压力、施工环境以及操作人员的技术水平等因素综合考虑，合理选择。

（3）地埋式喷头安装的程序

①安装前必须对喷头喷洒角度进行预置。可调扇形喷洒角度的喷头，出厂时大多设置在180°，因此在安装前应根据实际地形对扇形喷洒角度的要求，把喷头调节到所需角度。另外，有的喷头如雨鸟 R-50，还应将滤网进水口设置为与喷嘴标号一致。

②根据设计选择喷嘴。按照喷灌系统设计要求选择合适的喷嘴，以保证达到想要的流量和设计半径。

③安装过程中注意喷头顶部与地面等高。这就要求在安装喷头时喷头顶部要低于松土地面，为以后的地面沉降留有余地，或在草坪地面不再沉降时再安装喷头。

④喷头与支管连接最好采用铰接接头或柔性连接，可有效防止由于机械冲击，如剪草机作业或人为活动而引起的管道喷头损坏。同时，采用铰接接头，还便于施工时调整喷头的安装高度。

⑤在一些公共区域，为了防止人为破坏，可以选择安装防盗接头，如雨鸟 PVRA 喷头专用防盗接头，将其安装在喷头进口处。如果有人试图将喷头旋转拧下，该接头与喷头会一起旋转，从而可以起到防盗保护的作用，另外，也可以选择安装套管，同样可以起到防盗作用。

（4）管沟回填。先在管材上面回填一层好土，再把原先挖出的土回填，大的建筑垃圾要清理走，回填前应对土质进行检验（土类、含水量等），禁止回填杂草及腐殖土。

# 第二节　园林供电照明工程施工方法与技术

## 一、电气装置安装工程施工

园林工程电气设备一般从专业厂家采购，成套的和非标准的动力照明配电箱均由生产厂提供，到货时设计图纸和厂方产品技术文件核对其电气元件是否符合要求，元器件必须是国家定点厂的产品，并对双电源切换箱、动力配电箱、控制箱要做空载控制回路的动作实验，确认产品是否合格。

1. 配电柜安装

（1）施工程序设备开箱检查—二次搬运—基础型钢制作安装—配电柜体就位—

配电柜接线—试验调整—送电试运行。

（2）设备开箱检查。设备和器材到达现场后，安装和建设单位应在规定期限内，共同进行开箱验收检查；包装及密封应良好，制造厂的技术文件应齐全。型号、规格应符合设计要求，附件备件齐全。

配电柜本体外观应无损伤及变形，油漆完整无损。配电柜内部电器装置及元件、绝缘瓷件齐全无损伤及裂纹等缺陷。

（3）配电柜二次搬运。配电柜吊装时，柜体上有吊环时，吊索应穿过吊环；无吊环时，吊索应挂在四角主要承力结构处，不得将吊索挂在设备部件上吊装。吊索的绳长度应一致，以防受力不均，柜体变形或损坏部件。

在搬运过程中要固定牢靠，防止磕碰，避免元件、仪表及油漆的损坏。

（4）基础型钢制作安装。配电柜在室内的位置原则上是按图施工，如图纸无明确规定时，应按下列标准施工：

①低压配电屏离墙安装时距墙体不应小于0.8m，低压配电屏靠墙安装时距墙体不应小于0.05m；巡视通道宽不应小于1.5m。配电柜需要安装在基础型钢上，型钢选用10号槽钢。

②基础型钢制作好后，应按图纸所标位置或有关规定，配合土建工程进行预埋。

③安装基础型钢时，应用水平尺找正、找平。基础型钢安装的不直度及水平度，每米长度应小于1mm，全长应小于5mm；基础型钢的位置偏差及不平行度全长均应小于5mm。基础型钢顶部宜高出室内地面10mm。

（5）基础型钢接地。埋设的配电柜的基础型钢应做良好的接地。一般用40mm×4mm镀锌扁钢在基础型钢的两端分别与接地网进行焊接，焊接面为扁钢宽度的2倍。

（6）配电柜安装

①配电柜组立。配电柜与基础型钢采取螺栓固定。配电柜单独安装时，应找好配电柜正面和侧面的垂直度。成列配电柜安装时，可先把每个配电柜调整到大致的位置上，就位后再精确地调整第一面配电柜，再以第一面配电柜的柜盘面为标准逐台进行调整。配电柜组立安装后，盘面每米高的垂直度应小于1.5mm，相邻两盘顶部的水平偏差应小于2mm；成列安装时，盘顶部水平偏差应小于5mm。

②配电柜接地。成套柜应装有专用接地铜排，接地铜排与柜体连接成电气通路，接地铜排应用等截面的铜排与配电柜基础接地干线扁钢牢固连接。接地铜排与零排相互绝缘。配电柜与基础型钢采用螺栓固定，每台柜宜单独与PE母排做接地连接，用不小于6mm²的铜导线与柜上的PE母排接地端子连接牢固。配电柜上装有电器的可开启的柜门、隔离刀闸底座和二次回路接地线应以绝缘铜软线与接地母排可靠连

接。所有负荷端的PE接地线从接地铜排引出，并预留供检修用的接地装置不少于3个。

③配电柜内设备安装与检验

成套配电柜内设备的安装与检验：机械闭锁、电器闭锁应动作准确、可靠；动触头与静触头的中心线应一致，触头接触紧密；二次回路辅助开关的切换接点应动作准确，接触可靠。

抽屉式配电柜内设备安装与检验：抽屉推拉应灵活轻便，无卡阻、碰撞现象，抽屉应能互换；抽屉的机械连锁或电器连锁装置应动作正确可靠，断路器分闸后，隔离触头才能分开；抽屉与柜体间的二次回路连接插件应接触良好；抽屉与柜体间的接触及柜体框架的接地应良好。

（7）配电柜内母线安装必须符合设计要求。

①母线应镀锌，表面应光滑平整，不应有裂纹、变形和扭曲缺陷。

②金属紧固件及卡件必须符合设计要求，应是镀锌制品的标准件。

③绝缘材料及瓷件的型号、规格、电压等级应符合设计要求。外观质量无损伤及裂纹，绝缘良好。

④母线采用螺栓连接时，螺栓、平垫、弹簧垫必须匹配齐全，螺栓紧固后丝扣应露出螺母外 5 ~ 8mm。

⑤母线相序排列必须符合规范要求，安装应平整、整齐、美观。

（8）配电柜内二次回路接线

①按配电柜工作原理图逐台检查柜内的全部电气元件是否与要求相符，其额定电压和控制、操作电压必须一致。

②按照电气原理图检查柜内二次回路接线是否正确。

③控制线校线后要套上线号，将每根芯线煨成圈，用镀锌螺丝、垫圈、弹簧垫连接在每个端子板上。并应严格控制端子板上的接线数量，每侧一般一端子压一根线，最多不超过两根，必须在两根线间加垫圈。多股线应涮锌，严禁产生断股缺陷。

（9）配电柜内馈电电缆安装

①馈电电缆进入柜内要做热缩电缆头，相线要套热缩相色带，电缆头制作好后，要牢固固定在柜底部电缆支架上。相线过长要加装绝缘橡胶垫用卡子固定在柜体上。

②电缆头与设备连接时相应颜色要一致。

③ 16mm$^2$ 以上的导线要用压线鼻子和设备连接。电缆头的相线要顺直，不要受外力扭曲。压线鼻子和设备连接要用套筒扳手紧固，力矩要适宜。

（10）配电柜试验与调整。试验应符合"电气装置安装工程电气设备交接试验标准"的有关规定。

①一次设备试验调整

试验内容：配电柜框架、母线、避雷器、低压瓷瓶、电流互感器、低压开关等的吸收比和交流耐压试验；

调整内容：接触器、中间继电器、时间继电器调整以及机械连锁调整。

②二次控制回路试验调整

绝缘电阻测试：小母线在断开所有其他并联支路时，不应小于$10M\Omega$；二次回路的每一支路和断路器、隔离开关的操动机构的电源回路等，均不小于$1M\Omega$。

交流耐压试验：试验电压为1000V。当回路绝缘电阻值在$10M\Omega$以上时，可采用2500V兆欧表代替，试验持续时间为1min；48V及以下回路可不做交流耐压试验；回路中有电子元件设备的，试验时应将插件拔出或将两端短接。

模拟试验：按图纸要求，接通临时控制和操作电源，分别模拟试验控制、连锁、操作继电保护和信号动作，应正确无误、灵敏可靠。

（11）成品保护

①配电箱柜在现场搬运时应防止磕碰表面油漆或划伤。

②现场安装好配电柜后，要及时锁住门。室内需要装修时，要用防水盖布盖严，不得进入尘土和杂物。

③配电小间的门要由专人看管，闲杂人等不得随便进入，防止器件丢失。

④在没有进行工程验收前，不经允许配电柜不能用作临时用电。

⑤在进行通电使用前，安排有操作经验的电工进行操作，并且有专人监护。

⑥配电柜安装后，应采取塑料布包裹严密，避免碰坏，弄脏电具、仪表。

（12）质量记录配电柜、绝缘导线产品出厂合格证；配电柜安装工程预检、自检、互检记录；设计变更洽商记录，竣工图；电气绝缘电阻测试记录和各种试验报告；配电柜安装分项工程质量检验评定记录。

（13）安全消防措施

①安装电工和电气焊工必须持证上岗。

②参加施工人员认真学习安全操作规程，建立岗位责任制。

③绝缘电阻测试时必须两人操作，防止电击伤人。

④在正式电气工程通电前，保护接地线必须连接可靠，标识明显。

⑤绝缘工具的护套护垫应完好、无破损；老化严重要及时更换。

⑥进行电气焊接操作时必须有人"看火"，防止火渣引燃周围物品。施焊场所需配备灭火器和灭火用水。电气焊作业完毕后要认真检查现场有无起火隐患，确认安全后方可离开现场。

2．电气管线施工

（1）施工顺序。测量放线—开挖沟槽、井坑—验槽、地基处理（砼基础）—敷设管道、填充砂土载砼包封—留拉线钢丝、堵头—隐蔽验收—回填夯实—交验。

（2）电线管、电缆管敷设

①设计选用电线管、电缆管暗敷，施工按照电线管、电缆管敷设分项工程施工工艺标准进行，要把电线管、电缆管进货关；接线盒、灯头盒、开关盒等均要有产品合格证。

②埋管要与园建施工密切配合，开挖沟槽，处理地基，找准标高。对于填砂包封的排管，铺一层砂夯实，安装一层排管，再铺一层砂，依次安装上面几层排管；对于砼包封的排管，铺一层砼，捣实，安装层排管，再铺一层砼，依次安装上面几层排管；对于钢筋砼包封的排管，在最上一层安装钢筋网，浇筑砼，排管安装完毕验收合格，回填细土，分层夯实，密实度 95% 以上。

③暗配管应沿最近线路敷设并减少弯曲，弯曲半径不应小于管外径的 10 倍，与建筑物表面距离不应小于 15mm，进入落地式配电箱管口应高出基础面 50 ～ 80mm，进入盒、箱管口应高出基础面 50 ～ 80mm，进入盒、箱管口宜高出内壁 3 ～ 5mm。

④按规范要求适当加设分线盒，配管安装时穿好相应的镀锌铁丝引线并在两端管中留有余地，穿导线前先将两端用橡胶皮盖盖好，以防异物进入及穿导线时挂伤导线。

⑤管线支吊架设置应符合规范要求，平稳、牢固、美观，采用镀锌 U 型卡将管道固定在支节架上。

（3）管内穿线

①管内穿线要严把电线进货关，电线的规格型号必须符合设计要求并有出厂合格证，到货后检查绝缘电阻、线芯直径、材质和每卷的重量是否符合要求，应按管径的大小选择相应规格的护口，尼龙压线帽、接线鼻子等规格和材质均要符合要求。

②穿线的管路和导线的规格、型号、报数、回路等必须符合设计要求，穿线前后均应检查导线的绝缘。

③导线的连接头不能增加电阻值，不能降低原绝缘强度，受力导线不能降低原机械强度。

④穿线时注意同一交流回路的导线必须穿于同一管内，不同回路、不同电压的导线，不得穿入同一管内，但以下几种情况除外：标准电压为 50V 以下的回路；同一设备或同一流水作业线设备的电力回路无特殊防干扰要求的控制回路；同一花灯的几个回路；同类照明的几个回路，但导管内的导线总数不应多于 8 根。

⑤导线预留长度：接线盒、开关盒、插座盒及灯头盒为 15cm，配电箱内为箱体周长的 1/2。

（4）电缆敷设

①敷设前详细检查电缆的规格、型号、截面、电压等级、绝缘电阻、外观等是否符合设计及规范要求。

②埋地电缆敷设采用人力施放的常规方法进行。

**二、灯具安装工程施工**

灯具安装工程是园林工程中的重要组成部分，白天，园林景观是在阳光照射下形成的，夜晚，除月色外，园林景观则要由精心布置的照明来呈现，照明本身对园景的形成也有很大影响。

1. 灯具安装工程施工内容

园林灯具安装工程主要包括：园灯安装、霓虹灯安装、彩灯安装、雕塑、雕像的饰景照明灯具安装、旗帜的照明灯具安装、喷水池和瀑布的照明等。

2. 灯具安装

在灯具安装施工前应做好测量放线和定位工作，测量结果应符合设计要求。

（1）灯具、光源按设计要求采用，所有灯具应有产品合格证，灯内配线严禁外露，灯具配件齐全。

（2）根据安装场所检查灯具是否符合要求，检查灯内配线，灯具安装必须牢固，位置正确，整齐美观，接线正确无误。3kg 以上的灯具，必须预埋吊钩或螺栓，低于 2.4m 灯具的金属外壳应做好接地。

（3）艺术灯杆组立是关键工序，艺术灯杆吊装前应根据灯杆的高度、重量，合理选择吊装设备。10m 灯杆采用 8t 汽车吊安装，灯杆吊装时，应由专业起重工操作吊装，当艺术灯杆落位时，在相互垂直的两个方向配备经纬仪进行检测、校正。沿线路方向位移偏差控制在 20mm 以内，垂直线方向位移偏差控制在 10mm 以内，杆梢主向位移不大于杆直径的 1/5。

（4）各种水下灯具应根据设计要求，找专业厂家联系，色彩及亮度应符合设计配备要求。

（5）安装完毕，摇测各条支路的绝缘电阻合格后，方允许通电运行。通电后应仔细检查灯具的控制是否灵活、准确，开关与灯具控制顺序要相对应，如发现问题必须先断电，然后查找原因，进行修复。

（6）开关插座安装

①各种开关、插座的规格型号必须符合设计要求，并有产品合格证。安装开关插座的面板应端正、严密并与墙面平。成排安装的开关高度应一致。

②开关接线应由开关控制相线，同一场所的开关切断位置应一致，且操作灵活，

接点接触可靠。插座接线注意单相两孔插座左零右相或下零上相,单相三孔及三相四孔的接地线均应在上方。交、直流电或不同电压的插座安装在同一场所时,应有明显区别,且其插座应配套,均不能相互代用。

### 三、电气安装工程中常见的质量问题及施工要点

1. 施工单位资质及施工人员资格证

（1）常见问题。不按建设程序办事,没有资质或资质等级不符合要求的施工单位承包工程,施工人员没有规定的资格证、上岗证,致使安装工程达不到规定指标的要求。

（2）施工要点。电气安装工程是一项具有很强专业性的工种,要求施工单位必须具有当地供电部门认可的资质证书才可施工。施工部门应协助建设单位及总包单位认真审查分包单位的资质,提出审查意见,按照公平竞争的原则选好施工单位。有关现场施工人员,也应逐一检验其资格证、上岗证,确保持证上岗,保证安装质量。

2. 电气主要设备和材料

（1）常见问题

无产品合格证、生产许可证、技术说明书和检验报告等文件资料;导线电阻率、熔点、机械性、截面值、绝缘值、温度系数等性能指标达不到要求;电缆绝缘电阻小、抗腐蚀性差、耐压耐温性低,绝缘层与线芯严密性差;动力、照明配电箱、插座外观差,几何尺寸达不到要求,钢板、塑料外壳厚度不够,影响箱体强度,耐腐蚀性达不到要求;开关、插座导电值与标称值不符,导电金属片弹性不强、接触不好、易发热,达不到安全要求,塑料产品阻燃性低、耐温、安全性能差;灯具、光源质量差,机械强度差,防水防腐性能差,使用寿命短;各种电线管壁薄、强度差、镀锌管的镀锌层质量不符合要求、耐折性差。

（2）施工要点

严格执行见证取样、监督抽检制度。实行建筑电气工程主材(PVC电线槽、电线管、电线电缆、漏电开关、空气开关)见证取样、监督抽检制度,要求施工公司配合当地质监部门做好现场的见证取样、监督抽检工作,作为施工工程师应该认证执行和配合。

做好电气设备材料进场检验。电气设备、材料进入施工现场以后,施工工程师应检查到货材料是否符合规范要求,核对设备、材料的型号、规格、性能等参数是否与设计一致,清点说明书、合格证、零配件,并进行外观检查,做好开箱记录,并妥善保管。

对于监督抽检不符合建设单位设计要求的材料一律禁止使用。

3．防雷接地及等电位连接

（1）常见问题

引下线、均压环、避雷带搭接处有夹渣、焊瘤、虚焊、咬肉、焊缝不饱满、没有敲掉焊渣等缺陷；避雷带变形严重、支架脱落、引下点间距偏大、不预留引下线外接线；屋面金属物（管道、梯子、旗杆、设备外壳等）未与防雷系统相连；以金属管代替 PE 线、等电位连接，桥架及金属管、电器柜、箱、门等跨接地线线径不足；设备的"接地排"未与接地干线直接连接，而是通过支架、基础槽钢过渡，连接不同的金属物接地线未考虑电化腐蚀的影响；插座接地线相互串接，安装高度低于 2.4m 的灯具可接近金属导体的未接地。

（2）施工要点

避雷带应采用搭接焊接、搭接长度应大于全钢筋直径，采用双面焊且焊接处应防腐，不允许用螺纹钢代替圆钢做搭接钢筋；搭接处焊缝应饱满、平整、均匀（特别是对立焊、仰焊），及时敲掉焊渣，及时补焊不合格的焊缝；屋面金属物应与引下线相连；等电位连接支线不应小于 $6mm^2$ 的铜导体，桥架及金属管、带电的柜门或箱门等跨接地线需用截面积不小于 $4mm^2$ 的铜芯软导线；设备（动力柜、发电机、水泵等）的"地排"必须与接地干线直接连接，其基础槽钢应跨接接地且有接地标识，有震动的地方接地排应有防松措施，施工前还应考虑电化腐蚀的影响并采用合适的材料连接：插座接地线接入插座端子前采用焊接或"T"接，避免由于端子松动造成后续插座接地失效；低于 2.4m 的灯具的可接近裸露导体应有专用的接地螺栓及标识且必须接地可靠。

4．电线管教设

（1）常见问题

①用薄壁管代替厚壁管，黑铁管代替镀锌管，PVC 管代替金属管；

②穿线管弯曲半径太小，并出现弯瘪、弯皱，严重时出现"死弯"，管子超长或转弯时不按规定设过渡盒；

③电缆管多层重叠，电线管成排紧贴，影响土建施工，管子埋墙、埋地深度不够；

④电线管进入配电箱不顺畅，露头长度不合适，管口不平整，不用保护圈，未紧锁固定；

⑤金属管丝扣连接处和通过中间接线盒时不跨接钢筋，不接地或接地不牢；预埋 PVC 电线管时用胶钳夹扁拧弯管口。

（2）施工要点

①严格要求按照设计和规范下料配管，施工专业工程师要严格把关，管材不符合要求不准施工，预埋 PVC 电线管时，管壁厚度要求不低于 1.8mm。

②按下面要求检查电线管的弯曲半径：明配管只有一个90°弯时，弯曲半径应 >4 倍管外径；两个90°弯时，弯曲半径应 ≥ 6 倍管外径；暗配管的弯曲半径应 ≥ 6 倍管外径；埋入地下和混凝土内的管弯曲半径应 ≥ 10 倍管外径。

配管超过以下长度应在适当位置加过渡盒：直线 50m；30m，无弯曲；20m，一个90°弯曲；15m，两个90°弯曲；8m，三个90°弯曲。

③电线管敷设应尽量避免重叠、交叉，不能并排紧贴，应分开间隔放置，管子进入墙内或地面内，管子外表面距墙面、地面深度应尽量 ≥ 20mm，管道敷设要求"横平竖直"。

④电线管进入配电箱要平整，露长宜为 3 ~ 5mm，管口要用护套并锁紧箱壳，进入落地式配电箱的电线管，管口宜高出配电箱基面 50 ~ 80mm。

⑤钢管丝扣连接处和中间接线盒应采用专用接地卡跨接，管道必须按规范要求可靠接地，进入配电箱的镀锌管用专用接地卡和 ≥ 2.5mm 的双色 BV 导线与箱体连接牢固，直径 ≥ 40mm 的管子进入配电箱可以用点焊法固定在箱体上，并刷防锈漆。

⑥预埋 PVC 电线管时，禁止用胶钳将管口夹扁，应用符合管径的 PVC 塞头封盖管口，并用胶布绑扎牢固。

5. 导线穿管、连接、包扎、色标等

（1）常见问题

导线弯曲扭拉进线管，在管内、线槽内接线；导线排列不整齐、松散、没有包扎捆绑，线头裸露；多根单线压在一起，多股线不用铜接头、不塘锡，螺栓少垫圈、弹簧片等；相线与 N 线、PE 线色标不明确、相互混淆。

（2）施工要点

①导线穿管前应检查管口的"纳子"和防护套、管内是否有杂物，如有应先清除，管内、线槽内严禁接头；

②导线编排要横平竖直，线头保持长度一致，插入接线端子后不应有导体裸露，铜接头与导线连接处要用与导线相同颜色的绝缘胶布紧密包扎；

③在每个接线柱和接线端子上的连接导线不超过 2 根，而且中间需加平垫圈，不允许 3 根以上连接；

④多股导线的连接，应用镀锌铜接头压接，裸露导线应塘锡，凡是塘锡的线头要把焊油渣清除干净，防止导线氧化；

⑤相线与 N 线、PE 线的色标应区分清楚，即 L1 相—黄色、L2 相—绿色、L3 相—红色、N 线用浅蓝色或蓝色、PE 线必须用黄绿双色导线，单相时一般宜用红色。

6. 配电箱的线、安装

（1）常见问题

配电箱体不按图纸设置、坐标偏移明显，箱体不平直；箱盒固定不牢，箱内有砂浆、杂物未清除干净；箱壳开孔不符合要求，破坏油漆保护层，箱盒不做防锈防腐处理；落地动力箱不接地，重复接地导线截面不够，线头裸露，布线不整齐，导线不留余量。

（2）施工要点

①配电箱应按图纸要求设置，箱体左右、前后盒位允许偏差≤50mm，高度应按图纸说明，如没有说明，一般场合不低于1.3m，托儿所、住宅和小学不低于1.8m；

②模板拆除后，要及时清理箱内杂物和锈斑，刷防锈防腐漆，预埋箱盒时，要固定牢、密封好；

③箱体开孔与进线箱不匹配时，必须用机械开孔或要求厂家重新加工，并要做好防腐处理；

④动力箱的箱体接地点和导线必须显露出来，不能在箱底焊接，接地导线应满足规范最小截面要求；

⑤箱体内的线头不能裸露，布线要整齐美观，绑扎固定，导线要留有一定的余量，一般要求10~15cm余量。

7. 开管、插座的底盒、面板安装接线

（1）常见问题

线盒预埋太深，标高不一，面板与墙体有隔缝、油漆，不平直；开关、插座的相线、零线、PE线有串接现象；开关、插座的导线线头裸露、螺栓松动，导线余量不足，盒内有杂物。

（2）施工要点

①安装面板时要横平竖直，应用水平仪调校，保证安装高度统一，线盒预埋过深时，应加装线龛，安装面板后要饱满补缝，不允许留有缝隙，另外要做好清洁保护工作；

②加强监督工作，确保开关、插座中的相线、零线、PE线不串接；

③安装时先清除盒内砂浆等杂物，安装后线头要整齐、不裸露，单芯线在插入线孔时应拧成双股，用螺丝拧紧，确保牢固压紧导线；开关、插座内的导线应留有一定的余量，一般以100~150mm为宜。

8. 室外灯具（路灯、草坪灯、庭园灯等）的安装

（1）常见问题

灯杆松动、生锈、掉漆；室外灯具没有接地或者接地安装不合要求；灯罩太薄，容易破损、脱落；草坪灯、地灯的灯泡瓦数太大，使用时灯罩温度过高，容易烫伤

人或者灯罩边角锋利容易割伤人。

（2）施工要点

①选用合格的灯具，在沿海城市由于空气潮湿，一定要选用较好的防锈灯杆，灯罩应具有较强的抗台风强度；

②路灯、草坪灯、庭园灯和地灯必须有良好的接地，灯杆的接地极必须焊接牢固，接头处搪锡，路灯电源的 PE 保护线与灯杆接地极连接时必须用弹簧垫片压顶后再拧上螺母；

③60W 的灯泡表面温度可达到 137～180℃，100W 的可达到 170～216℃，所以在选用地灯、草坪灯的灯泡时，如果安装 60W 以上的灯泡，容易使保护罩温度过高而烫伤人；另外，灯罩的边角不能太锋利，以免割伤人。

# 第十三章 园林工程施工组织设计

## 第一节 园林工程施工组织设计概述

园林工程建设不是单纯的栽植工程，而是一项与土木、建筑等其他行业协同工作的综合性工程，因而精心做好施工组织设计是施工前的必需环节。园林工程施工组织设计是有序进行施工管理的开始和基础；是园林工程建设单位在组织施工前必须完成的一项法定的技术性工作；是以施工项目为对象进行编制，用以指导其建设全过程各项施工活动的技术、经济、组织、协调和控制的综合性文件。

### 一、园林工程施工组织设计的作用

园林工程施工组织设计是以园林工程（整个工程或若干单项工程）为对象编写的用来指导工程施工的技术性文件。其核心内容是如何科学合理地安排好劳动力、材料、设备、资金和施工方法5个主要的施工因素。根据园林工程的特点和要求，以先进的、科学的施工方法与组织手段使人力和物力、时间和空间、技术和经济、计划和组织等诸多因素合理优化配置，从而保证施工任务依质量要求按时完成。

园林工程施工组织设计是应用于园林工程施工中的科学管理手段之一，是长期工程建设中实践经验的总结，是组织现场施工的基本文件和法定性文件。因此，编制科学的、切合实际的、可操作的园林工程施工组织设计，对指导现场施工、确保施工进度和工程质量、降低成本等都具有重要意义。

园林工程施工组织设计，首先要符合园林工程的设计要求，体现园林工程的特点，对现场施工具有指导性。在此基础上，要充分考虑施工的具体情况，完成以下4部分内容。

（1）依据施工条件，拟定合理施工方案，确定施工顺序、施工方法、劳动组织及技术措施等；

（2）按施工进度，搞好材料、机具、劳动力等资源配置；

（3）根据实际情况，布置临时设施、材料堆置及进场实施；

（4）通过组织设计，协调好各方面的关系，统筹安排各个施工环节，做好必要的准备和及时采取相应的措施，确保工程顺利进行。

## 二、园林工程施工组织设计的分类

园林工程施工组织设计一般由 5 部分构成。

（1）叙述本项园林工程设计的要求和特点，使其成为指导施工组织设计的指导思想，贯穿于全部施工组织设计之中。

（2）在此基础上，充分结合施工企业和施工场地的条件，拟定出合理的施工方案。在方案中要明确施工顺序、施工进度、施工方法、劳动组织及必要的技术措施等内容。

（3）在确定了施工方案后，在方案中按施工进度搞好材料、机械、工具及劳动力等资源的配置。

（4）根据场地实际情况，布置临时设施、材料堆置及进场实施方法和路线等。

（5）组织设计出协调好各方面关系的方法和要求，统筹安排好各个施工环节的联结。提出应做好的必要准备和及时采取的相应措施，以确保工程施工的顺利进行。

实际工作中，根据需要，园林工程施工组织设计一般可分为投标前施工组织设计和中标后施工组织设计两大类。

1. 投标前施工组织设计

投标前施工组织设计，是作为编制投标书的依据，其目的是为了中标。主要内容如下：

（1）施工方案、施工方法的选择，对关键部位、工序采用的新技术、新工艺、新机械、新材料以及拉入的人力、机械设备的决定等；

（2）施工进度计划，包括网络计划、开竣工日期及说明；

（3）施工平面布置，水、电、路、生产、生活用地及施工的布置，与建设单位协调用地；

（4）保证质量、进度、环保等项计划必须采取的措施；其他有关投标和签约的措施。

2. 中标后施工组织设计

园林工程中标后的施工组织设计一般可分为：园林工程施工组织总设计、单项园林工程施工组织设计和分项园林工程作业设计 3 种。

（1）园林工程施工组织总设计。施工组织总设计是以整个工程为编制对象，依据已审批的初步设计文件拟定的总体施工规划。一般由施工单位组织编制，目的是对整个工程的全面规划和有关具体内容的布置。其中，重点是解决施工期限、施工顺序、施工方法、临时设施、材料设备以及施工现场总体布局等关键问题。

（2）单位园林工程施工组织设计。单位工程施工组织设计是根据经会审后的施工图，以单位工程为编制对象，由施工单位组织编制的技术文件。

①编制单位工程施工组织设计的要求

单位工程施工组织设计编制的具体内容，不得与施工组织总设计中的指导思想和具体内容相抵触；按照施工要求，单位工程施工组织方案的编制深度，以达到工程施工阶段即可；应附有施工进度计划和现场施工平面图；编制时要做到简练、明确、实用，要具有可操作性。

②编制单项园林工程施工组织设计的内容。说明工程概况和施工条件；说明实际劳动资源及组织状况；选择最有效的施工方案和方法；确定人、材、物等资源的最佳配置；制定科学可行的施工进度；设计出合理的施工现场平面图等。

（3）分项园林工程作业设计。多由最基层的施工单位编制，一般是对单项工程中某些特别重要部位或施工难度大、技术要求高、需采取特殊措施的工序，才要求编制出具有较强针对性的技术文件。例如园林喷水池的防水工程，瀑布出水口工程，园路中健身路的铺装，护坡工程中的倒滤层，假山工程中的拉底、收顶等。其设计要求具体、科学、实用并具有可操作性。

### 三、园林工程施工组织设计的原则

园林工程施工组织设计要做到科学、实用，这就要求在编制思路上应吸收多年来工程施工中积累的成功经验；在编制技术上要遵循施工规律、理论和方法；在编制方法上应集思广益，逐步完善。因此，园林工程施工组织设计的编制应遵循下列基本原则：

1. 遵循国家法规、政策的原则

国家政策、法规对施工组织设计的编制有很大的影响，因此，在实际编制中要分析这些政策对工程施工有哪些积极影响，并要遵守哪些法规，如《合同法》《环境保护法》《森林法》《园林绿化管理条例》《环境卫生实施细则》《自然保护法》及各种设计规范等。在建设工程承包合同及遵照经济《合同法》而形成的专业性合同中，都明确了双方的权利和义务，特别是明确的工程期限、工程质量保证等，在编制时应予以足够重视，以保证施工顺利进行，按时交付使用。

2. 符合园林工程特点，体现园林综合艺术的原则

园林工程大多是综合性工程，并具有随着时间的推移其艺术特色才能逐渐发挥和体现出来的特性。因此，组织设计的制定要密切配合设计图纸，要符合原设计要求，不得随意更改设计内容。同时还应对施工中可能出现的其他情况拟定防范措施。

只有吃透图纸，熟悉造园手法，采取针对性措施，编制出的施工组织设计才能符合施工要求。

3. 采用先进的施工技术，合理选择施工方案的原则

园林工程施工中，要提高劳动生产率、缩短工期、保证工程质量、降低施工成本、减少损耗，关键是采用先进的施工技术、合理选择施工方案以及利用科学的组织方法。因此，应视工程的实际情况、现有的技术力量、经济条件，吸纳先进的施工技术。目前园林工程建设中采用的先进技术多应用于设计和材料等方面。这些新材料、新技术的选择要切合实际，不得生搬硬套，要以获得最优指标为目的，做到施工组织在技术上是先进的，经济上是合理的，操作上是安全可行的，指标上是优质高标准的。

施工方案应进行技术经济比较，比较时数据要准确，实事求是。要注意在不同的施工条件下拟定不同的施工方案，努力达"五优"标准，即做到所选择的施工方法和施工机械最优，施工进度和施工成本最优，劳动资源组织最优，施工现场调度组织最优和施工现场平面最优。

4. 周密而合理的施工计划，加强成本核算，做到均衡施工的原则

施工计划产生于施工方案确定后，根据工程特点和要求安排的，是施工组织设计中极其重要的组成部分。施工计划安排得好，能加快施工进度，保证工程质量，有利于各项施工环节的把关，消除窝工、停工等现象。

周密而合理的施工计划，应注意施工顺序的安排，避免工序重复或交叉。要按施工规律配置工程时间和空间上的次序，做到相互促进，紧密搭接；施工方式上可视实际需要适当组织交叉施工或平行施工，以加快速度；编制方法要注意应用横道流水作业和网络计划技术；要考虑施工的季节性，特别是雨季或冬季的施工条件；计划中还要正确反映临时设施设置及各种物资材料、设备的供应情况，以节约为原则，充分利用固有设施，减少临时性设施的投入；正确合理的经济核算，强化成本意识。所有这些都是为了保证施工计划的合理有效，使施工保持连续均衡。

5. 确保施工质量和施工安全，重视园林工程收尾工作的原则

施工质量直接影响工程质量，必须引起高度重视。施工组织设计中应针对工程的实际情况，制定出切实可行的保证措施。园林工程是环境艺术工程，设计者呕心沥血的艺术创造，完全凭借施工手段来体现。为此，要求施工必须一丝不苟，保质保量，并进行二次创作，使作品更具艺术魅力。

"安全为了生产，生产必须安全"，施工中必须切实注意安全，要制定施工安全操作规程及注意事项，搞好安全教育，加强安全生产意识，采取有效措施作为保证。同时应根据需要配备消防设备，做好防范工作。

园林工程的收尾工作是施工管理的重要环节，但有时往往难以引起人们的重视，

使收尾工作不能及时完成，而因园林工程的艺术性和生物性特征，使得收尾工作中的艺术再创造与生物管护显得更加重要。这实际上将导致资金积压，增加成本，造成浪费。因此，应十分重视后期收尾工程，尽快竣工验收，交付使用。

# 第二节　园林工程施工组织编制

## 一、园林工程施工组织编制依据

园林工程施工组织是一项复杂的系统工程，编制时要考虑多方面因素方能完成。不同的组织设计其主要依据不同，分为园林工程项目施工总设计编制依据和园林单项工程施工组织设计编制依据。

1. 园林工程项目施工总设计编制依据

（1）园林建设项目基础文件。建设项目可行性研究报告及批准文件；建设项目目规划红线范围和用地批准文件；建设项目勘察设计任务书、图纸和说明书；建设项目初步设计或技术设计批准文件，以及设计图纸和说明书；建设项目总概算或设计总概算；建设项目施工招标文件和工程承包合同文件。

（2）工程建设政策、法规和规范资料。关于工程建设报建程序有关规定；关于动迁工作有关规定；关于园林工程项目实行施工监理有关规定；关于园林建设管理机构资质管理有关规定；关于工程造价管理有关规定；关于工程设计、施工和验收有关规定。

（3）建设地区原始调查资料。地区气象资料；工程地形、工程地质和水文地质资料；土地利用情况资料；地区交通运输能力和价格资料；地区绿化材料、建筑材料、构配件和半成品供应情况资料；地区供水、供电、供热、通信能力和价格资料；地区园林施工企业状况资料；施工现场地上、地下的现状，如水、电、通信、煤气管线等状况。

（4）类似施工项目经验资料。类似施工项目成本控制资料；类似施工项目工期控制资料；类似施工项目质量控制资料；类似施工项目技术新成果资料；类似施工项目管理新经验资料。

2. 园林单项工程施工组织设计编制依据

单项工程全部施工图纸及相关标准图；单项工程地质勘察报告、地形图和工程测量控制网；单项工程预算文件和资料；建设项目施工组织总设计对本工程的工期、质量和成本控制的目标要求；承包单位年度施工计划对本工程开竣工的时间要求；

有关国家方针、政策、规范、规程和工程预算定额；类似工程施工经验和技术新成果。

## 二、园林工程施工组织设计编制程序

施工组织设计必须按一定的先后顺序进行编制，才能保证其科学性和合理性。常用施工组织设计的编制程序如下：

（1）熟悉园林施工工程图，领会设计意图，收集有关资料，认真分析、研究施工中的问题；

（2）将园林工程合理分项并计算各自工程量，确定工期；

（3）确定施工方案、施工方法，进行技术经济比较，选择最优方案；

（4）编制施工进度计划（横道图或网络图）；

（5）编制施工必需的设备、材料、构件及劳动力计划；

（6）布置临时施工、生活设施，做好"三通一平"工作；

（7）编制施工准备工作计划；

（8）绘出施工平面布置图；

（9）计算技术经济指标，确定劳动定额、加强成本核算；拟定技术安全措施；成文报审。

## 三、园林工程施工组织设计的主要内容

园林施工组织设计的内容一般是由工程项目的范围、性质、特点、施工条件和景观艺术、建筑艺术的需要来确定的。由于在编制过程中有深度上的不同，无疑反映在内容上也会有所差异。但不论哪种类型的施工组织设计都应该包括工程概况、施工方案、施工进度计划表和施工现场平面布置图等，简称"一图一表一案"。

1. 工程概况

工程概况是对拟建工程的基本性描述，目的是通过对工程的简要说明，了解工程的基本情况，明确任务量、难易程度、质量要求等，以便合理制定施工方法、施工措施、施工进度计划和施工现场布置图。

工程概况内容如下：说明工程的性质、规模、服务对象、建设地点、建设工期、承包方式、投资额及投资方式；施工和设计单位名称、上级要求、图纸状况、施工现场的工程地质、土壤、水文、地貌、气象等因子；园林建筑数量及结构特征；特殊施工措施以及施工力量和施工条件；材料的来源与供应情况、"三通一平"条件、运输能力和运输条件；机具设备供应、临时设施解决方法、劳动力组织及技术协作水平等。

2．施工准备工作

园林工程施工准备工作是指对设计图纸和施工现场确认核实后进行的施工准备。按准备工作范围可分为：全场性施工准备、单位（或单项）工程施工条件准备和分部（或分项）工程作业条件准备。施工准备工作的具体内容如下：

（1）技术准备

①认真做好扩大初步设计方案的审查工作。园林工程施工任务确定以后，应提前与设计单位接洽，掌握扩大初步设计方案的编制情况，使方案的设计在质量、功能、艺术性等方面均能适应当前园林建设发展水平，为其工程施工扫除障碍。

②熟悉和审查施工工程图纸。园林建设工程在施工前应组织有关人员研究熟悉设计图纸的详细内容，以便掌握设计意图，确认现场状况为编制施工组织设计，提供各项依据。审查工程施工图纸通常按图纸自审、会审和现场签证三个阶段进行。

图纸自审由施工单位主持，并要求写出图纸自审记录。

图纸会审由建设单位主持，设计和施工单位共同参加，并应形成"图纸会审纪要"，由建设单位正式行文、三方面共同会签并盖公章，作为指导施工和工程结算的依据。

图纸现场签证是在工程施工中，依据技术核定和设计变更签证制度的原则，对所发现的问题进行现场签证，作为指导施工、竣工验收和结算的依据。在研究图纸时，特别需要注意的是特殊施工说明书的内容、施工方法、工期以及所确认的施工界限等。

③原始资料调查分析。原始资料调查分析，不仅要对工程施工现场所在地区的自然条件、社会条件进行收集、整理、分析和对不足部分作补充调查，还包括工程技术条件的调查分析。调查分析的内容和详尽程度以满足工程施工要求为准。

④编制施工图预算和施工预算

施工图预算应按照施工图纸所确定的工程量、施工组织设计拟定的施工方法、建设工程预算定额和有关费用定额，由施工单位编制。施工图预算是建设单位和施工单位签订工程合同的主要依据，是拨付工程价款和竣工决算的主要依据，也是实行招投标和工程建设包干的主要依据，是施工单位安排施工计划、考核工程成本的依据。

施工预算是施工单位内部编制的一种预算。在施工图预算的控制下，结合施工组织设计的平面布置、施工方法、技术组织措施以及现场施工条件等因素编制而成的。

⑤编制施工组织设计。拟建的园林建设工程应根据其规模、特点和建设单位要求，编制指导该工程施工全过程的施工组织设计。

（2）物资准备。园林建设工程物资准备工作内容包括土建材料准备、绿化材料准备、构（配）件和制品加工准备、建筑安装机具准备和生产工艺设备准备5部分。

①土建材料准备。土建材料准备主要是根据施工预算进行分析，按照施工进度计划要求，按材料名称、规格、使用时间、材料储备定额和消耗定额进行汇总，编制出材料需要量计划，为组织备料、确定仓库、场地堆放所需要物资的面积和组织运输等提供依据。

②绿化材料准备。按种植设计所要求的苗术种类、规格、数量从苗圃或其他苗木生产地号苗和确定种子的来源，按种植工程施工计划起苗、运苗并栽植。

③构（配）件和制品加工准备。根据施工预算提供的构（配）件和制品的名称、规格、质量与消耗量，确定加工方案和供应渠道以及进场后的储存地点和方式，编制出其需要量计划，为组织运输、确定堆场面积等提供依据。

④建筑安装机具准备。根据采用的施工方案，安排施工进度，确定施工机械的类型、数量和进场时间，确定施工机具的供应办法和进场后的存放地点和方式，编制建筑安装机具的需要量计划，为组织运输、确定堆场面积等提供依据。

⑤生产工艺设备准备。按照拟建工程生产工艺流程及工艺设备的布置图，提出工艺设备的型号、生产能力和需要量，确定分期分批进场的时间和保管方式，编制工艺设备需要量计划，为组织运输、确定堆场面积等提供依据。

（3）劳动组织准备。劳动组织准备包括如下内容：

①确定的施工项目管理人员应是有实际工作经验和相应资质证书的专业人员，确定拟建工程净目施工的领导机构人员和名额，坚持合理分工与密切协作相结合，把有施工经验、有创业精神、工作效率高的人选入领导机构；认真执行因事设职、因职选人的原则。

②建立精干的施工队组。认真考虑专业、工种的合理配合；技工、普工的比例应满足合理的劳动组织，要符合流水施工组织方式的要求；确定建立施工队组，坚持合理、精干的原则；同时制订出工程的劳动量、需要量计划。

③集结施工力量，组织劳动力进场。按照开工日期和劳动力需要量计划，组织劳动力进场。同时要进行安全、防火和文明施工等方面的教育，并安排好职工的生活。

④向施工队组、工人进行施工组织设计、计划和技术交底。在工程开工前，向施工队组及工人进行施工组织设计、计划和技术交底，以保证工程严格地按照设计图样、施工组织设计、安全操作规程和施工规范等要求进行施工，施工组织设计、计划和技术交底的内容有工程的施工进度计划，作业计划；有施工组织设计，尤其是施工工艺质量标准、安全技术措施、降低成本措施和施工验收规范的要求；有新结构、新材料、新技术和新工艺的实施方案和保证措施；有图样会审中所确定的有关部位的设计变更和技术核定等事项。交底工作按管理系统逐级进行，由上而下直到工人队组。工人接受施工组织设计、计划和技术交底后，要组织其成员进行认真

的分析研究，弄清关键部位、技术标准、安全措施和操作要领，必要时进行示范，并明确任务及做好分工协作，同时建立健全岗位现任制和保证措施。

⑤建立健全各项管理制度，内容包括工程质量检查、验收制度；工程技术档案管理制度；建筑材料（构件、配件、制品）及植物材料的检查验收制度；技术现任制度；施工图样学习与会审制度；技术交底制度；职工考勤、考核制度；工地及班组经济核算制度；材料出入库制度；安全操作制度；机具使用保养制度。

（4）施工现场准备。大中型的综合园林工程建设项目应做好完善的施工现场准备工作。

①施工现场控制网测量。根据给定永久性坐标和高程，按照总平面图要求，进行施工场地控制网测量，设置场区永久性控制测量标桩。

②做好"四通一清"，认真设置消火栓。确保施工现场水通、电通、道路通、通信畅通和场地清理；消防要求，设置足够数量的消火栓。园林工程建筑中的场地平整要因地制宜，合理利用竖向条件，既要便于施工，减少土方搬运量，又要保留良好的地形景观，创造立体景观效果。

③做好施工现场的补充勘探。对施工现场做补充勘探是为了进一步寻找地下隐蔽物，以便及时拟定处理隐蔽物的方案并进行实施，为土方施工基础工程创造有利条件。

④建造施工设施。按照施工平面图和施工设施需要量计划，建造各项施工设施，为正式开工准备好用房。

⑤组织施工机具进场。根据施工机具需要量计划，按施工平面图要求，组织施工机械、设备和工场，按规定地点和方式存放，并应进行相应的保养和试运转等项准备工作。

⑥组织施工材料进场。根据各项材料需要量计划，组织其有序进场，按规定地点和方式存货堆放物材料一般应随到随栽，不需提前进场，若进场后不能立即栽植的，要选择好假植地点，严格按假植技术要求，认真假植并做好养护工作。

⑦做好季节性施工准备。按照施工组织设计要求，认真落实雨季施工和高温季节施工项目的施工设施和技术组织措施。

（5）施工场外协调

①材料选购、加工和订货。根据各项材料需要量计划，同建材生产加工、设备设施制造、苗木生产库位取得联系，签订供货合同，保证按时供应。植物材料因为没有工业产品的整齐划一，所以要在去多家苗圃仔细号苗的基础上，选择符合设计要求的优质苗木。园林中特殊的景观材料如山石等需要事先根据设计需求进行选择以作备用。

②施工机具租赁或订购。对于本单位缺少且需用的施工机具，应根据需要量计划，同有关单位签订租赁合同或订购合同。

③选定转、分包单位，并签订合同。理顺转、分包的关系，但应防止将整个工程全部转包的方式。

3. 施工方法和施工措施

施工方法和施工措施是施工方案的有机组成部分，施工方案优选是施工组织设计的重要环节之一。因此，根据各项工程的施工条件，提出合理的施工方法，拟定保证工程质量和施工安全的技术措施，对选择先进合理的施工方案具有重要作用。

（1）拟定施工方法的原则。在拟定施工方法时，应坚持以下基本原则：

内容要重点突出，简明扼要，做到施工方法在技术上先进，在经济上合理，在生产上实用有效；要特别注意结合施工单位的现有技术力量、施工习惯、劳动组织特点等；还必须依据园林工程工作面大的特点，制定出灵活易操作的施工方法，充分发挥机械作业的多样性和先进性；对关键工程的重要工序或分项工程（如基础工程），比较先进的复杂技术，特殊结构工程（如园林古建）及专业性强的工程（如自控喷泉安装）等均应制定详细、具体的施工方法。

（2）施工措施的拟定。在确定施工方法时不单要拟定分项工程的操作过程、方法和施工注意事项，还要提出质量要求及其应采取的技术措施。这些技术措施主要包括：施工技术规范、操作规程的施工注意事项、质量控制指标及相关检查标准；季节性施工措施；降低施工成本措施；施工安全措施及消防措施等。同时应预料可能出现的问题及应采取的防范措施。

例如卵石路面铺地工程，应说明土方工程的施工方法，路基夯实方式及要求，卵石镶嵌方法（干栽法或湿栽法）及操作要求，卵石表面的清洗方法和要求等。驳岸施工中则要制定出土方开槽、砌筑、排水孔、变形缝等施工方法和技术措施。

（3）施工方案技术经济分析。由于园林工程的复杂性和多样性，每项分工程或某一施工工序可能有几种施工方法，产生多种施工方案。为了选择一个合理的施工方案，提高施工经济效益，降低成本和提高施工质量，在选择施工方案时，进行施工方案的技术经济分析是十分必要的。

施工方案的技术经济分析方法有定性分析和定量分析两种。前者是结合经验进行一般的优缺点比较，例如，是否符合工期要求；是否满足成本低、经济效益高的要求；是否切合实际，可操作性是否强；是否达到一定的先进技术水平；材料、设备是否满足要求；是否有利于保证工作质量和施工安全等。定量的技术经济分析是通过计算出劳动力、材料消耗、工期长短及成本费用等诸多经济指标后再进行比较，从而得出好的施工方案。在比较分析时应坚持实事求是的原则，力求数据确凿才能具有说服力，不得变相润色后再进行比较。

4. 施工计划

园林工程施工计划涉及的项目较多，内容庞杂，要使施工过程有序，保质保量完成任务必须制订科学合理的施工计划。施工计划中的关键是施工进度计划，它是以施工方案为基础编制的。施工进度计划应以最低的施工成本为前提，合理安排施工顺序和工程进度，并保证在预定工期内完成施工任务。它的主要作用是全面控制施工进度，为编制基层作业计划及各种材料供应计划提供依据。工程施工进度计划应依据总工期、施工预算、预算定额（如劳动定额，单位估价）以及各分项工程的具体施工方案、施工单位现有技术装备等进行编制。

（1）施工进度计划编制的步骤。①工程项目分类及确定工程量；②计算劳动量和机械台班数；③确定工期；④解决工程间的相互搭接问题；⑤编制施工进度；⑥按施工进度提出劳动力、材料及机具的需要计划。

（2）施工进度计划的编制

①工程项目分类。将工程按施工顺序列出。一般工程项目划分不宜过多，园林工程中不宜超过25个，应包括施工准备阶段和工程验收阶段。分类时视实际情况需要而定，宜简则简，但不得疏漏，着重关键工序。

园林工程常见的分部工程目录有：准备及临时设施工程；平整建筑用地工程；基础工程；模板工混凝土工程；土方工程；给水工程；排水工程；安装工程；地面工程；抹灰工程；瓷砖工程；防水工程；脚手工程；木工工程；油饰工程；供电工程；灯饰工程；栽植整地工程；掇山工程；栽植工程；收尾工程。

在一般的园林绿化工程预算中，园林工程的分部工程项目常趋于简单，通常分为：土方工程、基础工程、砌筑工程、混凝土及钢筋混凝土工程、地面工程、抹灰工程、园林路灯工程、假山及塑山工程、园路及园桥工程、园林小品工程、给排水工程及管线工程等。

②计算工程量。工程量可按施工图和工程计算方法逐项计算求得，并应注意工程量单位的一致。

③计算劳动量和机械台班。某项工程劳动量 = 该工程的工作量 / 该工程的产量定额（或等于工程的工程量 × 时间）

时间定额 =1/ 产量定额（各种定额参考各地的施工定额手册）

需要机械台班量 = 工程量 / 机械产量（或等于工程量 × 机械时间定额）

④确定工期（即工作日）。所需工期 = 工程的劳动量（工日）/ 工程每天工作的人数

工程项目的合理工期应满足三个条件，即最小劳动组合、最小工作面和最适宜

的工作人数。最小劳动组合是指明某个工序正常安全施工时的合理组合人数,如人工打夯至少应有 6 人才能正常工作。最小工作面是指明每个工作人员或班组进行施工时有足够的工作面,并能充分发挥劳动者潜能,确保安全施工时的作业面积,例如土方工程中人工挖土最佳作业面积每人 4 ~ 6m$^2$。最适宜的工作人数即最可能安排数,它不是绝对的,根据实际需要而定,例如在一定工作面范围内,依据增加施工人数以缩短工期是有的,但可采用轮班制作业形式达到缩短工期的目的。

⑤编制施工进度计划。编制施工进度计划应使各施工段紧密衔接并考虑缩短工程总工期。为此,应分清主次,抓住关键工序。首先分析消耗劳动力和工时最多的工序。如喷水池的池底、池壁工程,园路的基础和路面装饰工程等。待确定主导工序后,其他工序适当配合、穿插或平行作业,做到作业的连续均衡性、衔接性。

编好进度计划初稿后应认真检查调整,看看是否满足总工期,衔接是否合理,劳动力、机械及材料能否满足要求。如计划需要调整时,可通过改变工程工期或各工序开始和结束的时间等方法调整。

⑥落实劳动力、材料、机具的需要量计划。施工计划编制后即可落实劳动资源的配置。组织劳动力、调配各种材料和机具并确定劳动力、材料、机械进场时间表。时间表是劳动、材料、机械需要量计划的常见表格形式。

5. 施工现场平面布置图

施工现场平面布置图是用以指导工程现场施工的平面图,它主要解决施工现场的合理工作问题。施工现场平面图的设计主要依据工程施工图、本工程施工方案和施工进度计划。布置图比例一般采用(1:200 ~ 1:500)。

(1)施工现场平面布置图的内容:①工程临时范围和相邻的部位;②建造临时性建筑的位置、范围;③各种已有的确定建筑物和地下管道;④施工道路、进出口位置;⑤测量基线、监测监控点;⑥材料、设备和机具堆放场地、机械安置点;⑦供水供电线路、加压泵房和临时排水设备;⑧一切安全和消防设施的位置等。

(2)施工现场平面布置图设计的原则

①在满足现场施工的前提下应布置紧凑,使平面空间合理有序,尽量减少临时用地。

②在保证顺利施工的条件下,为节约资金,减少施工成本,应尽可能减少临时设施和临时管线要有效利用工地周边可利用的原有建筑物作临时用房;供水供电等系统管网应最短;临时道路土方量不宜过大,路面铺装应简单,合理布置进出口;为了便于施工管理和日常生产,新建临时房应视现场情况多做周边式布置,且不得影响正常施工。

③最大限度减少现场运输,尤其避免场内多次搬运。场内多次搬运会增加运输

成本，影响工程进度，应尽量避免。方法是将道路做环形设计，合理安排工序、机械安装位置及材料堆放地点；选择适宜的运输方式和运距；按施工进度组织生产材料等。

④要符合劳动保护、技术安全和消防的要求。场内的各种设施不得有碍于现场施工，而应确保安全，保证现场道路畅通。各种易燃物品和危险品存放应满足消防安全要求，严格管理制度，配置足够的消防设备并制作明显识别的标记。某些特殊地段，如易塌方的陡坡要有标注并提出防范意见和措施。

（3）现场施工布置图设计方法。一个合理的现场施工布置图有利于现场顺利均衡地施工。其布置不仅要遵循上述基本原则，同时还要采取有效的设计方法，按照适当的步骤才能设计出切合实际的施工平面图。主要设计方法如下：

①现场勘察，认真分析施工图、施工进度和施工方法。

②布置道路出入口，临时道路做环形设计，并注意承载能力。

③选择大型机械安装点，材料堆放处等。园林工程山石吊装需要起重机械，应根据置石位置做出停靠地点选择。各种材料应就近堆放，以利于运输和使用。混凝土配料，如砂石、水泥等应靠近搅拌站。植物材料可直接按计划送到种植点；需假植时，就地就近假植，以减少搬运次数，提高成活率。

④设置施工管理和生活临时用房。施工业务管理用房应靠近施工现场，并注意考虑全天候管理的需要。生活临时用房可利用原有建筑，如需新建，应与施工现场明显分开，在园林工程施工现场规划时可沿工地周边布置，以减少对景观的影响。

⑤供水供电管网布置。施工现场的给排水是施工的重要保障。给水应满足正常施工、生活和消防需要，合理确定管网。如自来水无法满足工程需要时，则要布置泵房抽水。管网宜沿路埋设，施工场地应修筑排水沟或利用原有地形满足工程需要，雨季施工时还要考虑洪水的排除问题。

现场供电一般由当地电网接入，应设临时配电箱，采用三相四线制方式供电，保证动力设备所需容量。供电线路必须架设牢固、安全，不影响交通运输和正常施工。

实际工作中，可制定几个现场平面布置方案，经过分析比较，最后选择布置合理、技术可行、方便施工、经济安全的方案。

# 参考文献

［1］朱峰．公路工程施工［M］．机械工业出版社，2010.

［2］韦立林．公路工程施工阶段的环保管理和措施［J］．公路工程，2001，26（3）：92–93.

［3］唐春梅．新形势下公路工程施工技术管理［J］．建材与装饰，2013（27）：213–214.

［4］孙慧，周海娟．园林景观施工技术和管理措施探索［J］．黑龙江科技信息，2011（29）：287.

［5］杜玉林．公路工程施工［M］．西南交通大学出版社，2010.

［6］孙大权．公路工程施工方法与实例［M］．人民交通出版社，2003.

［7］赵芃，黄欣．浅谈公路工程施工技术管理［J］．中小企业管理与科技旬刊，2011（5）：256.

［8］肖建平．桥梁工程施工［M］．机械工业出版社，2007.

［9］涂兵．桥梁工程施工［M］．高等教育出版社，2005.

［10］苟涌泉．论桥梁工程施工质量管理［J］．中国新技术新产品，2010（8）：116–117.

［11］冷桂生，吴六英．公路桥梁工程施工中伸缩缝施工技术剖析［J］．江西建材，2015（22）：191.

［12］沙智慧．混凝土施工技术在道路桥梁工程施工中的应用研究［J］．城市道桥与防洪，2015（4）：127–128.

［13］陈亮．浅谈市政道路桥梁工程施工及质量控制［J］．民营科技，2012（1）：186.

［14］蔡淇．园林景观施工技术及保障措施［J］．现代农业科技，2012（11）：177–178.

［15］高岩，隋福林．园林景观施工与绿化养护管理探析［J］．城市建设理论研究：电子版，2012（36）.

［16］李鲲山．园林景观施工技术及保障措施初探［J］．现代园艺，2014（12）：

172.

［17］陈培智，钱英，钱斌．浅析园林景观施工技术及保障措施［J］．中华民居旬刊，2012（12）．

［18］周健．园林景观施工中水景施工技术的应用［J］．现代园艺，2014（22）：202-203.